新文京開發出版股份有限公司

NEW
WCDP

新世紀・新視野・新文京 ─ 精選教科書・考試用書・專業參考書

New Wun Ching Developmental Publishing Co., Ltd.

New Age · New Choice · The Best Selected Educational Publications — NEW WCDP

輕鬆學
Python 程式設計

余建政　編著

　　Python 是一種簡單且功能強大的高階程式語言，它具有非常清晰的語法特點，適用於多種作業系統，目前在國際上廣受好評。Python 語言不僅適合於初學者，也適合於專業人員使用。

　　本書是學習 Python 程式設計的入門書籍，書中詳細介紹 Python 的基礎知識，同時，有系統地講解 Python 語言的語法和程式設計方法。本書以 Python 3.x 為平臺，全書共 13 章，主要包括 Python 簡介以及環境配置、Python 基本語法、基本資料型態、程式控制結構、函式與模組、序列與字串、串列、元組、集合與字典、物件導向程式設計、檔案操作、錯誤與異常處理、圖形繪製。書中提供大量的應用範例，且每章最後均附有上機練習與習題，供教師教學及學生課後練習使用，以達到對 Python 語言融會貫通的目的。學習本書後，讀者應該對 Python 會有足夠的瞭解，可以將其應用於您選擇探索的任何應用領域。作者深信 Python 將很快就會成為您最喜歡的程式設計語言！

　　本書可以做為大專院校程式設計相關課程的上課教材，也可做為教育訓練機構或 Python 自學者的參考書，還可做為從事 Python 應用開發人員的參考資料。

　　在本書的編寫過程中，我們參閱了很多 Python 語言的相關圖書資料和網路資源，借鑒和吸收其中很多的寶貴經驗，在此向相關作者表示衷心的感謝。

編著者　謹識

CONTENTS

CONTENTS

CONTENTS

CHAPTER **01** Python 語言概述

　　Python 是一種直譯型、支援物件導向特性、動態資料類型的高階程式設計語言。自從 20 世紀 90 年代 Python 公開發布以來，經過三十多年的發展，Python 以其語法簡潔、函式庫豐富、適合快速開發等原因，成為當下最流行的程式語言之一，也廣泛應用到統計分析、計算視覺化、圖像工程、網站開發等許多專業領域。

　　相比於 C++、Java 等語言，Python 更加易於學習，並且可以利用其大量的內建函式與豐富的模組庫來快速實現許多複雜的功能。在 Python 語言的學習過程中，仍然需要透過不斷地練習與體會來熟悉 Python 的程式設計模式，盡量不要將其他語言的程式設計風格用在 Python 中，而要從自然、簡潔的角度出發，以免設計出低效率的 Python 程式。

　　本章將對 Python 的主要特性做一個快速介紹，這樣您就可以立刻將 Python 付諸使用。雖然細節內容會在後續的章節中逐一講解，但是對整體的瞭解可以讓您迅速融入到 Python 中。閱讀本章的最好的方法就是在您的電腦上開啟 Python 直譯器，嘗試書中的範例。

　　本章將介紹 Python 語言的發展與特點、Python 程式的執行環境、Python 資料類型、各種 Python 資料的表示方法以及 Python 的基本運算。

1-1　　Python 語言簡介

　　Python 是一種物件導向、直譯型、動態資料類型的高階程式語言，具有簡潔的語法規則，使得學習程式設計更為容易，同時它具有強大的功能，能滿足大多數應用領域的開發需求。從學習程式設計的角度，選擇 Python 做為入門語言是十分合適的。

1-1-1　Python 語言的發展史

　　Python 語言起源於 1989 年末。當時，荷蘭國家數學與電腦科學研究所(CWI)的研究員 Guido van Rossum 需要一種高階腳本程式設計語言，為其研究小組的 Amoeba 分散式作業系統執行管理任務。為了建立新語言，Guido 從高階教學語言 ABC(All Basic Code)汲取大量語法，並從系統程式語言 Modula-3 借鑒錯誤處理機制。因為他是 BBC 電視劇 Monty Python 的飛行馬戲團(Monty Python's Flying Circus)的愛好者，Guido 就把這種新的語言命名為 Python。

　　ABC 是由 Guido 參與設計的一種教學語言。就 Guido 本人看來，ABC 這種語言非常優美和功能強大，是專門為非專業程式設計者設計的。但是，ABC 語言並沒有成功,究其原因,Guido 認為是非開放所造成的。Guido 決心在 Python 中避免這一缺陷,並獲得非常好的效果。

Python 語言的第一個版本於 1991 年初發布。由於功能強大和採用開放資源方式發行,Python 發展很快,使用者越來越多,形成一個龐大的語言社區。

Python 2.0 於 2000 年 10 月發布,增加許多新的語言特性。同時,整個開發過程更加透明,語言社區對開發進度的影響逐漸擴大。Python 3.0 於 2008 年 12 月發布,此版本不完全相容之前的 Python 版本,導致使用早期 Python 版本的程式無法在 Python 3.0 上執行。不過,Python 2.6 和 2.7 做為過渡版本,雖基本使用 Python 2.x 的語法,但同時考慮了向 Python 3.0 的移植,有些新特性後來也被移植到 Python 2.6 和 2.7 版本中。

在 Python 發展過程中,形成 Python 2.x 和 Python 3.x 兩個版本,目前正朝著 Python 3.x 演進。Python 2.x 和 Python 3.x 兩個版本是不相容的,由於歷史原因,原有的大量協力廠商函式模組是用 2.x 版實現的。隨著 Python 的普及與發展,近年來 Python 3.x 下的協力廠商函式模組日漸增多。本書選擇 Windows 作業系統下的 Python 3.11.1 版本做為程式實現環境。書中在很多地方也介紹 Python 3.x 與 Python 2.x 的差別。

1-1-2　Python 語言的特點

由於程式語言是描述程式的工具,熟悉一種高階語言是程式設計的基礎。高階語言有很多,任何一種語言有其誕生的背景,從而決定其特點和擅長的應用領域,例如,FORTRAN 語言誕生在電腦發展的早期,主要用於科學計算;C 語言具有程式碼簡潔、執行效率高、可攜性佳等特點,廣泛應用於系統軟體、嵌入式軟體的開發。Python 語言做為一種發布較晚的高階語言,有其本身的特點。

(一)Python 語言的優勢

具體而言,Python 語言具有如下優勢:

1.　簡單易學

Python 語言語法結構簡單,組成一個 Python 程式沒有太多的語法細節和規則要求。一個良好的 Python 程式就像一篇英語文章一樣,代表問題求解過程的描述。而其他高階語言由於其語法過於靈活,所需要掌握的細節概念非常龐雜,即使是實現最簡單的功能,也要涉及很多概念。例如,書寫一個 FORTRAN 程式或一個 C 程式都有很多規則要求。Python 語言具有優雅、清晰、簡潔的語法特點,能將讓初學者擺脫語法細節,而專注於解決問題的方法、分析程式的邏輯和演算法。這種特點對學習程式設計是很有好處的。

2. 程式可讀性高

　　Python 語言和其他高階語言相比，一個重要的區別就是，一個敘述區段的界限完全是由每列的開頭字元在這一列的位置來決定的。透過程式縮排(Indentation)，Python 語言確實使得程式具有很高的可讀性，同時 Python 的縮排規則也有利於程式設計者養成良好的程式設計習慣。

3. 豐富的資料類型

　　除了基本的數值類型外，Python 語言還提供字串(String)、串列(List)、元組(Tuple)、字典(Dictionary)和集合(Set)等資料類型(Data Type)，利用這些資料類型，可以更方便地解決許多實際問題，如文字處理、資料分析等。

4. 開放資源軟體

　　Python 語言是一種開放原始碼(Open Source Software)的語言，可移植到多種作業系統，只要避免使用依賴特定作業系統的特性，Python 程式不需修改就可以在各種平臺上執行。Python 的開放資源特性使得有很多的開放社區對使用者提供快速的技術支援，學習和使用 Python 技術不再是孤軍奮戰。如今，各種社區提供成千上萬不同功能的開放資源函式模組，而且還在不斷地發展，這對 Python 語言的快速開發提供強大的支援。

5. 直譯型的語言

　　使用 Python 語言編寫的程式不需要編譯成二進位碼，而可以直接執行原始程式碼。在電腦內部，Python 直譯器(Interpretor)把 .py 檔案中的原始程式碼轉換成 Python 的位元組碼(Byte Code)，然後再由 Python 虛擬機器(Virtual Machine)一列一列地執行位元組碼指令，從而完成程式的執行。

　　對於 Python 的直譯語言特性，要一分為二地看待。一方面，每次執行時都要將原始檔案轉換成位元組碼，然後再由虛擬機器執行位元組碼。相較於編譯型(Compiler)語言，每次執行都會多出兩道工序，所以程式的執行性能會受到影響。另一方面，由於不用關心程式的編譯以及函式庫的連結等問題，所以程式除錯(Debugging)和維護會變得更加方便，同時虛擬機器距離實體機器更遠了，所以Python 程式更易於移植，實際上不需更動就能在多種平臺上執行。

6. 物件導向的語言

　　Python 語言既可以程序導向(Procedural-oriented)程式設計，也可以物件導向(Object-oriented)程式設計，支援靈活的程式設計方式。

（二）Python 語言的限制

　　雖然 Python 語言是一個非常成功的語言，但也有它的侷限性。比起其他程式語言（如 C、C++語言），Python 程式的執行速度比較慢，對於速度有較高的要求的應用，就要考慮 Python 是否能滿足需要。不過這一點可以透過使用 C 語言編寫關鍵模組，然後由 Python 呼叫的方式加以解決。而且現在電腦的硬體設備在不斷提高，對於一般的開發來說，速度已經不成問題。此外，Python 用程式碼縮排來區分語法邏輯的方式還是給很多初學者帶來困惑，即便是很有經驗的 Python 程式設計者，也可能陷入陷阱中。最常見的情況是 Tab 和空格的混用會導致錯誤，而這是用肉眼無法分辨的。

1-1-3　Python **語言的應用領域**

由於 Python 語言本身的特點，加上大量協力廠商函式模組的支援，Python 語言得到越來越廣泛的應用。利用 Python 進行應用開發，熟練地使用各種函式模組是十分重要的，但首先要掌握 Python 的基礎知識，這是應用的基礎。本書主要介紹 Python 程式設計的基礎知識，不涉及過多的協力廠商資源，但在學習開始，瞭解 Python 的應用領域及相關的函式模組是必要的。

（一）Windows 系統程式設計

Python 是跨平臺的程式設計語言，在 Windows 系統下，透過使用 pywin32 模組提供的 Windows API 函式介面，就可以編寫與 Windows 系統底層功能相關的 Python 程式，包括存取註冊表、呼叫 ActiveX 控制項以及各種 COM 元件等工作。還有許多其他的日常系統維護和管理工作也可以交給 Python 來實現。

利用 py2exe 模組可以將 Python 程式轉換為 .exe 可執行程式，使得 Python 程式可以脫離 Python 系統環境來執行。

（二）科學計算與資料視覺化

科學計算也稱數值計算，是研究工程問題的近似求解方法，並在電腦上進行程式實現的一門科學，既有數學理論上的抽象性和嚴謹性，又有程式設計技術上的實用性和實驗性的特徵。隨著科學計算與資料視覺化 Python 模組的不斷產生，使得 Python 語言可以在科學計算與資料視覺化領域發揮獨特的作用。

Python 中用於科學計算與資料視覺化的模組有很多，例如 NumPy、SciPy、SymPy、Matplotlib、Traits、TraitsUI、Chaco、TVTK、Mayavi、VPython、OpenCV 等，涉及的應用領域包括數值計算、符號計算、二維圖表、三維資料視覺化、三維動畫示範、影像處理以及介面設計等。

NumPy 模組提供一個在 Python 中做科學計算的基礎庫，主要用於矩陣處理與運算；SciPy 模組是在 NumPy 模組的基礎上開發的，提供一個在 Python 中做科學計算的工具集，例如，統計工具(Statistics)、最佳化工具(Optimization)、數值積分工具(Numerical Integration)、線性代數工具(Linear Algebra)、傅立葉變換工具(Fourier Transforms)、信號處理工具(Signal Processing)、影像處理工具(Image Processing)、解常微分方程工具(ODE Solvers)等；Matplotlib 是比較常用的繪圖模組，可以快速地將計算結果以不同類型的圖形展示出來。

（三）資料庫應用

在資料庫應用方面，Python 語言提供對所有主流關聯式資料庫管理系統的介面，包括 SQLite、Access、MySQL、SQL Server、Oracle 等。Python 資料庫模組有很多，例如，可以透過內建的 sqlite3 模組存取 SQLite 資料庫，使用 pywin32 模組存取 Access 資料庫，使用 pymysql 模組存取 MySQL 資料庫，使用 pywin32 和 pymssql 模組來存取 SQL Sever 資料庫。

（四）多媒體應用

Python 多媒體應用開發可以為圖形、圖像、聲音、視頻等多媒體資料處理提供強有力的支援。

PyMedia 模組是一個用於多媒體操作的 Python 模組，可以對 WAV、MP3、AVI 等多媒體格式檔案進行編碼、解碼和播放；PyOpenGL 模組封裝了 OpenGL 應用程式設計發展介面，透過該模組可在 Python 程式中集積二維或三維圖形；PIL（Python Imaging Library，Python 圖形庫）提供強大的圖像處理功能，並提供廣泛的影像檔案格式支援。該模組能進行圖像格式的轉換、列印和顯示，還能進行一些圖像效果的處理，如圖形的放大、縮小和旋轉等，是 Python 進行影像處理的重要工具。

（五）網路應用

Python 語言提供眾多網路應用的解決方案，利用有關模組可方便地定制出所需要的網路服務。Python 語言提供 socket 模組，對 Socket 介面進行二次封裝，支援 Socket 介面的存取，簡化了程式的開發步驟，提高開發效率；Python 語言還提供 urllib、cookielib、httplib、scrapy 等大量模組，用於對網頁內容進行讀取和處理，並結合多執行緒(Multi-threaded)程式設計以及其他有關模組可以快速開發網頁爬蟲之類的應用程式；可以使用 Python 語言編寫 CGI 程式，也可以把 Python 程式嵌入到網頁中執行；Python 語言還支援 Web 網站開發，比較流行的開發框架有 web2py、django 等。

（六）電子遊戲應用

Python 在很早的時候就是一種電子遊戲程式設計工具。目前，在電子遊戲開發領域也得到越來越廣泛的應用。Pygame 就是用來開發電子遊戲軟體的 Python

模組，在 SDL 庫的基礎上開發，可以支援多個作業系統。使用 Pygame 模組可以在 Python 程式中建立功能豐富的遊戲和多媒體程式。

1-2　Python 語言的開發環境

執行 Python 程式需要有開發環境的支援。Python 內建的命令直譯器 Python Shell（Shell 意為操作的介面或外殼）提供 Python 的互動式操作。即輸入一列敘述，就可以立刻執行該敘述，並看到執行結果。此外，還可以利用協力廠商的 Python 整合開發環境(IDE)進行 Python 程式的開發。本書基於 Windows 作業系統，使用 Python 內建的命令直譯器。

1-2-1　Python 系統的下載與安裝

要使用 Python 語言進行程式開發，必須安裝 Python 直譯器。我們可以從 Python 官網下載 Windows 作業系統的 Python 最新版本，網址為 https://www.python.org/downloads/。如圖 1-1 所示。

圖 1-1　Python 官方網站

下載完成後，執行系統檔案 python-3.11.1.exe，進入 Python 系統安裝介面，如圖 1-2 所示。

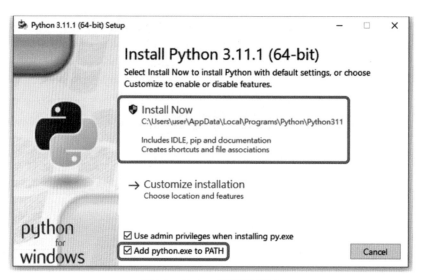

圖 1-2　Python 的安裝介面

選取"Add python.exe to PATH"，並使用預設的安裝路徑，按一下"Install Now"選項，進入系統安裝過程，Python 安裝成功的介面如圖 1-3 所示。安裝完成後按一下 "Close" 鈕即可。如果要設定安裝路徑和其他特性，可以選擇 "Customize installation"選項。

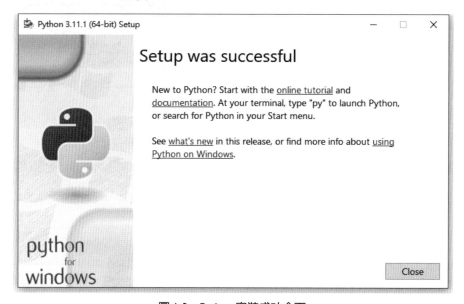

圖 1-3　Python 安裝成功介面

安裝完成後可以開啟 Windows 的"命令提示字元"工具並輸入 python --version 或 python -V 來驗證安裝是否成功，命令提示字元可以在「執行」中輸入 cmd 來開啟或者在「開始」的附件中找到。如果顯現 Python 直譯器對應的版本號碼（如：Python 3.11.1)，說明已經安裝成功，如圖 1-4 所示。

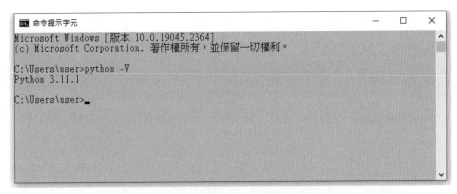

圖 1-4　驗證 Python 安裝成功

1-2-2　系統環境變數的設定

在 Python 的預設安裝路徑下包含 Python 的開機檔案 python.exe、Python 函式庫檔案和其他檔案。為了能在 Windows 命令視窗自動尋找安裝路徑下的檔案，需要在安裝完成後將 Python 安裝資料夾添加到環境變數 Path 中。

如果在安裝時選取"Add python.exe to PATH"，會自動將安裝路徑添加到環境變數 Path 中，否則可以在安裝完成後添加，其方法為：在 Windows 桌面以右鍵點選「本機」圖示，選擇「內容(R)」→「進階系統設定」→「環境變數(N)」，如圖 1-5 所示。

圖 1-5　添加安裝路徑(1)

　　在開啟的「環境變數」對話方塊中，選取下方「系統變數(S)」中的"Path"後，點選「編輯」選項，如圖 1-6 所示。

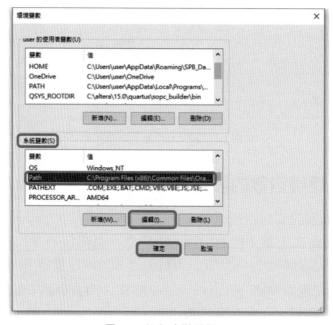

圖 1-6　添加安裝路徑(2)

　　在開啟的「編輯環境變數」對話方塊中，點選「新增(N)」後，把路徑貼上再按「確定」，如圖 1-7 所示。

圖 1-7　添加安裝路徑(3)

1-2-3　Python **環境的執行**

IDLE(Integrated Development and Learning Environment)是開發 Python 程式的基本整合開發環境(Integrated Development Environment; IDE)，幾乎具備了 Python 開發需要的所有功能，非常適合初學者使用，足以應付大多數簡單的應用。安裝 Python 以後，IDLE 就自動安裝完成。以下簡單說明 IDLE 環境的使用：

（一）啟動 IDLE

在 Windows 的「開始」功能表中選擇「所有程式」→Python 3.11→IDLE (Python 3.11 64-bit)，可以啟動內建的直譯器，如圖 1-8 所示。

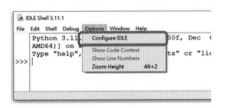

圖 1-8　IDLE 整合開發環境

（二）環境設定

按一下 Options 功能表，選擇 Configure IDLE 命令，彈出如圖 1-9 所示的對話方塊，從中可以設定 IDLE 環境相關參數，如顯示字體、字型大小等。將 IDLE 環境設定為字型大小"20"，粗體，按一下 Ok 按鈕後，環境變化如圖 1-10 所示。

圖 1-9　Settings 對話方塊

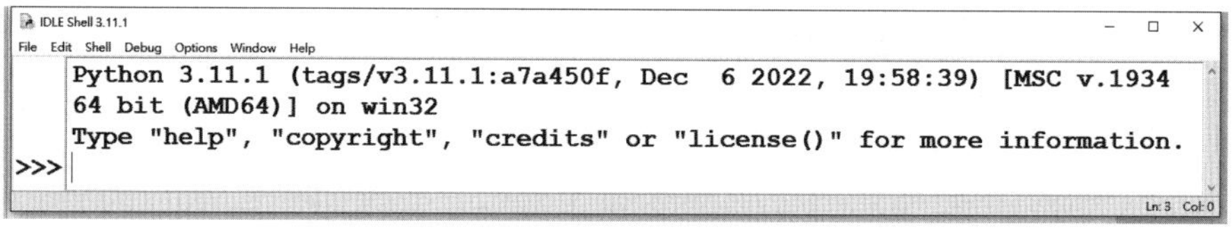

圖 1-10　設定為字型大小"20"，粗體

（三）常用功能表

File 功能表如圖 1-11 所示。

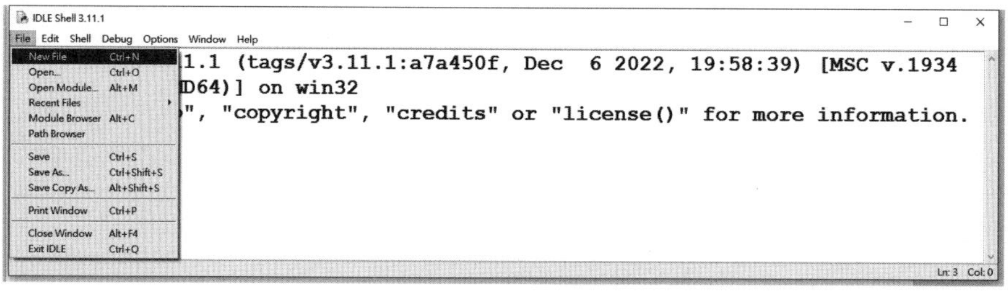

圖 1-11　File 功能表

　　File 功能表中的常用命令如下。

1. New File：新建檔案。

2. Open：開啟檔案。

3. Open Module：開啟模組。

4. Recent Files：最近使用的檔案。

5. Save：儲存檔案。

6. Save As：另存為。

（四）常用快速鍵

　　IDLE 環境下的常用快速鍵見表 1-1。

表 1-1　IDLE 環境下常用的快速鍵

快速鍵	說明
Alt+N/Alt+P	查看歷史命令上一列／下一列
Ctrl+F6	重啟 Shell，以前定義的變數全部無效
F1	開啟幫助檔案
Alt+/	自動補全前面曾經出現過的單字
Alt+3	將選取區域註解

表 1-1　IDLE 環境下常用的快速鍵（續）

快速鍵	說明
Alt+4	將選取區域取消註解
Alt+5	將選取區域的空格替換為 Tab
Alt+6	將選取區域的 Tab 替換為空格
Ctrl+[/ Ctrl+]	縮排程式碼／取消縮排
Alt+M	開啟模組程式碼，先選取模組，然後按此快速鍵，會開啟該模組的原始程式碼
F5	執行程式

1-2-4　Python 程式的執行

在 Python 系統安裝完成後，可以啟動 Python 直譯器(Python Shell)，它有命令列(Command Line)和圖形使用者介面(Graphical User Interface; GUI)兩種操作介面。在不同的操作介面下，Python 敘述既可以採用互動式的命令執行方式，又可以採用程式執行方式。

（一）命令列形式的 Python 直譯器

啟動 IDLE，預設進入命令列執行方式。

">>>"為提示字元，在提示字元之後可以輸入敘述，Python 直譯器負責解釋並執行命令；新的一列又會出現提示字元。在提示字元後面逐列輸入命令後，查看執行結果，如圖 1-12 所示。

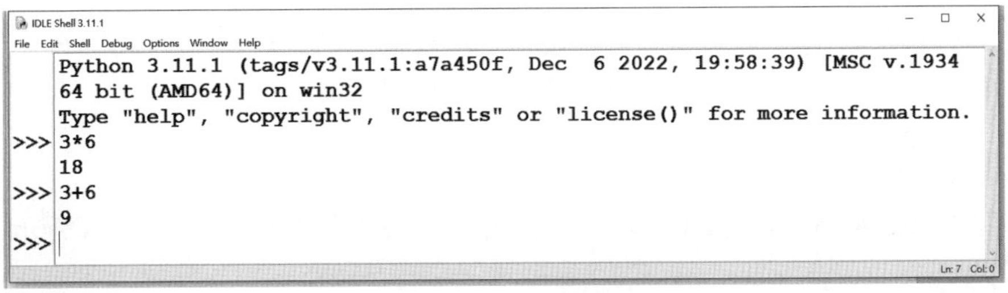

圖 1-12　IDLE 命令列執行方式

在所有的互動式的命令執行中，將會看到 Python 的主提示字元(>>>)和次提示字元(…)。主提示字元是直譯器告訴您它在等待您輸入下一個敘述，次提示字元告訴您直譯器正在等待您輸入目前敘述的其他部分。

若要退出 Python 直譯器，可以輸入 quit()命令，或先按 Ctrl+Z 快速鍵再按 Enter 鍵，或按一下 Python 命令列視窗的關閉鈕"×"。

（二）圖形使用者介面執行方式

　　檔案執行方式是在直譯器中建立程式檔（以.py 為副檔名），然後呼叫並執行這個檔案。

1. 建立新檔

　　在直譯器中選擇 File→New File 命令，新建一個檔案，如圖 1-13 所示。

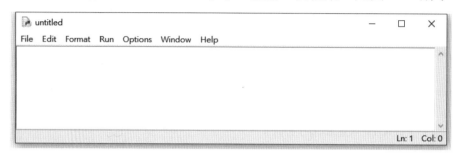

圖 1-13　新建檔案介面

2. 輸入並儲存

　　輸入程式碼，然後選擇 File→Save As...命令，輸入檔案名稱"demo1.py"，將檔案儲存到 Python 的安裝路徑或是指定的資料夾，如圖 1-14 所示。

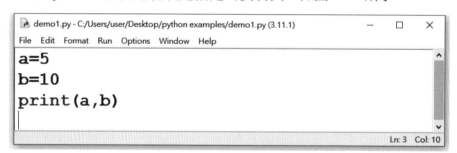

圖 1-14　儲存 demo1.py 檔案

3. 執行程式

　　選擇 Run→Run Module 命令（或按 F5 鍵）執行程式，如圖 1-15 所示。

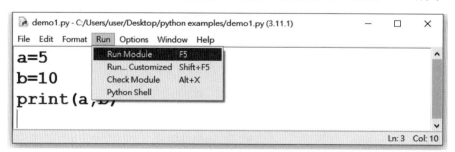

圖 1-15　執行程式

執行結果如圖 1-16 所示。

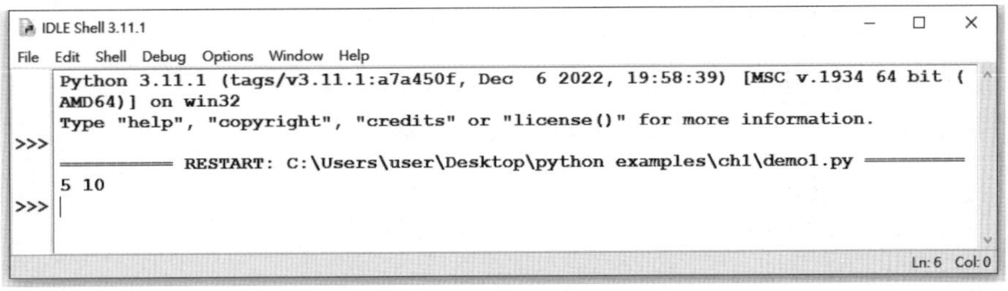

圖 1-16　程式執行結果

1-3　常數與變數

資料(Data)有不同的表現形式,也具有不同的類型。在高階語言中,基本的資料形式有常數(Constant)和變數(Variable)。

(一) 常數和變數的一般概念

在程式執行過程中,其值保持不變的資料物件稱為「常數」。常數按其值的表示形式區分它的類型。例如,0、435、-78 是整數類型常數,-5.8、3.14159、1.0 是實數類型常數(也稱為浮點類型常數),'110023'、'Python'是字串常數。

「變數」可以視為一個特定的記憶體儲存區。高階語言中的變數具有變數名稱(Name)、變數值(Value)和變數位址(Address)等三個屬性。變數名稱是記憶體單元的名稱,變數值是變數所對應記憶體單元的內容,變數位址是變數所對應記憶體單元的位址。對變數的操作,相當於對變數所對應記憶體單元的操作。

變數在記憶體中占據一定的儲存單元,用以儲存變數的值。不同類型的變數被分配不同大小的記憶體空間,也對應不同的記憶體位址,具體的記憶體空間由編譯系統來完成。

(二) Python 變數

1.　變數的資料類型

一般而言,變數需要先定義後使用,變數的資料類型決定變數占用多少個位元組的記憶體單元。例如 C 語言中的變數,需要在程式編譯時決定資料類型並分配對應的記憶體單元。這種在使用變數之前定義其資料類型的語言稱為「靜態」(Static)類型語言。

Python 語言是一種「動態」(Dynamic)類型語言，意思是在執行期間才決定變數類型，也就是說在使用變數之前不須宣告變數。因此，在 Python 中使用變數時不用像 C 語言那樣先定義資料類型，而可以直接使用。例如：

```
>>> x = 12          #指定變數 x 的值
>>> y = 12.34       #指定變數 y 的值
>>> z = 'Hello World!'    #指定變數 z 的值
>>> print(x, y, z)
12 12.34 Hello World!
```

可以使用 Python 內建函式 type()來查詢變數的類型。例如：

```
>>> type(x)         #查看 x 的資料類型
(class 'int')       # x 是整數(int)類型
>>> type(y)         #查看 y 的資料類型
(class 'float')     # y 是浮點(float)類型
>>> type(z)         #查看 z 的資料類型
(class 'str')       # z 是字串(str)類型
```

2. 變數與位址的關係

在 C 語言中，編譯系統要分配記憶體空間給變數，當改變變數的值時，是改變該記憶體空間的內容。在 C 程式執行過程中，變數的位址是不再發生改變的，亦即，變數所對應的記憶體空間是固定的。

Python 語言則不同，它採用的是基於「值」的記憶體管理方式，不同的值分配不同的記憶體空間。當指定變數時，Python 直譯器分配一個記憶體空間給該值，而變數則指向這個記憶體空間，當變數的值改變時，改變的並不是該記憶體空間的內容，而是改變變數的指向關係，使變數指向另一記憶體空間。這可以解釋為 Python 變數並不是某一個固定記憶體單元的標記，而是對記憶體中儲存的某個資料的引用(Reference)，這個引用是可以動態改變的。例如，執行下面的指定敘述後，Python 在記憶體中建立資料 12，並使變數 x 指向這個整數類型資料，因此可以說變數 x 現在是整數類型資料，如圖 1-17(a)所示。

```
>>> x = 12
>>> print(x)
12
```

如果進一步執行下面的指定敘述，則 Python 又在記憶體中建立資料 3.14，並使變數 x 改為指向這個浮點類型資料，因此變數 x 的資料類型現在變成了浮點類型，如圖 1-17(b)所示。

```
>>> x = 3.14
>>> print(x)
3.14
```

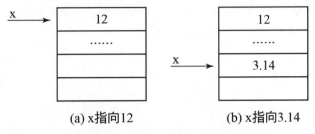

(a) x指向12　　　　　　　　　(b) x指向3.14

圖 1-17　Python 動態類型變數

　　Python 具有自動記憶體管理功能，對於沒有任何變數指向的值（稱為垃圾資料），Python 系統自動將其刪除。例如，當 x 從指向 12 轉而指向 3.14 後，資料 12 就變成沒有被變數引用的垃圾資料，Python 會回收垃圾資料的記憶體單元，以便提供給別的資料使用，這稱為「垃圾回收」(Garbage Collection)。也可以使用 del 敘述刪除一些物件引用，例如：

```
del x
```

　　刪除 x 變數後，如果再使用它，將出現變數未定義(name 'x' is not defined)錯誤訊息。

　　Python 的 id()函式可以傳回物件的記憶體位址，請看下面的敘述執行結果。

```
>>> a = 12.0
>>> b = 12.0
>>> id(a)
1934055068240
>>> id(b)
1934055068336
>>> a = 12
>>> b = 12
>>> id(a)
140716123481224
>>> id(b)
140716123481224
```

　　Python 直譯器會為每個出現的物件分配記憶體單元，即使它們的值相等，也會如此。例如，執行 a=12.0，b=12.0 這兩個敘述時，會先後為 12.0 這個 float 類型物件分配記憶體單元，然後將 a 與 b 分別指向這兩個物件。所以 a 與 b 指向的不是同一物件。但是為了提高記憶體利用效率，對於一些簡單的物件，如一些數值較小的整數(Int)類型物件，Python 採取重用物件記憶體的辦法。例如，執行 a=12，b=12 時，由於 12 為簡單的 int 類型且數值小，Python 不會分配兩次記憶體單元，而是只分配一次，然後將 a 與 b 同時指向已分配的物件。如果指定的不是 12，而是較大的數值，情況就跟前面的一樣了。例如：

```
>>> a = 1234
>>> b = 1234
>>> id(a)
1934056279952
>>> id(b)
1934056284272
```

（三）Python 識別字

識別字(Identifier)主要用來表示常數、變數、函式和類型等程式要素的名稱。在 Python 中，識別字由字母、數字和底線(_)組成，但不能以數字開頭，識別字中的字母是區分大小寫的。例如，abc、a_b_c、Student_ID 都是合法的識別字，而 sum、Sum、SUM 代表不同的識別字。

單獨的底線(_)是一個特殊變數，用於表示上一次運算的結果。例如：

```
>>> 123
123
>>> _+100     # _表示上一次的運算結果 123
223
```

（四）Python 關鍵字

關鍵字(Keyword)就是 Python 語言中事先定義且具有特定含義的識別字，有時又稱保留字(Reserved Word)。關鍵字不允許另作他用，否則執行時會出現語法錯誤。

可以在使用 import 敘述匯入 keyword 模組後使用 print(keyword.kwlist)敘述查看所有 Python 關鍵字。如下所示：

```
>>> import keyword
>>> print(keyword.kwlist)
['False', 'None', 'True', 'and', 'as', 'assert', 'break',
'class', 'continue', 'def', 'del', 'elif', 'else',
'except', 'finally', 'for', 'from', 'global',
'if','import', 'in', 'is', 'lambda', 'nonlocal', 'not',
```

```
'or', 'pass', 'raise', 'return', 'try', 'while', 'with',
'yield']
```

1-4 　Python 資料類型

　　在程式設計的型別系統中，資料類型(Data Type)，又稱資料型態、資料型別。在程式語言中，常見的資料類型包括原始類型（如：整數、浮點數或字元）、多元組、記錄單元、代數資料類型、抽象資料類型、參考型別、類以及函式型別。資料類型描述數值的表示法和結構，並以演算法操作，或是物件在記憶體中的儲存區，或者其他儲存裝置。

　　每一種高階程式設計語言的每個常數、變數或運算式都有一個確定的資料類型。資料類型明顯或隱含地規定程式執行期間變數或運算式所有可能取值的範圍以及在這些值上允許的操作。因此，資料類型是一個值的集合和定義在這個值集合上的一組操作的總稱。

　　Python 提供一些內建的資料類型，它們由系統預定義好，在程式中可以直接使用。Python 資料類型包括數值類型、字串類型、布林類型等基本資料類型，這是一般程式設計語言都有的資料類型。此外，為了使程式能描述各種複雜資料，Python 還有串列、元組、字典和集合等複合資料類型，這是 Python 中具有特色的資料類型。

1-4-1　**數值類型**

　　數值類型用於儲存數值，用於算術運算。Python 支援三種不同的數值資料類型，包括整數(Int)類型、浮點(Float)類型和複數(Complex)類型。

（一）整數類型資料

　　整數類型資料不含小數點，但可以有正號或負號。針對具體的編譯系統環境，分配給整數類型資料對應的位元組(Bytes)數，從而決定資料的表示範圍，在 32 位元系統上，整數占用 4 位元組，表示範圍為 $-2^{31} \sim 2^{31}-1$，在 64 位元系統上，整數占用 8 位元組，表示範圍為 $-2^{63} \sim 2^{63}-1$。如果超出該範圍就會產生溢位(Overflow)錯誤。在 Python 3.x 中，整數類型資料的值在電腦內的表示不是固定長度的，只要記憶體許可，整數可以連接到任意長度，整數的取值範圍幾乎包括全部整數（無窮大），這對大資料的計算帶來便利。

　　Python 的整數類型常數有以下 4 種表示形式。

1. **十進位整數**：如 120、 0、 -374 等。

2. **二進位整數**

是以 0b 或 0B（數字 0 加字母 b 或 B）開頭，後接數字 0, 1 的整數。例如：

```
>>> 0b1111
15
```

0b1111 表示一個二進位整數，其值等於十進位數字 15。

3. **八進制整數**

是以 0o 或 0O（數字 0 加小寫字母 o 或大寫字母 O）開頭，後接數字 0~7 的整數。例如：

```
>>> 0o127
87
```

0o127 表示一個八進制整數，其值等於十進位數字 87。

4. **十六進制整數**

是以 0x 或 0X 開頭，後接 0~9 和 A~F（或用小寫字母）字元的整數。例如：

```
>>> 0xabc
2748
```

0xabc 表示一個十六進制整數，其值等於十進位數字 2748。

注意：Python 2.x 將整數類型資料分為 int 型和 long 型。int 型資料一般占用 32 個位元，因此資料表示範圍在 -2^{31}~2^{31}-1 之間。long 型資料在電腦內的表示沒有長度限制，其值可以任意大。Python 3.x 只有一種整數類型，其特性與 Python 2.x 的 long 型類似。

（二）浮點類型資料

浮點類型資料表示一個實數，有以下兩種表示形式。

1. **十進位小數形式**

由數字和小數點組成，如：1.23、34.0、0.0 等。浮點類型資料允許小數點後面沒有任何數字，表示小數部分為 0，如：34. 表示 34.0。

2.　指數形式

　　指數形式就是使用科學記號表示法表示的浮點數，用字母 e（或 E）表示以 10 為底的指數，e（或 E）之前為數字部分，之後為指數部分，且兩部分必須同時出現，指數必須為整數。例如：

```
>>> 45e-5
0.00045
>>> 45e-6
4.5e-05
>>> 9.34e2
934.0
```

　　45e-5、45e-6、9.34e2 是合法的浮點類型常數，分別代表 $45×10^{-5}$、 $45×10^{-6}$、$9.34×10^2$，而 e4、 3.4e4.5、 34e 等是非法的浮點類型常數。

　　對於浮點數，Python 3.x 預設 17 位有效位數，相當於 C 語言中的倍精度浮點數。例如：

```
>>> 1234567890123456.0
1234567890123456.0
>>> 1234567890123456789.0
1.2345678901234568e+18
>>> 1234567890123456789.0 + 1
1.2345678901234568e+18
>>> 1234567890123456789.0 + 1 - 1234567890123456789.0
0.0
>>> 1234567890123456789.0 - 1234567890123456789.0 + 1
1.0
```

　　在數學中，1234567890123456789.0 + 1 等於 1234567890123456790.0，但由於 Python 中浮點數受 17 位有效位數的限制，1234567890123456789.0 + 1 的結果等於 1.2345678901234568e+18 ， 其 中 加 1 的 結 果 被 忽 略 了 ， 1234567890123456789.0 + 1 再 減 去 1234567890123456789.0 的 結 果 為 0。 1234567890123456789.0 − 1234567890123456789.0 + 1 先執行的是減法運算，得到 0，然後再加上 1，結果為 1.0，所以電腦中的計算與數學上的計算是不同的。在求解問題時必須注意這種差別。這方面的例子還有很多，再舉一個例子：

```
>>> 1.001 * 10
10.009999999999998
```

　　為什麼 Python 中 1.001 * 10 結果是 10.009999999999998，而不是 10.01，其原因在於十進位小數轉換為二進位小數時可能出現無限小數問題，而 Python 在儲存小數時使用的是倍精度浮點數，這種數只可以儲存一定位數的有效數字，所以當遇到無限小數時就會出現精確度減少的問題。

（三）複數類型資料

在科學計算中常會遇到複數運算問題。例如，數學中求方程式的複數根、電路學中交流電路的計算、自動控制系統中傳遞函式的計算等都要用到複數運算。Python 所提供的複數類型，使得有關複數運算問題變得方便容易。

複數類型資料的形式為：

```
a + bJ
```

其中，a 是複數的實部，b 是複數的虛部，J 表示 -1 的平方根（虛數單位）。J 也可以寫成小寫 j。注意：不是數學上的 i。例如：

```
>>> x = 12 + 34J
>>> print(x)
(12+34j)
```

可以透過 x.real 和 x.imag 來分別取得複數 x 的實部和虛部，結果都是浮點類型。接著上面的敘述，繼續執行以下敘述：

```
>>> x.real
12.0
>>> x.imag
34.0
```

1-4-2　字串類型

（一）Python 標準字串

在 Python 中可以使用單引號(')、雙引號(")和三引號（三個單引號或三個雙引號）定義一個標準字串，這使得 Python 輸入文字更加方便。例如，當字串的內容中包含雙引號時，就可以使用單引號定義，反之亦然。例如：

```
>>> str1 = 'Summer break is coming.'
>>> print(str1)
Summer break is coming.
>>> print(str1[0])        #輸出字串的第 1 個字元
S
>>> print(str1[7:12])     #輸出字串的第 8~12 個字元
break
```

```
>>> str2 = "I am 'Python'"
>>> print(str2)
I am 'Python'
```

用單引號或雙引號括起來的字串必須在同一列中表示，這是最常見的表示字串的方式，而用三引號括起來的字串可以是多列的。

通常想看變數的內容時，會在程式碼中使用 print 敘述輸出。在互動式直譯器中，可以使用 print 敘述顯示變數的字串表示，或者僅使用變數名稱查看該變數的原始值。例如：

```
>>> str3 = """"I'm "Python"!"""
>>> print(str3)
I'm "Python"!
>>> str4 = """
I'm "Python"!
"""
>>> print(str4)
（空一列）
I'm "Python"!
（空一列）
```

注意：在僅用變數名稱時，輸出的字串是用單引號括起來的。這是為了讓非字串物件也能以字串的方式顯示在螢幕上，即它顯示的是該物件的字串表示，而不僅僅是字串本身。引號表示剛剛輸入的變數的值是一個字串。

Python 字串中的字元不能改變，對一個位置指定值會導致錯誤。例如：

```
>>> str5 = "ABCDEFG"
>>> str5[1] = "8"      #試圖改變第 2 個字元會發生錯誤
TypeError: 'str' object does not support item assignment
```

在 Python 中，修改字串只能重新指定，每修改一次字串就產生一個新的字串物件，這看起來好像會造成處理效率下降。其實，Python 系統會自動對不再使用的字串進行垃圾回收，所以，新的物件重用前面已有字串的空間。

（二）基本的字串函式

1. eval() 函式

與字串有關的一個重要函式是 eval，其呼叫格式為：

eval（字串）

eval()函式是把字串的內容做為對應的 Python 敘述來執行。例如：

```
>>> s = '123 + 456'
>>> eval(s)
579
```

2. len() 函式

len()函式傳回字串的長度，即字串中所包含的字元個數，其呼叫格式為：

len (字串)

例如：

```
>>> s1 = 'abcde'
>>> len(s1)
5
>>> s2 = "I am 'Python'"
>>> len(s2)
13
```

（三）轉義字元

轉義字元(Escape Sequence)以倒斜線"\"開頭，後跟一個或多個字元。轉義字元具有特定的含義，不同於字元原有的含義，故稱「轉義字元」。例如，"\n"就是一個轉義字元，其意義是換列。轉義字元主要用來表示使用一般字元不便於表示的控制碼。常用的轉義字元及其含義如下表所示。

轉義字元	ASCII 值	說明
\0	0	空字元
\a	7	產生響鈴聲
\b	8	後退(Backspace)
\n	10	換列
\t	9	跳八格(Tab)
\\	92	倒斜線
\'	44	單引號
\"	34	雙引號
\ddd		1~3 位八進制數表示的 ASCII 碼所代表的字元
\xhh		1~2 位十六進制數表示的ASCII 碼所代表的字元

其中，字元"\b"、"\n"和"\t"用於輸出時，控制後面輸出項的輸出位置。"\b"表示往回退一格；"\n"表示之後的輸出從下一列開始；字元"\t"是定位字元，是使目前輸出位置橫向跳至一個輸出區的第 1 個位置。系統一般設定每個輸出區占 8 行（設定值可以改變），這樣，各輸出區的起始位置依次為 1，9，17，...各行。如目前輸出位置在第 1~8 行任意位置上，則遇"\t"都使目前輸出位置移到第 9 行上。

```
>>> print('Hello\"World!')
Hello"World!
>>> print('Hello\'World!')
Hello'World!
>>> print('Hello\tWorld!')
Hello    World!
>>> print('Hello\nWorld!')
Hello
World!
```

請再看下面例子：

```
>>> print("**ab*c\t*de***\tfg**\n")
**ab*c△△*de***△△fg**        # △表示一個空格
（空一列）
>>> print("h\nn***k")
h
n***k
```

其中，程式中的第 1 個輸出敘述先在第 1 列左端開始輸出**ab*c，然後遇到"\t"，它的作用是跳格，跳到下一定位停駐點，從第 9 行開始，故在第 9~14 行上輸出*de***。下面再遇到"\t"，它使目前輸出位置移到第 17 行，輸出 fg**。接著是換列字元"\n"。第 1 個輸出敘述結束再次產生換列，即輸出一個空列。第 2 個輸出敘述先在第 1 行輸出字元 h，後面的"\n"再一次換列，使目前輸出位置跳到下一列第 1 行，接著輸出字元 n***k。

一般而言，Python 字元集（包括英文字母、數字、底線以及其他一些符號）中的任何一個字元都可用轉義字元來表示，例如上表中的"\ddd"和"\xhh"。ddd 和 hh 分別為八進制和十六進制表示的 ASCII 碼。如："\101"表示 ASCII 碼為八進制數 101 的字元，即為字母 A。同理，"\134"表示倒斜線"\"，"\x0A"表示換列"\n"，"\x7"表示響鈴等。

如果不想讓倒斜線發生轉義，可以在字串前面添加一個 r，表示原始字串。例如：

```
>>> print('C:\some\name')     #"\n"當轉義字元
C:\some
ame
>>> print(r'C:\some\name')     #"\n"不發生轉義
C:\some\name
```

1-4-3　布林類型

布林(Bool)類型資料用於描述邏輯判斷的結果。在 Python 中，布林類型資料有 True 和 False 兩種值，分別代表邏輯「真」和邏輯「假」。

值為真或假的運算式稱為布林運算式。Python 的布林運算式包括關係運算式和邏輯運算式。它們通常用來在程式中表示條件(Condition)，條件滿足時結果為 True，不滿足時結果為 False。第 4 章將詳細介紹條件的描述方法。下面先看簡單的例子。

```
>>> x = 5
>>> x > x+1
False
>>> x-1 < x
True
```

在 Python 中，邏輯值 True 和 False 是分別使用整數值 1 和 0 參與運算。例如：

```
>>> x = False
>>> x + (5>4)
1
```

1-4-4　複合資料類型

數值類型和布林類型資料不可再分解為其他類型，而串列(List)、元組(Tuple)、字典(Dictionary)和集合(Set)類型的資料包含多個相互關聯的資料元素，所以稱為「複合資料類型」(Compound Data Type)。字串(String)其實也是一種複合資料，其元素是單一字元。

串列、元組和字串是有順序性的(Ordered)資料元素的儲存容器(Container)，稱為「序列」(Sequence)。序列具有循序存取的特徵，可以透過各資料元素在序列中的位置編號（或稱下標）來存取資料元素。字典和集合屬於沒有順序性的(Unordered)資料儲存容器，資料元素沒有特定的排列順序，因此不能像序列那樣透過下標來存取資料元素。

　　本節只介紹這些複合資料的概念，幫助讀者建立對 Python 資料類型的整體認識，關於複合資料類型的細節將在第 7~9 章中介紹。

（一）串列

　　串列(List)是 Python 中使用較多的複合資料類型，可以完成大多數複合資料結構的操作。串列是在中括號"[]"之間、用逗號隔開的元素序列，元素的類型可以不相同，可以是數字、單一字元、字串甚至也可以包含串列（巢狀串列）。例如：

```
>>> lst = ['Paul', 35, 73, 175, 'Bob', 32]
>>> print(lst)        #輸出完整串列
['Paul', 35, 73, 175, 'Bob', 32]
>>> print(lst[0])     #輸出串列的第 1 個元素
Paul
```

與 Python 字串不同的是，串列中的元素是可以改變的。例如：

```
>>> a = [1, 2, 3, 4, 5]
>>> a[0] = 10          #更改串列的第 1 個元素
>>> a
[10, 2, 3, 4, 5]
```

（二）元組

　　元組(Tuple)是在小括號"()"之間用逗號隔開元素的序列。元組中的元素類型也可以不相同。元組與串列類似，不同之處在於元組的元素不能修改，相當於唯讀串列。例如：

```
>>> tup = ('Paul', 35, 73, 175, 'Bob', 32)
>>> print(tup)        #輸出完整元組
('Paul', 35, 73, 175, 'Bob', 32)
>>> print(tup[0])     #輸出元組的第 1 個元素
Paul
```

　　要注意一些元組的特殊表示方式。空的小括號表示空元組。當元組只有一個元素時，必須以逗號結尾。例如：

```
>>> ()          #空元組
()
>>> (5,)        #只含一個元素的元組
(5,)
>>> (5)         #整數 5,不是元組
5
```

任何一組以逗號隔開的物件，當省略標記序列的括號時，預設為元組。例如：

```
>>> 12, 13, 14          #省略括號，預設為元組
(12, 13, 14)
>>> s = 12, 13, 14      #省略括號，預設為元組
>>> s
(12, 13, 14)
```

元組與字串類似，可以把字串看成一種特殊的元組。但元組是不允許更改元素的值，而串列則允許。

```
>>> lst = [1, 2, 3, 4, 5, 6]
>>> lst[2] = 100       #在串列中是合法使用
>>> lst
[1, 2, 100, 4, 5, 6]
>>> tup = (1, 2, 3, 4, 5, 6)
>>> tup[2] = 100       #在元組中是非法使用
TypeError: 'tuple' object does not support item assignment
```

串列的元素用中括號括起來，且元素的個數及元素的值可以改變。元組的元素用小括號括起來，且不可以更改。

（三）字典

字典(Dictionary)是在大括號"{}"之間用逗號隔開元素的資料結構，其元素由鍵(Key)和鍵對應的值(Value)組成，透過鍵來存取字典中的元素。

串列和元組是有順序性的物件組合，字典是一種映射類型(Mapping Type)，是一個沒有順序性的「鍵：值」對組合。鍵必須使用不可變類型，也就是說串列和包含可變類型的元組不能做為鍵。在同一個字典中，鍵還必須不相同。例如：

```
>>> dict = {'name':'Bob', 'code':202301}
>>> print(dict)         #輸出完整的字典
{'name': 'Bob', 'code': 202301}
>>> print(dict['code'])      #輸出鍵為"code"的值 202301
202301
>>> dict['dept'] = 'sales'      #在字典中添加一個"鍵:值"對
>>> print(dict)         #輸出完整的字典
{'name': 'Bob', 'code': 202301, 'dept': 'sales'}
```

（四）集合

集合(Set)是一個沒有順序性且包含不重複元素的資料類型。基本功能是進行成員檢測和去除重複元素。可以使用大括號"{}"或者 set()函式來建立集合類型。注意：建立一個空集合必須用 set()而不是{}，因為{}是用來建立一個空字典。

```
>>> stu = {'Tom', 'Bob', 'Mary', 'Tom', 'John', 'Bob'}
>>> print(stu)      #重複的元素被自動去掉
{'Mary', 'Bob', 'John', 'Tom'}
```

1-5　常用系統函式

在 Python 中，「系統函式」分為標準函式庫(Standard Library)與內建函式庫(Built-in Functions)。標準函式庫中包含眾多模組(Modules)，每個模組中定義多個有用的函式(Function)，例如，數學模組(Math)提供很多數學運算函式，複數模組(Cmath)提供用於複數運算的函式，隨機數模組(Random)提供用來產生隨機數的函式，時間(Time)和日曆(Calendar)模組提供可以處理日期和時間的函式。

內建函式（如：input()、print()）是語言的一部分，可以直接呼叫使用，而標準函式庫則需要先使用 import 敘述匯入對應的模組，格式如下：

import 模組名稱

該敘述將模組中定義的函式程式碼複製到自己的程式中，然後就可以存取模組中的任何函式，其方法是在函式名稱前面加上「模組名稱」。例如，呼叫數學模組 math 中的平方根函式 sqrt()，敘述如下：

```
>>> import math      #匯入 math 模組
>>> math.sqrt(2)     #呼叫 sqrt()函式
1.4142135623730951
```

如果希望匯入模組中的所有函式定義，則函式名稱使用"*"。格式如下：

from 模組名稱 import *

這樣呼叫指定模組中的任意函式時，不需要在前面加「模組名稱」。使用這種方法固然省事方便，但當多個模組有同名的函式時，會引起混淆，使用時要注意。請看下面例子：

例 1-1　　匯入模組中的函式。

```
from math import sqrt     #呼叫 math 模組中的 sqrt 函式

x = 4
a = 4
b = 4

if x == 1:
    c = a + b
elif x == 2:
    c = a * b
elif x == 3:
    c = pow(a,2)
elif x == 4:
    c = sqrt(b)          # c=2.0
else:
    print('Error')

print(c)
```

程式執行結果如下：

```
2.0
```

1-5-1　常用模組函式

（一）math 模組函式

　　math 模組的函式主要是用來處理數學相關的運算，其中常用的數學常數和函式及其使用範例如下所示。

運算	函式	功能	使用範例
常數	e	傳回常數 e（自然對數基底）	2.718281828459045
	pi	傳回圓周率 π 的值	>>> pi 3.141592653589793
絕對值／平方根	fabs(x)	傳回 x 的絕對值（傳回值為浮點數）	>>> fabs(-10) 10.0
	sqrt(x)	傳回 x 的平方根(x>0)	>>> sqrt(4) 2.0

運算	函式	功能	使用範例
指數／對數	pow(x,y)	傳回 x 的 y 次方	>>> pow(2, 3) 8.0
	exp(x)	傳回 e^x	>>> exp(1) 2.718281828459045

	log(x[,base])	傳回 x 的自然對數。可以使用 base 參數來改變對數的基底。	>>> log(e)
			1.0
			>>> log(100, 10)
			2.0

	log10(x)	傳回 x 的常用對數	>>> log10(100) 2.0
取整數／餘數	ceil(x)	大於 x 的最小整數	>>> ceil(4.1) 5
	floor(x)	小於 x 的最大整數	>>> floor(-4.9) -5
	fmod(x,y)	傳回求 x/y 的餘數（傳回值為浮點數）	>>> fmod(7,4) 3.0
弧度／角度轉換	degrees(x)	將弧度轉換為角度	>>> degrees(pi) 180.0
	radians(x)	將角度轉換為弧度	>>> radians(90) 1.5707963267948966
三角函式	sin(x)	傳回 x 的正弦值（x 為弧度）	>>> sin(pi/2) 1.0
	cos(x)	傳回 x 的餘弦值（x 為弧度）	>>> cos(pi) -1.0
	tan(x)	傳回 x 的正切值（x 為弧度）	>>> tan(pi/4) 0.9999999999999999 （數學上為 1）
反三角函式	asin(x)	傳回 x 的反正弦值（弧度）	>>> degrees(asin(1)) 90.0
	acos(x)	傳回 x 的反餘弦值（弧度）	>>> degrees(acos(-1)) 180.0
	atan(x)	傳回 x 的反正切值（弧度）	>>> degrees(atan(1)) 45.0

（二）cmath 模組函式

cmath 模組函式與 math 模組函式類似，包括圓周率、自然對數基底，還有複數的指數函式、對數函式、平方根函式、三角函式等。cmath 模組函式名稱和 math 模組函式名稱一樣，只是 math 模組支援實數運算，cmath 模組支援複數運算。例如：

```
>>> import cmath
>>> cmath.pi
3.141592653589793
>>> cmath.sqrt(-1)
1j
>>> from cmath import *
>>> sin(1)
(0.8414709848078965+0j)
>>> log10(100)
(2+0j)
>>> exp(100+10j)
(-2.255522560520288e+43-1.4623924736915717e+43j)
```

當然，也有複數運算特有的函式，如：複數的相角(Phase Angle)、複數的極座標和直角座標表示形式的轉換等。對於複數 x=a+bi，phase(x)函式傳回複數 x 的相角，即 atan(b/a)。例如：

```
>>> phase(1+1j)
0.7853981633974483
>>> phase(1+2j)
1.1071487177940904
```

cmath 模組的 polar()函式和 rect()函式可以對複數進行極座標和直角座標的轉換。polar(x)函式將複數的直角座標轉換為極座標，輸出為一個二元組(r, p)，r 為複數的模，即 r=abs(x)，p 為幅角，即 p=phase(x)。rect(r, p)函式將複數的極座標轉換為直角座標，輸出為 r*cos(p)+r*sin(p)*1j。例如：

```
>>> import cmath
>>> c = 3 + 4j
>>> r, p = cmath.polar(c)
>>> print(r, p)
5.0 0.9272952180016122
>>> cmath.rect(r, p)
(3.0000000000000004+3.9999999999999996j)
```

（三）random 模組函式

1. 隨機數種子

使用 seed(x)函式可以設定隨機數產生器的種子，通常在呼叫其他隨機模組函式之前呼叫此函式。對於相同的種子，每次呼叫隨機函式產生的隨機數是相同的。預設將系統時間做為種子值，使得每次產生的隨機數都不一樣。

2. 隨機挑選和排序

(1) choice(seq)：從序列 seq 的元素中隨機挑選一個元素。

(2) sample(seq, k)：從序列 seq 中隨機挑選 k 個元素。

(3) shuffle(seq)：將序列 seq 的所有元素隨機排序。

```
>>> seq = [0, 1, 2, 3, 4, 5, 6, 7, 8, 9]
>>> choice(seq)          #從 0 到 9 中隨機挑選一個整數
9
>>> choice(seq)          #從 0 到 9 中隨機挑選一個整數
7
>>> sample(seq, 2)
[9, 7]
>>> shuffle(seq)
>>> seq
[6, 5, 7, 3, 9, 4, 8, 2, 0, 1]
```

3. 產生隨機數

下面產生的隨機數符合均勻分布(Uniform Distribution)，表示某個範圍內的每個數字出現的機率相等。

(1) random()：隨機產生一個 [0, 1) 範圍內的實數。

(2) uniform(a,b)：隨機產生一個 [a, b] 範圍內的實數。

(3) randrange(a,b,c)：隨機產生一個 [a, b) 範圍內以 c 遞增的整數，省略 c 時以 1 遞增，省略 a 時初值為 0。

(4) randint(a,b)：隨機產生一個 [a, b] 範圍內的整數，相當於 randrange(a, b+1)。

```
>>> random()
0.12444556743362578
>>> uniform(1, 10)
6.078345648815569
>>> randrange(1, 10, 2)
9
>>> randrange(1, 10)
2
```

```
>>> randint(1, 10)
8
```

（四）time 模組函式

1. time()：傳回目前時間的時間戳記。時間戳記是從 Epoch（1970 年 1 月 1 日 00:00:00 UTC）開始所經過的秒數，不考慮閏秒。

2. localtime([secs])：接收從 Epoch 開始的秒數，並傳回一個時間元組。時間元組包含 9 個元素，相當於 struct_time 結構。省略秒數時，傳回目前時間戳記對應的時間元組。例如：

```
>>> from time import *
>>> localtime()
time.struct_time(tm_year=2023, tm_mon=3, tm_mday=22,
tm_hour=9, tm_min=22, tm_sec=58, tm_wday=2, tm_yday=81,
tm_isdst=0)
```

3. asctime([tupletime])：接收一個時間元組，並傳回一個日期時間字串。時間元組省略時，傳回目前系統日期和時間。例如：

```
>>> asctime()
'Wed Mar 22 09:24:19 2023'
>>> asctime(localtime(time()))
'Wed Mar 22 09:24:50 2023'
```

4. ctime([secs])：類似於 asctime(localtime([secs]))，不含參數時與 asctime()功能相同。例如：

```
>>> ctime(time())
'Wed Mar 22 09:25:39 2023'
```

5. strftime（日期格式）：按指定的日期格式傳回目前日期。例如：

```
>>> strftime('%Y-%m-%d %H:%M:%S')
'2023-03-22 09:26:18'
>>> strftime('%y-%m-%d %H:%M:%S')
'23-03-22 09:29:19'
```

　　Python 時間日期格式字元有：%y 表示兩位數的年份(00~99)；%Y 表示 4 位數的年份(0000~9999)；%m 表示月份(01~12)；%d 表示月中的一天(0~31)；%H 表示 24 小時制小時數(0~23)；%I 表示 12 小時制小時數(01~12)；%M 表示分鐘數(00~59)；%S 表示秒(00~59)。

（五）calendar 模組函式

日曆(Calendar)模組提供與日曆相關的功能。在預設情況下，日曆把星期一做為一周的第一天，星期日為最後一天。要改變這種設定，可以呼叫 setfirstweekday()函式。

1. setfirstweekday(weekday)：設定每個星期的開始工作日程式碼。星期程式碼是 0~6，代表星期一～星期日。

2. firstweekday()：傳回目前設定的每個星期開始工作日。預設是 0，意思是星期一。

3. weekday(year,month,day)：傳回給定日期的星期程式碼。

4. isleap(year)：如果指定年份是閏年傳回 True，否則為 False。

5. leapdays(y1,y2)：傳回在[y1,y2)範圍內的閏年數。

```
>>> from calendar import *
>>> isleap(2023)
False                   # 2023 年不是閏年
>>> leapdays(2020,2040)
5                       # 2020~2040 年有 5 個閏年
```

6. calendar(year)：傳回指定年分的日曆。例如：

```
>>> from calendar import *
>>> cal = calendar(2023)
>>> print(cal)      #印出 2023 年的日曆
```

列印結果如下所示：

```
                                      2023

          January                   February                    March
Mo Tu We Th Fr Sa Su       Mo Tu We Th Fr Sa Su       Mo Tu We Th Fr Sa Su
                   1           1  2  3  4  5              1  2  3  4  5
 2  3  4  5  6  7  8        6  7  8  9 10 11 12        6  7  8  9 10 11 12
 9 10 11 12 13 14 15       13 14 15 16 17 18 19       13 14 15 16 17 18 19
16 17 18 19 20 21 22       20 21 22 23 24 25 26       20 21 22 23 24 25 26
23 24 25 26 27 28 29       27 28                      27 28 29 30 31
30 31

           April                      May                        June
Mo Tu We Th Fr Sa Su       Mo Tu We Th Fr Sa Su       Mo Tu We Th Fr Sa Su
                1  2        1  2  3  4  5  6  7                 1  2  3  4
 3  4  5  6  7  8  9        8  9 10 11 12 13 14        5  6  7  8  9 10 11
10 11 12 13 14 15 16       15 16 17 18 19 20 21       12 13 14 15 16 17 18
17 18 19 20 21 22 23       22 23 24 25 26 27 28       19 20 21 22 23 24 25
24 25 26 27 28 29 30       29 30 31                   26 27 28 29 30

           July                     August                   September
Mo Tu We Th Fr Sa Su       Mo Tu We Th Fr Sa Su       Mo Tu We Th Fr Sa Su
                1  2           1  2  3  4  5  6                    1  2  3
 3  4  5  6  7  8  9        7  8  9 10 11 12 13        4  5  6  7  8  9 10
10 11 12 13 14 15 16       14 15 16 17 18 19 20       11 12 13 14 15 16 17
17 18 19 20 21 22 23       21 22 23 24 25 26 27       18 19 20 21 22 23 24
24 25 26 27 28 29 30       28 29 30 31                25 26 27 28 29 30
31

          October                  November                   December
Mo Tu We Th Fr Sa Su       Mo Tu We Th Fr Sa Su       Mo Tu We Th Fr Sa Su
                   1           1  2  3  4  5                    1  2  3
 2  3  4  5  6  7  8        6  7  8  9 10 11 12        4  5  6  7  8  9 10
 9 10 11 12 13 14 15       13 14 15 16 17 18 19       11 12 13 14 15 16 17
16 17 18 19 20 21 22       20 21 22 23 24 25 26       18 19 20 21 22 23 24
23 24 25 26 27 28 29       27 28 29 30                25 26 27 28 29 30 31
30 31
```

7. month(year,month)：傳回指定年份和月份的日曆。例如：

```
>>> cal = month(2023,3)
>>> print(cal)
```

將列印出 2023 年 3 月的日曆。列印結果如下所示：

```
      March 2023
Mo Tu We Th Fr Sa Su
       1  2  3  4  5
 6  7  8  9 10 11 12
13 14 15 16 17 18 19
20 21 22 23 24 25 26
27 28 29 30 31
```

8. monthcalendar(year,month)：傳回整數串列，每個子串串列示一個星期（從星期一到星期日）。例如：

```
>>> cal = monthcalendar(2023, 3)
>>> print(cal)
[[0, 0, 1, 2, 3, 4, 5], [6, 7, 8, 9, 10, 11, 12], [13, 14,
 15, 16, 17, 18, 19], [20, 21, 22, 23, 24, 25, 26], [27,
 28, 29, 30, 31, 0, 0]]
```

9. monthrange(year,month)：傳回兩個整數，第 1 個數代表指定年和月的第一天是星期幾，第二個數代表所指定月份的天數。例如：

```
>>> monthrange(2023, 3)
(2, 31)   #2023 年 3 月的第 1 天是星期三，該月有 31 天。
```

1-5-2 常用內建函式

　　Python 的內建函式包含在模組 builtins 中，該模組在啟動 Python 直譯器時自動載入記憶體，而其他的模組函式都要等使用 import 敘述匯入時才會載入記憶體。內建函式隨著 Python 直譯器的執行而建立，在程式中可以隨時呼叫這些函式。前面用到的 print()函式、type()、id()函式都是常見的內建函式。下面再介紹一些常見的內建函式，其實內建函式有很多，有些將在後續章節陸續介紹。

（一）數值運算函式

　　Python 提供下列常用於數值運算的內建函式。

1. abs(x)：傳回 x 的絕對值，結果保持 x 的類型。如果 x 為複數，則傳回複數的模 (Magnitude)。例如：

```
>>> abs(-10)
10
>>> abs(3+4j)    #求複數的模
5.0
```

2. pow(x,y[,z])：x、y 是必選參數，z 是可選參數（z 加中括號，表示 z 是可選參數）。省略 z 時，傳回 x 的 y 次方，結果保持 x 或 y 的類型。如果使用參數 z，其結果是 x 的 y 次方再對 z 求餘數。例如：

```
>>> pow(2, 3)
8
>>> pow(2, 3, 3)
2
```

3. round(x[,n])：用於對浮點數進行四捨五入運算，傳回值為浮點數。可選的小數位
　數參數 n，是將結果求到小數點後 n 位小數。如果不指定小數位數參數 n，則傳
　回與 x 最接近的整數，但仍然是浮點類型。例如：

```
>>> round(12.345)
12
>>> round(3.14159, 3)
3.142
```

4. divmod(x,y)：把除法和取餘數運算結合起來，傳回一個包含商和餘數的元組(x//y,
　x%y)。對整數來說，它的傳回值就是 x/y 取商和 x/y 取餘數的結果。例如：

```
>>> divmod(7, 4)
(1, 3)
>>> divmod(8, 2)
(4, 0)
```

（二）Python 系統的說明資訊

　　對於初學者而言，學會利用 Python 系統的說明資訊來熟悉有關內容是十分
重要的。可以使用內建函式 dir()和 help()查看 Python 說明資訊。dir()函式的呼叫
方法很簡單，只需把想要查詢的物件加到括號中就可以了，它傳回一個串列，其
中包含要查詢物件的所有屬性和方法。例如：

```
>>> import math
>>> dir(math)   #查看數學模組 math 的屬性和方法
['__doc__', '__loader__', '__name__', '__package__',
 '__spec__', 'acos', 'acosh', 'asin', 'asinh', 'atan',
 'atan2', 'atanh', 'cbrt', 'ceil', 'comb', 'copysign',
 'cos', 'cosh', 'degrees', 'dist', 'e', 'erf', 'erfc',
 'exp', 'exp2', 'expm1', 'fabs', 'factorial', 'floor',
 'fmod', 'frexp', 'fsum', 'gamma', 'gcd', 'hypot', 'inf',
 'isclose', 'isfinite', 'isinf', 'isnan', 'isqrt', 'lcm',
 'ldexp', 'lgamma', 'log', 'log10', 'log1p', 'log2', 'modf',
 'nan', 'nextafter', 'perm', 'pi', 'pow', 'prod', 'radians',
 'remainder', 'sin', 'sinh', 'sqrt', 'tan', 'tanh', 'tau',
 'trunc', 'ulp']
```

　　若要查看某個物件的說明資訊可以使用 help()函式。例如查看 abs 函式的詳
細說明資訊：

```
>>> help(abs)
Help on built-in function abs in module builtins:
```

```
abs(x, /)
    Return the absolute value of the argument.
```

又如查看 sqrt()函式的說明資訊：

```
>>> help(math.sqrt)
    Help on built-in function sqrt in module math:

sqrt(x, /)
    Return the square root of x.
```

在 Python 直譯器提示字元下輸入"help()"命令，可以進入線上說明環境。

```
>>> help()
Welcome to Python 3.11's help utility!
……


help>
```

"help>"是說明系統提示字元，在該提示字元下輸入想瞭解的主題，Python 就會給出有關主題的資訊。例如，輸入 modules 可以得到所有模組的資訊。

```
help> modules
……
```

輸入某個模組的名稱可以得到該模組的資訊。例如，輸入 math 可以得到 math 模組中所有函式的意義和用法。

```
help> math
……
```

輸入 quit 命令傳回 Python 直譯器提示字元。

```
help> quit
……
>>>
```

編寫實用的 Python 應用程式，可以充分利用豐富的系統資源。讀者可以根據需要隨時查閱有關 Python 的標準模組資料，以求事半功倍。

上機練習

1. 請檢查 Python 是否已經安裝到您的系統上，如果沒有，請下載並安裝！

2. 有多少種執行 Python 的不同方式？您喜歡哪一種執行方式？

3. 請找尋系統中 Python 執行程式的安裝位置和標準模組庫的安裝位置。看看標準模組庫中的一些檔案，比如 string.py。

4. 啟動 Python 互動式直譯器，一旦看到提示字元(>>>)，表示直譯器準備好接受您的 Python 命令。試著輸入命令 print('Hello World!')，接著按 Enter 鍵，觀察螢幕上的輸出，然後退出直譯器。

5. 編寫 Python 腳本和上面的互動式練習並不相同。試延續上面的練習，建立"Hello World!"的 Python 腳本，然後在使用的系統中執行程式。

6. 我們知道在 dir 後面加上一對小括號可以執行 dir()內建函式。啟動 Python 互動式直譯器，透過直接輸入 dir()來執行 dir()內建函式。螢幕上顯示什麼？如果不加小括號直譯器傳回什麼資訊？

7. type()內建函式接收任意的 Python 物件做為參數並傳回物件的類型。在 Python 互動式直譯器中輸入 type(dir)，看看螢幕上顯示什麼？

8. 我們可以利用 dir()找出 sys 模組中更多的資訊。首先試著啟動 Python 互動式直譯器，執行 dir()函式，然後輸入 import sys 以匯入 sys 模組。再次執行 dir()函式以確認 sys 模組已被正確匯入。然後執行 dir(sys)，觀察 sys 模組的所有屬性。

9. 我們可以在屬性名稱之前加上 sys. 來顯示 sys 模組的版本號碼屬性及平台變數。這表示這個屬性是 sys 模組的。其中 version 變數保存 Python 直譯器的版本，platform 屬性則包含執行 Python 時使用的電腦平台資訊。

一、選擇題

1. Python 語言屬於　(A)機器語言　(B)組合語言　(C)高階語言　(D)科學計算語言

2. 下列選項中，不屬於 Python 特點的是　(A)物件導向　(B)執行效率高　(C)可讀性佳　(D)開源

3. Python 程式檔的副檔名是　(A).python　(B).pyt　(C).pt　(D).py

4. 以下敘述中正確的是　(A)Python 3.x 與 Python 2.x 相容　(B)Python 敘述只能以程式方式執行　(C)Python 是直譯型語言　(D)Python 語言出現得晚，具有其他高階語言的一切優點

5. 下列選項中合法的識別字是　(A)_7a_b　(B)break　(C)_a$b　(D)7ab

6. 下列識別字中合法的是　(A)i'm　(B)_　(C)3Q　(D)for

7. Python 不支援的資料類型有　(A)char　(B)int　(C)float　(D)list

8. 關於 Python 中的複數，下列說法錯誤的是　(A)表示複數的語法形式是 a+bj　(B)實部和虛部都必須是浮點數　(C)虛部必須加尾碼 j，且必須是小寫　(D)函式 abs()可以求複數的模

9. 函式 type(1+0xf*3.14)的傳回結果是　(A)<class 'int'>　(B)<class 'long'>　(C)<class 'str'>　(D)<class 'float'>

10. 若字串 s='a\nb\tc'，則 len(s)的值是　(A)7　(B)6　(C)5　(D)4

11. Python 敘述 print(0xA+0xB)的輸出結果是　(A)0xA+0Xb　(B)A+B　(C)0xA0Xb　(D)21

12. Python 運算式中，可以使用＿＿＿＿控制運算的優先順序。　(A)小括號()　(B)中括號[]　(C)大括號{}　(D)角括號<>

13. 下列運算式中，值不是 1 的是　(A)4//3　(B)15 ﹪2　(C)1^0　(D)~1

14. Python 敘述 print(r"\nGood")的執行結果是　(A)新列和字串 Good　(B)r"\nGood"　(C)\nGood　(D)字元 r、新列和字串 Good

15. 敘述 eval('2+4/5') 執行後的輸出結果是　(A)2.8　(B)2　(C)2+4/5　(D)'2+4/5'

16. 整數變數 x 中存放一個兩位數，要將這個兩位數的個位數和十位數交換位置，例如，15 變成 51，正確的 Python 運算式是　(A)(x%10)*10+x//10　(B)(x%10)//10+x//10　(C)(x/10)%10+x//10　(D)(x%10)*10+x%10

二、填空題

1. Python 敘述既可以採用互動式的_____執行方式，也可以採用_____執行方式。

2. 在 Python 整合式開發環境中，可使用快速鍵_____執行程式。

3. 串列(list)的元素使用_____括住，元素的個數及元素的值可以改變。元組(Tuple)元素使用_____括住，不可以更改。字典元素使用_____括住。

4. _____是 Python 中的映射資料類型，由鍵-值(Key-value)對構成。幾乎所有類型的 Python 物件都可以用作鍵，不過一般還是以數位或者字串最為常用。

5. 建立一個模組之後，可以從另一個模組中使用_____敘述匯入這個模組來使用。

6. 使用 math 模組庫中的函式時，必須使用_____敘述匯入該模組。

7. Python 運算式 1/2 的值為_____，1//3+1//3+1//3 的值為_____，5%3 的值為_____。

三、簡答題

1. Python 語言有何特點？

2. 簡述 Python 的主要應用領域及常用的函式模組。

3. 什麼是 Python 直譯器(Interpreter)?

4. 什麼是原始碼(Source Code)？

5. 什麼是位元組碼(Byte Code)？

6. Python 語言有哪些資料類型？

7. 下列敘述的執行結果是 False，分析其原因。

```
>>> from math import sqrt
>>> print(sqrt(3)*sqrt(3) == 3)
False
```

四、程式設計題

1. 在命令提示符號>>>後輸入 import this，瀏覽 The Zen of Python 內容。

2. 將一列簡單的訊息儲存在變數中，然後列印該訊息。

3. 將訊息儲存在變數中，然後列印該訊息。接著將變數的值更改為新訊息，並印出該新訊息。

4. 將一個人的名字儲存在一個變數中，並對該人列印一條訊息。您的訊息可以很簡單，例如，"Hello Eric, would you like to learn some Python today?"

5. 將你最喜歡的號碼儲存在一個變數中。然後，使用該變數建立一條訊息，顯示你最喜歡的號碼，並列印該訊息。

6. 使用 print 敘述編寫腳本，在螢幕上顯示名字、年齡、最喜歡的顏色等。

7. 編寫加法、減法、乘法和除法運算，每個運算的結果都是數字 8。請務必將運算包含在 print 敘述中以查看結果。您應該建立四列如下的敘述：

    print(5 + 3)

    您的輸出應該只有四列，每列出現一次數字 8。

8. 已知三角形的三邊，求三角形三個角的大小。

9. 按下列要求寫出 Python 運算式。
   (1) 將整數 k 轉換成實數。
   (2) 求實數 x 的小數部分。
   (3) 求正整數 m 的百位數。
   (4) 隨機產生一個 3 位數，每位數字可以是 1~6 中的任意一個整數。

MEMO

CHAPTER

02 循序結構

　　程式語言的控制結構(Control Structure)有三種，分別是循序(Sequential)、選擇(Selection)、重複(Repetition)。通常在程式語言中，程式碼從上而下一列一列依次排列，程式也依此順序執行，這就是所謂的「循序結構」。循序結構為一般程式語言執行的基本方式。學習程式設計，首先從循序結構開始。

　　一個程式通常包括資料輸入、資料處理和資料輸出三個操作步驟，其中輸入、輸出是一個程式必需的步驟，而資料處理是指對資料要進行的操作與運算，根據問題的不同而需要使用不同的敘述來實現，其中最基本的資料處理敘述是指定敘述。有了指定敘述、輸入/輸出敘述就可以編寫簡單的 Python 程式了。

　　本章介紹程式設計的基本步驟、演算法的概念、Python 程式的書寫規則、指定敘述、輸入／輸出敘述以及循序結構程式設計方式。

2-1　程式設計概述

　　在學習 Python 語言程式設計之前，需要瞭解一些程式設計的基礎知識，包括程式設計的基本步驟、演算法(Algorithm)的概念及其描述方法。

2-1-1　程式設計的基本步驟

　　一個解決問題的程式主要描述兩部分內容：一是描述問題的每個資料物件(Object)和資料物件之間的關係，二是描述對這些資料物件進行操作的規則。其中，關於資料物件及資料物件之間的關係是資料結構(Data Structure)的內容，而操作規則是求解問題的演算法。著名的瑞士電腦科學家 N. Wirth 教授曾提出：

> 演算法+資料結構=程式

　　程式設計的任務就是選擇描述問題的資料結構，並設計解決問題的方法和步驟，即設計演算法，再將演算法用程式設計語言來描述。程式設計反映出利用電腦解決問題的全部過程，包含多方面的內容，而編寫程式只是其中的一個方面。使用電腦解決實際問題，通常是先要對問題進行分析並建立數學模型，然後考慮資料的組織方式和演算法，並使用某一種程式設計語言編寫程式，最後偵錯工具，使執行後能產生預期的結果。這個過程稱為程式設計(Programming)。一般需要經過以下四個基本步驟。

（一）分析問題，決定數學模型或方法

　　要用電腦解決實際問題，首先要對待解決的問題進行詳細分析，清楚問題求解的需求，然後把實際問題簡化，用數學語言來描述它，這稱為建立數學模型。

建立數學模型後，需選擇計算方法，即選擇使用計算機求解該數學模型的近似方法。不同的數學模型，往往要進行一定的近似處理。對於非數值計算問題則要考慮資料結構。

（二）設計演算法，畫出流程圖

解決一個問題，可能有多種演算法。這時，應該透過分析、比較，挑選一種最佳的演算法。演算法設計後，使用流程圖把演算法表示出來。

（三）選擇程式設計工具，按演算法編寫程式

決定演算法後，還必須將該演算法使用程式設計語言編寫成程式碼，這個過程稱為「編碼」(Coding)。

（四）偵錯工具，分析輸出結果

編寫完成的程式碼，還必須在電腦上執行，排除程式可能的錯誤，直到得到正確結果為止。這個過程稱為程式「除錯」(Debug)。即使是經過除錯的程式，在使用一段時間後，仍然會被發現尚有錯誤或不足之處。這就需要對程式做進一步的修改，使之更加完善。

解決實際問題時，應對問題的性質與要求進行深入分析，從而決定求解問題的數學模型或方法，接下來進行演算法設計，並畫出流程圖。有了演算法流程圖，再來編寫程式就容易了。有些初學者，在沒有把所要解決的問題分析清楚之前就急於編寫程式，結果程式設計思維方式紊亂，很難得到預想的結果。

2-1-2　演算法及其描述

在程式設計過程中，演算法設計是最重要的步驟。演算法需要借助於一些直觀、形象的工具來進行描述，以便於分析和尋找問題。

（一）演算法的概念

在日常生活中，人們做任何一件事情，都是按照一定規則、一步一步地進行的，這些解決問題的方法和步驟稱為演算法。電腦解決問題的方法和步驟，就是電腦解題的演算法。電腦用於解決數值計算，如科學計算中的數值積分、解線性方程組等的計算方法，就是數值計算的演算法；用於解決非數值計算，如用於資料處理的排序、搜尋等方法，就是非數值計算的演算法。

要編寫解決問題的程式，首先應設計演算法，任何一個程式都依賴於特定的演算法，有了演算法，再來編寫程式是容易的事情。

下面舉一個簡單例子說明電腦解題的演算法。

例 2-1　輸入 10 個數，求出其中最大的數。

假設 max 變數用於儲存最大數，先將輸入的第一個數放在 max 中，再將輸入的第二個數與 max 相比較，較大者放在 max 中，然後將第三個數與 max 相比，較大者放在 max 中，…，一直到比完 9 次為止。

上述問題的演算法可以寫成如下形式：

(1) 輸入一個數，儲存在 max 中。

(2) 用 i 來統計比較的次數，其初值設定為 1。

(3) 若 i<=9，執行第(4)步驟，否則執行第(8)步驟。

(4) 輸入一個數，放在 x 中。

(5) 比較 max 和 x，若 x>max，則將 x 的值傳給 max，否則，max 值不變。

(6) i 增加 1。

(7) 傳回到第(3)步驟。

(8) 輸出 max 中的數，此時 max 中的數就是 10 個數中最大的數。

從上述演算法範例可以看出，演算法是解決問題的方法和步驟的精確描述。演算法並不給出問題的精確解，只是說明怎樣才能得到解。每一個演算法都是由一系列基本的操作組成的。這些操作包括加、減、乘、除、判斷、設定數值等。所以研究演算法的目的就是要研究如何把問題的求解過程分解成一些基本的操作。

演算法設計好之後，要檢查其正確性和完整性，再根據它用某種高階語言編寫出對應的程式。程式設計的關鍵就在於設計出一個好的演算法。所以，演算法是程式設計的核心。

（二）演算法的描述

描述演算法有很多不同的工具，前面例子的演算法是用自然語言—中文描述的，其優點是通俗易懂，但它不太直觀，描述不夠簡潔，且容易產生岐義性。

流程圖(Flow Chart)是演算法設計的一種工具，不是輸入給電腦的。只要邏輯正確，且能被人們看懂就可以了，一般是由上而下按執行順序畫下來。在實際應用中，常用傳統流程圖來描述演算法。傳統流程圖是使用一些幾何框圖、流程線條和文字說明表示各種類型的操作。一般用矩形框表示某種處理，有一個入口、一個出口，在框內寫上簡明的文字或符號表示具體的操作；用菱形框表示判斷，有一個入口、兩個出口。菱形框中包含一個為真或為假的運算式，它表示一個條件，兩個出口表示程式執行時的兩個流向，一個是運算式為真（即條件滿足）時程式的流向，另一個是運算式為假（即條件不滿足）時程式的流向，條件滿足時用 Y（即 Yes）表示，條件不滿足時用 N（即 No）表示；用平行四邊形框表示輸入輸出；流程圖中用含箭頭的流程線表示操作的先後順序。

例 2-2　用傳統流程圖來描述例 2-1 的演算法。

用傳統流程圖描述的演算法如圖 2-1 所示。

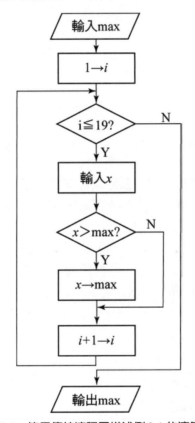

圖 2-1　使用傳統流程圖描述例 2-1 的演算法

傳統流程圖的主要優點是直觀性強，初學者容易掌握。缺點是對流程線條的使用沒有嚴格限制，如毫無限制地使流程任意轉來轉去，將使流程圖變得毫無規律，難以閱讀。為了提高演算法的可讀性和可維護性，需要限制無規則的轉移，使演算法結構規範化。

為了解決這一問題，義大利的 Bohm 和 Jacopini 於 1966 年提出組成結構化演算法的三種基本結構，即循序結構、選擇結構和迴圈結構。

　　循序結構是最簡單的一種基本結構，依次循序執行不同的區塊，如圖 2-2 所示。其中程式區段 A 和程式區段 B 分別代表某些操作，先執行程式區段 A 然後再執行程式區段 B。選擇結構根據條件滿足或不滿足而去執行不同的程式區段。在圖 2-3 中，當條件 P 滿足時執行程式區段 A，否則執行程式區段 B。

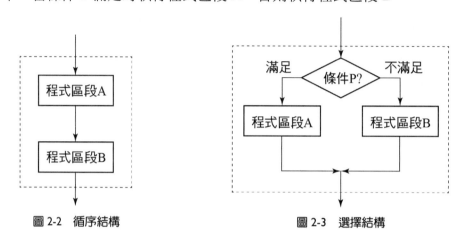

圖 2-2　循序結構　　　　　　　　　　圖 2-3　選擇結構

　　迴圈結構也稱重複結構，是指重複執行某些操作，重複執行的部分稱為迴圈主體(Body)。迴圈結構分前測迴圈和後測迴圈兩種，分別如圖 2-4(a)和圖 2-4(b)所示。前測迴圈先判斷條件是否滿足，當條件 P 滿足時反覆執行程式區段 A，每執行一次測試一次 P，直到條件 P 不滿足為止，跳出迴圈主體執行它下面的敘述。後測迴圈先執行一次迴圈主體，再判斷條件 P 是否滿足，如果不滿足則反覆執行迴圈主體，直到條件 P 滿足為止。

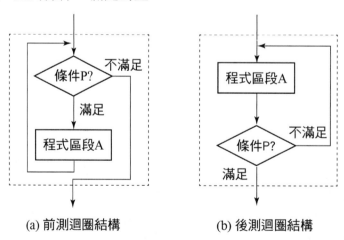

(a) 前測迴圈結構　　　　　(b) 後測迴圈結構

圖 2-4　迴圈結構

　　兩種迴圈結構的區別是：前測迴圈結構是先判斷條件，後執行迴圈主體；而後測迴圈結構則是先執行迴圈主體，後判斷條件。後測迴圈至少執行一次迴圈主體，而前測迴圈有可能一次也不執行迴圈主體。

　　三種基本程式結構具有如下共同特點：

1. 只有一個入口。

2. 只有一個出口。

3. 結構中的每一部分都有機會被執行。

4. 迴圈在滿足一定條件後能正常結束。

　　結構化定理顯示，任何一個複雜問題的程式，都可以用以上三種基本結構組成。具有單一入口、單一出口性質的基本結構之間形成循序執行關係，使不同基本結構之間的介面關係簡單，相互依賴性少，從而呈現出清晰的結構。

2-2　　Python 程式的書寫規則

　　書寫一個 Python 程式，需要遵循基本的規則，這是利用 Python 語言進行程式設計的基礎。

2-2-1　初識 Python 程式

　　程式設計變化很多，求解同一個問題的程式可以有多種。下面看幾個程式實例，例子中給出的程式儘量利用 Python 語言的特點，以展現 Python 語言與眾不同之處。

例 2-3 已知 $f(x, y) = x^2 + y^2$ ，輸入 x 和 y 值，求出對應的函式值。

程式如下：

```
def f(x, y):      #定義函式
    return x ** 2 + y ** 2
print("f(3, 4)=", f(3, 4))
```

第一個敘述定義了一個函式，然後呼叫該函式。程式執行結果如下：

```
f(3,4)= 25
```

　　Python 支援定義單列函式，稱為「lambda 函式」，可以用在任何需要函式的地方。lambda 函式是一個可以接收任意多個參數並且傳回單一運算式值的函式。前面的 f(x,y)函式可以定義成 lambda 函式的形式，如下所示：

```
f = lambda x, y: x ** 2 + y ** 2
print("f(3, 4)=", f(3, 4))
```

例 2-4 Fibonacci 數列定義如下：

$$
\begin{cases}
f_1 = 1 \\
f_2 = 1 \\
f_n = f_{n-1} + f_{n-2}
\end{cases}
, \ n > 2
$$

輸出 Fibonacci 數列前 50 項之和。

程式如下：

```
a, b = 0, 1
s = 0
for i in range(50):    # i 從 0 變化到 49
    s += b
    a, b = b, a+b
print("s=", s)
```

程式執行結果如下：

```
s= 32951280098
```

如果用整數類型資料進行計算，在很多程式設計語言中都會產生溢位 (Overflow)，而 Python 支援大資料運算，不會產生溢位。

2-2-2 敘述縮排規則

Python 透過敘述縮排(Indent)對齊反映敘述之間的邏輯關係，從而區分不同的敘述區段。縮排可以由任意的空格或定位(Tab)字元組成，縮排的寬度不受限制，一般為四個空格或一個定位字元，但在同一程式中不建議混合使用空格和定位字元。就一個敘述區段來講，需要保持一致的縮排量。這是 Python 語言別於其他語言的重要特點，Python 的敘述區段不使用像 C 語言中的大括號({})或其他語言的功能結束敘述來控制敘述區段的開始與結束。例如，下面兩段程式的含義是截然不同的。

程式片段一：

```
for i in range(0,50):    # i 從 0 變化到 49
    s += b
    a, b = b, a+b
```

程式片段二：

```
for i in range(0,50):    # i 從 0 變化到 49
    s += b
a, b = b, a+b
```

　　在程式片段一中，for 敘述後面的兩個敘述都是重複執行的敘述，它們組成一個敘述區段（相當於 C 語言中的一個複合敘述）。在程式片段二中，重複執行的敘述只有"s += b"，敘述"a, b = b, a+b"是與 for 迴圈敘述並列的敘述，它在執行 for 迴圈之後再執行。

　　在 Python 程式編輯視窗，首先選取敘述區段，然後選擇"Format"→"Indent Region"命令，或按快速鍵 Ctrl+]，可以進行敘述區段的縮排。如果要取消縮排，則選擇"Format"→"Dedent Region"命令，或按快速鍵 Ctrl+[。要設定敘述區段的縮排量，可以在 Python 程式編輯視窗選擇"Options"→"Configure IDLE"命令，出現如圖 2-5 所示的設定對話方塊，其中顯示預設縮排寬度(Indentation Width)是 4 個空格。在該設定對話方塊還可以設定 Python 直譯器 IDLE 的其他特性，包括字體、字型大小、是否加黑等。

圖 2-5　設定敘述區段的縮排量

2-2-3　敘述列與註解

（一）敘述列

在 Python 中，敘述列從提示字元(>>>)後的第一列開始，前面不能有任何空格，否則會產生語法錯誤。可以在同一列中使用多條敘述，敘述之間使用分號(;)隔開。例如：

```
>>> x = 'f='; f = 100; print(x, f)
f= 100
```

如果敘述列太長，可以使用倒斜線(\)將一列敘述分為多列顯示，例如：

```
>>> sum = 1 + 1 / 2 + 1 / 3 + 1 / 4 + 1 / 5 + 1 / 6 +\
1 / 7 + 1 / 8 + 1 / 9 + 1 / 10
```

如果在敘述中包含小括號、中括號或大括號，則不需要使用多列續列符號。例如：

```
>>> def f(
        ):return 10
>>> f()
10
```

（二）註解

註解(Comment)的目的是對程式加以說明，以增加程式的可讀性。註解對程式的執行沒有任何影響。此外，在程式除錯階段，有時需要暫時不執行某些敘述，這時可以在這些敘述加上註解符號(#)，相當於對這些敘述做邏輯刪除，需要執行時，再去掉註解符號即可。

程式中的單列敘述註解使用符號(#)開頭，註解可以從任意位置開始，可以在敘述的尾端，也可以獨立成列。對於多列註解，一般推薦使用多個#開頭的多列註解，也可採用三引號（實際上是用三引號括起來的一個多列字串）。注意，註解列是不能使用倒斜線續列的。

在 Python 程式編輯視窗，首先選取敘述區段，然後選擇"Format"→"CommentOutRegion"命令，或按快速鍵 Alt+3，可以進行敘述區段的註解。如果要解除註解，則選擇"Format"→"Uncomment Region"命令，或按快速鍵 Alt+4。

2-3　資料輸入／輸出

在前面章節中，我們已經使用 Python 的資料輸入與輸出功能，本節將做進一步介紹。標準輸入/輸出是指透過鍵盤和螢幕的輸入／輸出，即控制台輸入／輸出。一個 Python 程式可以從鍵盤讀取資料，也可以從檔案讀取資料；而程式的運算結果可以輸出到螢幕上，也可以儲存到檔案中。

前面章節的範例中使用到格式化輸入/輸出函式 input()和 print()。其中，print()函式就是用於格式化輸出的函式。

2-3-1　標準輸入函式 input()

Python 使用內建函式 input()從鍵盤讀取一列資料，並傳回一個字串，其呼叫格式為：

input（[提示字串]）

其中，中括號中的「提示字串」是可選(Optional)項。如果有「提示字串」，則原樣顯示，提示使用者輸入資料，所輸入的資料是字串類型。例如：

```
>>> x = input()
Python    #資料 x 是字串
>>> x
'Python'
>>> a = input('Enter a number: ')
Enter a number: 10
>>> a
'10'            #資料 a 是字串
>>> a = a + 5
TypeError: can only concatenate str (not "int") to str
```

由於輸入的資料 a 是字串，無法和數值 5 相加，因此敘述"a = a + 5"產生錯誤訊息 TypeError。如果要輸入的資料 a 是數值資料，可以使用類型轉換函式 int()將字串轉換為數值。例如：

```
>>> a = input('Enter a number: ')
Enter a number: 10
>>> a
'10'        #資料 a 是字串
>>> a = int(input('Enter a number: '))
Enter a number: 10
>>> a
```

```
10                #資料 a 是數值
>>> a = a + 5
>>> a
15
```

本來 a 接收的是字串'10'，透過 int()函式可以將字串轉換為整數類型資料。也可以使用 eval()函式將字串轉換為整數。例如：

```
>>> a = eval(input('Enter a number: '))      #將字串轉換為整數
Enter a number: 10
>>> a
10                #資料 a 是數值
>>> a = a + 5
>>> a
15
```

使用 input()函式還可以指定多個變數值。例如：

```
>>> x, y = eval(input())
3, 4
>>> x, y
(3, 4)
>>> x
3
>>> y
4
>>> x + y
7
```

執行敘述時從鍵盤輸入"3, 4"，input()函式傳回一個字串"3, 4"，經過 eval() 函式處理，變成由 3 和 4 組成的元組(Tuple)。請看下列敘述的執行結果。

```
>>> eval('3, 4')
(3, 4)
```

所以，敘述 x, y = eval(input())同義於 x, y = 3, 4 或 x, y = (3, 4)。再看下列敘述的執行結果。

```
>>> eval('3, 4')
(3, 4)
>>> x, y = 3, 4
>>> x
3
>>> y
```

```
4
>>> x, y = (3, 4)
>>> x
3
>>> y
4
>>>
```

例 2-5　eval()函式的使用。

```
num1 = int(input("Input an integer: "))
num2 = eval(input("Input another integer: "))
num3, num4, num5 = eval(input("Input three integer: "))
total = num1 + num2 + num3 + num4 + num5
print("The sum of these 5 integers is %d" % total)
```

程式執行結果如下：

```
Input an integer: 11
Input another integer: 12
Input three integer: 13, 14, 15
The sum of these 5 integers is 65
```

2-3-2　**標準輸出函式** print()

Python 語言有兩種輸出方式：使用運算式和使用 print()函式。最常用的輸出方法是使用 print()函式。

直接使用運算式可以輸出該運算式的值。使用運算式敘述輸出，其輸出形式簡單，一般用於檢查變數的值。例如：

```
>>> x = 123
>>> x
123
>>> x + 45
168
```

請看下面的使用 print()函式例子：

例 2-6　　使用 print()函式輸出不同類型的變數。

```
i = 10                    #定義整數變數
s = 'Good luck!'          #定義字串變數
f = 12.34                 #定義浮點數變數

#使用 print 函式輸出不同類型的變數
print ("整數變數 i 為: \n",i)        #輸出整數變數
print ("字串變數 s 為: \n",s)        #輸出字串變數
print ("實數變數 f 為: \n",f)        #輸出實數變數
```

程式執行結果如下：

```
整數變數 i 為:
 10
字串變數 s 為:
 Good luck!
實數變數 f 為:
 12.34
```

使用 print()函式的輸出都會跳列，若要不跳列，可以加上 end 參數，其呼叫格式為：

print（輸出項 1,…,輸出項 n[,sep=分隔符號][,end='結束符號']）

其中，輸出項之間以逗號隔開，沒有輸出項時輸出一個空列。sep 表示輸出時各輸出項之間的分隔符號（預設以空格隔開）；end 表示結束符號，end 後面單引號內有空一格，也可以空多格或其他字元。print()函式從左至右求每一個輸出項的值，並將各輸出項的值依序顯示在同一列上。例如：

```
>>> print(10, 20)                 #輸出項之間以空格隔開
10 20
>>> print(10, 20, sep=',')        #輸出項之間以逗號隔開
10, 20
>>> print(10, 20, sep=',', end='*')  #以*做為結束符號，且不換列
10, 20*
```

2-3-3　格式化輸出

在很多應用中都要求將資料按一定格式輸出。Python 的格式化輸出是將輸出項格式化，然後利用 print()函式輸出。有下列三種實現的方式：

1. 利用 format()內建函式。
2. 利用 .format()方法。
3. 利用格式符號 %。

（一）format()內建函式

format()內建函式可以將一個輸出項單獨進行格式化，一般格式為：

> **format**（輸出項 **[,**格式字串**]**）

其中，格式字串是可選項。當省略格式字串時，該函式同義於函式"str"（輸出項）的功能。內建函式 format()把輸出項按格式字串中的格式字元進行格式化，不同的類型有不同的格式化。基本的格式字元有：d、b、o、x 或 X 分別按十進制、二進制、八進制、十六進制輸出一個整數；f 或 F、e 或 E、g 或 G 按小數形式或科學記號表示法形式輸出一個整數或浮點數；c 輸出使用整數編碼的字元；%輸出百分比符號。表 2-1 列出有關 format()函式的格式字元。

表 2-1　format()函式的格式字元

格式字元	輸出功能
c	輸出一個字元
d	有正負號的十進制整數
e, E	以科學記號表示法型式輸出浮點數，預設數值寬度 8 位，小數部分預設 6 位，指數 e 的寬度預設 2 位
f, F	以小數型式輸出浮點數，預設 6 位小數
g, G	選用%e 和%f 寬度較小者
o	有正負號的八進制整數
s	字串
x, X	有正負號的十六進制整數，使用小寫a~f 或大寫 A~F
%	百分比

請看下面的例子：

```
>>> print(format(100, 'd'))
100
```

```
>>> print(format(100, 'b'))
1100100
>>> print(format(100, 'o'))
144
>>> print(format(100, 'X'))
64
>>> print(format(65, 'c'))
A
>>> print(format(12.3456789, 'f'))
12.345679
```

另外，在格式符號%和格式字元間可以插入下表所示的修飾字元。

修飾字元	說明
#	用於輸出 0b、0o、0x 等進制符號
m.n	m 為輸出資料的總欄位寬度（小數點也占用 1 位），n 為小數點後的位數
0	輸出時，數值資料前面的多餘欄位補 0
-	輸出時資料靠左對齊（預設是靠右對齊）
空白	輸出時，保留一個空格

例如在格式字串中指定輸出長度以及小數部分的保留位數：

```
>>> print(format(12.345678, '6.2f'))
 12.35
```

格式字串中"6.2f"表示輸出的長度為 6 位，其中小數部分占 2 位。再看下面例子：

```
>>> print(format(12.345678, '8.3f'))
  12.346
>>> print(format(12.345678, 'e'))
1.234568e+01
>>> print(format(12.345678, 'g'))
12.3457
```

格式字串還可以指定填補字元、對齊方式（其中，< 表示靠左對齊、> 表示靠右對齊、^ 表示置中對齊、= 表示填補字元位於符號和數字之間）、符號（其中，+ 表示正號，- 表示負號）。例如：

```
>>> print(format('Have a nice day!', '20s'))
Have a nice day!
>>> print(format('Have a nice day!', '<20'))
```

```
Have a nice day!
>>> print(format('Have a nice day!', '>20'))
    Have a nice day!
>>> print(format('Have a nice day!', '^20'))
  Have a nice day!
>>> print(format(3.1459, '0=+10'))
+0003.1459
>>> print(format(3.14159, '05.3'))  #輸出位數不足就用 0 補足
03.14
```

（二）format()方法

Python 提供一種格式化字串的 .format()方法(Method)，其係透過"{}"和":"來代替格式符號"%"。其基本語法如下：

> **{ ' [序號]:格式字元'.format（輸出項 1,...,輸出項 n）}**

其中，序號對應於要格式化的輸出項的位置，從 0 開始。{0}表示第一個輸出項，{1}表示第二個輸出項，依此類推。序號全部省略則按輸出項的排列順序輸出；格式字元和 format()函式中的格式字元相同。格式字元用冒號(:)開頭。例如：

```
>>> '{0:.3f},{1}'.format(3.14159, 100)
'3.142, 100'
```

其中，格式字元"{0:.3f}"包含兩個含義，"0"表示該格式字元決定 format 中第一個輸出項的格式，":.3f"即格式字元，說明對應輸出項的格式化，即小數部分占 3 位，按輸出項實際位數輸出。"{1}"會被傳遞給 format()方法的第二個輸出項，即 100，也就是在逗號後面是"100"。

再看一個 .format()方法的例子：

```
>>> a = 12
>>> b = 345
>>> '{0},{1}'.format(a, b)
'12, 345'
>>> '{0}*{1} = {2}'.format(a, b, a*b)
'12*345 = 4140'
```

下面看一些 .format()方法的使用實例。

```
#保留小數點後兩位
>>> print("{:.2f}".format(3.14159))
3.14
```

```
#左邊補 0，補足 10 位
>>> print("{:0>10d}".format(12345678))
0012345678

#逗號分隔格式
>>> print("{:,}".format(12345678))
12,345,678

#百分比格式
>>> print("{:.2%}".format(0.23456))
23.46%

#科學記號表示法格式
>>> print("{:.2e}".format(31.415926))
3.14e+01

#十進位格式
>>> print("{:d}".format(14))
14

#二進位格式
>>> print("{:b}".format(14))
1110

>>> print("{:#b}".format(14))  #在二進制數前面顯示'0b'
0b1110

#八進制格式
>>> print("{:o}".format(14))
16

>>> print("{:#o}".format(14))  #在八進制數前面顯示'0o'
0o16

#十六進制格式
>>> print("{:x}".format(14))
e

>>> print("{:#X}".format(14))  #在十六進制前面顯示'0x'或'0X'
0XE
```

.format()方法不只可以用於一個項目，還可以用於多個項目，並且位置可以不按順序。例如：

```
>>> "{0}".format("hello")
'hello'
>>> "{0} {1}".format("hello","world")      #設定指定位置
'hello world'
>>> "{} {}".format("hello","world")#不設定指定位置，按預設順序
'hello world'
>>> "{1} {0} {1}".format("hello","world")   #設定指定位置
'world hello world'
```

字串物件的 format()方法將在第七章詳細介紹，在此不再贅述。

（三）格式符號 %

在 Python 中，格式化輸出時，使用符號"%"隔開格式字串與輸出項，一般格式為：

'格式字串' % （輸出項 1,輸出項 2,……,輸出項 n）

其中，格式字串由一般字元和格式字元組成。一般字元原樣輸出，格式字元決定所對應輸出項的輸出格式。格式字串以格式符號"%"開頭，後接格式字元，格式字元用來將輸出的資料轉換為指定的格式。例如：

```
>>> 'Values are %s, %s' % (1, ['Hello','World'])
"Values are 1, ['Hello', 'World']"
>>> print('Values are %s, %s' % (1, ['Hello','World']))
Values are 1, ['Hello', 'World']
```

在格式符號%後面的括號內有兩個輸出項，即 1 和['Hello','World']，都使用格式字串%s 將輸出項轉換為字串。格式符號%的處理結果是一個字串，可以用print()函式輸出該字串。雖然第一個輸出項不是字串類型，但同樣可以使用格式字串%s。在這個過程中，當發現第一個輸出項（也就是 1）不是字串時，會先呼叫 str()函式，把第一個輸出項轉換成字串類型。一般情況下，如果沒有特殊要求，不管輸出項的類型如何，都可使用格式字串%s。還有 repr()函式也可以實現其他類型與字串類型的轉換，如果要使用這個函式，可以用格式字串%r。例如：

```
>>> print('Values are %r, %s' % (1, ['Hello','World']))
Values are 1, ['Hello', 'World']
```

另外，在格式符號%和格式字元間也可以插入上述所示的修飾字元。例如：

```
>>> '%6.2f' % 1.2345
'  1.23'
```

在格式字串中出現"6.2"，表示總共輸出 6 個字元，其中小數部分占 2 位。還有更複雜的用法。

```
>>> '%06.2f' % 1.235
'001.24'
```

在 6 的前面多一個數字 0，表示如果輸出的位數不足 6 位就用 0 補足 6 位。這一列的輸出為"001.24"，可以看到小數點也占用 1 位。類似於數字 0 的標記還有 -、+。其中，- 表示左對齊，+ 表示在正數前面標上 + 號，預設是不加的。

有時候在"%6.2f"這種格式字串中，輸出長度 6 和小數字數 2 也不能事先指定，而需要在程式執行過程中再決定。這時可以用%*.*f 的形式，當然在後面的輸出項中包含那兩個"*"的值。例如:

```
>>> '%0*.*f' % (6, 2, 2.345)
'002.35'
```

在這裡，'%0*.*f' % (6, 2, 2.345)相當於'%06.2f' % 2.345。

下面看一些格式符號%的使用實例。

```
>>> print('The price is US$ %.2f' % 12.5)
The price is US$ 12.50
>>> print("Name:%-10s Age:%-8d Salary:%-0.2e"\
 % ("David", 25, 31239.5))
Name:David     Age:25       Salary:3.12e+04
>>> print('%.2f' % (2.5+1*7%2/4))
2.75
>>> print('%d\n' % (16/3%2))
1
```

2-4   循序結構程式範例

一個 Python 程式不需要事先定義變數，可以直接描述程式功能。程式功能一般包括三個部分：

1.　輸入原始資料。

2.　對原始資料進行處理。

3.　輸出處理結果。

其中，對原始資料進行處理是關鍵。對於循序結構而言，程式是按敘述出現的先後順序依次執行的。下面看幾個例子，雖然不難，但對建立清晰的程式設計思維方式是有幫助的。

例 2-7　已知 $x = 5 + 3i$ ，$y = e^{\frac{\sqrt{\pi}}{2}}$，求 $z = \dfrac{2\sin 56°}{x + \cos|x + y|}$ 的值。

說明：這是一個求運算式值的問題，程式分為以下三步驟。

1. 求 x，y 的值。

2. 求 z 的值。

3. 輸出 z 的值。

程式如下：

```python
import math
x = 5 + 3J
y = math.exp(math.sqrt(math.pi)/2)
z = 2 * math.sin(math.radians(56))
z /= (x+math.cos(abs(x+y)))
print("z=", z)
```

程式輸出結果為：

```
z= (0.247365862919834-0.153150229229952942j)
```

程式執行結果顯示，z 的值是一個複數。求複數的模要使用內建函式 abs()，有一個類似的數學函式 fabs()，只用於求實數的絕對值，且呼叫時要加模組名稱 "math."。

例 2-8　從鍵盤輸入一個 3 位整數 n，輸出其反向數 m。例如，輸入 n=135，則 m=531。

說明：程式分為以下三步。

1. 輸入一個 3 位整數 n。

2. 求反向數 m。

3. 輸出 m。

　　關鍵在第二步。先假設 3 位整數的各位數字已取出，分別存入不同的變數中，設個位數存入 a，十位數存入 b，百位數存入 c，則 m=100a+10b+c。關鍵是如何取出這個 3 位整數的各位數字。取出各位數字的方法，可用餘數運算子(%)和整除運算子(//)實現。例如，n%10 取出 n 的個位數；n=n//10 去掉 n 的個位數，再用 n%10 取出原來 n 的十位數，依此類推。

　　程式如下：

```
n = int(input("n= "))
a = n % 10              #求 n 的個位數
b = n // 10 % 10        #求 n 的十位數
c=n//100                #求 n 的百位數
m = a * 100 + b * 10 + c
print("{0:3}的反向數是{1:3}".format(n, m))
```

　　程式輸出結果如下：

```
n= 127
127 的反向數是 721
```

例 2-9　求一元二次方程式 $ax^2 + bx + c = 0$ 的根。

　　說明：由於 Python 能進行複數運算，所以不需要判斷方程式的判別式，而直接根據求根公式求根。呼叫複數運算函式需要匯入 cmath 模組。

　　程式如下：

```
from cmath import sqrt
a = float(input('a= '))
b = float(input('b= '))
c = float(input('c= '))
d = b * b - 4 * a * c
x1 = (-b + sqrt(d)) / (2*a)
x2 = (-b - sqrt(d)) / (2*a)
print("x1= {0:.5f}, x2= {1:.5f}".format(x1, x2))
```

　　程式輸出結果如下：

```
a= 6
b= 11
c= 3
x1= -0.33333+0.00000j, x2= -1.50000+0.00000j
```

　　再一次執行程式後的輸出為：

```
a= 4.5
```

```
b= 3
c= 2
x1= -0.33333+0.57735j, x2= -0.33333-0.57735j
```

例 2-10　有一線段 AB，A 的座標為(1,1)，B 的座標為(4.5,4.5)。求 AB 的長度，
以及黃金分割點 C 的座標。黃金分割點在線段的 0.618 處。

　　說明：A，B 的座標可用複數表示，即 A 為(1+1j)，B 為(4.5+4.5j)。AB 的長度就
是(A-B)的模，可用 abs 函式直接求出複數的模。黃金分割點 C 的座標為
A+0.618×(B-A)。

　　程式如下：

```
a = complex(input("a= "))
b = complex(input("b= "))
c = a + 0.618 * (b-a)
s = abs(a-b)
print("長度：", s)
print("黃金分割點：", c)
```

　　程式輸出結果如下：

```
a= 1+j
b= 4.5+4.5j
長度： 4.949747468305833
黃金分割點： (3.163+3.163j)
```

　　以上四個例題雖然簡單，但說明程式設計的基本過程。在解決一個問題時，
從分析問題著手，進而提出求解問題的數學模型，再設計演算法，最後編寫程式
並上機偵錯，這是應用電腦求解問題的基本步驟。若不將問題分析清楚，缺乏程
式設計的思維方式和方法，就急於編寫程式，只能是事倍功半，甚至是徒勞無
益。

上機練習

下列上機問題，請先自行演算後，再上機驗證您的答案是否正確。

1.
```
① print ("數量{0}, 單價{1} ".format(100, 285.6))
② print(str.format ("數量{0}, 單價{1:3.2f} ", 100,285.6))
③ print ("數量%4d, 單價%3.3f "%(100, 285.6))
```

2.
```
① print("1".rjust(10, " "))
② print(format("121", ">10"))
③ print(format("12321", ">10"))
```

3.
```
① print("He's a good man.")
② print('He\'s a good man.')
③ print("a\tb\nc\td")
④ print(r"a\tb")
⑤ print('''abc
def''')
```

4.
```
import math

x = 3
print('x+1')                    ①
print(eval('x+1'))              ②
print('math.pi')               ③
print(math.pi)                 ④
print(eval('math.pi*2'))       ⑤
```

5.
```
① '{0:.2f}'.format(1 / 3.0)
② '%.2f' % (1 / 3.0)
③ '{0:.{1}f}'.format(1 / 3.0, 4)
④ '%.*f' % (4, 1 / 3.0)
⑤ '{0:.3f}'.format(1.2345)
⑥ format(1.2345, '.3f')
⑦ '%.3f' % 1.2345
```

6.
```
① '{0:d}'.format(999999999999)
② '{0:,d}'.format(999999999999)
③ '{:,d}'.format(999999999999)
④ '{:,d} {:,d}'.format(9999999, 8888888)
```

7.
```
① 'The {0} side {1} {2}'.format('bright', 'of', 'life')
② 'The {} side {} {}'.format('bright', 'of', 'life')
③ 'The %s side %s %s' % ('bright', 'of', 'life')
```

8.
```
① 'That is %d %s coffee!' % (1, 'black')
② 'That is {0} {1} coffee!'.format(1, 'black')
③ '%d %s %g you' % (1, 'lemonade', 4.0)
④ '%s -- %s -- %s' % (12, 3.14159, [1, 2, 3])
```

9.
```
x = 1.23456789
print('%e | %f | %g' % (x, x, x))                          ①
print('%E' % x)                                            ②
print(('%-6.2f | %05.2f | %+06.1f') % (x, x, x))           ③
print('%s' % x, str(x))                                    ④
print(('%f, %.2f, %.*f') % (1/3.0, 1/3.0, 4, 1/3.0))       ⑤
```

10. 使用 Python 敘述完成下列操作：

(1) 將變數 i 的值增加 1。

(2) i 的立方加上 j，並將其結果保存到 i 中。

(3) 將 $2^{32}-1$ 的值存放到 g 中。

(4) 將 2 位自然數的個位與十位互換，得到一個新的數（不考慮個位為 0 的情況）。

習題

一、選擇題

1. 下面不屬於程式的基本控制結構的是　(A)循序結構　(B)選擇結構　(C)迴圈結構 (D)輸入/輸出結構

2. 以下關於 Python 的敘述中,正確的是_____。
   (A)同一層次的 Python 敘述必須對齊
   (B)Python 敘述可以從一列的任意一行開始
   (C)在執行 Python 敘述時,可發現註解中的拼寫錯誤
   (D)Python 程式的每列只能寫一條敘述

3. 下列敘述中,在 Python 中非法的是_____。
   (A)x = y = z = 1　(B)x, y = y, x　(C)x = (y = z + 1)　(D)x += y

4. 已知 x = 2,敘述 x *= x + 1 執行後,x 的值是　(A)2　(B)3　(C)5　(D)6

5. 在 Python 中,正確的指定敘述為　(A)x + y = 10　(B)x = 2y　(C)x = y = 30 (D)3y = x + 1

6. 下列何者用來指定初值 10 給整數型態變數 x、y 和 z?
   (A)xyz = 10　　　　(B)x = 10 y = 10 z = 10
   (C)x = y = z = 10　(D)x = 10, y = 10, z = 10

7. 敘述 x = input()執行時,如果從鍵盤輸入 12,則 x 的值是　(A)12　(B)12.0 (C)1e2　(D)'12'

8. 敘述 x, y = eval(input())執行時,輸入資料格式錯誤的是　(A)3 4　(B)(3, 4)　(C)3, 4　(D)[3, 4]

9. 敘述 print(2023)執行後的輸出結果是　(A){2023}　(B)2023　(C)[2023] (D)語法錯誤

10. 敘述 print(0xffff)執行後的輸出結果是　(A)65535　(B)65536　(C)32767　(D)語法錯誤

11. 敘述 print(0o357)執行後的輸出結果是　(A)357　(B)0357　(C)239　(D)語法錯誤

12. 敘述 print(0b101101)執行後的輸出結果是　(A)45　(B)20　(C)239　(D)語法錯誤

13. 下列敘述的執行結果是　(A)(3, 5, 3)　(B)(3, 4, 3)　(C)(2, 5, 3)　(D)(3, 5, 4)

```
>>> x = 1; y = 2; z = 3
>>> x += y
>>> y += z
>>> x, y, z
```

14. 下列程式的執行結果是　(A)10 10 6　(B)6 10 10　(C)6 7 8　(D)6 11 12

```
x = y = 10
x, y, z = 6, x+1, x+2
print(x, y, z)
```

15. 敘述 print('x=$ {:7.2f}'.format(123.5678)) 執行後的輸出結果是_____。
(A)x=△123.56　(B)$△123.57　(C)x=$△123.57　(D)x=$△123.56（選項中的△代表空格）

16. print('{:7.2f}{:2d}'.format(101/7,101%8)) 的執行結果是　(A){:7.2f}{:2d}　(B)△△14.43△5　(C)△14.43△△5　(D)△△101/7△101%8（選項中的△代表空格）

17. 下列敘述的執行結果會出現錯誤訊息的是　(A)bin((2 ** 16) - 1)　(B)'%s' % bin((2 ** 16) - 1)　(C)'{}'.format(bin((2 ** 16) - 1))　(D)'%b' % ((2 ** 16) - 1)

18. 下列敘述的執行結果是　(A)('12.5', '12.56')　(B)('12.6', '12.57')　(C)('12.5', '12.57')　(D)('12.6', '12.56')

```
>>> '%.1f' % 12.567, '{0:.2f}'.format(12.567)
```

二、填空題

1. 在 Python 敘述列中使用多條敘述，敘述之間使用_____分隔；如果敘述太長，可以使用_____作為續列字元。

2. Python 語言透過_____來區分不同的敘述區段。

3. Python 的主提示字元是_____，次提示字元是_____。主提示字元是直譯器告訴您它在等待您輸入下一個敘述，次提示字元告訴您直譯器正在等待您輸入目前敘述的其他部分。

4. 在 Python 中未指定傳回值的函式會自動傳回_____。

5. 在互動式直譯器中，可以使用_____敘述顯示變數的字串，或者僅使用變數名稱查看該變數的原始值。

6. 下列敘述的執行結果是_____。
```
>>> myStr = 'Hello World!'
>>> print myStr
```

7. 下列敘述的執行結果是_____。
```
>>> myStr = 'Hello World!'
>>> myStr
```

8. 每一個物件都有一個唯一的身分，任何物件的身分可以使用內建函式_____來得到。這個值可以被視為是該物件的記憶體位址。

9. 在 Python 中可以使用內建函式_____查看物件的類型。

10. 程式區段透過_____表示程式碼邏輯而不是使用大括號，如此可以清楚地表示一個敘述屬於哪個程式區段。

11. Python 中的函式使用_____呼叫。函式在呼叫之前必須先定義。如果函式中沒有 return 敘述，就會自動傳回_____物件。

12. 敘述 print('AAA', "BBB", sep='-', end='!') 執行的結果是_____。

13. 下列敘述的執行結果為_____。

```
x = 1
y = 2
print(5 * (27 * x - 3) / 12 + ((10 * y + 7) / 9) ** 2)
```

14. 下列敘述的執行結果為_____。

```
① '{0:X}, {1:o}, {2:b}'.format(255, 255, 255)
② bin(255), int('11111111', 2), 0b11111111
③ hex(255), int('FF', 16), 0xFF
④ oct(255), int('377', 8), 0o377
```

15. 下列敘述的執行結果為_____。

```
① '%s, %s and %s' % (3.14, 15, [1, 2])
② '%-10s = %10s' % ('bill', 123.4567)
③ '%f, %.2f, %06.2f' % (3.14159, 3.14159, 3.14159)
④ '%10s = %-10s' % ('bill', 123.4567)
⑤ '%e, %.3e, %g' % (3.14159, 3.14159, 3.14159)
```

16. 下列敘述的執行結果為_____。

```
① '{:,.2f}'.format(296999.2567)
② '%.2f | %+05d' % (3.14159, -42)
③ '{0:e}, {1:.3e}'.format(3.14159, 3.14159)
④ '{0:f}, {1:.2f}'.format(3.14159, 3.14159)
```

17. 下列敘述的執行結果為_____。

```
① print('%s = %s' % ('bill', 15))
② print('{0} = {1}'.format('bill', 15))
③ print('{} = {}'.format('bill', 15))
```

18. 下列敘述的執行結果為_____。

```
① print('%s %s %s' % ('coffee', 'pie', 'cocoa'))
② print('{0} {1} {2}'.format('coffee', 'pie', 'cocoa'))
③ print('amount: ' + str(3))
```

19. 下列敘述的執行結果為_____。

```
>>> text = '%s: %-.4f, %05d' % ('Result', 3.14159, 42)
>>> print(text)
>>> print('%s: %-.4f, %05d' % ('Result', 3.14159, 42))
```

三、簡答題

1. 簡述程式設計的基本步驟。

2. 簡述 Python 程式中敘述的縮排規則。

3. 為什麼要在程式中加註解？怎樣在程式中加註解？加入註解對程式的執行有沒有影響？

4. Python 標準輸入／輸出透過哪些敘述來實現？

5. 格式化輸出中有哪些常用的格式字元？其含義是什麼？

6. 從功能上講，一個程式通常包括哪些組成部分？

四、程式設計題

1. 寫出下列數學式的 Python 運算式。

   (1) $\dfrac{\sin x + \sin y}{x + y}$

   (2) $\dfrac{1}{3}\sqrt{a^3 + b^3 + c^3}$

2. 編寫一個程式，計算 $\dfrac{x}{y} + (3z+5)^2$, $x=4, y=2, z=1$ 的值。

3. 編寫一程式計算 $y = \dfrac{5x^3\sqrt{3.2x+5.6}}{9.3x-10.7}$ 的值， x 值從鍵盤輸入。

4. 編寫一個程式，將華氏溫度轉換成攝氏溫度。攝氏溫度（用 C 表示）與華氏溫度（用 F 表示）的關係式為

   $$C = \frac{5}{9}(F - 32)$$

   求華氏溫度 F 為 60 時的攝氏溫度。

5. 編寫一個程式，輸入兩個整數 a 和 b，交換這兩個整數，輸出交換後的結果。

6. 編寫一個程式，提示使用者輸入三角形的三個頂點 (x1, y1)、(x2, y2)、(x3, y3)，然後輸出三角形的面積。要求保留兩位小數，對第三位小數四捨五入。計算三角形面積的公式如下：

   $$s = \frac{a+b+c}{2} \; ; \; area = \sqrt{(s-a)(s-b)(s-c)}$$

   其中，a、b、c 分別代表三角形的三條邊長。

7. 一個整數加上 100 後是一個完全平方數，再加上 168 又是一個完全平方數，請問
   該數是多少？
   說明：
   (1) 設定一個整數範圍，對該範圍內的整數判斷是否滿足題中所述條件。
   (2) 先將該數加上 100 後開根號。
   (3) 再將加上 100 後的該數加上 168 後開根號。
   (4) 若開根號後滿足條件，則輸出結果。

CHAPTER

03 運算子與運算式

Python 中的資料運算主要是透過對「運算式」(Expression)的計算完成的。運算式是由一個或一個以上的運算元(Operand)與運算子(Operator)所組成。「運算元」是被運算的物件（資料），可以是常數、變數或函式。而「運算子」則對運算元加以運算。例如，運算式「a+b」中，a 和 b 是運算元，而+號是運算子。

由於運算元可以是不同的資料類型，每一種資料類型都規定特有的運算或操作，這就形成了對應於不同資料類型的運算子集合。Python 的運算子包括算術運算子、位元運算子、關係運算子、邏輯運算子、成員運算子、身分運算子等。每種運算子有不同的優先順序。如我們所熟悉的「先乘除後加減」就反映了乘除運算的優先順序比加減運算高。不同類型的運算式有不同的作用，例如算術運算式實現算術運算、關係運算式和邏輯運算式用來表示條件。

3-1　算術運算

撰寫 Python 運算式應遵循以下規則：

1. 運算式中的所有字元都必須寫在一列，特別是分式、指數、含有下標的變數等，不能像寫數學運算式那樣書寫。例如，$z = x_1 + x_2$ 應寫成 z = x1 + x2。

2. 運算式中常數的表示、變數的命名以及函式的呼叫要符合 Python 的規定。

3. 要根據運算子的優先順序，合理地加括號，以保證運算順序的正確性。特別是分式中的分子分母有加減運算時，或分母有乘法運算，要加括號表示分子分母的起始範圍。

下面是將數學式寫成 Python 運算式的一些例子。

數學式	Python 運算式
$4x^2 - 3y^2$	4*x**2-3*y**2
$\dfrac{y^6}{x^5 - 1}$	y**6/(x**5-1)
$\dfrac{x^2 y^3}{x + 2y}$	(x**2*y**3)/(x+2*y)
$\dfrac{\sqrt[3]{x}}{x + y}$	x**(1/3)/(x+y)
$\dfrac{\ln 10}{\sqrt{xy}}$	math.log(10)/math.sqrt(x*y)

數學式	Python 運算式
$\dfrac{e^{x+y}}{\log(x+y)}$	math.exp(x+y)/math.log10(x+y)
$\sin 45° + 10^{-2}\left\lvert x-y\right\rvert$	(math.sin(45*math.pi/180))+1e-2*abs(x-y)

（一）算術運算子與算術運算式

　　Python 的算術運算子(Arithmetic Operator)有：+（加）、-（減）、*（乘）、/（除）、//（整除）、%（求餘數）、**（指數）。使用算術運算子和括號將運算元連接起來的稱為算術運算式(Arithmetic Expression)。運算元包括常數、變數、函式等。在求運算式值時，需按運算子的優先次序執行，例如先乘除後加減。

　　上述+、-和*運算子與平常使用的習慣完全一致，這裡不再贅述。/、//和%運算子都是做除法運算，其中"/"運算子做一般的除法運算，其運算結果是一個浮點數，即使被除數和除數都是整數類型，也傳回一個浮點數；"//"運算子做除法運算後傳回商的整數部分。如果兩個運算元都是整數，則取小於或等於運算結果的最大整數。如果分子或者分母是浮點型，它傳回的值將會是浮點類型；"%"運算子做除法運算後傳回餘數。請看下列的簡單使用說明：（以下假設變數 a 為 5，變數 b 為 23）

運算子	名稱	描述	實例
+	加	兩個物件相加	>>> a + b 28
-	減	得到負數或是一個數減去另一個數	>>> a - b -18
*	乘	兩個數相乘或是傳回一個被重複若干次的字串	>>> a * b 115
/	除	x 除以 y	>>> b / a 4.6
%	餘數	傳回除法的餘數	>>> b % a 3
**	指數	傳回 x 的 y 次方	>>> b ** a 6436343
//	整數除法	取小於或等於運算結果的最大整數	>>> b // a 4

再看相關除法運算子的例子：

```
>>> 5 / 3                    #一般除法
1.6666666666666667
>>> 5 / 3.0                  #分母是浮點類型
1.6666666666666667
>>> 5 // 3                   #整數除法
1
>>> 5 // 3.0                 #分母是浮點類型
1.0
>>> -5 // 3                  #分子是負整數
-2
>>> 5 % 3                    #取餘數
2
>>> 5 % 3.0                  #分母是浮點類型
2.0
```

指數運算子(**)用來實現乘冪運算，其優先順序高於乘除運算，乘除運算優先順序高於加減運算。例如：

```
>>> 2 ** 10
1024
>>> 4 * 5 / 2 ** 3
2.5
```

（二）浮點數的計算誤差

Python 中能表示浮點數的有效位數是有限的，而在實際應用中資料的有效位數並無限制，這會帶來計算時的微小誤差。例如：

```
>>> x = 2.2
>>> x - 1.2
1.0000000000000002
```

儘管在很多情況下這種誤差不至於影響數值計算結果的實際應用，但對浮點數進行"等於(==)"判斷時就會得到截然不同的結果。例如，如果要判斷 x-1.2 是否等於 1，顯然當 x=2.2 時，x-1.2 是等於 1，即條件成立，但 Python 中的結果不成立。敘述的判斷結果如下所示：

```
>>> x = 2.2
>>> x - 1.2 == 1
False      #判斷結果不成立
```

敘述中的"=="是 Python 用於比較兩個運算式的值是否相等的「等於」運算子。運算式"x-1.2 == 1"的結果為假(False)，表示條件不成立。當條件成立時，結果為真(True)。相關判斷條件的內容將在下一節詳細介紹。

透過上面的結果可知：對浮點數判斷是否相等要慎用"=="運算子。合適的辦法是，判斷它們是否「約等於」，只要在允許的誤差範圍內，這種判斷仍是有意義的。所謂"約等於"是指兩個浮點數非常接近，即它們的差足夠小（誤差範圍可以根據實際情況進行調整）。請看下面的敘述的執行結果。

```
>>> x = 2.2
>>> abs((x-1.2)-1) < 1e-6      #誤差範圍 $10^{-6}$
True
```

（三）資料類型的轉換

在 Python 中，同一個運算式允許不同類型的資料參與運算，這就要求在運算之前，先將這些不同類型的資料轉換成同一類型，然後進行運算。這裡主要討論算術運算時的資料類型轉換。

若兩個同類型運算元參與運算，則結果就是運算元的類型。若整數類型運算元與浮點型運算元進行運算，則 Python 系統自動對它們進行轉換，將整數類型轉成浮點類型。例如：

```
>>> 2 + 3.0
5.0
>>> 2.0 + 3 // 5
2.0
```

運算式"2.0+3//5"中，"3//5"的結果仍是整數類型，結果為 0。做加法運算時，由於 2.0 是浮點類型，所以將整數類型 0 轉換為實數類型 0，再進行加法運算，結果為 2.0。

當算術運算式中可以使用類型轉換函式，將資料從一種類型強制轉換到另一個類型，以滿足運算要求。常用的類型轉換函式如下。

1. int(x)：將 x 轉換為整數類型。

2. float(x)：將 x 為轉換浮點類型。

3. complex(x)：將 x 轉換為複數，其中複數的實部為 x 和虛部為 0。

4.　complex(x,y)：將 x 和 y 轉換成一個複數，其中實部為 x 和虛部 y。

　　透過呼叫 float()函式，可以將 int 類型強制轉換為 float 類型，也可以透過呼叫 int()將 float 類型強制轉換為 int 類型。int()將只取整數部分，而不是四捨五入。對於負數，int()函式是個真正的取整數（截斷）函式，而與 ceil()函式和 floor()函式有所不同。請看下面的例子。

```
>>> float(2 + 3.0)
5.0
>>> int(2 + 3.0)
5
>>> int(-2.546)
-2
>>> complex(3)
(3+0j)
>>> complex(3.5, 5.0)
(3.5+5j)
>>> 5 - int(5/3) * 3
2
>>> m = 1234
>>> (m // 10) % 10
3
```

　　顯然，運算式"5-int(5/3)*3"的結果是 5 除以 3 的餘數，同義於 5%3。運算式"(m//10)%10"求得整數 m 的十位數，"m//10"同義於"int(m/10)"。使用整數除法、求餘數等運算可以進行整除的判斷，可以分離整數的各位數字，這些技巧在程式設計過程中是很有用的。

　　可以用 int()函式將整數字串轉換成對應的整數，用 float()函式將浮點數字串轉換成對應的浮點數，用 complex()函式將複數字串轉換成對應的複數，還可以用 str()函式將數值資料轉換為字串。例如：

```
>>> int("7") + 9
16
>>> str(9)
'9'
>>> float(str(8.9)) + 7
15.9
>>> complex('3+4j')
(3+4j)
>>> str(3+4j)
'(3+4j)'
```

3-2	指定運算子

在高階語言中，指定(Assignment)是一個很重要的概念，其含義是將值指定給變數，或者說將值傳送(Move)到變數所對應的儲存單元中。Python 的指定和一般的高階語言的指定有很大的不同，它是資料物件的一個引用(Reference)。

3-2-1 指定敘述

一個變數透過指定可以指向不同類型的物件。在 Python 中，通常把等號(=)稱為指定運算子(Assignment Operator)。指定敘述的一般格式為：

變數 = 運算式

指定運算子左邊必須是變數，右邊則是運算式。指定的意義是先計算運算式的值，然後使該變數指向該資料物件，該變數可以視為該資料物件的別名，被指定變數的值即運算式的值。例如：

```
>>> a = 5
>>> b = 8
>>> a = b
```

開始的時候，a 指向的是 5，b 指向的是 8，當執行"a=b"的時候，b 把自己指向的位址（也就是 8 的記憶體位址）指定給 a，那麼最後的結果就是 a 和 b 同時指向 8。

Python 是動態類型語言，也就是說不需要預先定義變數類型，變數的類型和值在指定那一刻被初始化。例如：

```
>>> x = 67.2
>>> x = "ABCD"
```

Python 中的指定並不是直接將一個值指定給一個變數的，而是透過引用傳遞的。在指定時，不管這個物件是新建立的還是一個已經存在的，都是將該物件的引用（並不是值）指定給變數，指定敘述是沒有傳回值的。例如，運算式"(x = 10) + 20"是錯誤的。

3-2-2 複合指定運算子

在程式設計中，經常遇到在變數已有值的基礎上做某種修正的運算，如 x = x + 5.0。這類運算的特點是：變數既是運算物件，又是指定物件。為避免對同一儲存物件的位址重複計算，Python 提供下列 12 種複合指定運算子：

+=、-=、*=、/=、//=、%=、**=、<<=、>>=、&=、|=、^=

其中，前 7 種是常用的算術運算子，後 5 種是關於位元運算的複合指定運算子。請看下列的簡單使用說明（假設變數 a 為 5，變數 b 為 23）：

運算子	描述	實例

+=	加法指定運算子
	b += a 同義於 b = b + a
		>>> b += a
		>>> b
		28

-=	減法指定運算子
	b -= a 同義於 b = b - a
		>>> b -= a
		>>> b
		18

*=	乘法指定運算子
	b *= a 同義於 b = b * a
		>>> b *= a
		>>> b
		115

/=	除法指定運算子
	b /= a 同義於 b = b / a
		>>> b /= a
		>>> b
		4.6

%=	取餘數指定運算子
	b %= a 同義於 b = b % a
		>>> b %= a
		>>> b
		3

**=	指數指定運算子
	b **= a 同義於 b = b ** a
		>>> b **= a
		>>> b
		6436343

//=	整數除法指定運算子
	b //= a 同義於 b = b // a
		>>> b //= a
		>>> b
		4

請再看下面的例子：

```
x += 5.0
x *= u + v
```

分別同義於"x = x + 5.0"和"x = x * (u+v)"。注意：當使用複合指定敘述連接兩個運算元時，要把右邊的運算元視為一個整體。例如，x *= y+5 表示 x = x * (y+5)，而不是 x = x * y + 5。

3-2-3　多變數指定

在 Python 中，指定敘述有很多變化形式，利用這些形式的指定敘述可以指定給多個變數。

（一）鏈式指定

鏈式指定(Chained Assignment)敘述的一般格式為：

> **變數 1 = 變數 2 =...= 變數 n**

例如敘述 w = x = y = z 稱為「鏈式指定」，其中 z 的值被指定給多個變數 w、x 和 y。鏈式指定經常用來初始化多個變數，比如 a = b = c = d = 0。鏈式指定也可以用於將一個值同時指定給多個變數。例如：

```
>>> a = b = c = 100     #將 100 同時指定給變數 a, b, c
>>> a
100
>>> b
100
>>> c
100
```

上例設定敘述執行時，建立一個值為 100 的整數類型物件，將物件的同一個引用指定給 a、b 和 c，即 a、b 和 c 都指向資料物件 100。

（二）並列指定

並列指定(Parallel Assignment)的一般格式為：

> **變數 1,變數 2,……,變數 n = 運算式 1,運算式 2,……,運算式 n**

其中，指定運算子左邊變數的個數與右邊運算式的個數要一致。並列指定首先計算右邊 n 個運算式的值，然後同時將運算式的值指定給左邊的 n 個變數，這並非相當於將多個單一指定敘述進行組合。例如：

```
>>> a, b, c = 10, 20, 30
>>> a
10
>>> b
20
>>> c
30
```

看下面敘述的執行結果可以瞭解並列指定的執行過程：

```
>>> x, x = 1, -5
>>> x
-5
```

上列敘述執行結果說明，先做"x=1"，再做"x= -5"，x 的值是 -5。請再看下列敘述：

```
>>> x = -34
>>> x, y = 12, x
>>> x
12
>>> y
-34
```

說明先做"x=12"，後做"y=x"，但這時 x 的值不是 12，是原始值 -34，說明並列指定有先後順序，但不是傳統意義上的單一指定敘述的先後執行。

在很多程式語言中，交換(Swap)兩個變數的值都需要藉助一個中間變數(t)，需要執行下列 3 個敘述才能實現：

```
>>> t = a
>>> a = b
>>> b = t
```

在 Python 中，如果採用並列指定來交換兩個變數 a 和 b 的值，只需要一個敘述即可完成：

```
a, b = b, a
```

同理，如果要將三個變數 a、b、c 的值互換，即 b 指定給 a，c 指定給 b，a 指定給 c，也可以採用並列指定。如下所示：

```
a, b, c = b, c, a
```

使用敘述"a, b, c = b, c, a"可以實現不需中間變數交換三個變數的值，由此可以看出 Python 的簡潔性。請看下面的例子：

```
#交換兩個變數的值
a = 12
b = 34
a, b = b, a
print(a, b)

#交換三個變數的值
a = 12
```

```
b = 34
c = 56
a, b, c = b, c, a   # b指定給a，c指定給b，a指定給c
print(a, b, c)
```

程式輸出結果為：

```
34 12
34 56 12
```

3-3　關係運算

關係運算子用於兩個運算元的比較判斷。Python 提供的關係運算子 (Relational Operator)有：

> **<、<=、>、>=、==、!=**

由關係運算子將兩個運算元連接起來的式子就稱為「關係運算式」，它用來表示條件，其一般格式為：

> **運算式1 關係運算子 運算式2**

邏輯判斷式就是將兩個或多個變數透過關係運算子進行比較，以獲得「True」或「False」的結果，也就是說，透過邏輯判斷式所得到的結果會是個布林代數(Boolean Algebra)。例如：

運算子	名稱	描述	實例
==	等於	比較兩個物件是否相等	>>> 5 == 12 False
!=	不等於	比較兩個物件是否不相等	>>> 5 != 12 True
>	大於	比較 x 是否大於 y	>>> 5 > 12 False
<	小於	比較 x 是否小於 y	>>> 5 < 12 True
>=	大於等於	比較 x 是否大於等於 y	>>> 5 >= 12 False
<=	小於等於	比較 x 是否小於等於 y	>>> 5 <= 12 True

關係運算式的值是一個邏輯值，即結果為真(True)或假(False)。習慣稱運算式值為 True 時，條件滿足；運算式值為 False 時，條件不滿足。請再看下面的敘述執行結果。

```
>>> i, j, k = 1, 2, 3
>>> print(i, j, k)
1 2 3
>>> i > j
False
>>> i + j == k
True
```

關係運算子的優先順序都相同，但關係運算子的優先順序低於算術運算子的優先順序。例如"a < b + c"同義於"a < (b+c)"。

3-4　邏輯運算

（一）邏輯運算子

Python 提供三種邏輯運算子(Logical Operator)：and（邏輯且）、or（邏輯或）和 not（邏輯反）。其中，and 和 or 為二元運算子，而 not 是一元運算子。其真值表(Truth Table)如下表所示：

運算元		邏輯運算		
a	b	not a	a and b	a or b
False	False	True	False	False
False	True	True	False	True
True	False	False	False	True
True	True	False	True	True

請看下面的邏輯運算子使用說明：

運算子	名稱	描述	實例
and	且	如果 x 為 False，x and y 傳回 x 的值，否則傳回 y 的值。	>>> 5 and 23 23
or	或	如果 x 是 True，傳回 x 的值，否則傳回 y 的值。	>>> 5 or 23 5
not	反	如果 x 為 True，傳回 False。如果 x 為 False，傳回 True。	>>> not 23 False

在邏輯運算子中，not 的優先順序最高，其次是 and，or 的優先順序最低。

（二）邏輯運算式

邏輯運算式是用邏輯運算子將邏輯值連接起來的式子。除 not 以外，and 和 or 構成的邏輯運算式一般形式為：

> **P 邏輯運算子 Q**

其中 P 和 Q 是兩個邏輯值。

若邏輯運算子為 and，則當連接的兩個邏輯值全為 True 時，邏輯運算式取值為 True，只要有一個為 False，便取 False 值。若邏輯運算子為 or，則當連接的兩個邏輯值中只要有一個為 True 時，邏輯運算式的值為 True；只有兩個邏輯值同時為 False 時，才產生 False 值。not 運算子對後面的邏輯值取反，如果邏輯值為 False，便產生 True 值；如果邏輯值為 True，便產生 False 值。邏輯運算的功能可用如上表所示的真值表來表示，表中用 T 表示 True，F 表示 False。

由於在電腦內部以"1"表示 True，"0"表示 False，所以參與邏輯運算的分量也可以是其他類型的資料，以"非 0"和"0"判定它們是 True 還是 False。例如：

```
>>> not 0
True
>>> not "AA"
False
>>> 3 + (not False)
4
```

在程式設計中，常用關係運算式和邏輯運算式表示條件。請看下面的例子。

例 3-1　寫出下列條件：
(1) 判斷年份 year 是否為閏年。
(2) 判斷 ch 是否為小寫字母。
(3) 判斷 m 能否被 n 整除。
(4) 判斷 ch 既不是字母也不是數字字元。

條件 1：

我們知道，每 4 年一個閏年，但每 100 年少一個閏年，每 400 年又增加一個閏年。所以 year 年是閏年的條件可用邏輯運算式描述如下：

```
(year % 4 == 0 and year % 100 != 0) or year % 400 == 0
```

條件 2：

　　考慮到字母在 ASCII 碼中是連續排列的，ch 中的字元是小寫字母的條件可用邏輯運算式描述如下：

```
ch >= 'a' and ch <= 'z'
```

條件 3：

　　m 能被 n 整除，即 m 除以 n 的餘數為 0，因此表示條件的運算式為：

```
m % n == 0 或 m - m / n * n == 0
```

條件 4：

　　先寫 ch 是字母（包括大寫或小寫字母）或數字字元的條件，然後將該條件取反，因此表示條件的運算式為：

```
not((ch >= 'A' and ch <= 'Z') or (ch >= 'a' and ch <= 'z')\
or (ch >= '0' and ch <= '9'))
```

（三）邏輯運算的重要規則

　　邏輯且(and)和邏輯或(or)運算分別有如下性質：

1. a and b：當 a 為 False 時，不管 b 值為何，結果為 False；
2. a or b：當 a 為 True 時，不管 b 值為何，結果為 True。

　　Python 利用上述性質，在計算連續的邏輯且(and)運算時，若有運算分量的值為 False，則不再計算後續的運算分量，並以 False 做為邏輯且運算的結果；若前面的運算分量的值為 True，則以後續的運算分量做為邏輯且運算的結果。在計算連續的邏輯或運算時，若有運算分量的值為 True，則不再計算後續的運算分量，並以 True 做為邏輯或運算的結果；若前面的運算分量的值為 False，則以後續的運算分量做為邏輯或運算的結果。也就是說，對於 a and b，若 a 為 False，則運算式值為 False，否則運算式的值為 b；對於 a or b，如果 a 為 False，則運算式的值為 b，否則運算式值為 True。

　　仔細分析，這種規則是很自然的。以 a and b 為例，當 a 的值不為 True（即為 False）時，則不管 b 為何值，運算式的值總為 False；當 a 的值為 True 時，則運算式的值就由 b 的值決定，b 為 True 則運算式值為 True，b 為 False 則運算式值為 False，因此傳回 b 的值做為運算式的值。總之，若且唯若 a 和 b 都為 True 時，運算式"a and b"的值才為 True。這完全符合邏輯運算的定義。請看下面的例子。

```
>>> 2 and "Program"
'Program'
>>> 2 > 1 and "Program"
'Program'
>>> 2 > 1 and 2 > 0 and 10
10
>>> 2 > 1 and 2 == 0 and 10
False
>>> 1 == 1 and 5 > 4
True
```

　　在進行邏輯運算時，有時需要比較長的邏輯運算式，這個時候就會需要使用小括號「( )」來區分邏輯運算的順序。關係運算子和邏輯運算子也可以同時使用。

```
>>> x, y = False, True
>>> (x or y) and y
True

>>> x, y = False, True
>>> (x != y) or (x == y)
True

>>> x, y, z = 1, 2, 3
>>> (x > y) and (y < z)
False

>>> (x > y) and (x < z)
False

>>> (x > (not y) and (not x < z))
False
```

3-5　位元運算子

　　位元運算(Bitwise Operation)就是直接對整數按二進位位元進行操作。在電腦內部使用 2's 補數來表示負數，這也是 Python 採用的表示方法。兩個長度不同的資料進行位元運算時，系統先將二者右端對齊，然後將較短的一方按符號位元擴充，不帶號整數則以 0 擴充。

Python 提供的位元運算子(Bitwise Operator)有：

&、|、~、^、>>、<<

位元運算子中只有運算子"~"為一元(Unary)運算子，其他均為二元(Binary)運算子。請看下面的位元運算子使用說明：

運算子	名稱	描述	實例
&	位元且	如果兩個對應的位元都為 1，則結果為 1，否則為 0	>>> 5 & 23 5
|	位元或	只要對應的位元有一個為 1 時，結果就為 1。	>>> 5 | 23 23
^	位元互斥或	當兩個對應的位元相異時，結果為 1	>>> 5 ^ 23 18
~	位元反	對每個位元取 1'S 補數，即把 1 變為 0，把 0 變為 1。	>>> ~5 -6
<<	左移	每個位元全部左移若干位，由"<<"右邊的數指定移動的位數，高位元丟棄，低位元補 0	>>> 5 << 2 20
>>	右移	每個位元全部右移若干位，">>"右邊的數指定移動的位數	>>> 5 >> 2 1

（一）位元且運算

位元且運算子"&"對於參與運算的兩個運算元進行位元且運算，如果兩個對應的位元都為 1，則該位元的運算結果為 1，否則為 0。其運算規則為：

0&0=0，0&1=0，1&0=0，1&1=1

不可以把位元且運算子&和邏輯且運算子 and 混淆。對於 and 運算子，只要兩邊運算元為非 0，運算結果為 1；而對於位元且運算結果並非如此。例如：

```
>>> -5 & 3
3
```

其中 -5 的 2's 補數（為簡便起見，用 8 位元二進位表示）為 1111 1011，3 的 2's 補數為 0000 0011，執行位元且運算的結果為 0000 0011，即十進值 3。

如果想保留 a 的低位元組中的內容，可採用運算式：a & 0xff，所得結果的高位元組為 0，因此，此運算式也可用於將高位元組清除為 0。如果想保留 a 的高位元組中的內容，可採用運算式：a & 0xff00，所得結果的低位元組為 0。因此，此運算式也可用於將低位元組清除為 0。

（二）位元或運算

位元或運算"|"對於參與運算的兩個運算元進行位元或運算，其運算規則為：

```
0|0=0，0|1=1，1|0=1，1|1=1
```

即，只要兩個相對應的位元中有一個為 1，則該位元的運算結果為 1；只有當兩個相應的位元都為 0 時，該位元運算結果才為 0。例如：

```
>>> -5 | 3
-5
```

-5（使用 8 位元 2's 補數表示為 1111 1011）與 3（使用 8 位元 2's 補數表示為 0000 0011），執行位元或運算的結果為 1111 1011，即十進值-5。

如果想使 a 的低位元組全部設為 1，高位元組保持不變，可以採用運算式：a | 0xff。如果想使 a 的高位元組全部設為 1，低位元組保持不變，則可以採用運算式：a | 0xff00。

（三）位元互斥或運算

位元互斥或運算子"^"對於參與運算的兩個運算元進行位元互斥或運算，其運算規則為：

```
0^0=0，0^1=1，1^0=1，1^1=0
```

即，如果參與運算的兩個運算元，相對應位元上的值相同，則該位元的運算結果為 0；否則，運算結果為 1。例如：

```
>>> -5 ^ 3
-8
```

-5 的 8 位元 2's 補數表示為 1111 1011， 3 的 8 位元 2's 補數表示為 0000 0011，執行位元互斥或運算的結果為 1111 1000，即十進值-8。

如果 a 和 b 中的值相等，則 a ^ b 的結果為 0。如果想取 a 中的值並使低位元翻轉，可用運算式 a ^ 0xff。如果使高位元翻轉，可使用運算式 a ^ 0xff00。

（四）位元反運算

位元反運算子"~"是一元運算子，運算物件出現在運算子的右邊，其運算功能是把運算物件的位元取 1'S 補數，即把 1 變為 0，把 0 變為 1。注意：~x 不是求 x 的負數，~1 的運算結果不是 -1 而是 -2，~8 的運算結果是 -9。例如：

```
>>> ~1
-2
```

```
>>> ~0
-1
```

（五）移位運算

左移運算子"<<"和右移運算子">>"的左邊運算元是移位的物件，右邊是整數運算式，表示左移或右移的位元數。左移時，低位元（右邊）補 0。右移時，對於正數，高位元（左邊）補 0；對於負數，高位元（左邊）補 1。如果要求在任何情況下高位元都補 0，則運算物件必須是不帶號整數(Unsigned)。例如：

```
>>> 3 << 2      #將 3 左移 2 位，右邊（最低位）補 0
12
>>> -3 >> 2
-1
```

-3 的 8 位元 2's 補數表示為 1111 1101，將 -3 右移 2 位，左邊（最高位）補 1，結果為 1111 1111，即十進值 -1。

此外，位元運算子與指定運算子結合可以組成複合指定運算子，即：

&=、|=、^=、<<=、>>=

請看下面的使用例子：

```
>>> a = 84; b = 59  # 84: 0101 0100, 59: 0011 1011

>>> a &= b          #位元且指定運算 a=a&b
>>> a               # a=0001 0000
16


>>> a = 84; b = 59
>>> a |= b          #位元或指定運算 a=a|b
>>> a               # a=0111 1111
127


>>> a = 84; b = 59
>>> a ^= b          #位元互斥或指定運算 a=a^b
>>> a               # a=0110 1111
111
```

```
>>> a = 84; b = 59
>>> a <<= 2          #左移指定運算 a= a<<2
>>> a                # a=0001 0101 0000
336


>>> a = 84; b = 59
>>> a >>= 2          #右移指定運算 a= a>>2
>>> a                # a=0001 0101
21
```

3-6　測試運算

除了以上的關係運算子和邏輯運算子之外，Python 還支援成員運算子 (Membership Operator)和身分運算子(Identity Operator)。

（一）成員運算子

成員運算子(Membership Operator)包括 in 運算子和 not in 運算子，用來測試序列中是否包含一系列的成員，成員可以是字串、串列或元組。

in 運算子用於在指定的序列中尋找某個值是否存在，若存在就傳回 True，否則傳回 False。該運算子的使用格式是 x in y，如果 x 在 y 序列中則傳回 True，否則傳回 False。而"not in"的含義是，如果在指定的序列中沒有找到值，則傳回 True，否則傳回 False。該運算子的使用格式是 x not in y，如果 x 不在 y 序列中傳回 True，否則傳回 False。

請看下面的使用說明：

運算子	描述	實例
in	如果在指定的序列中找到值傳回 True，否則傳回 False	x 在 y 序列中，如果 x 在 y 序列中傳回 True
not in	如果在指定的序列中沒有找到值傳回 True，否則傳回 False	x 不在 y 序列中，如果 x 不在 y 序列中傳回 True

例如：

```
>>> 3 in (20, 15, 3, 14, 5)
True
>>> 3 not in (20, 15, 3, 14, 5)
False
```

請再看下面的例子：

```
a = 1; b = 2; c = 30
lst = [1, 2, 3, 4, 5 ]

if (a in lst):
    print("%d is in the given list" % a)
else:
    print("%d is not in the given list" % a)

if (b not in lst):
    print("%d is not in the given list" % b)
else:
    print("%d is in the given list" % b)

if (c in lst):
    print("%d is in the given list" % c)
else:
    print("%d is not in the given list" % c)
```

程式輸出結果為：

```
1 is in the given list
2 is in the given list
30 is not in the given list
```

（二）身分運算子

身分運算子(Identity Operator)包括 is 運算子和 is not 運算子，用來用於測試兩個變數是否指向同一個物件。下表列出身分運算子的使用說明。

運算子	描述	實例
is	is 是判斷兩個識別字是否引用同一個物件	x is y，類似 id(x) == id(y)。如果引用的是同一個物件，則傳回 True，否則傳回 False
is not	is not 是判斷兩個識別字是否引用不同物件	x is not y，類似 id(a)!= id(b)。如果引用的不是同一個物件，則傳回結果 True，否則傳回 False

例如：

```python
a = 10; b = 10; c = 20

if (a is b):
    print("%d 和 %d 引用同一個物件" % (a, b))
else:
    print("%d 和 %d 不是引用同一個物件" % (a, b))


if (id(a) == id(b)):
    print("%d 和 %d 引用同一個物件" % (a, b))
else:
    print("%d 和 %d 不是引用同一個物件" % (a, b))


if (a is c):
    print("%d 和 %d 引用同一個物件" % (a, c))
else:
    print("%d 和 %d 不是引用同一個物件" % (a, c))


if (a is not c):
    print("%d 和 %d 不是引用同一個物件" % (a, c))
else:
    print("%d 和 %d 引用同一個物件" % (a, c))
```

程式輸出結果為：

```
10 和 10 引用同一個物件
10 和 10 引用同一個物件
10 和 20 不是引用同一個物件
10 和 20 不是引用同一個物件
```

3-7　運算子優先順序

　　由於 Python 中有多種運算子，有時計算運算式並不容易，並且不清楚應該要先從哪個運算子計算起。例如，如果我們在 10 + 6 / 2 中先計算+運算子，我們得到 16 / 2，即 8。但是，如果我們先計算 / 運算子，我們將得到 10 + 3，即 13。因此，運算子的執行順序很重要。

　　在 Python 中，我們使用運算子的優先順序來決定運算子的執行先後順序。下面列出運算子由高至低的優先順序。

運算子	描述
**	指數（最高優先次序)
~ + -	位元翻轉，一元加號和減號
* / % //	乘，除，求餘數和取整除
+ -	加法減法
>> <<	右移，左移
&	位元且
^ |	位元互斥或，位元或
<= < > >=	關係運算子
== !=	等於，不等於
= %= /= //= -= += *= **=	指定運算子
is is not	身分運算子
in not in	成員運算子
not and or	邏輯運算子

例 3-2　運算式應用實例。

```
a = 10; b = 15; c = 20; d = 3; e = 0
e1 = (a+b) * c / d
print("(a+b)*c/d 運算結果為：", e1)
e2= ((a+b) * c) / d
print("((a+b)*c)/d 運算結果為：", e2)
e3 = (a+b) * (c/d)
print("(a+b)*(c/d) 運算結果為：", e3)
e4 = a + (b*c) / d
print("a+(b*c)/d 運算結果為：", e4)
```

程式輸出結果為：

```
(a+b)*c/d 運算結果為：166.66666666666666
((a+b)*c)/d 運算結果為：166.66666666666666
(a+b)*(c/d) 運算結果為：166.66666666666669
a+(b*c)/d 運算結果為：110.0
```

上機練習

下列上機問題，請先自行演算後，再上機驗證您的答案是否正確。

1.

數學式	Python 運算式
$\dfrac{3ae}{bc}$	①
$\dfrac{1}{2}\left(ax+\dfrac{a+x}{4a}\right)$	②
x^2-e^5	③
$\left|x^3+\log_{10}x\right|$	④
$\dfrac{e^{x^2/2}}{\sqrt{2\pi}}$	⑤
$\sqrt{(\sin x)^{2.5}}$	⑥
$\sqrt{y^x+\log_{10}y}$	⑦

2.

	運算式	運算結果
①	-10%3	
②	3&5	
③	18/4*sqrt(4.0)/8	
④	2.5+7%3*(int)(2.5+4.7)%2/4	
⑤	2.5+(int)(7.2)/3*(int)(7.2/2)%4	
⑥	(float)(2+3)/2+(int)(3.5)%(int)(2.5)	
⑦	pow(2,5)	
⑧	2**10	
⑨	23 // 5	

3. 假設 a=5; b=6; c=7，則下列敘述的執行結果為_____。

	運算式	運算結果
①	a/b*b	
②	a%b*c	
③	a*c>>2	
④	a & b and c	
⑤	a and b & c	
⑥	a | b & c	
⑦	a or b and c	
⑧	~(~a>>3)	
⑨	~(not a >> 3)	

4.
```
>>> 0xFF, (15 * (16 ** 1)) + (15 * (16 ** 0))
>>> 0x2F, (2 * (16 ** 1)) + (15 * (16 ** 0))
>>> 0xF, (1*(2**3) + 1*(2**2) + 1*(2**1) + 1*(2**0))
>>> oct(64), hex(64), bin(64)
>>> 0o100, 0x40, 0b1000000
>>> eval('0o100'), eval('0x40'), eval('0b1000000')
```

5.
```
>>> 2.5 + 7 % 3 * (int)(2.5 + 4.7) % 2 / 4
>>> 2.5 + (int)(7.2) / 3 * (int)(7.2 / 2) % 4
>>> 5 % 2 + (int)(12.5) / (int)(3.5)
>>> (float)(2 + 3) / 2 + (int)(3.5) % (int)(2.5)
```

6.
```
>>> x, y, z = 6, 4, 2
>>> x / y % z          ①
>>> x / y / z          ②
>>> x % y * z          ③
>>> -x % y / z         ④
>>> x // -y % z        ⑤
>>> 10 * x // -y % z   ⑥
>>> 5 * x // y % -z    ⑦
```

7.
```
>>> x = 0b0001
```

```
>>> x << 2                          ①
>>> x >> 2                          ②
>>> x <<= 3 - 1
>>> x                               ③
>>> bin(x << 2)                     ④
>>> bin(x | 0b010)                  ⑤
>>> bin(x & 0b1)                    ⑥
```

8.

```
>>> import math
>>> math.sqrt(225), math.sqrt(36)                        ①
>>> math.trunc(12.567), math.trunc(-12.567)              ②
>>> round(3.567), round(3.567), round(3.567, 2)          ③
>>> pow(2, 4), 2 ** 4, 2.0 ** 4.0                        ④
>>> round(1 / 3.0, 2), ('%.2f' % (1 / 3.0))              ⑤
```

9.

```
>>> x = 0o123
>>> (5 + (int)(x)) & (~2)                    ①
>>> y = 0x1b
>>> print("y= 0x%x\n" % (x << 2))            ②
```

10.

```
i = 5; j = 7; k = 0
a1 = ~k
a2 = i != j
print("a1=%d, a2=%d,"%(a1,a2), end=' ')
b1 = k & j
b2 = k | j
print("b1=%d, b2=%d" % (b1,b2))
```

11.

```
i = 5; j = 7; k = 0
a1 = ~k
a2 = i != j
print("a1= %d, a2= %d," % (a1, a2), end=' ')
b1 = k & j
b2 = k | j
print("b1= %d, b2= %d" % (b1, b2))
```

習題

一、選擇題

1. 執行運算 0b10001000 | 0b00000011 的結果為　(A)137　(B)138　(C)139　(D)143

2. 執行運算 5 / 2, 5 / -2, 5 // 2, 5 // -2 的結果為　(A)(2, -2.5, 2, -3)　(B)(2.5, -2.5, 2.5, -3)　(C)(2.5, -2.5, 2, -3)　(D)(2.5, -2.5, 2, -2.5)

3. 執行運算 15 / 2.0, 15 / -2.0, 15 // 2.0, 15 // -2.0 的結果為　(A)(7.5, -8.0, 7.0, -8.0)　(B)(7.0, -7.5, 7.0, -8.0)　(C)(7.5, -7.5, 7.0, -8.0)　(D)(7.5, -7.5, 7.0, -7.5)

4. 執行運算-3 >> 2 的結果為　(A)-12　(B)-1　(C)0　(D)1

5. 執行運算 18 / 4*sqrt(4.0) / 8 的結果為　(A)0.75　(B)1.125　(C)0.875　(D)1.0

6. 執行敘述 print("%f\n" % ((int)(123.4567 * 100+0.5) / 100.0)) 的結果為　(A)123.460000　(B)123.400000　(C)123.450000　(D)以上皆非

7. 執行運算~(~0 << 4)的結果為　(A)-16　(B)7　(C)31　(D)15

8. 下列程式片段的執行結果為　(A)True　(B)False　(C)1　(D)0
   ```
   >>> i = 10; j = 5
   >>> print("%d" % (~ i < j))
   ```

9. 執行運算 int('10', 8), int('20', 16), int('1000000', 2)的結果為　(A)(10, 18, 64)　(B)(8, 18, 64)　(C)(10, 32, 64)　(D)(8, 32, 64)

10. 執行運算 int('0x40', 16), int('0b1000000', 2)的結果為　(A)(64, 48)　(B)(64, 64)　(C)(32, 64)　(D)(48, 64)

11. 下列程式片段的執行結果為　(A)72　(B)71　(C)36　(D)35
    ```
    >>> x, y, z = 9, 5, 2
    >>> x <<= 3 - 1
    >>> print(x)
    ```

12. 下列程式片段的執行結果為　(A)True　(B)False　(C)1　(D)0
    ```
    >>> x, y = False, True
    >>> (x != y) or (x == y)
    ```

13. 執行敘述 bin(15), (15).bit_length(), len(bin(15)) - 2 的結果為　(A)('0b1111', 4, 4)　(B)('0b1111', 4, 5)　(C)('0b1111', 5, 5)　(D)語法錯誤

14. 下列程式片段的執行結果為　(A)(24, 3, 2)　(B)(24, 3, 1)　(C)(12, 3, 1)　(D)(12, 3, 2)
    ```
    >>> x = 3
    >>> x << 2, x | 2, x & 1
    ```

15. 下列程式片段的執行結果為　(A)True　(B)False　(C)1　(D)0
```
>>> a = 1; b = 4; c = 3
>>> not(a<b) or not c and 1
```

16. 下列程式片段的執行結果為　(A)True　(B)False　(C)10　(D)7
```
>>> a = 6; b = 4; c = 3
>>> a and b + c or b - c
```

17. 下列程式片段的執行結果為　(A)True　(B)False　(C)1　(D)2
```
>>> a = 5; b = 2; c = 1
>>> a - b < c or b == c
```

18. 下列程式片段的執行結果為　(A)True　(B)False　(C)3　(D)9
```
>>> a = 3; b = 4; c = 5
>>> a or b + c and b == c
```

19. 下列程式片段的執行結果為　(A)True　(B)False　(C)2　(D)4
```
>>> a = 2; b = 4
>>> not(a == 3) or (b == 4) and 0
```

20. 下列程式片段的執行結果為　(A)True　(B)False　(C)4　(D)2
```
>>> a = 6; b = 4; c = 2
>>> not(a - b) + c - 1 and b + c / 2
```

21. 下列程式片段的執行結果為　(A)2　(B)0　(C)True　(D)False
```
>>> a = 7.5; b = 2; c = 3.6
>>> a > b and c > a or a < b and not c > b
```

22. 下列程式片段的執行結果為　(A)9　(B)3　(C)4　(D)5
```
>>> x = 3 ; y = 4; z = 5
>>> x or y + z and y - z
```

23. 下列程式片段的執行結果為　(A)1　(B)-3　(C)True　(D)False
```
>>> x = 1 ; y = -3; z = 5
>>> not((x < y) and not z or 1)
```

24. 下列程式片段的執行結果為　(A)-1　(B)0　(C)10　(D)5
```
>>> import random
>>> random.randint(1, 10)
```

25. 下列程式片段的執行結果為　(A)(12.0, 6.0)　(B)(12.0, 6)　(C)(12, 6)　(D)(12, 6.0)
```
>>> import math
>>> 144 ** .5, pow(36, .5)
```

26. 下列程式片段的執行結果為　(A)(12, 12, 12.34)　(B)(12, 12, 12.35)　(C)(12, 12.0, 12.35)　(D)(12.0, 12.0, 12.35)
```
>>> import math
>>> round(12.34567), round(12.34567), round(12.34567, 2)
```

27. 下列程式片段的執行結果為　(A)(12, -13)　(B)(12, -12)　(C)(13, -13)　(D)(13, -12)

```
>>> import math
>>> math.floor(12.34567), math.floor(-12.34567)
```

28. 下列程式片段的執行結果為　(A)(4, -1)　(B)(-1, 4)　(C)(1, 4)　(D)(4, 1)

```
>>> import math
>>> min(3, -1, 2, 4), max(3, -1, 2, 4)
```

29. 下列程式片段的執行結果為　(A)(12, 10.0)　(B)(-12.0, 10)　(C)(12.0, 10)　(D)(12, 10)

```
>>> import math
>>> abs(-12.0), sum((1, 2, 3, 4))
```

30. 下列程式片段的執行結果為　(A)1　(B)0　(C)True　(D)False

```
>>> a = -1; b = 0; c = 8
>>> (a + b) % c >= a % c + b % c
```

31. 下列程式片段的執行結果為　(A)(7, 6, 7)　(B)(4, 6, 7)　(C)(4, 5, 7)　(D)(7, 5, 7)

```
>>> a = 5; b = 6; c = 7
>>> a & b and c, a and b & c, a | b & c
```

32. 下列程式片段的執行結果為　(A)(2, 0, -2)　(B)(3, 1, -2)　(C)(3, 0, -2)　(D)(3, 0, -1)

```
>>> a = 3; b = 4; c = 5
>>> a or b and c, ~(~a >> 3), ~(not a >> 3)
```

33. 下列敘述的執行結果為　(A)False　(B)-9　(C)-2　(D)-1

```
>>> x = 3; y = -4; z = 5
>>> w= not(x > y)+(y != z) or (x + y) and (y - z)
>>> w
```

34. 下列敘述的執行結果為　(A)False, False　(B)0, 0　(C)True, True　(D)1, 0

```
x = 1; y = 1; z = 0
x = x or y and z
print("%d, %d" % (x, x and not y or z))
```

二、填空題

1. 下列敘述的執行結果為_____。

```
>>> a = 3
>>> b = 4
>>> b * 3, b / 2          ①
>>> a % 2, b ** 2         ②
>>> 2 + 4.0, 2.0 ** b     ③
```

2. 下列敘述的執行結果為_____。

```
>>> import math
>>> (5 / 2), (5 / 2.0), (5 / -2.0), (5 / -2)        ①
>>> (5 // 2), (5 // 2.0), (5 // -2.0), (5 // -2)     ②
>>> math.trunc(5 / -2)                              ③
```

3. 下列敘述的執行結果為_____。

```
>>> 10 / 4
>>> 10 / 4.0
>>> 10 // 4
>>> 10 // 4.0
>>> 10.0 // 4.0
```

4. 下列敘述的執行結果為_____。

```
>>> 1j * 1J
>>> 2 + 1j * 3
>>> (2 + 1j) * 3
>>> 2j * 3J
```

5. 下列敘述的執行結果為_____。

```
>>> 0o1, 0o20, 0o377
>>> 0x01, 0x10, 0xFF
>>> 0b1, 0b10000, 0b11111111
```

6. 下列程式片段的執行結果為_____。

```
x = 2 ** 10
y = pow(2, 10)
z = 2 << 9
a = 3 / 5
b = 3 // 5
c = 3 % 5
print(x, y, z)
print(a, b, c)
```

7. 下列敘述的執行結果為_____。

```
>>> i = 3; j = 4; k = 5
>>> print("%d" % (i % j + i < k))

>>> i = 7; j = 8; k = 9
>>> print("%d" % (i - 7 & j | k))
>>> print("%d" % (i - 7 and j or k))
```

8. 下列敘述的執行結果為＿＿＿＿＿＿＿。

```
>>> x, y, z = 1, 2, 3
>>> (x > y) and (y < z)                    ①
>>> (x > y) and (x < z)                    ②
>>> not y                                  ③
>>> (x > (not y) and (not x < z))          ④
```

9. 下列敘述的執行結果為＿＿＿＿＿＿＿。

```
>>> a = 0xFF
>>> bin(a)                        ①
>>> a ^ 0b10101010                ②
>>> bin(a ^ 0b10101010)           ③
>>> int('01010101', 2)            ④
>>> hex(85)                       ⑤
```

10. 下列敘述的執行結果為＿＿＿＿＿＿＿。

```
>>> a = 74; b = 15
>>> a & b            ①
>>> a | b            ②
>>> a ^ b            ③
>>> ~a               ④
```

11. 下列敘述的執行結果為＿＿＿＿＿＿＿。

```
>>> a = 11; b = -1
>>> a &= b
>>> a                ①
>>> a |= b
>>> a                ②
>>> a ^= b
>>> a                ③
>>> ~a               ④
```

12. 下列敘述的執行結果為＿＿＿＿＿＿＿。

```
>>> a = 11
>>> a << 2                   ①
>>> a >> 2                   ②
>>> (a >> 4) & ~(~0 << 4)    ③
```

13.　下列敘述的執行結果為_____。

```
>>> x = 31; y = 12; z = 3
>>> x %= y
>>> y //= z
>>> x, y, z                          ①


>>> x = 31; y = 12; z = -5
>>> x %= y
>>> y /= z
>>> z //= 2
>>> x, y, z                          ②


>>> x = 31; y = -12; z = 5
>>> x %= y
>>> y /= z
>>> z //= 2
>>> x, y, z                          ③
```

14.　下列敘述的執行結果為_____。

```
>>> x = 3; y = 6
>>> z = x ^ y << 2
>>> z                     ①
>>> x ^= y - 2
>>> x                     ②
```

15.　下列敘述的執行結果為_____。

```
>>> a = 10
>>> (0xff & a) << 3                    ①
>>> 0xff00 & a << 3                    ②
>>> b = (a & 0xff) << 3
>>> c = (a & 0xff00) >> 3
>>> a = b | c
>>> print (a)                         ③
```

16. 下列敘述的執行結果為_____。

```
>>> a = 2; b = 4; c = 6
>>> a < b < c                        ①
>>> a < b and b < c                  ②
>>> a < b > c                        ③
>>> a < b and b > c                  ④
```

17. 下列敘述的執行結果為_____。

```
>>> 1 == 2 < 3                       ①
>>> 1 < 2 < 3.0 < 4                  ②
>>> 1 > 2 > 3.0 > 4                  ③
>>> int(1.1 + 2.2) == int(3.3)      ④
```

18. 下列敘述的執行結果為_____。

```
>>> a = -2; b = 3; c = 5
>>> a % b, a & b & c, a / b * b, a % b * c
```

19. 下列敘述的執行結果為_____。

```
i = 5; j = 7; k = 0
a1 = not k
a2 = i != j
print("a1=%d, a2=%d,"%(a1,a2), end=' ')
b1 = k and j
b2 = k or j
print("b1=%d, b2=%d" % (b1,b2))
```

20. 下列敘述的執行結果為_____。

```
x = 1
x *= 3 + 2
print("%d," % x, end=' ')
x *= 5
y = z = x
print("%d," % x, end=' ')
x = y == z
print("%d\n" % x)
```

21. 下列敘述的執行結果為_____。

```
d = 241
a = d / 100 % 9
b = (-1) and (-1)
print("%d, %d" % (a, b))
```

22. 下列敘述的執行結果為_____。

```
x, y, z = 6, 4, 2
x <<= 3 - 1
print(x)
```

23. 下列程式片段的執行結果為_____。

```
>>> bool(1)                    ①
>>> bool('town')               ②
>>> bool({})                   ③
```

24. 下列程式片段的執行結果為_____。

```
>>> type(True)                 ①
>>> isinstance(True, int)      ②
>>> True == 1                  ③
>>> True is 1                  ④
>>> True or False              ⑤
>>> True + 4                   ⑥
```

25. 下列程式片段的執行結果為_____。

```
x = 1; y = 1; z = 0
x = x or y and z
print("%d,%d" % (x, x and not y or z))
```

26. 下列程式片段的執行結果為_____。

```
i = 5; j = 7; k = 0
a1 = not k
a2 = i != j
print("a1=%d, a2=%d," % (a1,a2), end=' ')
b1 = k and j
b2 = k or j
print("b1=%d, b2=%d" % (b1,b2))
```

27. 下列程式片段的執行結果為_____。

```
x = 1
x *= 3+2
print("%d," % x,end=' ')
x *= 5
y = z = x
print("%d," % x,end=' ')
x = y == z
print("%d\n" % x)
```

04 選擇結構

選擇(Selection)結構又稱為分支(Branch)結構，它根據給定的條件是否滿足，決定程式的執行路徑。例如，輸入一個整數，要判斷它是否為偶數，就需要使用選擇結構來實現。根據程式執行路徑或分支的不同，選擇結構又分為單向選擇、雙向選擇和多向選擇三種類型。例如，輸入學生的成績，需要統計及格學生的人數、統計及格和不及格學生的成績、統計不同分數區間的學生人數，這就需要使用到單向選擇、雙向選擇和多向選擇的選擇結構。

Python 提供 if 敘述來實現選擇結構。Python 提供關係運算和邏輯運算來描述程式控制中的條件，這是一般程式設計語言都有的方法。此外，Python 還可以使用成員運算和身份運算來表示條件。本章介紹 Python 中表示條件的方法、if 敘述以及選擇結構程式設計方法。

4-1   單向選擇結構

在 Python 中，使用 if 敘述實現單向選擇結構，其一般格式為：

```
if 條件運算式：
    敘述區段
```

其中，條件運算式用來判斷條件的真或假。注意：在運算式後面必須加冒號(:)。其執行過程如圖 4-1 所示。首先計算運算式的值，若運算式值為 True，則執行敘述區段，然後執行 if 敘述的後續敘述；若運算式值為 False，則直接執行 if 敘述的後續敘述。

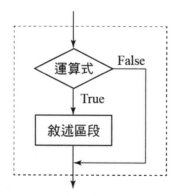

圖 4-1　單向選擇 if 敘述的執行過程

```
>>> a = eval(input('Enter a number: '))
Enter a number: 5
>>> if a > 0:
```

```
        print(a, 'is greater than 0')
5 is greater than 0
```

因為 Python 把「非 0」視為真(True)，「0」視為假(False)，所以表示條件的運算式不一定必須是結果為 True 或 False 的關係運算式或邏輯運算式，也可以是任意運算式。例如，下列敘述是合法的，將輸出字串"AAAAA"。

```
>>> if 'A':
        print('AAAAA')
AAAAA
```

if 敘述中表示條件的多樣性，可以使得程式的描述更加靈活，但從提高程式可讀性的角度來講，還是直接用邏輯判斷為佳，因為這樣更有利於日後對程式的維護。

if 敘述中的敘述區段中可以是單一敘述，也可以是多列敘述。當包含兩個或兩個以上的敘述時，敘述區段中的敘述必須縮排對齊。例如：

```
if x > y:
    x = 10
    y = 20
```

若敘述區段中的敘述縮排不一致，則敘述含義就不同了。

如果敘述區段中只有一條敘述，if 敘述也可以寫在同一列上。例如：

```
a = 10
if a == 10: print('Value is 10')
print('Good bye!')
```

程式輸出結果如下：

```
Value is 10
Good bye!
```

請再看下列的程式：

例 4-1　輸入三個變數的值，然後由小到大輸出。

```
x, y, z = eval(input('請輸入x,y,z的值:'))    #輸入 x,y,z 的值
if x > y:
    x, y = y, x    #如果 x>y，則 x 和 y 的值互換
if x > z:
    x, z = z, x    #如果 x>z，則 x 和 z 的值互換
if y > z:
```

```
        y, z = z, y     #如果 y>z，則 y 和 z 的值互換
print("{0}, {1}, {2}".format(x, y, z))
```

程式輸出結果如下：

```
請輸入 x,y,z 的值: -5, 20, 9
-5, 9, 20
```

　　程式先輸入 x，y，z 三個變數的值，經過前兩個 if 敘述的比較，x 中儲存的是三個數中的最小數，最後比較 y 和 z 的值，小數放到 y 中，大數儲存到 z 中。範例中將兩個變數的值互換的敘述是 Python 的特色，在一般的程式語言中，通常設一個中間變數，透過三個指定敘述來實現。

4-2　　雙向選擇結構

　　在 Python 中，使用 if...else 敘述實現雙向選擇結構，其一般格式為：

```
if 條件運算式:
    敘述區段 1
else:
    敘述區段 2
```

　　敘述執行過程是：計算條件運算式的值，若為 True，則執行敘述區段 1，否則執行 else 後面的敘述區段 2。敘述區段 1 或敘述區段 2 執行後再執行 if 敘述的後續敘述。其執行過程如圖 4-2 所示。

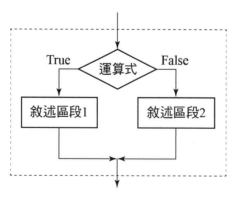

圖 4-2　雙向選擇結構的執行過程

例如：

```
if i%2 == 1:
    x = i/2
    y = i*i
else:
    x = i
    y = i*i*i
```

注意：與單向選擇 if 敘述一樣，對於敘述區段 1 和敘述區段 2 都應該縮排對齊。條件運算式和 else 的後面都要加上冒號(:)。

選擇結構程式執行時，每次只能執行一個分支，所以在檢查選擇結構程式的正確性時，設計的原始資料應包括每一種情況，保證每一條分支都檢查到。

例 4-2　　輸入一個變數的值，然後判斷是否大於 0。

```
a = eval(input('請輸入 a 的值: '))     #輸入 a 的值
if a > 0:
    print(a, '大於 0')       #印出 a 大於 0 的訊息
else:
    print(a, '小於 0')           #印出 a 小於 0 的訊息
```

輸入 5 的輸出結果如下：

```
請輸入 a 的值: 5
5 大於 0
```

輸入 -10 的輸出結果如下：

```
請輸入 a 的值: -10
-10 小於 0
```

例 4-3　　輸入一個正整數，然後判斷該數是否為偶數。

```
a = eval(input('請輸入正整數 a: '))           #輸入 a 的值
if a%2 == 0:
    print("%d 為偶數." % a)    #印出 a 為偶數
else:
    print("%d 為奇數." % a)     #印出 a 為奇數
```

程式執行結果如下：

```
請輸入正整數 a: 16
```

```
16 為偶數.
```

再次執行程式，結果如下：

```
請輸入正整數 a: 23
23 為奇數.
```

例 4-4　輸入西元年，然後判斷是否為閏年(Leap Year)。

說明：能被 4 整除，但不能被 100 整除，或者能被 400 整除的西元年都是閏年。

```
year = eval(input ("請輸入西元年: "))
if (year%4==0 and year%100!=0) or year%400==0:
    print (year, '是閏年.')
else:
    print (year, '不是閏年.')
```

程式執行結果如下：

```
請輸入西元年: 2023
2023 不是閏年.
```

再次執行程式，結果如下：

```
請輸入西元年: 2024
2024 是閏年.
```

例 4-5　輸入三角形的三個邊長，求三角形的周長。

說明：設 a、b、c 表示三角形的三個邊長，則構成三角形的充分必要條件是任意兩邊和大於第三邊，即 a+b>c，b+c>a，c+a>b。如果該條件滿足，則輸出三角形的周長：a+b+c。

```
a, b, c = eval(input ('請輸入三個邊長 a,b,c = '))
if a+b>c and a+c>b and b+c>a:
    print ('周長=', a+b+c)
else:
    print ('無法構成三角形!')
請輸入三個邊長 a,b,c = 5,6,7
周長= 18
```

程式執行結果如下：

```
請輸入三個邊長 a,b,c = 12,4,20
無法構成三角形!
```

再次執行程式，結果如下：

4-3　多向選擇結構

多向選擇 if...elif...else 敘述的一般格式為：

```
if 條件運算式 1:
    敘述區段 1
elif 條件運算式 2:
    敘述區段 2
elif 條件運算式 3:
    敘述區段 3
......
elif 條件運算式 m:
    敘述區段 m
[else:
    敘述區段 n]
```

多向選擇 if 敘述的執行過程如圖 4-3 所示。當條件運算式 1 的值為 True 時，執行敘述區段 1，否則求條件運算式 2 的值；當條件運算式 2 的值為 True 時，執行敘述區段 2，否則求條件運算式 3 的值，依此類推。若條件運算式 1~m 的值都為 False，則執行 else 後面的敘述區段 n。不論有幾個分支，程式執行完一個分支後，其餘分支將不再執行。

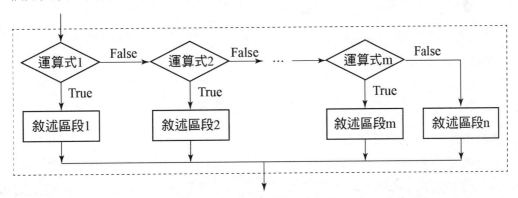

圖 4-3　多向選擇結構的執行過程

例 4-6　輸入購物金額，如果金額大於 5000 元（含）以上，享有賣場提供的折扣方案。

金額	折扣
5000 元（含）以上	9.5 折
15000 元（含）以上	9 折

金額	折扣
25000 元（含）以上	8.5 折
35000 元（含）以上	7.5 折

程式如下：

```
bill = eval(input('購物金額: '))
if bill >= 35000:
    amount = bill*0.75
elif bill >= 25000:
    amount = bill*0.85
elif bill >= 15000:
    amount = bill*0.9
elif bill >= 5000:
    amount = bill*0.95
else:
    amount = bill
    print('消費金額未達折扣標準')

print('應付金額: %d' % amount)
```

程式的一次執行結果為：

```
購物金額: 34560
應付金額: 29376
```

程式的另一次執行結果為：

```
購物金額: 10000
應付金額: 9500
```

程式的另一次執行結果為：

```
購物金額: 3500
消費金額未達折扣標準
應付金額: 3500
```

例 4-7　輸入學生的成績，根據成績進行分級。

說明：將學生成績分為四個等級：85 分以上為等級‘A’，70~84 分為等級‘B’，60~69 分為等級‘C’，60 分以下為等級‘D’。然後根據輸入的學生成績，輸出不同的等級。程式分為四個分支，可以用四個單向選擇結構實現，也可以用多向選擇 if 敘述實現。

程式如下：

```
score = eval(input('請輸入學生成績: '))
if score < 60:
    print("D")
elif score < 70:
    print("C")
elif score < 85:
    print("B")
else:
    print("A")
```

程式的一次執行結果為：

```
請輸入學生成績: 82
B
```

程式的另一次執行結果為：

```
請輸入學生成績: 45
D
```

4-4　巢狀選擇結構

if 敘述中可以再包含一個或多個 if 敘述，此種架構稱為「巢狀 if 敘述」。例如，有以下不同形式的巢狀結構。

架構一：

```
if 運算式 1:
    if 運算式 2:
        敘述區段 2a
    else:
        敘述區段 2b
```

架構二：

```
if 運算式 1:
    if 運算式 2:
        敘述區段 2
else:
    敘述區段 1
```

　　根據對齊格式來決定 if 敘述之間的邏輯關係。在架構一中，else 與第二個 if 配對。在架構二中，else 與第一個 if 配對。

　　為了使巢狀層次清晰明瞭，在程式的書寫上常常採用縮排格式，即不同層次的 if-else 出現在不同的縮排層次上。在 Python 中，敘述的縮排格式代表 else 和 if 的邏輯配對關係，同時也增強了程式的可讀性。

例 4-8　　使用巢狀 if 敘述實現例題 4-7。

```
score = eval(input("請輸入學生成績: "))
if score >= 60:
    if score >= 70:
        if score >= 85:
            print("A")
        else:
            print("B")
    else:
        print("C")
else:
    print("D")
```

程式的一次執行結果為：

```
請輸入學生成績: 82
B
```

程式的另一次執行結果為：

```
請輸入學生成績: 45
D
```

例 4-9　　使用巢狀 if 架構來輸出三個數中的最大數。

　　說明：輸入三個數 x、y 和 z，先假定第一個數 x 是最大數，將 x 指定給 max 變數，然後將 max 分別和 y，z 比較，兩次比較後，max 的值即為 x、y 和 z 中的最大數。

```
x, y, z = eval(input("請輸入三個數 x,y,z = "))
max = x
if z > y:
    if z > x:
        max = z
else:
    if y > x:
```

```
        max = y
print ("最大數: %d" % max)
```

程式執行結果如下：

```
請輸入三個數 x,y,z = -2.34,12,4.567
最大數: 12
```

程式中使用巢狀 if 敘述，要特別注意 if 和 else 敘述的配對關係。

4-5　三元運算式

如果一個判斷式中只有 if 和 else，可以使用三元運算式(Ternary Conditional Operator)來簡化，Python 的三元運算式（或稱條件運算式）有三個運算元，其一般格式為：

變數 = 運算式1 if 條件運算式 else 運算式2

三元運算式的運算規則是，先求 if 後面條件運算式的值，如果其值為 True，則求運算式 1，並以運算式 1 的值為三元運算式的運算結果。如果 if 後面運算式的值為 False，則求運算式 2，並以運算式 2 的值為三元運算式的運算結果。例如：

```
>>> x, y = 40, 30
>>> z = x if x > y else y
>>> z
40
```

如果條件 x>y 滿足，則運算取 x 的值，否則取 y 的值，即取 x，y 中較大的值。

注意：條件運算構成一個運算式，它可以做為一個運算元而出現在其他運算式中，它不是一個敘述。使用三元運算式可以使程式簡潔。例如，指定敘述"z=x if x>y else y"中使用了條件運算式，簡單地表示判斷變數 x 與 y 的較大值並指定給變數 z。另外，三元運算的三個運算式的資料類型具有多樣性。例如：

```
>>> i = 45
>>> 'a' if i else 'A'
'a'
>>> i = 0
>>> 'a' if i else 'A'
'A'
```

其中，i 是整數類型變數，若 i 的值為非 0，即代表 True，所以三元運算式的值為"a"，否則三元運算式的值為"A"。

例 4-10　　產生 3 個 2 位數隨機整數，輸出其中的最大數。

說明：使用三元運算式來實現。

程式如下：

```python
import random
x = random.randint(10,99)
y = random.randint(10,99)
z = random.randint(10,99)
max = x if x > y else y
max = max if max > z else z
print("x={0}, y={1}, z={2}".format(x,y,z))
print ("最大數: %d" % max)
```

程式的一次執行結果如下：

```
x= 27, y= 70, z= 59
最大數: 70
```

在例 4-8 和例 4-9 中介紹了求三個數中最大數的不同實現方法，這說明程式實現方法的多樣性。

4-6　選擇結構程式舉例

對於在不同條件下執行不同操作的問題就要使用選擇結構。選擇結構的執行是依據一定的條件選擇程式的執行路徑，程式設計的關鍵在於建構合適的分支條件和分析程式流程，根據不同的程式流程選擇適當的分支敘述。為了加深對選擇結構程式設計方法的理解，下面再看幾個例子。

例 4-11　　輸入三角形的三個邊長，求三角形的面積。

說明：設 a，b，c 表示三角形的三個邊長，則構成三角形的充分必要條件是任意兩邊之和大於第三邊，即 a+b>c，b+c>a，c+a>b。如果該條件滿足，則可按照海倫公式計算三角形的面積：

$$s = \sqrt{p(p-a)(p-b)(p-c)}$$

其中，$p = (a+b+c)/2$。

程式如下：

```
from math import *
a, b, c = eval(input("a, b, c = "))
if a + b > c and a + c > b and b + c > a:
    p = (a+b+c) / 2
    s = sqrt(p*(p-a)*(p-b)*(p-c))
    print("a= {0}, b= {1}, c= {2}".format(a, b, c))
    print("area= {}".format(s))
else:
    print("a= {0}, b= {1}, c= {2}".format(a, b, c))
    print("input data error")
```

程式執行結果如下：

```
a, b, c = 6, 7, 5
a= 6, b= 7, c= 5
area= 14.696938456699069
```

再次執行程式，結果如下：

```
a, b, c = 34, 3, 21
a= 34, b= 3, c= 21
input data error
```

　　選擇結構程式執行時，每次只能執行一個分支，所以在檢查選擇結構程式的正確性時，設計的原始資料應包括每一種情況，保證每一條分支都檢查到。本例的程式執行時，首先輸入的三邊能構成一個三角形，求出其面積。再次執行程式時，輸入的三邊不能構成一個三角形，提示使用者輸入資料有誤。

例 4-12　　輸入 x，求對應的函式值 y。

$$y = \begin{cases} \sin x + |x-1|, & x \le 0 \\ \ln(x), & x > 0 \end{cases}$$

說明：這是一個具有兩個分支的分段函式，可以採用雙向選擇結構來實現求函式值 y。

程式如下：

```
from math import *
x = eval(input("x= "))
```

```
if x <= 0:
    y = sin(x) + fabs(x-1)
if x > 0:
    y = log(x)
print("x= {}, y= {}".format(x, y))
```

程式執行結果如下：

```
x= 10
x= 10, y= 2.302585092994046
```

再次執行程式，結果如下：

```
x= -5
x= -5, y= 6.958924274663138
```

還可以採用兩個單向選擇結構來實現，程式如下：

```
from math import *
x = eval(input("x= "))
if x <= 0:
    y = sin(x) + fabs(x-1)
if x > 0:
    y = log(x)
print("x= {}, y= {}".format(x, y))
```

例 4-13　輸入一個 3 位數整數，判斷它是否為水仙花數。

說明：「水仙花數」(Narcissistic Number) 也稱為阿姆斯壯數 (Armstrong Number)，用來描述一個 N 位數非負整數，其各位數的 N 次方和等於該數本身。例如 3 位整數 $153=1^3+5^3+3^3$，因此 153 是水仙花數。關鍵的一步是先分別求 3 位整數的個位數、十位數、百位數，再根據條件判斷該數是否為水仙花數。

程式如下：

```
x = eval(input("x= "))
a = x % 10;             #求個位數
b = (x // 10) % 10;     #求十位數
c = x // 100;           #求百位數
if (x == a ** 3 + b ** 3 + c ** 3):
    print("{0} 是水仙花數".format(x))
else:
    print("{0} 不是水仙花數".format(x))
```

程式執行結果如下：

```
x = 153
153 是水仙花數
```

再次執行程式,結果如下:

```
x = 213
213 不是水仙花數
```

上機練習

下列上機問題，請先自行演算後，再上機驗證您的答案是否正確。

1.

```python
a = 100; x = 10; y = 20; ok1 = 5; ok2 = 0
if(x < y):
    if(y != 10):
        if(not ok1):
            a = 1
        elif(ok2):
            a = 10
        else:
            a = -1
print("%d" % a)
```

2. 若 a 和 b 分別輸入 3,4，下列程式片段的執行結果為_____。

```python
a, b = eval(input())
s = 1; t=1
if(a > 0):
    s = s + 1
    if(a > b):
        t = s + t
    elif(a == b):
        t = 5
    else:
        t = 2 * s
print("s= %d, t= %d" % (s,t))
```

3. 若 x 輸入 5999，下列程式片段的執行結果為_____。

```python
x = eval(input("x= "))
if(x >= 0 and x <= 2999):
    y = 18 + 0.12 * x
if(x >= 3000 and x <= 5999):
    y = 36 + 0.6 * x
if(x >= 6000 and x <= 10000):
    y = 54 + 0.3 * x
print("%6.1f" % y)
```

4.

```python
x = 12; y = 5
if x == y:
    print('x and y are equal')
```

```
    else:
        if x < y:
            print('x is less than y')
        else:
            print('x is greater than y')
```

5.
```
x = 12
if 0 < x:
    if x < 10:
        print('x is a positive single-digit number.')
    else:
        print('x is not a positive single-digit number.')
```

6.
```
a = 2; b = 3
c = a
if(a > b):
    c = 1
elif(a == b):
    c = 0
else:
    c = -1
print("%d\n" % c)
```

7.
```
x = 0; y = 1
if(y != 0):
    x = 5
    print("%d" % x, end=' ')
if(y == 0):
    x = 4
else:
    x = 5
print("%d" % x, end=' ')
x = 1
if(y < 0):
    if(y > 0):
        x = 4
    else:
        x = 5
print("%d" % x)
```

8.

```
a = 1; b = 3; c = 5; d = 4
if(a < b):
    if(c < d):
        x = 1
    else:
        if(a < c):
            if(b < d):
                x = 2
            else:
                x = 3
        else:
            x = 6
else:
    x = 7
print("%d" % x)
```

9. 若輸入 x 的值為 5999，則下列程式的執行結果為_____。

```
x = eval(input("x= "))
if(x >= 0 and x <= 2999):
    y = 18 + 0.12 * x
if(x >= 3000 and x <= 5999):
    y = 36 + 0.6 * x
if(x >= 6000 and x <= 10000):
    y = 54 + 0.3 * x
print("%6.1f" % y)
```

習題

一、選擇題

1. 下列程式片段的執行結果為　(A)***2　(B)***3　(C)###2　(D)###3

```
>>> a = 2; b = 3
>>> print("***%d" % a) if a>b else print("###%d" % b)
```

2. 下列程式片段的執行結果為　(A)3　(B)4　(C)5　(D)6

```
n = 15
if(n%2 == 0 or n%3 == 0):
    print("%d" % n)
else:
    print("%d" % (n-1))
```

3. 下列程式片段的執行結果為　(A)True　(B)False　(C)1　(D)0

```
x = 25; y = 10
if x % y == 0:
    print(True)
else:
    print(False)
```

4. 下列程式片段的執行結果為　(A)True　(B)False　(C)1　(D)語法錯誤

```
x = 5; y = 10; z = 3
if x <= y <= z:
    print(True)
else:
    print(False)
```

5. 下列程式片段的執行結果為　(A)3　(B)4　(C)5　(D)6

```
x = 5
if((x+1) > 5):
    print("%d" % x)
else:
    print("%d" % (x-1))
```

6. 下列程式片段的執行結果為　(A)staple　(B) Buy 1 lb!　(C) Buy less!　(D) Run away!

```
>>> x = 'staple'
>>> if x == 'beef':
...     print("Buy 1 lb!")
... elif x == 'ham':
...     print("Buy less!")
```

```
...    else:
...        print('Run away!')
```

7. 下列程式片段的執行結果為　(A)Bad choice　(B)125　(C)150　(D)50

```
>>> choice = 'sausage'
>>> if choice == 'main course':
...        print(125)
... elif choice == 'pizza':
...        print(150)
... elif choice == 'bacon':
...        print(50)
... else:
...        print('Bad choice')
```

8. 下列程式片段的執行結果為　(A)'f'　(B)'t'　(C)''　(D)語法錯誤

```
>>> a = 't' if '' else 'f'
>>> a
```

9. 若輸入 password 為 scret，下列程式片段的執行結果為　(A)程式無法執行　(B)Access Granted　(C)Access Denied　(D)語法錯誤

```
>>> pw = input("Enter your password: ")
>>> if pw == "secret":
...        print("Access Granted")
... else:
...        print("Access Denied")
```

10. 下列程式片段的執行結果為　(A)'f'　(B)'t'　(C)''　(D)語法錯誤

```
>>> a = 't' if '' else 'f'
>>> a
```

11. 下列程式片段的執行結果為　(A)'f'　(B)'t'　(C)''　(D)0

```
>>> a = 't' if '0' else 'f'
>>> a
```

12. 下列程式片段的執行結果為　(A)yes　(B)no　(C)True　(D)False

```
>>> x = True
>>> y = False
>>> z = True
>>> if x or y and z:
...        print("yes")
... else:
...        print("no")
```

13. 若 a 輸入 2.0，下列程式片段的執行結果為　(A)0.5　(B)10.5　(C)0.500000　(D)1.500000

```
a = eval(input('a= '))
if(a < 0.0):
    b = 0.0
elif((a < 0.5) and (a != 2.0)):
    b = 1.0/(a + 2.0)
elif(a < 10.0):
    b = 1.0 / a
else:
    b = 10.0
print("%f" % b)
```

14. 下列敘述的執行結果為　(A)0　(B)1　(C)2　(D)-1

```
x = 2; y = -1; z = 2
if(x < y):
    if(y < 0):
        z = 0
    else:
        z += 1
print("%d" % z)
```

15. 下列程式片段的執行結果為　(A)1　(B)10　(C)5　(D)-1

```
a = 100; x = 10; y = 20; ok1 = 5; ok2 = 0
if(x < y):
    if(y != 10):
        if(not ok1):
            a = 1
        elif(ok2):
            a = 10
a = -1
print("%d" % a)
```

16. 下列程式片段的執行後，a 的值為　(A)2　(B)0　(C)-12　(D)15

```
>>> x = 12; y = 15
>>> a = x + 10 if x > y else x - 12
```

17. 下列程式片段的執行後，b 的值為　(A)1　(B)'yes'　(C)'no'　(D)0

```
>>> a = 12
>>> b = "no" if (a % 2 != 0) else "yes"
```

18. 下列程式片段的執行結果為　(A)b is not in x　(B)b is in x　(C)1　(D)-2

```
b = -2
x = [1, 2, 3]
if (b not in x):
    print("b is not in x")
else:
    print("b is in x")
```

19. 下列程式片段的執行結果為　(A)c is not in x　(B)c is in x　(C)30　(D)"30"

```
c = 30
x = [10, "20", "30", 40, 50]
if (c in x):
    print("c is in x")
else:
    print("c is not in x")
```

20. 下列程式片段的執行結果為　(A)0　(B)6　(C)5　(D)4

```
m = 5
if((m+1) > 5):
    print("%d" % m)
else:
    print("%d" % (m-1))
```

21. 下列程式片段的執行結果為　(A)0　(B)-1　(C)1　(D)2

```
a = 2; b = 3
c = a
if(a>b):
    c = 1
elif(a==b):
    c = 0
else:
    c = -1
print("%d\n" % c)
```

22. 下列程式片段的執行結果為　(A)10　(B)25　(C)20　(D)15

```
a = c = 0
b = 1; d = 20
if (a):
    d = d - 10
elif(not b):
    if(not c):
        x = 15
    else:
        x = 25
print("%d\n" % d)
```

23. 下列程式片段的執行結果為　(A)2　(B)3　(C)0　(D)1

```
x = 2; y = -1; z = 2
if(x < y):
    if(y < 0):
        z = 0
else:
    z += 1
print("%d" % z)
```

二、填空題

1. 下列程式片段的執行結果為_____。

```
x = 1
if x > 0:
    print('x is positive')
```

2. 下列程式片段的執行結果為_____。

```
x = 12
if x % 2 == 0:
    print('x is even')
else:
    print('x is odd')
```

3. 下列程式片段的執行結果為_____。

```
x = 2; y = -5
if x < y:
    print('x is less than y')
elif x > y:
    print('x is greater than y')
else:
    print('x and y are equal')
```

4. 下列程式片段的執行結果為_____。

```
x = 5
if 0 < x and x < 10:
    print('x is a positive single-digit number.')
else:
    print('x is not a positive single-digit number.')
```

5. 下列程式片段的執行結果為_____。

```
x = 5
if 0 < x < 10:
    print('x is a positive single-digit number.')
else:
    print('x is not a positive single-digit number.')
```

6. 下列程式片段的執行結果為_____。

```
x = -5
if x < 0:
    print(-x)
else:
    print(x)
```

7. 下列程式片段的執行結果為＿＿＿＿＿＿＿。

```
>>> x = True; y = False; z = True
>>> if x or y and z:
...     print("yes")
... else:
...     print("no")
```

8. 下列程式片段的執行結果為＿＿＿＿＿＿＿。

```
if(2 * 2 == 5 < 2 * 2 == 4):
    print("T")
else:
    print("F")
```

9. 下列敘述的執行結果為＿＿＿＿＿＿＿。

```
>>> a = 1; b = 2
>>> c = a if a > b else b + 1
>>> b = a if (a >= 0) else -a
>>> print(c, b)
```

10. 下列程式片段的執行結果為＿＿＿＿＿＿＿。

```
a = 1
x = [1, 2, 3, 4, 5]

if (a in x):
    print("a is in x")
else:
    print("a is not in x")
```

11. 下列程式片段的執行結果為＿＿＿＿＿＿＿。

```
a = c = 0
b = 1; d = 20
if (a):
    d = d - 10
elif(not b):
    if(not c):
        x = 15
    else:
        x = 25
print("%d\n" % d)
```

12. 下列程式片段的執行結果為＿＿＿＿＿＿＿。

```
s = w = t = 0
a = -1; b = 3; c = 3
if(c > 0):
```

```
        s = a + b
    if(a <= 0):
        if(b > 0):
            if(c <= 0):
                w = a - b
        elif(c > 0):
            w = a - b
        else:
            t = c
    print("%d, %d, %d" % (s,w,t))
```

13. 下列程式片段的執行結果為_____。

```
a = 100; x = 10; y = 20; ok1 = 5; ok2 = 0
if(x < y):
    if(y != 10):
        if(not ok1):
            a = 1
    else:
        if(ok2):
            a = 10
a = -1
print("%d" % a)
```

14. 下列敘述的執行結果為_____。

```
>>> x = 10; y = 9
>>> a = x if x == y else y
>>> a
```

15. 下列敘述的執行結果為_____。

```
>>> w = 1; x = 2; y = 3; z = 4
>>> a = w if w < x else x
>>> b = y if w > y else y
>>> c = w if w < z else z
>>> print(a, b, c)
```

16. 下列敘述的執行結果為_____。

```
>>> x = 1; y = 2
>>> a = x if x > y else y + 1
>>> b = x if (x >= 0) else -x
>>> c = "no" if (x % 2 != 0) else "yes"
>>> print(a, b, c)
```

17. 下列敘述的執行結果為_____。

```
>>> x = 3; y = 4; z = 5
>>> a = x-1 if((x-1) == (y+1)) else y-1
>>> a
```

18.　若輸入 a 和 b 的值為 3,4，則下列程式的執行結果為_____。

```
a, b = eval(input())
s = 1; t = 1
if(a>0):
    s = s + 1
    if(a>b):
        t = s + t
    elif(a==b):
        t = 5
    else:
        t = 2 * s
print("s=%d,t=%d" % (s,t))
```

19.　下列程式的執行結果為_____。

```
x = 0; y = 1
if(y!=0):
    x = 5
    print("%d" % x,end=' ')
if(y==0):
    x = 4
else:
    x = 5
print("%d" % x,end=' ')
x = 1
if(y<0):
    if(y>0):
        x = 4
    else:
        x = 5
print("%d" % x)
```

20.　下列程式的執行結果為_____。

```
s = w = t = 0
a = -1; b = 3; c = 3
if(c>0):
    s = a + b
if(a<=0):
    if(b>0):
        if(c<=0):
            w = a - b
    elif(c>0):
        w = a - b
    else:
```

```
        t = c
    print("%d,%d,%d" % (s,w,t))
```

21. 若輸入 a 的值為 2.0，則下列程式的執行結果為_____。

```
    a = eval(input('a= '))
    if(a < 0.0):
        b = 0.0
    elif((a < 0.5) and (a != 2.0)):
        b = 1.0 / (a+2.0)
    elif(a < 10.0):
        b = 1.0 / a
    else:
        b = 10.0
    print("%f" % b)
```

22. 下列程式的執行結果為_____。

```
    X = 2; y = -1; z = 2
    if(x < y):
        if(y < 0):
            z = 0
        else:
            z += 1
    print("%d" % z)
```

23. 下列程式的執行結果為_____。

```
    X = 2; y = -1; z = 2
    if(x < y):
        if(y < 0):
            z = 0
    else:
        z += 1
    print("%d" % z)
```

24. 下列程式的執行結果為_____。

```
    A = 100; x = 10; y = 20; ok1 = 5; ok2 = 0
    if(x < y):
        if(y != 10):
            if(not ok1):
                a = 1
        else:
            if(ok2):
                a = 10
    a = -1
    print("%d" % a)
```

25. 下列程式的執行結果為_____。

```python
A = 100; x = 10; y = 20; ok1 = 5; ok2 = 0
if(x < y):
    if(y != 10):
        if(not ok1):
            a = 1
        elif(ok2):
            a = 10
a = -1
print("%d" % a)
```

26. 下列程式的執行結果為_____。

```python
A = 100; x = 10; y = 20; ok1 = 5; ok2 = 0
if(x < y):
    if(y != 10):
        if(not ok1):
            a = 1
        elif(ok2):
            a = 10
        else:
            a = -1
print("%d" % a)
```

27. 下列程式的執行結果為_____。

```python
A = 1; b = 3; c = 5; d = 4
if(a < b):
    if(c < d):
        x = 1
    else:
        if(a < c):
            if(b < d):
                x = 2
            else:
                x = 3
        else:
            x = 6
else:
    x = 7
print("%d" % x)
```

三、簡答題

1. 寫出條件 "20 < x < 30 或 x < -100" 的 Python 運算式。

2. Python 實現選擇結構的敘述有哪些？各種敘述的格式是什麼？

3. 下列兩個敘述各自執行後，x 和 y 的值是多少？它們的作用是什麼？

```
x = y = 5
x = y == 5
```

4. 下列敘述的執行結果為何？

```
x = False
y = True
z = False
if x or y and z: print("yes")
else: print("no")
```

5. 下列敘述的執行結果為何？

```
x = True
y = False
z = True
if not x or y: print(1)
elif not x or not y and z: print(2)
elif not x or y or not y and x: print(3)
else: print(4)
```

6. 說明以下三個 if 敘述的區別。

敘述一：

```
if i > 0:
    if j > 0: n = 1
    else: n = 2
```

敘述二：

```
if i > 0:
    if j > 0: n = 1
else: n = 2
```

敘述三：

```
if i > 0: n = 1
else:
    if j > 0: n = 2
```

四、程式設計題

1. 輸入三個數，輸出其中最大數。

　　提示：　求三個數中最大數的具體方法是，輸入三個數到 x，y，z 後，先假定第一
　　　　　　個數是最大數，即將 x 送到 max 變數，然後將 max 分別和 y，z 比較，兩
　　　　　　次比較後，max 的值即為 x，y，z 中的最大數。

2. 輸入 x，求對應的函式值 y。

$$y = \begin{cases} \ln(-5x) + |x|, & x < 0 \\ \sin x + \dfrac{\sqrt{x + e^2}}{2\pi}, & x \geq 0 \end{cases}$$

　　提示：這是一個具有兩個分支的分段函式，為了求函式值，可以採用雙向選擇結構來實現。

3. 輸入學生的成績，根據成績進行分類，85 分以上為優秀，70~84 分為良好，60~69 分為及格，60 分以下為不及格。

　　提示：　將學生成績分為四個分數段，然後根據各分數段的成績，輸出不同的等級。程式分為四個分支，可以用四個單分支結構實現，也可以用多分支 if 敘述實現。

4. 使用巢狀 if 敘述實現上題。

5. 使用條件運算式來產生 3 個 2 位數隨機整數，並輸出其中最大的數。

6. 某公司員工的薪資計算方法如下：

　　(1) 工作時數超過 120 小時者，超過部分加發 15%。

　　(2) 工作時數低於 60 小時者，扣發 1000 元。

　　(3) 其餘按 168 元每小時計發。

　　試輸入員工的編號和該員工的工作時數，計算應發薪資。

　　提示：　為了計算應發薪資，首先分兩種情況，即工時數小於等於 120 小時和大於 120 小時。工時數超過 120 小時時，實發薪資有規定的計算方法。而工時數小於等於 120 小時時，又分為大於 60 和小於等於 60 兩種情況，分別有不同的計算方法。所以程式分為 3 個分支，即工時數>120、60<工時數≤120 和工時數≤60，可以使用多向選擇 if 結構實現，也可以用 if 的巢狀實現。

7. 輸入一個時間（小時：分鐘：秒），輸出該時間經過 5 分 30 秒後的時間。

8. 輸入西元年和月份，求該月的天數。

　　提示：　使用 year、month 分別表示西元年和月份，day 表示每月的天數。考慮到以下兩點。

　　(1) 每年的 1、3、5、7、8、10、12 月，每月有 31 天；4、6、9、11 月，每月有 30 天；閏年 2 月有 29 天，平年 2 月有 28 天。

　　(2) 年份能被 4 整除，但不能被 100 整除，或者能被 400 整除的西元年都是閏年。

CHAPTER **05** 迴圈結構

　　在求解問題的過程中，有許多具有規律性的重複操作，因此在程式中就需要重複執行某些敘述，每次重複操作都有其新的內容。也就是說，雖然每次重複執行的敘述相同，但敘述中變數的值是變化的，而且當重複到一定次數或滿足一定條件後才能結束敘述的執行。在一定條件下重複執行某些操作的控制結構稱為「迴圈」(Loop)結構，它由迴圈主體(Body)及迴圈條件(Condition)兩部分組成，重複執行的敘述稱為迴圈主體，決定是否繼續重複執行的運算式稱為迴圈條件。

　　迴圈結構是結構化程式設計的基本結構之一。它和循序結構、選擇結構共同做為各種複雜程式的基本建構單元。在許多的應用程式都包含迴圈架構，例如，要輸入全班同學的成績；求多個數字之總和；迭代(Iteration)運算求方程式的根等。因此熟悉迴圈結構的概念及使用是程式設計的最基本要求。

　　Python 提供 while 敘述和 for 敘述來實現迴圈結構。本章將介紹 while 敘述和 for 敘述的基本格式、執行規則以及迴圈結構程式設計方法。

5-1　　while 迴圈結構

　　while 迴圈結構就是透過判斷迴圈條件來決定是否繼續執行迴圈的一種程式結構，它的特點是先判斷迴圈條件，條件滿足時才執行迴圈主體敘述。

5-1-1　while 迴圈

（一）while 敘述語法

　　while 敘述的一般格式為：

```
while 條件運算式：
    敘述區段
```

　　while 敘述中的條件運算式表示迴圈條件，可以是結果為 True 或 False 的任何運算式，常用的是關係運算式或邏輯運算式。敘述區段是重複執行的部分，稱為迴圈主體(Body)。注意：條件運算式後面必須加上冒號(:)。

　　while 敘述的執行過程是：先計算條件運算式的值，如果運算式值為 True，則重複執行迴圈主體中的敘述區段，直到運算式值為 False 才結束迴圈，繼續執行 while 敘述的下一敘述。執行過程如圖 5-1 所示。

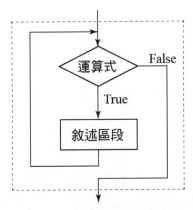

圖 5-1　while 敘述的執行流程圖

迴圈主體的敘述區段可以是單一敘述，也可以是多列敘述。例如：

```
p, n, r = 10, 0, 2.5
while p < 20:
    n += 1
    p *= 1 + r
print("n= %d, p= %d" % (n, p))
```

程式執行結果如下：

```
n= 1, p= 35
```

其中，迴圈主體有"n += 1"和"p *= 1 + r"兩列敘述，它們必須上下縮排對齊。如果沒有縮排對齊，將會形成無窮迴圈。例如：

```
p, n, r = 10, 0, 2.5
while p < 20:     #條件運算式p < 20 恆為真(True)
    n += 1
p *= 1 + r
print("n= %d, p= %d" % (n, p))
```

與 if 敘述的語法類似，如果 while 迴圈主體中只有一列敘述，可以將該敘述與 while 寫在同一列中。例如：

```
a = int(input ('請輸入一個整數:'))
while a != 0: a = a // 10
print(a)
```

如果條件運算式恆為 True，將會形成無窮迴圈。例如：

```
x = 1
while x == 1:     #該條件永遠為 True，迴圈將一直執行下去
    num = input("Enter a number:")
```

```
        print("num: " % num)
print("Good luck!")
```

程式輸出結果如下：

```
Enter a number:12
num: 12
Enter a number:23
num: 23
Enter a number:-5
num: -5
Enter a number:
```

　　這是一個無窮迴圈，只能按 Ctrl+C 快速鍵來中斷執行迴圈。這種情況在迴圈主體內必須有修改條件運算式值的敘述，使其值趨於 False，讓迴圈趨於結束，以避免無窮迴圈。

（二）在 while 敘述中使用 else 子句

　　在 Python 中，可以在迴圈敘述中使用 else 子句，else 中的敘述會在迴圈正常執行完畢的情況下執行。例如：

```
cnt = int(input("Enter a number:"))
while cnt < 5:
    print(cnt, "is less than 5")
    cnt = cnt + 1
else:
    print(cnt, "is not less than 5")
```

程式的執行結果如下：

```
Enter a number: 3
3 is less than 5
4 is less than 5
5 is not less than 5
```

程式的又一次執行結果如下：

```
Enter a number: 10
10 is not less than 5
```

對程式再稍做修改，看看執行結果。

```
cnt = int(input("Enter a number:"))
while cnt < 5:
    print(cnt, "is less than 5")
```

```
    cnt = cnt + 1
    if cnt == 5: break              #中斷迴圈
else:
    print(cnt,"is not less than 5")
```

程式執行結果如下：

```
Enter a number: 3
3 is less than 5
4 is less than 5
```

當透過 break 敘述（參見 5.3 節）跳出迴圈主體時，else 部分就不會被執行。

5-1-2 while **迴圈的應用範例**

迴圈結構程式設計必須考慮：迴圈變數的初值設定、決定條件運算式和運算式的更新。一旦具備這些要素，就可以直接應用迴圈敘述編寫迴圈結構程式。

例 5-1   計算 1+2+3+···+100 的值。

說明：這是求若干個數的累加和問題。定義變數 *total* 儲存累加和，變數 *n* 儲存累加項，累加問題可表示為：$total_i = total_{i-1} + n_i$ $(total_0 = 0, n_1 = 1)$。即第 *i* 次的累加和 *total* 等於第 *i-1* 次的累加和加上第 *i* 次的累加項 *n*。從迴圈的角度來看，即本次迴圈的累加和 *total* 等於上次迴圈的累加和加上本次的累加項 *n*，可用指定敘述"total += n"或"total = total + n"來實現。

此例的累加項 *n* 可表示為：$n_i = n_{i-1} + 1$ $(n_1 = 1)$。即每迴圈一次累加項 *n* 加 1，可用指定敘述"n += 1"來實現(n=1,2,3,...,100)。迴圈主體要實現兩種操作：*total += n* 和 *n += 1*，並設 *total* 的初值為 0，*n* 的初值為 1。最後可以追蹤變數 *total* 和 n 值的變化，驗證一下是否符合題意。

程式如下：

```
total = 0
n = 1
while n <= 100:      #迴圈條件
    total += n       #實現累加求和
    n += 1           # n 加 1
print("1+2+3+...+99+100= %d" % total)
```

程式執行結果如下：

```
1+2+3+...+9+100= 5050
```

如果將迴圈主體敘述"total += n"和"n += 1"互換位置，程式應修改如下：

```
total = 0
n = 0
while n < 100:      #迴圈條件
    n += 1          # n 加 1
    total += n      #實現累加求和
print("1+2+3+...+99+100= %d" % total)
```

程式執行結果同上。

　　累加求和問題是程式設計中的最基本問題，讀者可以透過上面兩個例子掌握其演算法設計要領。下面另外看一個累乘問題。

例 5-2　　計算階乘的值。

　　說明：從累加求和問題可以延伸到累乘問題，也就是階乘(factorial)問題。例如求 5！，定義變數 $prod$ 儲存累乘積，變數 n 儲存累乘項，累乘問題可以表示為：$prod_i = prod_{i-1} \cdot n_i$ $(prod_0 = 1, n_1 = 1)$，累乘項 n 可以表示為：$n_i = n_{i-1} + 1$ $(n_1 = 1)$。即迴圈主體要實現兩種操作：prod *= n 和 n += 1，並設定 $prod$ 的初值為 1，n 的初值為 1。

　　程式如下：

```
prod = 1
n = 1
while n <= 5:     #迴圈條件
    prod *= n     #實現累乘
    n += 1        # n 加 1
print("5!= %d" % prod)
```

程式執行結果如下：

```
5!= 120
```

　　接著來看數字處理方面的例子。

例 5-3　　輸入一個整數，輸出其位數。

　　說明：輸入的整數存入變數 n 中，用變數 k 來統計整數 n 的位數，每執行迴圈一次就用整除運算子(//)去掉 n 的最低位數字，直到 n 為 0。

　　程式如下：

```
n = eval(input('輸入一個整數：'))
k = 0
while n > 0:
    k += 1
    n //= 10
print('整數的位數：%d' % k)
```

程式執行結果如下：

```
輸入一個整數：12345
整數的位數：5
```

例 5-4　　**求兩個數的最大公因數。**

說明：可以使用輾轉相除法求兩個數的最大公因數(Greatest Common Divisor; GCD)，基本步驟如下：

(1) 求 a/b 的餘數 r。

(2) 若 r=0，則 b 為最大公因數，否則執行第(3)步驟。

(3) 將 b 的值放在 a 中，r 的值放在 b 中。

(4) 跳至第(1)步驟。

程式如下：

```
a, b = eval(input("請輸入兩個整數："))
if a > b: a, b = b, a     #保證 a 為較小的數
r = a % b
while r != 0:
    a, b = b, r
    r = a % b
print("最大公因數是 %d" % b)
```

程式執行結果如下：

```
請輸入兩個整數：128, 24
最大公因數是 8
請輸入兩個整數：18, 32
最大公因數是 2
```

5-2　for 迴圈結構

重複執行次數已知的迴圈結構稱為「計數迴圈」。一般程式語言都提供對應的敘述來實現計數迴圈，如 C 語言的 for 敘述。Python 中的 for 迴圈是一個通用的序列(Sequence)迭代器，可以搜尋任何有順序性的序列物件的元素。for 敘述可用於字串(String)、串列(List)、元組(Tuple)以及其他內建可迭代物件。

5-2-1　for 迴圈

（一）for 迴圈敘述

for 迴圈敘述的一般格式為：

```
for 目標變數 in 序列物件：
    敘述區段
```

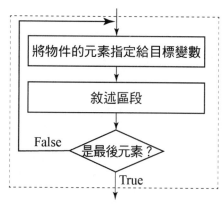

for 敘述的首列定義目標變數和搜尋的序列物件。串列、字串、元組都是序列，可以利用它們來建立迴圈。敘述區段中的敘述要縮排對齊。

for 敘述的執行過程是：將序列物件中的元素逐一指定給目標變數，對每一次指定都執行一次迴圈主體的敘述區段。當序列中每一個元素都被搜尋完畢，則結束迴圈，執行 for 敘述的下一敘述。執行過程如圖 5-2 所示。

圖 5-2　for 敘述的執行流程圖

for 敘述是透過搜尋任意序列的元素來建立迴圈的，針對序列的每一個元素執行一次敘述區段。請看下面的例子。

搜尋串列建立迴圈：

```
cartoons = ['Garfield','Goofy','Snoopy']　#串列cartoons
for cartoon in cartoons:
    print(cartoon, end=' ')
```

程式執行結果如下：

```
Garfield Goofy Snoopy
```

搜尋字串建立迴圈：

```
for ch in "Hello World!": print(ch, end='-')
```

程式執行結果如下：

```
H-e-l-l-o- -W-o-r-l-d-!-
```

搜尋元組建立迴圈：

```
cartoons = ('Garfield','Goofy','Snoopy')     #元組 cartoons
for cartoon in cartoons:
    print(cartoon, end=' ')
```

程式執行結果如下：

```
Garfield Goofy Snoopy
```

用於 for 迴圈時，元組和串列具有完全一樣的作用。for 迴圈的執行次數就是序列中元素的個數，即序列的長度(Length)。可以利用序列長度來控制執行迴圈的次數，這時關注的不是序列元素的值，而是元素的個數。請看下列程式。

```
s = 0
for i in [1, 2, 3, 4, 5]:        #序列元素的個數為 5
    x = int(input("x= "))
    s += x
print("s= %d" % s)
```

程式執行結果如下：

```
x= 5
x= 7
x= 2
x= 3
x= 1
s= 18
```

上述程式用於從鍵盤輸入 5 個數，然後求它們的和。

如果目標變數的作用是儲存每次迴圈所引用的序列元素的值，在迴圈主體中也可以引用目標變數的值。在這種情況下，目標變數不僅能控制迴圈次數，而且直接影響迴圈主體中的運算元。例如：

```
s = 0
for i in [1, 2, 3, 4, 5]:
    s += i
print("s= %d" % s)
```

程式執行結果如下：

```
s= 15
```

也可以在 for 迴圈主體中修改目標變數的值，但當程式執行流程再次回到迴圈開始時，就會自動被設成序列的下一個元素。退出迴圈之後，該變數的值就是序列中最後的元素。分析下列程式的輸出結果。

```
for i in [1, 2, 3, 4, 5]:
print ("儲存序列元素的 i= %d" % i)  #目標變數 i 設為序列元素的值
    i = 20          #修改目標變數
    print ("修改後的 i= %d" % i)   #目標變數 i 改變後的值
print ("退出 for 迴圈後的 i= %d" % i)   #退出 for 迴圈後的目標變數
```

程式執行結果為：

```
儲存序列元素的 i= 1
修改後的 i= 20
儲存序列元素的 i= 2
修改後的 i= 20
儲存序列元素的 i= 3
修改後的 i= 20
儲存序列元素的 i= 4
修改後的 i= 20
儲存序列元素的 i= 5
修改後的 i= 20
退出 for 迴圈後的 i= 20
```

for 敘述也支援 else 子句，它的功能就像在 while 迴圈中一樣，如果迴圈離開時沒有 break 敘述，就會執行 else 子句。也就是序列所有元素都被存取 (Indexing)過之後，執行 else 子句。例如：

```
for ch in ["Have", "a", "nice", "day"]:
    print(ch)
else:
    print("Good luck!")
```

程式執行結果如下：

```
Have
a
nice
day
Good luck!
```

（二）for...in range 迴圈

在 Python 中，如果要存取一個數字序列，可以使用 range 物件。range()函式用來傳回不可變的數字序列，通常用於 for 迴圈中指定執行迴圈的次數。其語法格式為：

```
range(start,end[,step])
```

其中，參數 start 是數字序列的起始值，end 是終止值，step 是數字序列的步長。

如果省略 start 參數，則預設為 0。如果省略 step 參數，則預設為 1。如果 step 為 0，則會發生 ValueError 錯誤。如果 step 為正值，則 range 物件的內容為 r[i]=start+step*i，其中 i>=0 且 r[i]<end。如果 step 為負值，range 物件的內容仍然為 r[i]=start+step*i，但限制條件為 i>=0 且 r[i]>end。例如：

range(101)：用來產生 0 到 100 間的整數，但是不存取 101。

range(1,101)：用來產生 1 到 100 間的整數，相當於前面是閉區間，後面是開區間。

range(1,101,2)：用來產生 1 到 100 間的奇數，其中，2 是步長，即每次的遞增值。

range(100,0,-2)：用來產生 100 到 1 間的偶數，其中，-2 是步長，即每次的遞減值。

例 5-5 求 1~100 之間的偶數和。

```python
total = 0
for n in range(2, 101, 2):
    total += n
print('total= %d' % total)
```

程式執行結果如下：

```
total= 2550
```

如果要計算兩個正整數 a、b (a<b)之間的偶數和，可以將上述程式修改如下：

```python
a = eval(input('a= '))
b = eval(input('b= '))
total = 0
for n in range(a, b+1):
    if n % 2 == 0:
```

```
        total += n
    print('total= %d' % total)
```

程式執行結果如下：

```
a= 5
b= 20
total= 104
```

range 物件用於實現一般序列的所有操作，例如存取、截取(slicing)、成員檢測等操作。但 range 物件不可用於實現連接(+)和複製(*)操作。例如：

```
>>> range(10) * 2
TypeError: unsupported operand type(s) for *: 'range' and
'int'
>>> range(10) + range(5)
TypeError: unsupported operand type(s) for +: 'range' and
'range'
```

可以使用 range()函式和 list()函式產生一個串列。例如：

```
>>> list(range(2, 15, 3))
[2, 5, 8, 11, 14]
>>> list(range(5))
[0, 1, 2, 3, 4]
```

還可以利用 range()函式和 tuple()函式產生一個元組。例如：

```
>>> tuple(range(2, 15, 3))
(2, 5, 8, 11, 14)
>>> tuple(range(5))
(0, 1, 2, 3, 4)
```

5-2-2　for 迴圈的應用範例

for 迴圈是一種很重要的迴圈實現形式，下面看一些實際例子。

例 5-6　輸入 10 個數，求出其中的最大數與最小數。

說明：先假設第一個數就是最大數或最小數，再將剩下的 9 個數與到目前為止的最大數、最小數進行比較，比完 9 次後即可找出 10 個數中的最大數與最小數。

程式如下：

```
x = int(input("x= "))
max = min = x
```

```
for i in range(1, 10):
    x = int(input())
    if x > max:
        max = x
    elif x < min:
        min = x
print("max= {0}, min= {1}".format(max, min))
```

程式執行結果如下：

```
x= 15
3
21
12
7
9
16
2
14
5
max= 21, min= 2
```

程式用 for 迴圈控制比較 9 次，每次比較用多向選擇 if 敘述實現。

請思考下面三個問題：

1. 能否將 for 敘述中的 range(1,10)函式改為 range(10)或 range(9)？為什麼？

2. 能否將迴圈主體中的多向選擇 if 敘述（if...elif 敘述）改為以下兩個單向選擇 if 敘述？

```
if x > max: max = x
if x < min: min = x
```

3. 能否將迴圈主體中的多向選擇 if 敘述（if...elif 敘述）改為以下雙向選擇 if 敘述？

```
if x > max:
    max = x
else:
    min = x
```

5-3　迴圈控制敘述

迴圈控制敘述用來改變迴圈的執行路徑。Python 支援以下迴圈控制敘述：break 敘述、continue 敘述和 pass 敘述。

5-3-1　break 敘述

break 敘述用在迴圈主體內，強制立即終止所在迴圈，即跳出所在迴圈主體，繼續執行迴圈結構後面的敘述。例如：

```
a = 10
while a > 0:
    print('a: %d' % a)
    a = a-1
    if a == 5: break
print("Good bye!")
```

程式執行結果如下：

```
a: 10
a: 9
a: 8
a: 7
a: 6
Good bye!
```

例 5-7　求兩個整數的最大公因數。

說明：找出兩個整數 a 與 b 中較小的一個，則最大公因數必在 1 與較小整數的範圍內。使用 for 敘述，迴圈變數 i 從較小整數變化到 1。一旦迴圈控制變數 i 同時整除 a 與 b，則 i 就是最大公因數，然後使用 break 敘述強制跳出迴圈。

程式如下：

```
a, b = eval(input("請輸入兩個整數："))
if a > b:
    a, b = b, a    #保證 a 為較小的數
for i in range(a,0,-1):
    #第一次能同時整除 a 和 b 的 i 為最大公因數
    if a % i == 0 and b % i == 0:
        print("最大公因數是: %d" % i)
        break
```

程式執行結果如下：

```
請輸入兩個整數： 18,32
最大公因數是： 2
```

例 5-8　　猜數字遊戲。

說明：要進行猜數字大小的遊戲，需要先使用 randint()函式產生一個「隨機整數」做為正確答案，接著使用 while 迴圈搭配 input 指令，讓使用者不斷輸入數字，透過輸入的數字與正確答案比對，當輸入的數字等於正確答案時，使用 break 敘述終止 while 迴圈。

程式如下：

```
import random
a = random.randint(1,99)      # 產生 1~99 的隨機整數
b = int(input ('輸入 1~99 的數字： '))      #使用者輸入數字
while True:     #使用 while 迴圈
    if b < a:     #如果 b<a，提示數字太小
        b = int(input ('數字太小囉！再試一次： '))
    elif b > a:     #如果 b>a，提示數字太大
        b = int(input ('數字太大囉！再試一次： '))
    else:     #如果 b 等於 a，顯示正確答案並停止 while 迴圈
        print ('答對囉！')
        break
```

程式執行結果如下：

```
輸入 1~99 的數字： 50
數字太小囉！再試一次： 75
數字太大囉！再試一次： 63
數字太大囉！再試一次： 56
數字太小囉！再試一次： 60
數字太小囉！再試一次： 62
數字太大囉！再試一次： 61
答對囉！
```

5-3-2　continue 敘述

與 break 敘述不同，當在迴圈中執行 continue 敘述時，並不會退出迴圈，而是立即結束本次迴圈，重新開始下一次迴圈，也就是說，跳過迴圈主體中 continue 敘述之後的所有敘述，繼續下一次迴圈。對於 while 敘述，執行 continue

敘述後將使控制直接轉向條件判斷部分,從而決定是否繼續執行迴圈。對於 for 敘述,執行 continue 敘述後並沒有立即測試迴圈條件,而是先將序列的下一個元素指定給目標變數,根據指定情況來決定是否繼續執行 for 迴圈。請看下面的程式。

```
a = 5
while a > 0:
    a = a - 1
    if a == 2: continue     # a==2 時,跳過 print() 敘述
    print('a: %d' %a)
print("Good bye!")
```

程式執行結果如下:

```
a: 4
a: 3
a: 1
a: 0
Good bye!
```

continue 敘述和 break 敘述的主要區別是:continue 敘述只結束本次迴圈,而不是終止整個迴圈的執行。break 敘述則是結束所在迴圈,跳出所在迴圈主體。

例 5-9 求 1~100 之間的奇數和。

程式如下:

```
x = s = 0
while True:
    x += 1
    if not(x%2): continue     #x 為偶數直接進行下一次迴圈
    elif x > 100: break        # x>100 時退出迴圈
    else: s += x               #實現累加
print("s= %d" %s)
```

程式執行結果如下:

```
s= 2500
```

本程式只是為了說明 continue 和 break 兩敘述的作用。while 敘述中的條件運算式為"True",相當於迴圈條件永遠成立。當 x 為偶數時執行 continue 敘述,直接進行下一次迴圈。當 x 的值大於 100 時執行 break 敘述,跳出迴圈主體。

5-3-3　pass 敘述

　　pass 敘述是一個空敘述，它不做任何操作，代表一個空操作。pass 敘述用於在某些語法上需要一個敘述但實際卻什麼都不做的情況，就相當於預留位置。例如，迴圈主體可以包含一列敘述，也可以包含多列敘述，但是卻不可以沒有任何敘述。如果只是想讓程式執行一定次數的迴圈，但執行迴圈過程什麼都不做，就可以使用 pass 敘述。請看下面的迴圈敘述：

```
for x in range(10):
    pass
```

　　該敘述會執行迴圈 10 次，但是除了迴圈本身之外，它什麼都沒做。請再看下面的程式：

```
for char in 'Python':
    if char == 'h':
        pass
        print('***pass***')
    print('Character: %c' % char)
print("Good bye!")
```

　　程式執行結果如下：

```
Character: P
Character: y
Character: t
***pass***
Character: h
Character: o
Character: n
Good bye!
```

5-4　巢狀迴圈

　　如果一個迴圈主體又包括一個迴圈結構，就稱為「巢狀迴圈」(Nested Loop)，或稱為多重迴圈(Mutiple Loop)結構。經常用到的是雙重迴圈和三重迴圈。在多重迴圈結構中，處於內部的迴圈稱為內迴圈(Inner Loop)，處於外部的迴圈稱為外迴圈(Outer Loop)。如果使用多重迴圈，break 敘述將會停止執行所在層的迴圈，傳回執行外迴圈主體。

　　在設計多重迴圈時,要特別注意內迴圈和外迴圈之間的巢狀關係,以及各敘述放置的位置。

例 5-10　輸入 n,求下列運算式的值。

$$1+\frac{1}{1+2}+\frac{1}{1+2+3}+\cdots+\frac{1}{1+2+3+\cdots+n}$$

　　說明:這是求 n 項之和的問題。先求累加項 a,再用敘述"s += a"實現累加,共有 n 項,所以共執行迴圈 n 次。

　　求累加項 a 時,分母又是求和問題,也可以用一個迴圈來實現。因此整個程式構成一個雙重迴圈結構。

　　程式如下:

```
s = 0
n = int(input('請輸入一個整數: '))
for i in range(1, n + 1):
    b = 0
    for j in range(1, i + 1):
        b += j
    a = 1 / b
    s += a
print("s= %f" % s)
```

　　程式執行結果如下:

```
請輸入一個整數: 3
s= 1.500000
```

　　程式的又一次執行結果如下:

```
請輸入一個整數: 10
s= 1.818182
```

例 **5-11**　　輸入 n。

```
1    2    3    4    5    6    7    8    9
2    4    6    8   10   12   14   16   18
3    6    9   12   15   18   21   24   27
4    8   12   16   20   24   28   32   36
5   10   15   20   25   30   35   40   45
6   12   18   24   30   36   42   48   54
7   14   21   28   35   42   49   56   63
8   16   24   32   40   48   56   64   72
9   18   27   36   45   54   63   72   81
```

程式如下：

```python
for i in range(1, 10):
    for j in range(1, 10):
        print('%4d' % (i*j), end = '')
    print()
```

例 **5-12**　　輸入 n，印出如下格式的乘法表。

```
1*1= 1  2*1= 2  3*1= 3  4*1= 4  5*1= 5  6*1= 6  7*1= 7  8*1= 8  9*1= 9
1*2= 2  2*2= 4  3*2= 6  4*2= 8  5*2=10  6*2=12  7*2=14  8*2=16  9*2=18
1*3= 3  2*3= 6  3*3= 9  4*3=12  5*3=15  6*3=18  7*3=21  8*3=24  9*3=27
1*4= 4  2*4= 8  3*4=12  4*4=16  5*4=20  6*4=24  7*4=28  8*4=32  9*4=36
1*5= 5  2*5=10  3*5=15  4*5=20  5*5=25  6*5=30  7*5=35  8*5=40  9*5=45
1*6= 6  2*6=12  3*6=18  4*6=24  5*6=30  6*6=36  7*6=42  8*6=48  9*6=54
1*7= 7  2*7=14  3*7=21  4*7=28  5*7=35  6*7=42  7*7=49  8*7=56  9*7=63
1*8= 8  2*8=16  3*8=24  4*8=32  5*8=40  6*8=48  7*8=56  8*8=64  9*8=72
1*9= 9  2*9=18  3*9=27  4*9=36  5*9=45  6*9=54  7*9=63  8*9=72  9*9=81
```

程式如下：

```python
for i in range(1, 10):
    for j in range(1, 10):
        print('{0:d}*{1:d}={2:2d}'.format(j,i,i*j), end='  ')
    print()
```

例 5-13　輸入 n。

```
1
2    4
3    6    9
4    8   12   16
5   10   15   20   25
6   12   18   24   30   36
7   14   21   28   35   42   49
8   16   24   32   40   48   56   64
9   18   27   36   45   54   63   72   81
```

程式如下：

```python
n = int(input ('請輸入一個整數: '))
for i in range(1,n+1):
    for j in range(1,i+1):
        print("%4d" %(i*j), end=' ')
    print()
```

例 5-14　輸入 n。

```
*******
******
*****
****
***
**
*
```

程式如下：

```python
for i in range(7):
    for j in range(7 - i):
        print('*', end = '')
    print()
```

5-5　　迴圈結構程式舉例

　　迴圈結構的基本概念是重複執行某些敘述，以滿足複雜的計算要求，這是程式設計中最能發揮電腦特長的程式結構，對培養程式設計能力非常重要。學習程式設計沒有捷徑，只有透過多練習、多思考，才能真正掌握程式設計的思維方式和方法。下面再看一些程式例子。

例 5-15　　已知 $y = 1 + \dfrac{1}{3} + \dfrac{1}{5} + \cdots + \dfrac{1}{2n-1}$，求：

(1) $y < 3$ 時的最大 n 值。

(2) 與(1)的 n 值對應的 y 值。

　　說明：這是一個累加求和問題，執行迴圈條件是累加和 $y \geq 3$。當退出迴圈時，y 的值已超過 3，因此要減去最後一項，n 的值對應也要減去 1。又由於最後一項累加到 y 後，n 又增加了 1，故 n 還要減去 1，即累加的項數是 n-2。

　　程式如下：

```
n=1
y=0
while y<3:
    f=1.0/(2*n-1)        #求累加項
    y+=f                 #累加
    n+=1
#退出迴圈時的 y 值和 n 值與待求 y 和 n 不同
print("n={0},y={1}".format(n-2,y-f))
```

　　程式執行結果如下：

```
n=56,y=2.994437501289942
```

　　對於迴圈結構程式，為了驗證程式的正確性，往往用某些特殊資料來執行程式，看結果是否正確。對於本範例，如果說求 $y < 3$ 時的最大 n 值結果不便推算，但求 $y < 1.5$ 時的最大 n 值結果是顯而易見的，所以在偵錯工具時，可先求 $y < 1.5$ 的最大 n 值，程式應能得到正確結果。

例 5-16　求 $s = 1 + \dfrac{1}{2} + \dfrac{1}{4} + \dfrac{1}{7} + \dfrac{1}{11} + \dfrac{1}{16} + \dfrac{1}{22} + \dfrac{1}{29} + \cdots$，直到累加項的值小於 10^{-4} 時結束。

說明：這是一個累加求和問題。關鍵是找出規律，就是找出通式。假設各項從 0 開始編號，則從第 1 項（編號 0）開始，其分母均為本項編號與前一項分母之和。

程式如下：

```python
n = 0; s = 0; t = 1
x = 1 / t
while(x >= 1e-4):
    s = s + x
    n = n + 1
    t = t + n
    x = 1 / t
print("s= %d" %s)
```

程式執行結果如下：

```
s= 2
```

例 5-17　輸入一個整數 m，判斷是否為質數。

說明：質數是大於 1，且除了 1 和它本身以外，不能被其他任何整數所整除的整數。為了判斷整數 m 是否為質數，一個最簡單的辦法用 2，3，4，5，...，m-1 這些數逐一去除 m，看能否整除，如果全都不能整除，則 m 是質數，否則，只要其中一個數能整除，則 m 不是質數。當 m 較大時，用這種方法，除的次數太多，可以有許多改進辦法，以減少除的次數，提高執行效率。其中一種方法是用 2，3，4，...，$\sqrt{m}$ 去除，如果都不能整除，則 m 是質數，這是因為如果小於等於 $\sqrt{m}$ 的數都不能整除 m，則大於 $\sqrt{m}$ 的數也不能整除 m。

用反證法證明。設有大於 $\sqrt{m}$ 的數 j 能整除 m，則它的商 k 必小於 $\sqrt{m}$，且 k 能整除 m（商為 j）。這與原命題矛盾，假設不成立。

可以設一個變數來做為是否質數的標記，使用 for 敘述實現。

程式如下：

```python
import math
m = eval(input("請輸入一個整數："))
j = int(math.sqrt(m))
flag = True    #質數標記
for i in range(2, j+1):
    if m % i == 0: flag = False    #修改質數標記
```

```
if flag and m > 1:
    print ("%d 是質數" % m)
else:
    print ("%d 不是質數" % m)
```

程式執行結果如下：

```
請輸入一個整數： 13
13 是質數
請輸入一個整數： 123
123 不是質數
```

在上面的程式中，用 i 的變化來控制迴圈流程，可以用 while 敘述實現，程式如下：

```
import math
m = int(input ("請輸入一個數： "))
i, j = 2, int(math.sqrt(m))
flag = 1      #質數標記
while i <= j and flag == 1:
    if m % i == 0:
        flag = 0      #不是質數時修改標記
    i += 1      #注意縮排對齊
if flag and m > 1:      #質數大於 1
    print ("%d 是質數" % m)
else:
    print ("%d 不是質數" % m)
```

　　程式中的標記變數用整數類型資料指定，這和前一程式用邏輯型資料不同。關於上述程式中關於 flag 標記變數的使用，while 敘述表示條件的運算式中用 "flag == 1"，而最後 if 敘述表示條件的運算式中用"flag"，其實兩者是同義的。再如，程式中先假定 flag 的值為 1，不是質數時改為 0，反過來行嗎？程式如何修改？再如，while 迴圈主體 if 敘述中的 "m%i==0" 可以同義表示為 "not(m%i)"。

　　從上述兩個不同實現方式的程式可以看出，實現迴圈結構的兩種敘述各具特點，一般情況下，它們也可以相互通用。但在不同情況下，選擇不同的敘述可能使得程式設計更方便，程式更簡潔，所以在編寫程式時要根據實際情況進行選擇。while 敘述多用於迴圈次數不確定的情況，而對於迴圈次數確定的情況，使用 for 敘述更方便。

例 5-18 輸出[100,200]之間的全部質數。

說明：可分為以下兩步驟。

(1) 判斷一個數是否為質數。

(2) 將判斷一個數是否為質數的程式區段，對指定範圍內的每一個數都執行一遍，
即可求出某個範圍內的全部質數。這種方法稱為窮舉法，也叫枚舉法，即首先
依據題目的部分條件決定答案的大致範圍，然後在此範圍內對所有可能的情況
逐一驗證，直到全部情況驗證完。若某個情況經驗證符合題目的全部條件，則
為本題的一個答案。若全部情況經驗證不符合題目的全部條件，則本題無解。
窮舉法是一種重要的演算法設計策略，可以說是電腦解題的一大特點。

程式如下：

```python
import math
n = 0
for m in range(101, 200, 2):
    i, j = 2, int(math.sqrt(m))
    while i <= j:
        if not (m % i):
            break
        else:
            i = i + 1
    else:
        print("%d" % m,end=" ")
        n += 1      #n 統計質數個數
        if n % 7 == 0: print("\n")      #一列輸出 7 個質數
```

程式執行結果如下：

```
101 103 107 109 113 127 131

137 139 149 151 157 163 167
173 179 181 191 193 197 199
```

關於本程式再說明兩點：

(1) 注意到大於 2 的質數全為奇數，所以 m 從 101 開始，每迴圈一次，m 值加 2。

(2) n 的作用是統計質數的個數，控制每列輸出 7 個質數。

上機練習

下列上機問題，請先自行演算後，再上機驗證您的答案是否正確。

1.
```python
k = 0; m = 0
for i in range(0,2):
    for j in range(0,3):
        k += 1
        k -= j
m = i + j
print("k= %d, m= %d" % (k, m))
```

2.
```python
>>> names = ['Cecilia', 'Lise', 'Marie']
>>> letters = [len(n) for n in names]
>>> longest_name = None
>>> max_letters = 0
>>> for i in range(len(names)):
...     cnt = letters[i]
...     if cnt > max_letters:
...         longest_name = names[i]
...         max_letters = cnt
...
... print(longest_name)
```

3.
```python
for i in range(1, 5):
    if(i%2):
        print('*', end=' ')
    else: continue
    print('#', end=' ')
print('$\n')
```

4.
```python
for i in range(1, 6):
    if(i%2 == 0):
        i += 1
        print('#')
        break
    else:
        i += 2
        print('*')
```

5. 若輸入 good morning，則下列程式片段的執行結果為＿＿＿＿。

```python
msg = input("Enter a message: ")
new_msg = ""
vowels = "aeiou"

for letter in msg:
    if letter.lower() not in vowels:
        new_msg += letter
print(new_msg)
```

6. 若輸入 good morning，則下列程式片段的執行結果為＿＿＿＿。

```python
msg = input("Enter a message: ")

if "e" in msg:
    print("is in your message.")
else:
    print("is not in your message.")
```

7.

```python
for i in range(3):
    print('Loop %d' % i)
    if i == 1:
        break
    else:
        print('Else block!')
```

8. 執行下列程式時，若從鍵盤輸入 x 為 3.6 和 y 為 2.4，則執行結果為＿＿＿＿。

```python
x = float(input('x='))
y = float(input('y='))
z = x / y
while(1):
    if (z > 1.0):
        x = y; y = z; z = x / y
    else:break
print(y)
```

9.

```python
i = 1
while(i <= 15):
    i += 1
    if(i % 3 != 2):continue
    else:
        print(i, end=' ')
```

10.
```python
k = 19
while(i := k - 1):
    k -= 3
    if(k % 5 == 0):
        i += 1
        continue
    elif(k < 5):
        break
    i += 1
print('i=', i, 'k=', k)
```

11.
```python
for n in range(1,10):
    if(n % 3 == 0):
        continue
    print("%d " % n, end=' ')
```

習題

一、選擇題

1. 下列敘述的執行結果為 (A)11 (B)12 (C)45 (D)55
```
s = 0; i = 1
while(i <= 10):
    s = s + i
    i = i + 1
print(s)
```

2. 下列敘述的執行結果為 (A)1 (B)2 (C)6 (D)24
```
prod = 1
for item in [1, 2, 3, 4]:
    prod *= item
print(prod)
```

3. 下列程式片段的執行結果為 (A)a=5, b=0 (B)a=5, b=1 (C)a=6, b=0 (D)a=6, b=1
```
a = 1; b = 10
while((b-1) >= 0):
    b -= a; a += 1;
print("a=%d, b=%d" %(a,b))
```

4. 下列程式片段的執行結果為 (A)0 1 (B)0 1 2 (C)0 1 2 3 (D)0 1 2 3 4
```
a = 0; b = 3
while a < b:
    print(a, end=' ')
    a += 1
```

5. 下列程式片段的執行結果為 (A)5 3 1 (B)0 2 4 (C)4 2 0 (D)1 3 5
```
x = 5
while x:
    x = x - 1
    if x % 2 != 0:
        continue
    print(x, end=' ')
```

6. 下列程式片段的執行結果為 (A)5 3 1 (B)0 2 4 (C)4 2 0 (D)1 3 5
```
x = 5
while x:
    x = x - 1
    if x % 2 == 0:
        print(x, end=' ')
```

7. 下列敘述的執行結果為　(A)ham pizza dumpling　(B)ham　(C)pizza　(D)語法錯誤

```
>>> for x in ["ham", "pizza", "dumpling"]:
... print(x, end=' ')
```

8. 下列程式片段的執行結果為　(A)s = 0　(B)s = 6　(C)s = 10　(D)無窮迴圈

```
s = 0
for x in [1, 2, 3, 4]:
    s = s + x
print('s = %d' % s)
```

9. 下列程式片段的執行結果為　(A)prod= 6　(B)prod= 24　(C)prod= 120　(D)無窮
    迴圈

```
prod = 1
for i in [1, 2, 3, 4]:
    prod *= i
print('prod= %d' % prod)
```

10. 下列程式片段的執行結果為　(A)good　(B)g o o d　(C)'g o o d'　(D)'good'

```
s = "good"
for x in s:
    print(x, end=' ')
```

11. 下列程式片段的執行結果為　(A)I'm　(B)okay　(C)I'm okay　(D)語法錯誤

```
s = "I'm", "okay"
for x in s:
    print(x, end=' ')
```

12. 下列程式片段的執行結果為　(A)0 Hi! 1 Hi! 2 Hi!　(B)0, Hi! 1, Hi! 2, Hi!　(C)0,
    Hi!, 1, Hi!, 2, Hi!,　(D)0 Hi!, 1 Hi!, 2 Hi!,

```
for i in range(3):
    print(i, 'Hi!', end=' ')
```

13. 下列程式片段的執行結果為　(A)good　(B)g o o d　(C)'g o o d'　(D)'good'

```
s = 'good'
i = 0
while i < len(s):
    print(s[i], end=' ')
    i += 1
```

14. 下列程式片段的執行結果為　(A)0 1　(B)0 1 8　(C)0 1 8 27　(D)'0 1 8'

```
for x in range(3):
    print(x ** 3, end=' ')
```

15. 下列程式片段的執行結果為　(A)Never runs　(B)While Else block!　(C)語法錯誤 (D)無窮迴圈

```python
while False:
    print('Never runs')
else:
    print('While Else block!')
```

16. 下列程式片段的執行結果為　(A)Not coprime　(B)coprime　(C)False　(D)True

```python
a = 4; b = 9
for i in range(2, min(a, b) + 1):
    if a % i == 0 and b % i == 0:
        print('Not coprime')
print('coprime')
```

17. 下列程式片段的執行結果為　(A)7　(B)6　(C)5　(D)4

```python
i = 1; s = 3
while(s<15):
    s += i
    if(s%7 == 0):continue
    else:
        i += 1
print(i)
```

18. 執行下列程式時，若從鍵盤輸入 65 14，則執行結果為　(A)0　(B)1　(C)55 (D)4

```python
x = int(input('x='))
y = int(input('y='))
while(x != y):
    while(x>y):
        x -= y
    while(x<y):
        y -= x
print(x)
```

19. 下列程式片段的執行結果為　(A)10　(B)12　(C)11　(D)0

```python
cnt = 0
while True:
    cnt += 1
    if cnt > 10:
        break
    if cnt == 5:
        continue

print(cnt)
```

20. 下列敘述的執行結果為　(A)12　(B)20　(C)16　(D)10

```
x = 10; tot = 0
while x:
    x -= 1
    if x % 2 != 0: continue
    tot += x
print(tot)
```

二、填空題

1. 下列程式的輸出結果是_____。

```
s = 10
for i in range(1, 6):
    while True:
        if i % 2 == 1:
            break
        else:
            s -= 1
            break
print(s)
```

2. 下列程式片段的執行結果為_____。

```
a = 2; s = 0; n = 1; cnt = 1
while(cnt <= 7):
    n = n * a
    s = s + n
    cnt += 1
print(s)
```

3. 下列程式片段的執行結果為_____。

```
x = 12; y = 5; a = 3
while True:
    y = (x + a / x) / 2
    if y == x:
        break
    x = y
print('x= %d' % x)
```

4. 下列程式片段的執行結果為_____。

```
i = 1; s = 3
while(s < 15):
    s += i
    if(s%7 == 0): continue
    else:
```

```
        i += 1
    print('i= %d' % i)
```

5. 下列程式片段的執行結果為_____。

```
    i = 1
    while(i <= 15):
        i += 1
        if(i%3 != 2): continue
        else:
            print('%d' % i, end=' ')
```

6. 下列程式片段的執行結果為_____。

```
    k = 19
    while(i := k-1):
        k -= 3
        if(k%5 == 0):
            i += 1
            continue
        elif(k < 5):
            break
        i += 1
    print('i= ', i, 'k= ', k)
```

7. 下列程式片段的執行結果為_____。

```
    a = 10; y = 0
    while(a := 14):
        a += 2; y += a
        if(y > 50):break
    print('a=', a, 'y=', y)
```

8. 下列程式片段的執行結果為_____。

```
    s = 0; i = 1
    while(i <= 10):
        s = s + i
        i = i + 1
    print("s= %d" % s)
```

9. 下列程式片段的執行結果為_____。

```
    for i in range(0, 30, 5):
        print(i, end=" ")
```

10. 下列程式片段的執行結果為_____。

```
    for i in range(10, 0, -3):
        print(i, end=" ")
```

11. 下列程式片段的執行結果為_____。

```
for i in range(1, 5):
    if(i%2):
        print('*', end=' ')
    else: break
    print('#', end=' ')
print('$\n')
```

12. 下列程式片段的執行結果為_____。

```
x = 0
for i in range(0, 2):
    x += 1
    for j in range(0, 3):
        if(j%2): continue
        x += 1
    x += 1
print(x)
```

13. 執行下列程式時，若從鍵盤輸入 36, 24，則執行結果為_____。

```
x, y = eval(input('Input x, y:'))
z = x / y
while(1):
    if (z > 1.0):
        x = y; y = z;z = x / y
    else:break
print(y)
```

14. 下列程式片段的執行結果為_____。

```
b = 1
for a in range(1, 101):
    if (b >= 20):break
    if (b%3 == 1):
        b += 3
        continue
    b -= 5
print(a)
```

15. 下列程式片段的執行結果為_____。

```
a = 0
for i in range(0, 2):
    for j in range(0, 4):
        if (j%2):break
        a += 1
    a += 1
print(a)
```

16. 下列程式片段的執行結果為＿＿＿＿＿＿＿。

```python
s = 0; t = 1
for i in range(1, 11):
    s += t
    i += 1
    if(i%3 == 0):
        t = -i;
    else:
        t = i
print(s)
```

17. 下列程式片段的執行結果為＿＿＿＿＿＿＿。

```python
x = 0
for i in range(0, 2):
    x = x + 1
    for j in range(0, 3):
        if(j%2): continue
        x = x + 1
    x = x + 1
print("x= %d" % x)
```

18. 下列程式片段的執行結果為＿＿＿＿＿＿＿。

```python
k = 0; m = 0
for i in range(0, 2):
    for j in range(0, 3):
        k = k + 1
        k -= j
m = i + j
print("k=%d, m=%d" % (k, m))
```

19. 下列程式片段的執行結果為＿＿＿＿＿＿＿。

```python
k = 0; m = 0
for i in range(0, 2):
    for j in range(0, 3):
        k = k + 1
        k -= j
    m = i + j
print("k=%d, m=%d" % (k, m))
```

20. 下列程式片段的執行結果為＿＿＿＿＿＿＿。

```python
for n in range(1, 10):
    if(n%3 == 0):
        continue
    print("%d " % n, end=' ')
```

21. 下列程式片段的執行結果為_____。

```
for n in range(1, 10):
    if(n%3 == 0):
        break
    print("%d " % n, end=' ')
```

22. 下列程式片段的執行結果為_____。

```
for n in range(1, 10):
    if(n%3 == 0 or n%5 == 0):
        break
    print("%d " % n, end=' ')
```

23. 下列程式片段的執行結果為_____。

```
for n in range(1, 10):
    if(n%3 != 0 and n%5 != 0):
        continue
    print("%d " % n, end=' ')
```

24. 下列程式片段的執行結果為_____。

```
a = 1; b = 10
while((b-1)>=0):
    b -= a; a += 1
print("a= %d, b= %d" % (a, b))
```

25. 下列程式片段的執行結果為_____。

```
a = 0
for i in range(0,2):
    for j in range(0,4):
        if (j % 2):break
        a += 1
    a += 1
print(a)
```

三、簡答題

1. 何謂迴圈結構？舉例說明其應用。

2. 下列程式的輸出結果是什麼？如果將敘述"print(s)"與敘述"pass"縮排對齊，則輸出結果是什麼？透過比較兩次輸出結果，可以得到什麼結論？

```
s = 10
for i in range(1, 6):
    pass
print(s)
```

3. 舉例說明 break 敘述和 continue 敘述的作用。

4. 對於累加求和問題一定要設定累加變數的初值，而且初值都為 0，這種說法對嗎？用具體程式說明自己的判斷。

5. 使用 while 敘述改寫下列程式。

```python
s = 0
for i in range(2, 101, 2):
    s += i
print(s)
```

四、程式設計題

1. 攝氏溫度（用 C 表示）與華氏溫度（用 F 表示）的關係式為

$$C = \frac{5}{9}(F - 32)$$

編寫一個程式，將華氏溫度轉換成攝氏溫度：求華氏溫度 F 為 60，90，120 時的攝氏溫度。

2. 編寫程式計算 $s = 1 - 3 + 5 - 7 + \cdots - 99 + 101$ 的值。

3. 編寫程式計算 $s = 1 - \frac{1}{2} + \frac{1}{4} - \frac{1}{8} + \frac{1}{16} - \cdots$ 的值。

4. 編寫程式，由鍵盤輸入正整數 n，然後計算下面式子的和。

$$\frac{1}{1+\sqrt{2}} + \frac{1}{\sqrt{2}+\sqrt{3}} + \frac{1}{\sqrt{3}+\sqrt{4}} + \cdots + \frac{1}{\sqrt{n-1}+\sqrt{n}}$$

5. 由鍵盤輸入三角形的三個邊長 a、b、c，判斷這三條邊能否構成三角形。構成三角形的充分必要條件是任意兩邊之和大於第三邊，即 a+b>c，b+c>a，c+a>b。如果條件滿足，則顯示該三角形是等邊三角形、等腰三角形、直角三角形或任意三角形。

6. 求 $\sin x = x - \frac{x^3}{3!} + \frac{x^5}{5!} - \frac{x^7}{7!} + \cdots$，直到最後一項的絕對值小於 10^{-6} 時停止計算。其中 x 為弧度，但從鍵盤輸入時以角度為單位。

7. 由鍵盤輸入 n，印出如下的圖形。

```
1
1    2
1    2    3
1    2    3    4
1    2    3    4    5
```

8. 鍵盤輸入 n，印出如下的乘法表。

```
1*1=1
2*1=2  2*2=4
3*1=3  3*2=6  3*3=9
4*1=4  4*2=8  4*3=12 4*4=16
5*1=5  5*2=10 5*3=15 5*4=20 5*5=25
6*1=6  6*2=12 6*3=18 6*4=24 6*5=30 6*6=36
7*1=7  7*2=14 7*3=21 7*4=28 7*5=35 7*6=42 7*7=49
8*1=8  8*2=16 8*3=24 8*4=32 8*5=40 8*6=48 8*7=56 8*8=64
9*1=9  9*2=18 9*3=27 9*4=36 9*5=45 9*6=54 9*7=63 9*8=72 9*9=81
```

9. 寫一個程式隨機產生兩個 100 以內的正整數，然後由鍵盤輸入這兩個整數的和。如果輸入的答案正確，程式提示計算正確；否則提示計算錯誤。

10. 面上有兩條線段 a 和 b，線段 a 的兩端點座標為 (x1, y1)和 (x2, y2)，線段 b 的兩端點座標為 (x3, y3)和 (x4, y4)。編寫程式，由鍵盤輸入這四個點的座標，判斷兩條線段是否有交點並輸出結果。

11. 寫程式，由鍵盤輸入一個大於 1 的正整數 n，將 n 分解為質因數並升冪輸出。例如，如果輸入整數 120，則程式輸出 2、2、2、3、5。

12. 費布那西(Fibonacci)數列的前 30 項。

    提示：假設待求項（即 f_n）為 f，待求項前面的第一項（即 f_{n-1}）為 f_1，待求項前面的第二項（即 f_{n-2}）為 f_2。首先根據 f_1 和 f_2 推出 f，再將 f_1 做為 f_2，f 做為 f_1，為求下一項做準備。如此一直遞推下去。

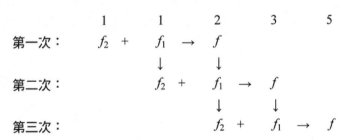

    程式使用 if 敘述來控制輸出格式，使得輸出 5 項後換列，每列輸出 5 個數。

13. 100 元換成 1 元、10 元、50 元的硬幣有多少種方法？使用雙重 for 迴圈編寫程式。

    提示：設 x 為 1 元硬幣數，y 為 10 元硬幣數，z 為 50 元硬幣數，則有如下方程式：

    $$x + 10y + 50z = 100$$

可以看出，這個方程式沒有唯一的解。這類問題只能將所有可能的 x，y，z 值一個一個地去試，看是否滿足上面的方程式，如滿足則求得一組解。和前面介紹過的求質數問題一樣，程式也是採用窮舉法。使用窮舉法的關鍵是正確決定窮舉的範圍。如果窮舉的範圍過大，則程式的執行效率將降低。分析問題可知，最多可以換出 100 個 1 元硬幣，最多可以換出 10 個 10 元硬幣，最多可以換出 2 個 50 元硬幣。所以 x 的可能值為 0~100，y 的可能值為 0~10，z 的可能值為 0~2。據此可以適當地決定窮舉範圍。

CHAPTER **06** 函式與模組

　　程式設計者在設計一個複雜的應用程式時，往往是把整個程式劃分為若干功能模組，然後分別予以實現，最後再把所有的程式模組組織起來，這種在程式設計中分而治之的策略，被稱為模組化程式設計方法。較佳的做法是，將反覆要用到的某些程式區段寫成函式(Function)，當需要時直接呼叫就可以了，而不需要複製整個程式區段。函式能提高程式的模組性和程式碼的重複使用率，對大型程式的開發是很有用的。

　　在 Python 中有很多內建函式(Built-in Functions)，如 print()函式，還有標準模組庫中的函式，如 math 模組中的 sqrt()函式，其實物件的方法(Method)也是一種函式。這些都是 Python 系統提供的函式，稱為系統函式。在 Python 程式中，也可以自己建立函式，稱為使用者自訂函式(User-defined Functions)。

　　一個模組(Module)可以包含若干個函式。與函式類似，模組也分系統模組和使用者自訂模組，使用者自訂的一個模組就是一個 .py 程式檔。在匯入模組之後才可以使用模組中定義的函式，例如要呼叫 sqrt()函式，就必須用 import 敘述匯入 math 模組。

　　本章介紹函式的定義與呼叫、函式參數的傳遞、裝飾器、匿名函式的定義與使用、Python 模組以及函式的應用。

6-1　　函式的定義與呼叫

　　數學上的函式通常形如 $y = f(x)$ 或者 $z = g(x, y)$ 的形式。在 $y = f(x)$ 中，f 是函式名稱，x 是函式的自變數，y 是函式的因變數；而在 $z = g(x, y)$ 中，g 是函式名稱，x 和 y 是函式的自變數，z 是函式的因變數。Python 中的每個函式都有自己的名稱、自變數和因變數。通常我們把 Python 中函式的自變數稱為函式的「參數」(Parameters)，而因變數稱為函式的「傳回值」。在 Python 中，函式是一種運算或處理過程，即將一個程式區段完成的運算或處理放在函式中完成，這就要先定義函式，然後根據需要呼叫它，而且可以多次呼叫。

6-1-1　函式的定義

　　Python 函式的定義包括對函式名稱、函式參數與函式功能的描述。在 Python 中可以使用 def 關鍵字來定義函式，函式名稱的命名規則跟變數的命名規則是相同的。在函式名稱後面的小括號中可以放置傳遞給函式的參數，就是函式的自變數，而函式執行完成後透過 return 關鍵字傳回函式的執行結果，就是函式的因變數。一般語法格式為：

```
def 函式名稱（[形式參數清單]）:
    函式主體
```

下面是一個是簡單的 Python 函式，該函式接受兩個輸入參數，傳回它們的最大值。

```
def max(a, b):
    if a > b:
        return a
    else :
        return b
```

一個函式要執行的程式區段稱為「函式主體」(Body)，也是透過縮排的方式來表示。請注意：def 那一列的最後面還有一個在英文輸入法狀態下輸入的冒號(:)。

（一）函式標頭

函式定義以關鍵字 def 開始，後跟函式名稱和括號括起來的參數，最後以冒號結束。函式定義的第一列稱為函式標頭(Function Header)，用於對函式進行定義。函式名稱是一個識別字(Identifier)，可以按識別字的規則命名。一般命名一個能反映函式功能、有助於記憶的識別字。

在函式定義中，函式名稱後面括號內的參數稱為「形式參數」(Formal Parameter)。形式參數是按需要而設定的，也可以沒有形式參數，但是函式名稱後面的小括號是必須有的。當函式有多個形式參數時，形式參數之間用逗號隔開。Python 中還允許函式的參數擁有預設值，例如：

```
def add(a = 0, b = 0, c = 0):
    return a + b + c
def main():
#呼叫 add 函式，沒有傳入參數，那麼 a、b、c 都使用預設值 0
    print(add())            #輸出 0
#呼叫 add 函式，傳入一個參數 1 指定給變數 a,變數 b 和 c 使用預設值 0
    print(add(1))           #輸出 1
#呼叫 add 函式，傳入兩個參數 1 和 2 分別指定給變數 a 和 b，變數 c 使用預設值 0
```

```
    print(add(1, 2))        #輸出 3
#呼叫 add 函式，傳入三個參數，分別指定給 a、b、c 三個變數
    print(add(1, 2, 3))    #輸出 6
#傳遞參數時可以不按照設定的順序，但是要用"參數名稱=參數值"的形式
    print(add(c = 5, a = 10, b = 20))        #輸出 35
main()
```

再看一個例子：

```
from random import randint
#定義丟骰子的函式，n 表示骰子的個數，預設值為 2
def roll_dice(n=2):
    #搖骰子傳回總點數
    total = 0
    for _ in range(n):
        total += randint(1, 6)
    return total
#如果沒有指定參數，那麼 n 使用預設值 2，表示丟兩顆骰子
print(roll_dice())
#傳入參數 3，變數 n 指定為 3，表示丟三顆骰子取得點數
print(roll_dice(3))
```

（二）函式主體

在函式定義的縮排部分稱為函式主體，用來描述函式的功能。函式主體中的 return 敘述用於傳遞函式的傳回值。一般格式為：

return 運算式

一個函式中可以有多個 return 敘述，當執行到某個 return 敘述時，程式的控制流程傳回呼叫函式，並將 return 敘述中的運算式值做為函式值傳回。不含參數的 return 敘述或是函式主體內沒有 return 敘述，則函式預設傳回 None。若函式傳回多個值，那麼函式就把這些值當成一個元組(Tuple)傳回。例如，"return 1, 2, 3"傳回的是元組(1, 2, 3)。

（三）空函式

Python 還允許函式主體為空的函式，其形式為：

```
def 函式名稱():
    pass
```

呼叫此函式時，執行一個空敘述，即什麼工作也不做。這種函式定義出現在程式中有以下目的：在呼叫該函式處，顯示這裡要呼叫某函式；在函式定義處，顯示此處要定義某函式。因函式的演算法還未確定，或暫時來不及編寫，或有待擴充程式功能等原因，未給出該函式的完整定義。特別是在程式開發過程中，通常先開發主要的函式，次要的函式或準備擴充程式功能的函式暫寫成空函式，使能在程式還未完整的情況下對部分程式除錯，又能為後續的程式功能擴充建立基礎。所以，空函式在程式開發中經常被採用。

6-1-2　函式的呼叫

有了函式定義，凡是要完成該函式功能處，就可呼叫該函式來完成。函式呼叫的一般形式為：

```
函式名稱（實際參數清單）
```

呼叫函式時，和形式參數對應的參數稱為「實際參數」(Actual Parameter)。當有多個實際參數時，實際參數之間用逗號隔開。

如果呼叫的是無參數函式，則呼叫形式為：

```
函式名稱()
```

其中，函式名稱之後的一對括號不能省略。函式呼叫時提供的實際參數應與被呼叫函式的形式參數按順序一一對應，而且參數類型要相容。

Python 函式可以在命令提示字元下定義和呼叫。例如：

```
>>> def myfun1(x, y):
    return x * x + y * y
>>> print(myfun1(3, 4))
25
```

但通常的做法是，將函式定義和函式呼叫都放在一個程式檔中，然後執行程式檔。例如，程式檔 myfun1.py 的內容如下：

```
def myfun1(x, y):
    return x * x + y * y
print(myfun1(3, 4))
```

程式執行結果如下：

```
25
```

程式中只定義一個函式 myfun1()，還可以定義一個主函式 main()，用於完成程式的總體調度功能。例如，程式檔 myfun1.py 的內容如下：

```
def myfun1(x, y):
    return x * x + y * y
def main():
    a, b = eval(input())
    print(myfun1(a, b))
main()          #呼叫主函式
```

程式執行結果如下：

```
3, 4
25
```

程式最後一列是呼叫主函式，這是呼叫整個程式的入口。通常將一個程式的主函式（程式入口）命名為 main。由主函式來呼叫其他函式，使得程式呈現模組化(Modularized)結構。

函式要先定義後使用。當 Python 遇到一個函式呼叫時，在呼叫處暫停執行，被呼叫函式(Called Function)的形式參數被賦予實際參數的值，然後轉向執行被呼叫函式，執行完成後，傳回呼叫處繼續執行呼叫函式的敘述。例如：

```
def max(a, b):
    if a > b:
        return a
    else:
        return b
print(max(3, 4))      #輸出 4
print('bye')          #輸出 bye
```

6-2　　函式的參數傳遞

　　呼叫含參數的函式時，呼叫函式與被呼叫函式之間會有資料傳遞。形式參數是函式定義時由使用者定義的形式變數，實際參數是函式呼叫時，呼叫函式提供給被呼叫函式的資料。

6-2-1　參數傳遞方式

　　為瞭解 Python 函式參數傳遞的方式，先複習一下 Python 變數的概念。在 Python 中，各種資料都是一個物件，透過 id() 函式可以獲得該物件的 ID，也就是資料所在記憶體的位址。例如：

```
>>> x = 20
>>> y = x
>>> id(x),id(y)
(140712818828680, 140712818828680)
>>> z = 20
>>> id(x),id(y),id(z)
(140712818828680, 140712818828680, 140712818828680)
```

　　敘述執行結果顯示，變數 x，y，z 的 ID 相同，它們都指向整數類型物件 20。

```
>>> x = 10
>>> y = 15
>>> z = 20
>>> id(x),id(y),id(z)
(140712818828360, 140712818828520, 140712818828680)
```

　　當 x，y，z 重新指定不同的值後，它們的 ID 都不相同。下面看一組更改串列元素的執行結果。

```
>>> lst1 = [1, 2, 3, 4, 5]
>>> lst2 = [1, 2, 3, 4, 6]
>>> id(lst1),id(lst2)
(1925921089920, 1925921094400)
>>> lst1[4] = 6
```

```
>>> lst1
[1, 2, 3, 4, 6]
>>> id(lst1),id(lst2)
(1925921089920, 1925921094400)
```

從結果可以看見，對於串列而言，當改變串列中某一個元素後，串列的位址並沒有改變，這樣物件的 ID 也就不能改變了。說明串列局部內容是可以修改的，但是串列物件的儲存位址(ID)並不會發生改變。

綜上所述，Python 中的變數是一個物件的引用(Reference)，變數與變數之間的指定是對同一個物件的引用，當重新指定變數時，這個變數指向一個新分配的物件。這和其他程式設計語言（如 C 語言）中的變數有所差別。但是，Python 中的變數指向一個物件或者一段記憶體空間，這段記憶體空間的內容是可以修改的，但記憶體的起始位址是不能改變的，變數之間的指定相當於兩個變數指向同一塊記憶體區域，在 Python 中就相當於同一個物件。

接下來分析函式中的參數傳遞問題。

在 Python 中，實際參數對形式參數傳送資料的方式是「以值傳遞」(Pass-by-value)，即實際參數的值傳給形式參數，是一種單向傳遞方式，形式參數的值不能傳回給實際參數。在函式執行過程中，形式參數的值可能被改變，但這種改變對它所對應的實際參數沒有影響。由於在 Python 中函式的參數傳遞是以值傳遞，同時也存在區域(Local)和全域(Global)的問題。

參數傳遞過程有兩個規則：

1. 透過引用將實際參數複製到區域有效範圍(Scope)的函式中，表示形式參數與傳遞給函式的實際參數無關，因為存在一個複製問題，這和 C 語言是相同的，而且在函式中修改區域物件不會改變原始的實際參數資料。

請看下面的例子：

```
def mycall1(number,string,lst):
    number = 20
    string = 'Python'
    lst = [11, 12, 13]
    print("Inside: ", number, string, lst)


num = 10
str = 'Hello'
```

```
lst = [1, 2, 3]
print('Before: ', num, str, lst)
mycall1(num, str, lst)
print('After:' , num, str, lst)
```

程式執行結果如下：

```
Before: 10 Hello [1, 2, 3]
Inside: 20 Python [11, 12, 13]
After: 10 Hello [1, 2, 3]
```

　　從上面的結果可以看出，函式呼叫前後，資料並沒有發生改變。雖然在函式區域中對傳遞進來的參數加以修改，但是仍然不會改變實際參數的內容。因為傳遞進來的三個參數在函式內部進行相關的修改，相當於三個形式參數分別指向不同的物件（儲存區域），但這三個形式參數都不會改變實際參數，所以函式呼叫前後，實際參數指向的物件並沒有發生改變。這說明如果在函式內部對參數重新指定新的物件，並不會改變實際參數的物件。這就是函式參數傳遞的第一個規則。

2. 可以在適當位置修改可變物件。可變物件主要就是串列和字典，這個適當位置就是前面分析的對串列或字典的元素的修改不會改變其 ID。

　　對於不可變類型，是不可能進行修改的，但是對於可變的串列或字典類型，區域的值是可以改變的，這和前面分析的一樣，請看下面的例子：

```
def mycall2(lst,dict):
    lst[0] = 0
    dict['a'] = 15
    print('Inside:\n lst = {}, dict = {}'.format(lst,dict))


dict = {'a':10, 'b':20, 'c':30}
lst = [1, 2, 3, 4, 5]
print('Before:\n lst = {}, dict = {}'.format(lst,dict))
mycall2(lst,dict)
print('After:\n lst = {}, dict = {}'.format(lst,dict))
```

程式執行結果如下：

```
Before:
 lst = [1, 2, 3, 4, 5], dict = {'a': 10, 'b': 20, 'c': 30}
Inside:
 lst = [0, 2, 3, 4, 5], dict = {'a': 15, 'b': 20, 'c': 30}
After:
 lst = [0, 2, 3, 4, 5], dict = {'a': 15, 'b': 20, 'c': 30}
```

從程式執行結果可以看出，在函式內部修改串列、字典的元素或者沒有對傳遞進來的串列、字典變數重新指定，而是修改變數的區域元素，這時候就會導致外部實際參數指向物件內容的修改，這就相當於在 C 語言中對指標指向的記憶體單元進行修改，這樣的修改會導致實際參數指向區域內容的改變。適當的位置指的是對物件進行修改，而不是重新分配一個物件，重新分配一個物件不會影響實際參數，而對物件的修改必然影響實際參數。

在 C 語言中傳回多個值時必然會引入指標(Pointer)的操作，因為對指標的修改實質上會反映到實際參數，這樣就實現資料的傳回操作。而在 Python 中係採用元組的形式傳回多個值。瞭解函式參數的傳遞特性，完全可以採用函式的參數實現一些基本的操作，如交換兩個數的問題，可以採用以下程式。

```
def swap(lst):
    lst[0], lst[1] = lst[1], lst[0]


lst1 = list(eval(input()))
swap(lst1)
print('交換後 lst1: ', lst1)
5, 10
交換後 lst1: [10, 5]
```

程式執行結果如下：

從敘述執行結果可知，swap()函式實現了資料的交換。

6-2-2　參數的類型

參數的類型包括位置參數、關鍵字參數、預設值參數和可變長度參數。可以透過使用不同的參數類型來呼叫函式。

（一）位置參數(Mandatory Parameters)

函式呼叫時，通常採用實際參數按順序傳遞給對應位置的形式參數的方式。此時，實際參數的個數應該與形式參數相同。例如，呼叫函式 mypara1()，一定要傳遞兩個參數，否則會出現錯誤訊息 TypeError。

```
def mypara1(x, y):
    return x + y


mypara1(5)
```

當執行上面的程式片段時，會顯示以下錯誤訊息：

```
TypeError: mypara1() missing 1 required positional argument: 'y'
```

意思是 mypara1()函式漏掉一個位置參數 'y'。

（二）關鍵字參數

關鍵字參數(Keyword Arguments)和函式呼叫關係密切，函式呼叫係使用關鍵字參數來決定傳入的參數值。關鍵字參數的格式為：

> 形式參數名稱 **=** 實際參數值

使用關鍵字參數呼叫函式時，允許參數的順序與宣告時不一致。因為 Python 直譯器能夠用參數名稱匹配參數值。例如，使用關鍵字呼叫 mypara2()函式：

```
def mypara2(x, y):
    print("x= ", x, "y= ", y)


mypara2(y = 10, x = 20)
```

程式執行結果如下：

```
x= 20  y= 10
```

（三）預設值參數

預設值參數(Default Parameters)是指在定義函式時，假設一個預設值，如果不提供參數的值，則取預設值。預設值參數的格式為：

> 形式參數名稱 **=** 預設值

例如，定義 mypara3()函式時使用預設值參數。

```
def mypara3(x, y = 20, z = 100):
    print("x= ", x, "y= ", y, "z= ", z)


mypara3(5, 10)
```

程式輸出結果如下：

```
x= 5 y= 10 z= 100
```

呼叫含預設值參數的函式時，可以不指定預設值參數，也可以透過指定來替換其預設值。在呼叫 mypara3()函式時，傳遞實際參數 5 給第一個形式參數 x，傳遞實際參數 10（不使用預設值 20）給第二個形式參數 y，第三個參數使用預設值 100。

注意：預設值參數必須出現在形式參數清單的最右端。也就是說，第一個形式參數使用預設值參數後，它後面的所有形式參數也必須使用預設值參數，否則會發生 SyntaxError 錯誤。例如：

```
def mypara4(x = 5, y, z = 100):
    print("x= ", x, "y= ", y, "z= ", z)


mypara4(10, 15, 20)    #發生 SyntaxError
```

（四）可變長度參數

在程式設計過程中，可能需要一個函式能處理比當初宣告時更多的參數。這些參數叫做可變長度參數(Variable Length Parameter)，和上述 3 種參數類型不同，宣告時不會命名。

在 Python 中，有兩種可變長度參數，分別是元組（非關鍵字參數）和字典（關鍵字參數）。其基本語法如下：

```
def 函式名稱([formal_args,] *(或**)var_args):

    return [運算式]
```

1. 元組可變長度參數

元組(Tuple)可變長度參數是在參數名稱前面加一個星號(*)，用來接受任意多個實際參數並將其放在一個元組中。例如：

```
def myarg1(*t):
    print(t)


myarg1(1,2,3)
myarg1(1,2,3,4,5)
```

程式輸出結果如下：

```
(1, 2, 3)
(1, 2, 3, 4, 5)
```

可變參數可以放在 for 迴圈中取出每個參數的值。例如：

```
def myarg2(*args):   #星號運算式
    total = 0

#取出每個參數的值
    for val in args :
        total += val
    return total

#在呼叫 add 函式時可以傳入 0 個或任意多個參數
print(myarg2())
print(myarg2(1))
print(myarg2(1, 2))
print(myarg2(1, 2, 3))
print(myarg2(1, 2, 3, 4, 5))
```

程式執行結果如下：

```
0
1
3
6
15
```

2. 字典可變長度參數

既然 Python 允許關鍵字參數，那麼也應該有一種方式實現關鍵字的可變長度參數，這就是字典可變長度參數，其表示方式是在函式參數名稱前面加兩個星號(**)，可以接受任意多個實際參數，實際參數的形式為：

關鍵字 = 實際參數值

在字典可變長度參數中，關鍵字參數和實際參數值參數被放入一個字典，分別做為字典的關鍵字和字典的值。例如：

```
def myarg3(**t):
    print(t)


myarg3(x = 10, y = 20, z = 30)
myarg3(name = 'Paul', age = 35)
```

程式輸出結果如下：

```
{'x': 10, 'y': 20, 'z': 30}
{'name': 'Paul', 'age': 35}
```

所有其他類型的形式參數，必須在可變長度參數之前。下面的例子說明幾種不同形式的參數混合使用。

```
def myarg5(x, y = 5, *z1, **z2):
    t = x + y
    for i in range(0, len(z1)):
        t += z1[i]
    for k in z2.values():
        t += k
    return t


s = myarg5(1, 10, 2, 3, 4, k1 = 50, k2 = 100)
print(s)
```

程式輸出結果如下：

```
170
```

呼叫 myarg5 函式時，實際參數和形式參數結合後，x=1、y=10、z1=(2,3,4)、z2={'k2':100,'k1':50}，函式主體中首先將 x+y 的值指定給 t (t=11)，然後累加元組 z1 的全部元素(t=20)，再累加字典 z2 的全部值(t=170)。

<table>
<tr><td>6-3</td><td></td></tr>
</table>

6-3　兩類特殊函式

　　Python 有兩類特殊函式：匿名函式(Anonymous Function)和遞迴函式(Recursive Function)。「匿名函式」是指沒有函式名稱的簡單函式，只可以包含一個運算式，不允許包含其他複雜的敘述，運算式的結果是函式的傳回值。「遞迴函式」是指直接或間接呼叫函式本身的函式。

6-3-1　匿名函式

（一）匿名函式的定義

　　在 Python 中，使用 lambda 關鍵字來在同一列內定義函式，因為不用指定函式名稱，所以這個函式被稱為「匿名函式」，也稱為 lambda 函式，定義格式為：

```
lambda [參數 1[,參數 2,……,參數 n]]:運算式
```

　　關鍵字 lambda 表示匿名函式，冒號(:)前面是函式參數，可以有多個函式參數，但只有一個傳回值，所以只能有一個運算式，傳回值就是該運算式的結果。匿名函式不能包含敘述或多個運算式、不用寫 return 敘述。例如：

```
lambda x, y:x+y
```

　　該函式定義敘述定義一個函式，函式參數為"x, y"，函式傳回的值為運算式"x+y"的值。用匿名函式有個好處，因為函式沒有名稱，所以不必擔心函式名稱衝突。

（二）匿名函式的呼叫

　　匿名函式也是一個函式物件，也可以把匿名函式指定給一個變數，再利用變數來呼叫該函式。例如：

```
>>> f = lambda x, y:x+y
>>> f(15, 20)
35
```

該匿名函式同義於使用 def 關鍵字以標準方式定義的函式：

```
def f(x, y):
    return x + y
```

又如：

```
>>> f1, f2 = lambda x, y:x+y, lambda x, y:x-y
>>> f1(5, 10)
15
>>> f2(5, 10)
-5
```

定義或呼叫匿名函式時也可以指定預設值參數和關鍵字參數。請看下面的例子。

```
f = lambda a, b = 2, c = 5: a * a - b * c      #使用預設值參數
print("Value of f: ", f(10, 15))
print("Value of f: ", f(20, 10, 38))
print("Value of f: ", f(c=20,a=10,b=38))    #使用關鍵字實際參數
```

程式輸出結果如下：

```
Value of f: 25
Value of f: 20
Value of f: -660
```

（三）匿名函式做為函式的傳回值

也可以把匿名函式做為普通函式的傳回值傳回。請看下面的程式。

```
def f():
    return lambda x, y: x * x + y * y
fx = f()
print(fx(3, 4))
```

程式輸出結果如下：

```
25
```

定義 f()函式時，以匿名函式做為傳回值。敘述"fx=f()"執行時將 f()函式的傳回值（即匿名函式）指定給 fx 變數，所以可以透過 fx 做為函式名稱來呼叫匿名函式。

（四）匿名函式做為序列或字典的元素

可以將匿名函式做為序列或字典的元素，以串列為例，一般格式為：

串列名稱 = [匿名函式 1,匿名函式 2,……,匿名函式 n]

這時可以以序列或字典元素引用做為函式名稱來呼叫匿名函式，一般格式為：

> **串列或字典元素引用（匿名函式實際參數）**

例如：

```
>>> f = [lambda x, y: x+y, lambda x, y: x-y]
>>> print(f[0](3,5), f[1](3,5))
8 -2
>>> f = {'a':lambda x, y: x+y, 'b':lambda x, y: x-y}
>>> f['a'](3,4)
7
>>> f['b'](3,4)
-1
```

6-3-2　遞迴函式

（一）遞迴的基本概念

遞迴(Recursion)是指在連續執行某一處理過程時，該過程中的某一步驟要用到它本身的上一步驟或上幾步驟的結果。在一個程式中，若存在程式自己呼叫自己的現象就是構成了遞迴。遞迴是一種常用的程式設計技術。

Python 允許使用遞迴函式。遞迴函式是指一個函式的函式主體中又直接或間接呼叫該函式本身。如果函式 a 中又呼叫函式 a 自己，則稱函式 a 為「直接遞迴」。如果函式 a 中先呼叫函式 b，函式 b 中又呼叫函式 a，則稱函式 a 為「間接遞迴」。程式設計中常用的是直接遞迴。

例如，當 n 為自然數時，求 n 的階乘 n!。n!的遞迴表示：

$$n! = \begin{cases} 1 & n \le 1 \\ n(n-1)! & n > 1 \end{cases}$$

從數學角度來說，如果要計算出 f(n)的值。就必須先算出 f(n-1)，而要求 f(n-1)就必須先求出 f(n-2)。這樣遞迴下去直到計算 f(0)時為止。若已知 f(0)，就可以回推，計算出 f(1)，再往回推計算出 f(2)，一直往回推計算出 f(n)。

（二）遞迴函式的呼叫過程

用一個簡單的遞迴程式來分析遞迴函式的呼叫過程。

例 6-1　　求 n! 的遞迴函式。

根據 n!的遞迴表示形式，用遞迴函式描述如下：

```
def fac(n):
    if n <= 1:
        return 1
    else:
        return n * fac(n-1)
m = fac(3)
print(m)
```

程式執行結果如下：

```
6
```

在函式中使用 n*fac(n-1)的運算式形式，該運算式中呼叫 fac 函式，這是一種函式本身呼叫，是典型的直接遞迴呼叫，fac 是遞迴函式。顯然，就程式的簡潔來說，函式用遞迴描述比用迴圈控制結構描述更簡潔。但是，對初學者來說，遞迴函式的執行過程比較難以理解。以計算 3!為例，假設以 m=fac(3)形式呼叫函式 fac()，它的計算流程如圖 6-1 所示。

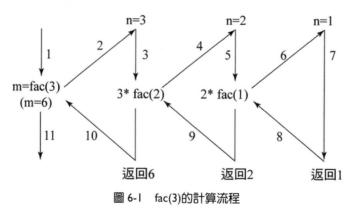

圖 6-1　fac(3)的計算流程

函式呼叫 fac(3)的計算過程可大致如下：

為了計算 3!以 fac(3)去呼叫函式 fac()；n=3 時，函式 fac()值為 3*2!；再用 fac(2)去呼叫函式 fac()；n=2 時，函式 fac()值為 2*1!；再用 fac(1)去呼叫函式 fac()；n=1 時，函式 fac()計算 1!，以結果 1 傳回；傳回到發出呼叫 fac(1)處，繼續計算得到 2!的結果 2 傳回；傳回到發出呼叫 fac(2)處，繼續計算得到 3!的結果 6 傳回。

遞迴計算 n!有一個重要特徵：為求 n 有關的解，化為求 n-1 的解，求 n-1 的解又化為求 n-2 的解，依此類推。特別是，對於 1 的解是可立即得到的。這是將大問題分解為小問題的遞推過程。有了 1 的解以後，接著是一個回溯過程，逐步獲得 2 的解，3 的解，...，直至 n 的解。

編寫遞迴程式要注意兩點：一要找出正確的遞迴演算法，這是編寫遞迴程式的基礎；二要確定演算法的遞迴結束條件，這是決定遞迴程式能否正常結束的關鍵。

例 6-2 使用遞迴方法計算費布那西(Fibonacci)數列。

在費布那西數列(Fibonacci Sequence)數列中，第一項與第二項定義為 1，此後的每一項都等於前面兩項的和，將數列列出來，可以得到：

1、1、2、3、5、8、13、21......

如果我們製作一個函式 f(n)，並讓 f(n)等於費布那西數列中第 n 項的值，那麼我們可以得到以下的定義：

f(1)=f(2)=1

f(n)=f(n-1)+f(n-2)

費布那西數列由 1 和 1 開始，之後由之前的兩數相加而得出。使用陣串列示如下：

f(1)	f(2)	f(3)	F(4)	f(5)	f(6)	f(7)	f(8)	f(9)	f(10)
1	1	2	3	5	8	13	21	34	55

請看下面的程式：

```
def f(n):
    if n == 1 or n ==2:     # f(1)=f(2)=1
        return 1
    else:
        return f(n-1) + f(n-2)      #加入遞迴的定義

for i in range(1, 11):      #列出費布那西數列的前 10 項
    print(f(i), end=' ')
```

程式執行結果如下：

```
1 1 2 3 5 8 13 21 34 55
```

因為 range()回傳的是一個從 0 開始的範圍，而數列是從第 1 項開始，而不是從第 0 項開始，因此我們使用的是 range(1,11)而不是 range(10)。

例 6-3　用遞迴方法計算兩個正整數的最大公因數和最小公倍數。

說明：兩個正整數 m, n 的最大公因數(GCD)演算法如下：

若 n 可以整除 m，則 n 即為最大公因數 GCD；若 n 無法整除 m，則用 n 與 m 除以 n 的餘數求 GCD。

兩個整數的最小公倍數(LCM)與最大公因數(GCD)之間的關係如下：

$$\text{lcm}(m,n) = \frac{|m \cdot n|}{\gcd(m,n)}$$

可以寫成遞迴函式來求值，如下列程式：

```
def gcd(m,n):
    if n == 0:
        return m
    else:
        return gcd(n,m%n)

def lcm(m, n):
    return m * n // gcd(m, n)

m = int(input("輸入正整數 m:"))
n = int(input("輸入正整數 n:"))

print("GCD: ", gcd(m, n))
print("LCM: ", lcm(m, n))
```

程式執行結果如下：

```
輸入正整數 m:1071
輸入正整數 n:462
GCD:  21
LCM:  23562
```

（三）遞迴函式的特點

　　當一個問題蘊含遞迴關係且結構比較複雜時，採用遞迴函式可以使程式變得簡潔，能夠很容易地解決一些用非遞迴演算法難以解決的問題。但遞迴函式是以犧牲儲存空間為代價，因為每一次遞迴呼叫都要儲存相關的參數和變數。而且遞迴函式也會影響程式執行速度，由於反覆呼叫函式，會增加時間開銷。

　　所有的遞迴問題都可以用非遞迴的演算法實現，並且已經有固定的演算法。如何將遞迴程式轉換為非遞迴程式的演算法已經超出本書的討論範圍，感興趣的讀者可以參看有關資料結構的文獻資料。

6-4　　裝飾器

　　「裝飾器」(Decorator)是會回傳另一個函式的一個函式，也就是一個用來包裝函式的函式，經常用於將已經存在的函式加入額外的功能。當多個函式有重複的程式碼時，可以將此部分的程式碼單獨拿出來整理成一個裝飾器，然後對每個函式呼叫該裝飾器，這樣可以實現程式碼的重用，而且可以讓原來的函式更簡潔。另外，當需要將多個已經寫好的函式加入一個共同功能時（例如檢查參數的合法性），就可以單獨寫一個檢查合法性的裝飾器，然後在每個需要檢查參數合法性的函式處呼叫即可，而不用去在每個函式內部修改。

　　一個函式，它會回傳另一個函式，通常它會使用 @wrapper 語法，被應用為一種函式的變換(Function Transformation)。

6-4-1　無參數裝飾器

　　為了說明裝飾器的功能和使用方法，先看使用比較簡單的無參數裝飾器。

（一）函式的定義與改寫

　　假定分別定義計算兩個數平方和與平方差的函式，並呼叫它們，程式如下：

```
def square_sum(x, y):     #計算兩個數的平方和
    return x ** 2 + y ** 2
def square_diff(x, y):     #計算兩個數的平方差
    return x ** 2 - y ** 2
print(square_sum(10, 20))
print(square_diff(10, 20))
```

程式執行結果如下：

```
500
-300
```

在定義函式的基本功能之後，可能還需要添加函式的其他功能，例如輸出原始資料。這時可以透過改寫函式來實現。程式如下：

```
def square_sum(x, y):            #計算兩個數的平方和
    print("原始資料: ", x, y)    #輸出原始資料
    return x ** 2 + y ** 2
def square_diff(x,y):            #計算兩個數的平方差
    print("原始資料: ", x, y)    #輸出原始資料
    return x ** 2 - y ** 2
print(square_sum(10,20))
print(square_diff(10,20))
```

程式執行結果如下：

```
原始資料: 10 20
500
原始資料: 10 20
-300
```

（二）裝飾器的定義與呼叫

透過修改函式的定義，可以添加函式的新功能。也可以使用裝飾器來實現上述修改。程式如下：

```
def deco(func):                  #定義裝飾器 deco
    def new_func(x, y):
        print("原始資料: ", x, y)    #輸出原始資料
        return func(x, y)
    return new_func
@deco                            #呼叫裝飾器
def square_sum(x, y):            #計算兩個數的平方和
    return x ** 2 + y ** 2
@deco          #呼叫裝飾器
def square_diff(x, y):          #計算兩個數的平方差
    return x ** 2 - y ** 2
print(square_sum(10, 20))
print(square_diff(10, 20))
```

程式執行結果如下：

```
原始資料: 10 20
500
原始資料: 10 20
-300
```

　　裝飾器可以用 def 的形式定義，如上述程式中的第一個函式 deco 就是裝飾函式，它的輸入參數就是被裝飾的函式物件，並傳回一個新的函式物件。

　　注意，裝飾函式中一定要傳回一個函式物件，否則在裝飾函式之外呼叫函式的地方將會無函式可用。

　　請讀者思考：如果將裝飾函式中的敘述"return new_func"改為"return func"，程式輸出結果如何？

　　在裝飾器 deco 中新建一個函式物件 new_func()。在 new_func()函式中，添加輸出原始資料的功能，並透過呼叫 func(x,y)來實現原有函式的功能。

　　在定義好裝飾器後，就可以透過@敘述來呼叫裝飾器。把@deco 敘述放在函式 square_sum()和 square_diff()定義之前，實際上是將 square_sum 或 square_diff 傳遞給裝飾器 deco，並將 deco 傳回的新的函式物件指定給原來的函式名稱，即 square_sum 或 square_diff。所以，函式呼叫 square_sum(10,20)就相當於執行如下敘述：

```
square_sum = deco(square_sum)
square_sum(10, 20)
```

　　我們知道，Python 中的物件名稱和物件（一個資料、一個函式都可視為一個物件）是分離的。物件名稱可以指向任意一個物件。裝飾器的作用就是一個重新指向函式名稱，讓同一個物件名稱指向一個新傳回的函式，從而達到修改可呼叫函式的目的。如果還有其他的類似函式，可以繼續呼叫 deco 來修飾函式，而不用重複修改函式。這樣，就提高了程式的可重用性，並增加程式的可讀性。

6-4-2　有參數裝飾器

　　在上節的 deco 裝飾器呼叫(@deco)中，預設它後面的函式是唯一的參數。在呼叫裝飾器時，可以提供其他參數，例如@deco(a)。這樣，就提供裝飾器的定義和呼叫更大的靈活性。請看下面的程式。

```
def DECO(argv):          #定義新的含參數的裝飾器
    def deco(func):      #原來的 deco 裝飾器
        def new_func(x, y):
```

```
                print(argv + "原始資料: ", x, y)  #輸出原始資料
                return func(x, y)
            return new_func
        return deco
@DECO('Sum')                                #呼叫含參數裝飾器
def square_sum(x, y):                        #計算兩個數的平方和
    return x ** 2 + y ** 2
@DECO('Diff')                               #呼叫含參數裝飾器
def square_diff(x, y):                        #計算兩個數的平方差
    return x ** 2 - y ** 2
print(square_sum(10, 20))
print(square_diff(10, 20))
```

程式執行結果如下：

```
Sum 原始資料: 10 20
500
Diff 原始資料: 10 20
-300
```

程式中的 DECO 是含參數的裝飾器函式。它實際上是對原有 deco 裝飾器的一個函式封裝，並傳回一個裝飾器。當使用@DECO('Sum')呼叫時，該敘述相當於：

```
square_sum = DECO('Sum')(square_sum)
```

6-4-3　多重裝飾器

多重裝飾器，即多個裝飾器修飾同一個函式。請看下面的程式。

```
def deco1(func):
    print("deco1")
    return func
def deco2(func):
    print("deco2")
    return func
@deco2
@deco1
def foo():
    print("foo")
foo()
```

程式執行結果如下：

```
deco1
deco2
foo
```

要注意多重裝飾器的執行順序，應該是先執行後面的裝飾器，再執行前面的裝飾器。該程式應先執行 deco1，然後是 deco2。相當於執行以下敘述：

```
foo = deco2(deco1(foo))
```

6-5　變數的有效範圍

Python 程式可以由若干函式組成，每個函式都要用到一些變數。需要完成的任務越複雜，組成程式的函式就越多，涉及的變數也越多。一般情況下，要求各函式的資料各自獨立，但有時候，又希望各函式有較多的資料聯繫，甚至組成程式的各檔案之間共用某些資料。因此，在程式設計中，必須重視變數的有效範圍(Scope)。

在程式中能對變數進行存取操作的範圍稱為變數的有效範圍。有效範圍也可視為一個變數的命名空間(Named Space)。程式中，變數被指定的位置，就決定了哪些範圍的物件可以存取這個變數，這個範圍就是命名空間。Python 在指定變數時，產生了變數名稱，當然有效範圍也就確定了。根據變數的有效範圍不同，變數分為區域變數(Local Variables)和全域變數(Global Variables)。

6-5-1　區域變數

在一個函式主體內或敘述區段內定義的變數稱為「區域變數」。區域變數只在定義它的函式主體或敘述區段內有效，即只能在定義它的函式主體或敘述區段內部使用它，而在定義它的函式主體或敘述區段之外不能使用它。例如以下程式片段：

```
def fun1(x):
    m, n = 10
    ......        #這裡可以使用形式參數 x 和區域變數 m、n
def fun2(x, y):
    m, n = 100
    ......        #這裡可以使用形式參數 x、y 和區域變數 m、n
def main():
```

```
a, b = 1000
......          #這裡可以使用 a、b
```

說明：

1. 主函式 main()定義變數 a 和 b，fun1 函式和 fun2 函式中都定義變數 m 和 n，這些變數各自在定義它們的函式主體中有效，其他函式不能使用它們。另外，不同的函式可以使用相同的識別字來命名各自的變數。同一名稱在不同函式中代表不同物件。

2. 對於含參數的函式來說，形式參數的有效範圍也侷限於函式主體。如 fun1 的函式主體中可使用形式參數 x，其他函式不能使用它。同樣，同一識別字可做為不同函式的形式參數名稱，它們也被做為不同物件。

6-5-2　全域變數

在函式定義之外定義的變數稱為「全域變數」，它可以被多個函式引用，如下面的程式。

```
s = 1              #全域變數定義
def f1():
    print(s, k)
k = 10             #全域變數定義
def f2():
    print(s, k)
f1()
f2()
```

變數 s 與 k 都是全域變數，在函式 f1()和 f2()中可以直接引用全域變數 s 和 k。程式輸出結果為：

```
1 10
1 10
```

說明：

1. 在函式主體中，如果要重新指定在函式外的全域變數，可以使用 global 敘述，顯示變數是全域變數。例如：

```
def f():
    global x        #宣告 x 為全域變數
    x = 30
    y = 40          #定義區域變數 y
    print("No2: ", x, y)
```

```
x = 10                    #定義全域變數 x
y = 20                    #定義全域變數 y
print("No1: ", x, y)
f()
print("No3: ", x, y)
```

程式輸出結果如下：

```
No1: 10 20
No2: 30 40
No3: 30 20
```

　　第一列輸出全域變數 x 和 y 的值，分別為 10 和 20；第二列是函式中的輸出結果，x，y 分別為 30 和 40；第三列是函式執行完後傳回主程式的輸出結果，x，y 分別為 30 和 20。這說明，函式中的 x 變數透過 global 敘述宣告為全域變數，其值帶回到主程式，但 y 沒有用 global 敘述宣告，相當於在函式中建立了一個與全域變數 y（值為 20）同名的區域變數（值為 40），區域變數 y 只在函式中有效，所以傳回到主程式後取全域變數 y 的值，即值為 20。

　　根據程式的執行結果，可以總結：在同一程式檔中，如果全域變數與區域變數同名，則在區域變數的作用範圍內，全域變數沒有作用。請再看下面的例子：

```
def f():
    global x
    x = 'ABC'
    def g():
        global x
        x += 'abc'
        return x
    return g()
print(f())
```

程式輸出結果如下：

```
ABCabc
```

　　函式 f()的函式主體中又定義函式 g()，函式 f()中的"x='ABC'"敘述定義侷限於函式 f 的區域變數 x（x 相對於函式 g 來說是全域的），函式 g()中的"x+='abc'"定義侷限於函式 g()的區域變數 x，在區域變數的有效範圍內，全域變數沒有作用。但透過 global 敘述宣告 x 在各自函式中是一個全域變數，其值可以互用。

2. 如果要更改外部有效範圍中的變數，最簡單的辦法就是用 global 敘述將其放入全域有效範圍。Python 3.x 中引入 nonlocal 關鍵字，只要在內層函式中用 nonlocal 敘述宣告變數，就可以讓直譯器在外層函式中修改變數的值。上例的程式可以寫為：

```python
def f():
    x = 'ABC'
    def g():
        nonlocal x
        x += 'abc'
        return x
    return g()
print(f())
```

程式輸出結果與上例的輸出結果相同。

3. 在程式中定義全域變數的主要目的是，為函式間的資料聯繫提供一個直接傳遞的管道。在某些應用中，函式將執行結果保留在全域變數中，使函式能傳回多個值。在另一些應用中，將部分參數資訊放在全域變數中，以減少函式呼叫時的參數傳遞。因程式中的多個函式能使用全域變數，其中某個函式改變全域變數的值就可能影響其他函式的執行，產生副作用。因此，不宜使用過多的全域變數。

6-6　模組

　　Python 模組(Module)是一個 Python 檔，以.py 結尾，包含 Python 物件定義和 Python 敘述。在 Python 中，可以將相關的程式組織到一個模組中，使程式具有良好的結構，增加程式的重用性。一個模組可以包含若干個函式。模組可以被別的程式匯入，以呼叫該模組中的函式，這也是使用 Python 標準庫模組的方法。

6-6-1　模組的定義與使用

　　Python 模組是比函式更高層次的程式組織單元。模組能定義函式、類和變數，模組中也能包含可執行的程式碼。與函式相似，模組也分標準模組庫和使用者自訂模組。

（一）標準模組庫

標準模組庫是 Python 內含的函式模組。Python 提供大量的標準模組庫，實現很多常見功能，包括數學運算、字串處理、作業系統功能、網路和 Internet 程式設計、圖形繪製、圖形使用者介面建立等，提供應用程式開發的強大支援。

標準模組庫並不是 Python 語言的組成部分，而是由專業開發人員預先設計好並隨語言提供給使用者使用的。使用者可以在安裝標準 Python 系統之下，透過匯入命令來使用所需要的模組。

標準模組庫種類繁多，可以使用 Python 的線上說明命令來熟悉標準模組庫。

（二）使用者自訂模組

使用者自訂模組就是建立一個 Python 程式檔，其中包括變數、函式的定義。下面是一個簡單的 support.py 模組：

```
def print_func(para):
    print("Hello:",para)
```

「匯入」就是在一個檔案中載入另一個檔案，並且能夠讀取那個檔案的內容。一個 Python 程式可透過 import 敘述來匯入一個 Python 模組而讀取這個模組的內容。格式如下：

import 模組名稱 1[,模組名稱 2[,……,模組名稱 n]

當 Python 直譯器執行 import 敘述時，如果模組在搜尋路徑中，則匯入對應的模組。例如：

```
>>> import support                #匯入 support 模組
>>> support.print_func("Henry")   #呼叫 print_func()函式
Hello: Henry
```

第一個敘述匯入 support 模組，第二個敘述呼叫模組中定義的 print_func()函式，函式執行後得到對應的結果。

此外，Python 的 from 敘述可以從一個模組中匯入特定的項目到目前的命名空間，敘述格式如下：

from 模組名稱 import 專案名稱 1[,專案名稱 2[,……]

此敘述不匯入整個模組到目前的命名空間，而只是匯入指定的專案，此時在呼叫函式時不需要加模組名稱做為限制。例如：

```
>>> from support import print_func    #匯入模組中的函式
>>> print_func("Henry")               #呼叫模組中定義的函式
Hello: Henry
```

也可以透過使用下面形式的 import 敘述匯入模組的所有專案到目前的命名空間。

from 模組名稱 import *

請看下面的例子：

例 6-4　建立一個 **fibo.py** 模組，其中包含兩個求 Fibonacci 數列的函式，然後匯入該模組並呼叫其中的函式。

首先建立一個 fibo.py 模組。

```
def fib1(n):
    a, b = 0, 1
    while b < n:
        print(b, end=' ')
        a, b = b, a + b
    print()
def fib2(n):
    result = []
    a, b = 0, 1
    while b < n:
        result.append(b)
        a, b = b, a + b
    return result
```

然後進入 Python 直譯器，使用下面的敘述匯入這個模組：

```
>>> import fibo
```

這裡並沒有把直接定義在 fibo 模組中的函式名稱寫入到敘述中，所以需要使用模組名稱來呼叫函式。例如：

```
>>> fibo.fib1(1000)
1 1 2 3 5 8 13 21 34 55 89 144 233 377 610 987
>>> fibo.fib2(100)
[1, 1, 2, 3, 5, 8, 13, 21, 34, 55, 89]
```

還可以把模組中的所有函式、變數都全部匯入到目前命名空間，這樣就可以直接呼叫函式。例如：

```
>>> from fibo import *
>>> fib1(500)
1 1 2 3 5 8 13 21 34 55 89 144 233 377
```

這將把所有的名稱都匯入進來，但是那些名稱由單一底線(_)開頭的項目不在此列。大多數情況下，Python 程式設計者不使用這種方法，因為匯入的其他來源的項目名稱，很可能覆蓋已有的定義。

6-6-2　Python **程式結構**

簡單的程式可以只用一個程式檔實現，但對於大多數的 Python 程式，一般都是由多個程式檔組成的，其中每個程式檔就是一個 .py 原始程式檔。Python 程式的結構是指將一個求解問題的程式分解為若干原始程式檔的集合以及將這些檔案連接在一起的方法。

Python 程式通常由一個主程式以及多個模組組成。主程式定義程式的主控流程，是執行程式時的開機檔，屬於頂層檔。模組則是函式程式庫，相當於副程式。模組是使用者自訂函式的儲存容器，主程式可以呼叫模組中定義的函式來完成應用程式的功能，還可以呼叫標準模組庫，同時模組也可以呼叫其他模組或標準模組庫定義的函式。

圖 6-2 描述一個由三個程式檔 a.py、b.py 和 c.py 組成的 Python 程式結構，其中 a.py 是主程式，b.py 和 c.py 是模組，箭頭指向代表程式之間的相互呼叫關係。模組 b.py 和 c.py 一般不能直接執行，該程式的執行只能從主程式 a.py 開始。

假設模組 b 中定義三個函式 hello()、bye()和 disp()，建立 b.py 檔如下。

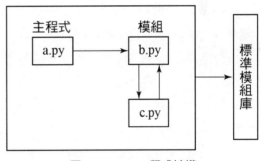

圖 6-2　Python 程式結構

```
import math
def hello(person):
    print("Hello",person)
def bye(person):
    print("Bye",person)
def disp(r):
    print(math.pi*r*r)
```

假設模組 c 中定義函式 show()，建立 c.py 檔如下：

```
import b
def show(n):
    b.disp(n)
```

再假設在程式 a.py 中要呼叫模組 b 和 c 中的函式，建立 a.py 檔如下：

```
import b, c
b.hello("Jack")
b.bye("Jack")
c.show(10)
```

在主程式 a 中呼叫模組 b 和 c，而在模組 b 呼叫標準模組 math，模組 c 又呼叫模組 b，執行 a.py，得到結果如下：

```
Hello Jack
Bye Jack
314.1592653589793
```

6-6-3　模組的有條件執行

每一個 Python 程式檔都可以當成一個模組，模組以磁碟檔的形式存在。模組中可以是一段可以直接執行的程式（也稱為腳本），也可以定義一些變數、類或函式，讓別的模組匯入和呼叫，類似於函式庫。

模組中的定義部分，例如全域變數定義、類定義、函式定義等，因為沒有程式執行入口，所以不能直接執行，但對主程式程式碼部分有時希望只讓它在模組直接執行的時候才執行，被其他模組載入時就不執行。在 Python 中，可以透過系統變數 __name__（注意前後都是兩個底線）的值來區分這兩種情況。

__name__ 是一個全域變數，在模組內部是用來標註模組名稱的。如果模組是被其他模組匯入的，__name__ 的值是模組的名稱，主動執行時它的值就是字串 "__main__"。例如，建立模組 m.py，內容如下：

```
def test():
    print(__name__)
test()
```

在 Python 對話模式下第一次執行 import 匯入命令，可以看到列印的 __name__ 值就是模組的名稱，結果如下：

```
>>> import m
m
```

如果透過 Python 直譯器直接執行模組，則__name__會被設定為"__main__"這個字串值，結果如下：

```
__main__
```

透過__name__變數的這個特性，可以將一個模組檔既做為普通的模組庫供其他模組使用，又可以做為一個可執行檔進行執行，具體做法是在程式執行入口之前加上 if 判斷敘述，即模組 m.py 寫成：

```
def test():
    print(__name__)
if __name__ == '__main__':
    test()
```

當使用 import 命令匯入 m.py 時，__name__變數的值是模組名稱"m"，所以不執行 test()函式呼叫。當執行 m.py 時，__name__變數的值是"__main__"，所以執行 test()函式呼叫。

6-7   函式應用舉例

在求解複雜的問題時，總是把一個任務按功能分成若干個子任務，每個子任務還可以再進一步分解。一個子任務稱為一個功能模組，在 Python 中使用函式實現。一個大型程式往往是由許多函式組成，如此便於程式的除錯和維護，所以設計功能和資料獨立的函式是軟體發展中的最基本的工作。下面透過一些例子說明函式的應用。

例 6-5　設計一個程式，求 $s = \sum_{k=1}^{100} \frac{1}{k} + \sum_{k=1}^{100} k + \sum_{k=1}^{100} k^2$。

說明：先定義函式求 $\sum_{i=1}^{n} i^m$，然後呼叫該函式求 $s = \sum_{k=1}^{100} \frac{1}{k} + \sum_{k=1}^{100} k + \sum_{k=1}^{100} k^2$。

程式如下：

```
def mysum(n, m):
    s = 0
    for i in range(1, n+1):
        s += i ** m
```

```
        return s
def main():
    s = mysum(100, -1) + mysum(100, 1) + mysum(100, 2)
    print("s= ", s)
main()
```

程式輸出結果如下：

```
s= 343405.18737751764
```

例 6-6　設計一個程式，求同時滿足下列兩個條件的分數 x 的個數：
(1) $1/6 < x < 1/5$
(2) x 的分子、分母都是質數且分母是 2 位數。

說明：設 $x = m/n$，根據條件(2)，$10 \le n \le 99$；根據條件(1)，$5m \le n \le 6m$，並且 m、n 都為質數。用窮舉法來解這個問題，並設計一個函式來判斷一個數是否為質數，若是質數則傳回值為 True，否則為 False。

程式如下：

```
from math import *
def isprime(n):
    found = True
    for j in range(2, int(sqrt(n)+1)):
        if n % j == 0:found = False
    return found
def main():
    count = 0
    for n in range(11, 100):
        if isprime(n):
            for m in range(n//6+1, n//5+1):
                if isprime(m):
                    print("{:d}/{:d}".format(m,n))
                    count += 1
    print("滿足條件的數有{:d}個".format(count))
main()
```

程式輸出結果如下：

```
2/11
3/17
5/29
7/37
7/41
11/59
```

```
11/61
13/67
13/71
13/73
17/89
17/97
19/97
滿足條件的數有 13 個
```

上機練習

下列上機問題，請先自行演算後，再上機驗證您的答案是否正確。

1.
```python
def func(name, age):
    print ("Name: ", name)
    print ("Age: ", age)
    return


func(age = 50, name = "Bob")
```

2.
```python
def func(lst):
    lst = [1, 2, 3, 4]
    print ("Values inside the function: ", lst)
    return


lst = [10, 20, 30]
func(lst)
print ("Values outside the function: ", lst)
```

3.
```python
tot = 0
def func(arg1, arg2):
    tot = arg1 + arg2
    print("local tot:", tot)
    return tot


func(10, 20)
print("global tot:", tot)
```

4.
```python
def func(lst):
    print ("Before change: ", lst)
    lst[2] = 10
    print ("After change: ", lst)
    return


lst = [1, 2, 3, 4]
func(lst)
print ("Values outside the function: ", lst)
```

5.
```
    a = 10

    def func1():
        print(a)
    func1()

    def func2():
        global a
        print(a)
        a = 20
        print(a)
    func2()
    print(a)
```

6. 建立模組 fact.py 內容如下。
```
    def fact(n):
        '''returns n!'''
        return 1 if n < 2 else n * fact(n-1)
```

執行下列敘述的結果為_____。
```
    >>> list(map(fact, range(6)))                       ①
    >>> [fact(n) for n in range(6)]          ②
    >>> list(map(fact, filter(lambda n: n % 2, range(6)))) ③
    >>> [fact(n) for n in range(6) if n % 2]      ④
```

7. 若從鍵盤輸入 1, 10，則下列程式的執行結果為_____。
```
    def func(s, e):
        tot = 0
        for k in range(s, e + 1):
            tot += k
        ave = tot / (e - s + 1)
        return tot, ave


    def main():
        s, e = eval(input('s, e: '))
        tot, aver = func(s, e)
        print('Total = %d\nAverage = %-7.2f' % (tot, aver))


    main()
```

8.

```
>>> def factorial(n):
...     '''returns n!'''
...     return 1 if n < 2 else n * factorial(n-1)

>>> factorial(5)              ①
>>> factorial.__doc__         ②
>>> type(factorial)           ③

>>> fact = factorial
>>> fact(5)                   ④
```

9.

```
>>> def fact(n):
...     '''returns n!'''
...     return 1 if n < 2 else n * fact(n-1)

>>> list(map(fact, range(10)))                          ①
>>> list(map(fact, range(6)))                           ②
>>> [fact(n) for n in range(6)]                         ③
>>> list(map(fact, filter(lambda n: n % 2, range(6))))  ④
>>> [fact(n) for n in range(6) if n % 2]                ⑤
```

10.

```
def func1(*args):
    print('位置引數:', args)
func1(1, 2, 3)
def func2(**kwargs):
    print('關鍵字引數:', kwargs)
func2(a=1, b=2)
def func3(start, *args, **kwargs):
    print("start:", start)
    print("位置引數:", args)
    print("關鍵字引數:", kwargs)
func3(1, 2, 3, a=4, b=5)
```

11.

```
>>> def f(a, b):
...     a += b
...     return a

>>> x = 1
```

```
>>> y = 2
>>> f(x, y)              ①
>>> a = [1, 2]
>>> b = [3, 4]
>>> f(a, b)              ②
>>> a, b                 ③
>>> t = (10, 20)
>>> u = (30, 40)
>>> f(t, u)              ④
>>> t, u                 ⑤
```

習題

一、選擇題

1. 有以下兩個程式。

   程式一：

   ```
   x = [1, 2, 3]
   def f(x):
       x = x + [4]
   f(x)
   print(x)
   ```

   程式二：

   ```
   x = [1, 2, 3]
   def f(x):
       x += [4]
   f(x)
   print(x)
   ```

   下列說法正確的是　(A)兩個程式均能正確執行，但結果不同　(B)兩個程式的執行結果相同　(C)程式一能正確執行，程式二不能　(D)程式一不能正確執行，程式二能

2. 下列程式片段的執行結果為　(A)"　(B)[]　(C)TypeError　(D)SyntaxError

   ```
   def test1(str):
       print(str)
       return

   test0()
   ```

3. 下列程式片段的執行結果為　(A)(str)　(B)Hi!　(C)"Hi!"　(D)SyntaxError

   ```
   def test2(str):
       print(str)
       return

   test1(str = "Hi!")
   ```

4. 下列程式片段的執行結果為　(A)10　(B)20　(C)30　(D)TypeError

   ```
   def test3(arg1, arg2):
       tot = arg1 + arg2
       return tot
   ```

```
    tot = test3(10, 20)
    print(tot)
```

5. 下列程式片段的執行結果為　(A)11 22 33　(B)11 22　(C)22 33　(D)TypeError

```
    def test4(arg1, *vtup):
        for var in vtup:
            print (var, end=' ')
        return


    test4(11, 22, 33)
```

6. 下列程式片段的執行結果為　(A)程式錯誤　(B) s= 10　(C) s= 20　(D) s= 30

```
    def add(a, b):
        return a + b


    def func(func1, x, y):
        return func1(x, y)


    s = func(add, 10, 20)
    print('s= ', s)
```

7. 已知　f1 = lambda x, y: x + y，則 f1([4], [1, 2, 3]) 的值是　(A)[1, 2, 3, 4]　(B)10
   (C)[4, 1, 2, 3]　(D){1, 2, 3, 4}

8. 下列程式的執行結果是　(A)15　(B)20　(C)35　(D)TypeError

```
    f2 = lambda arg1, arg2: arg1 + arg2
    print(f2(15, 20))
```

9. 下列程式的執行結果是　(A)1　(B)6　(C)9　(D)36

```
    f2 = [lambda x = 1: x*2, lambda x: x**2]
    print(f2[1](f2[0](3)))
```

10. 下列程式的執行結果是　(A)10　(B)20　(C)30　(D)TypeError

```
    def func(add, x, y):
        return add(x, y)


    tot = func(lambda a, b: a + b, 10, 20)
    print('%d' % tot)
```

11. 若輸入 5, 6，則下列程式的執行結果是　(A)30　(B)11　(C)5　(D)6

```
    def fun(x, y):
        return x * y


    a, b = eval(input('a, b: '))
    p = fun(a, b)
    print('%d' % p)
```

12. 下列程式的執行結果是　(A)-3　(B)3　(C)2　(D)5

```
def f(x=2, y=0):
    return x - y
y = f(y = f(), x = 5)
print(y)
```

13. 下列程式片段的執行結果為　(A)1　(B)2　(C)5　(D)8

```
def fib(n):
    if n == 0:
        return 0
    elif n == 1:
        return 1
    else:
        return fib(n-1) + fib(n-2)

print(fib(6))
```

14. 下列程式的執行結果是　(A)3　(B)4　(C)5　(D)6

```
def fun1(x, y, z):
    c=fun2(x, y)
    return(fun2(c, z));

def fun2(x, y):
    return (max(x, y))

a = 3; b = 5; c = 4
print("%d" % fun1(a, b, c))
```

15. 若輸入 1, 10 ，則下列程式的執行結果是　(A) 38　(B) 46　(C) 55　(D) 210

```
def total(s, e):
    tot = 0
    for k in range(s, e+1):
        tot += k
    return tot

def main():
    s, e = eval(input('s and e: '))
    tot = total(s, e)
    print('%d' % (tot))

main()
```

16. 下列程式的執行結果是　(A)5　(B)24　(C)120　(D)720

```
def fact(n):
    '''returns n!'''
    return 1 if n < 2 else n * fact(n-1)

>>> fact(5)
```

17. 若 output.py 檔和 test.py 檔內容如下，且 output.py 和 test.py 位於同一資料夾中，那麼執行 test.py 的輸出結果是　(A)output　(B)__name__　(C)test　(D)__main__

```
#output.py
def show():
    print(__name__)

#test.py
import output

if __name__=='__main__':
    output.show()
```

18. 下列程式的輸出結果是　(A)pass　(B)True　(C)False　(D)function

```
>>> import types
>>> def f(): pass
...
>>> type(f) == types.FunctionType
```

19. 下列程式的輸出結果是　(A)4 0　(B)1 0　(C)4 1　(D)4 10

```
cnt = 1
num = 0
def TestVar():
    global cnt
    for i in (1, 2, 3):
        cnt += 1
        num = 10
TestVar()
print(cnt, num)
```

20. 下列程式的輸出結果是　(A)a= 200　(B)a= 0　(C)a= 300　(D)a= 100

```
a = 100


def func():
```

```
        global a
        a = 200
        print('a= %d' % a)


    print('a= %d' % a)
```

21. 下列程式的輸出結果是　(A)2　(B)5.0　(C)3.0　(D)0.5

```
    def dist(x1, y1, x2, y2):
        dx = x2 - x1
        dy = y2 - y1
        dsq = dx ** 2 + dy ** 2
        result = math.sqrt(dsq)
        return result


    import math
    d = dist(1, 2, 4, 6)
    print(d)
```

22. 下列程式的輸出結果是　(A)24　(B)120　(C)720　(D)5

```
    def factorial(n):
        if n == 0:
            return 1
        else:
            recurse = factorial(n-1)
            result = n * recurse
            return result


    print(factorial(5))
```

23. 下列程式的輸出結果是　(A)2　(B)3　(C)5　(D)8

```
    def fib(n):
        if n == 0:
            return 0
        elif n == 1:
            return 1
```

```
        else:
            return fib(n-1) + fib(n-2)


    print(fib(6))
```

24. 下列程式的輸出結果是　(A)0　(B)2　(C)6　(D)3

```
    def recurse(n, s):
        if n == 0:
            print(s)
        else:
            recurse(n-1, n+s)


    recurse(3, 0)
```

25. 下列程式的執行結果是　(A)15　(B)25　(C)35　(D)45

```
    X = 15

    def g1():
        print(X)
    def g2():
        global X
        X = 25
    def h1():
        X = 35
        def nested():
            print(X)
    def h2():
        X = 35
        def nested():
            nonlocal X
            X = 45

    print(X)
```

二、填空題

1. 下列程式片段的執行結果為_____。

```
    def func():
        print('Hello!')


    func()
```

2. 下列程式的輸出結果是＿＿＿。

```
def func(str):
    print (str)
    return

func("Python")
```

3. 下列程式片段的執行結果為＿＿＿＿。

```
def add(x, y):
    return x + y

print(add(4, 6), add(3, add(1, 2)), end=' ')
```

4. 下列程式片段的執行結果為＿＿＿＿。

```
def max(a, b):
    if a > b:
        return a
    else:
        return b

print(max(3, 5))
```

5. 下列程式片段的執行結果為＿＿＿＿。

```
def func(s, cnt=1):
    print(s * cnt)

func('good', 3)
```

6. 下列程式片段的執行結果為＿＿＿＿。

```
a = 10

def func1():
    print(a)
func1()

def func2():
    a = 20
    print(a)
func2()
print(a)
```

7. 下列程式片段的執行結果為＿＿＿＿。

```
def printinfo(name, age = 35):
    print("name:", name)
```

```
        print("age:", age)
        return

    printinfo(age = 50, name = "Tom")
    printinfo(name = "Weber")
```

8. 下列程式的輸出結果是____。

```
def deco(func):
    print('before f1')
    return func
@deco
def f1():
    print('f1')
f1()
f1 = deco(f1)
```

9. 下列程式的輸出結果是____。

```
def deco(func):
    def inner():
        print('running inner()')
    return inner


@deco
def target():
    print('running target()')


target()
```

10. 建立模組 print_func 內容如下。

```
def print_func(para):
    print("Hello: ", para)
    return
```

執行下列敘述的結果為_____。

```
import support
support.print_func("Bob")
```

11. 建立模組 rev.py 內容如下。

```
def rev(word):
    return word[::-1]
```

執行下列敘述的結果為_____。

```
>>> rev('weekday')
```

12. 建立模組 func.py 內容如下。

```
def func(a, *, b):
```

```
        return a, b
```

執行下列敘述的結果為_____。

```
>>> func(3, b=5)
```

13. 建立模組 fib 內容如下。

```
def fib(n):
    result = []
    a, b = 0, 1
    while b < n:
        result.append(b)
        a, b = b, a+b
    return result
```

執行下列敘述的結果為_____。

```
>>> from fib import fib
>>> fib(100)
```

14. 下列程式片段的執行結果為_____。

```
def fib(n):
    result = []
    a, b = 0, 1
    while b < n:
        result.append(b)
        a, b = b, a+b
    return result


if __name__ == "__main__":
    f = fib(100)
    print(f)
```

15. 下列程式片段的執行結果為_____。

```
def b(z):
    prod = a(z, z)
    print(z, prod)
    return prod


def a(x, y):
```

```
        x = x + 1
        return x * y


    def c(x, y, z):
        total = x + y + z
        square = b(total) ** 2
        return square


    x = 1
    y = x + 1
    print(c(x, y+3, x+y))
```

16. 下列程式片段的執行結果為_____。

```
    def func(arg1, **vardict):
        print(vardict)


    func(1, a=2, b=3)
```

17. 下列程式片段的執行結果為_____。

```
    def func(a, b, c = 5):
        print('a=', a, 'b=', b, 'c=', c)


    func(1, 2, 3)
    func(b=4, a=3)
    func(a=7, b=8)
```

18. 下列程式片段的執行結果為_____。

```
    def func(msg):
        def oral(text):
            return 'Hello,' + text
        print(oral(msg))
        print(oral('早安'))


    func('onion')
```

19. 下列程式片段的執行結果為＿＿＿＿＿＿。

```
def func(w = 1, h = 2):
    print('w= %d, h= %d ' % (w, h))


func()
func(w = 5)
func(h = 8)
func(7)
```

20. 下列程式片段的執行結果為＿＿＿＿＿＿。

```
def func1(a, b):
    if a < b:
        return a, b
    else:
        return b, a

def func2(a, b):
    if a > b:
        return a, b
    else:
        return b, a

print('由小到大排序:')
x, y = func1(10, 20)
print(x, y)
x, y = func1(30, 40)
print(x, y)

print('\n 由大到小排序:')
x, y = func2(10, 20)
print(x, y)
x, y = func2(30, 40)
print(x, y)
```

三、簡答題

1. 何謂遞迴函式？舉例說明。

2. 何謂 lambda 函式？舉例說明。

3. 何謂裝飾器？它有何作用？

4. 何謂模組？如何匯入模組？

5. 寫出下列程式的輸出結果。

```
def ff(x, y = 100):
return {x: y}
print(ff(y=10, x=20))
```

6. 分析下面的程式。

```
x = 10
def f():
#y = x
x = 0
print(x)
print(x)
f()
```

(1) 函式 f()中的 x 和程式中的 x 是同一個變數嗎？程式的輸出結果是什麼？

(2) 刪除函式 f()中第一個敘述前面的"#"，此時執行程式會出錯，為什麼？

(3) 刪除函式 f()中第一個敘述前面的"#"，同時在函式 f()中第二個敘述前面加
    "#"，此時程式能正確執行，為什麼？寫出執行結果。

四、程式設計題

1. 編寫一個程式來實現攝氏和華氏溫度之間的轉換。程式需要包含下面兩個函式：

```
def celToFah(cel):        #攝氏溫度轉換為華氏溫度
def fahToCel(fah):        #華氏溫度轉換為攝氏溫度
```

轉換公式為：

華氏溫度=32+攝氏溫度×1.8

2. 編寫一個函式 add(s, e)，s 為初值，e 為終值，求 1～20 的偶數和。

3. 編寫函式 multiply1()，輸出下列圖形。

```
1
2   4
3   6   9
4   8  12  16
5  10  15  20  25
6  12  18  24  30  36
7  14  21  28  35  42  49
8  16  24  32  40  48  56  64
9  18  27  36  45  54  63  72  81
```

4. 編寫函式 multiply2()，輸出下列圖形。

```
1*1= 1 2*1= 2 3*1= 3 4*1= 4 5*1= 5 6*1= 6 7*1= 7 8*1= 8 9*1= 9
1*2= 2 2*2= 4 3*2= 6 4*2= 8 5*2=10 6*2=12 7*2=14 8*2=16 9*2=18
1*3= 3 2*3= 6 3*3= 9 4*3=12 5*3=15 6*3=18 7*3=21 8*3=24 9*3=27
1*4= 4 2*4= 8 3*4=12 4*4=16 5*4=20 6*4=24 7*4=28 8*4=32 9*4=36
1*5= 5 2*5=10 3*5=15 4*5=20 5*5=25 6*5=30 7*5=35 8*5=40 9*5=45
1*6= 6 2*6=12 3*6=18 4*6=24 5*6=30 6*6=36 7*6=42 8*6=48 9*6=54
1*7= 7 2*7=14 3*7=21 4*7=28 5*7=35 6*7=42 7*7=49 8*7=56 9*7=63
1*8= 8 2*8=16 3*8=24 4*8=32 5*8=40 6*8=48 7*8=56 8*8=64 9*8=72
1*9= 9 2*9=18 3*9=27 4*9=36 5*9=45 6*9=54 7*9=63 8*9=72 9*9=81
```

5. 編寫函式 func(score)，由鍵盤輸入一筆成績，輸出該成績的等級(Grade)。其中，成績 80~100，等級為'A'；成績 70~79，等級為'B'；成績 60~69，等級為'C'；成績 50~59，等級為'D'；成績低於 49，等級為'E'。

6. 編寫函式 func(n)，由鍵盤輸入一個整數，判斷該數是否為質數。

7. 編寫函式 func(m, n)，求兩個整數 m 和 n 的最大公因數。

8. 編寫函式 factorial(n)顯示 factorial(5)的呼叫過程及執行結果，如下圖所示。

```
                    factorial 5
                  factorial 4
                factorial 3
              factorial 2
            factorial 1
          factorial 0
          returning 1
            returning 1
              returning 2
                returning 6
                  returning 24
                    returning 120
    120
```

9. 編寫函式 fun()求 e^x 的值。其中，$e^x = 1 + x + \dfrac{x^2}{2!} + \cdots + \dfrac{x^n}{n!}$。

10. 編寫函式 convert()，其功能是接收主函式提供的十進制數，輸出對應的二進制數、八進制數和十六進制數。

11. 編寫函式 weekcal()，根據指定的年、月、日，計算這天是星期幾。其中，年為西元年。

12. 編寫遞迴函式 sumDigits(n)來計算一個整數中各個位置上的數字之和。例如，sumDigits(234)將傳回 9（即 2+3+4）。

13. 編寫一個遞迴函式，輸出一個字串的所有排列方式。例如，對於字串 abc，輸出為 abc, acb, bac, bca, cab, cba。

14. 使用遞迴方法計算費布那西數列(Fibonacci Sequence)第 7 項的值。

15. 使用遞迴方法計算下列多項式函式的值：

$$p(x,n) = x - x^2 + x^3 - x^4 + \ldots + (-1)^{n-1}x^n \ (n > 0)$$

提示：函式的定義不是遞迴定義形式，對原來的定義進行如下數學變換。

$$
\begin{aligned}
p(x,n) &= x - x^2 + x^3 - x^4 + \ldots + (-1)^{n-1}x^n \\
&= x[1 - (x - x^2 + x^3 - \ldots + (-1)^{n-2}x^{n-1})] \\
&= x[1 - p(x,n-1)]
\end{aligned}
$$

經變換後，可以將原來的非遞迴定義形式轉換為同義的遞迴定義：

$$
p(x,n) = \begin{cases} x & n=1 \\ x[1 - p(x,n-1)] & n>1 \end{cases}
$$

由此遞迴定義，可以決定遞迴演算法和遞迴結束條件。

MEMO

CHAPTER 07 序列與字串

Python 提供的序列(Sequence)類型是指每個元素是按照位置編號來循序存取的，就像其他程式設計語言中的陣列(Array)，但陣列通常儲存相同資料類型的元素，而串列(List)則可以儲存不同類型的元素。一些內建序列類型包括字串(Str)、串列(List)、元組(Tuple)和位元組(Bytes)。序列是一個可迭代(Iterable)物件。可迭代物件是一種能夠一次回傳一個其中成員的物件。可迭代物件的例子包括所有的序列類型（例如：串列、字串和元組）和某些非序列類型（例如：字典(dict)）、檔案物件，以及使用者所定義的任何類(Class)物件。

序列類型包括可變類型(Mutable)和不可變類型(Immutable)。可變物件可以改變它們的值，但維持它們的標註值(Id)。不可變物件是一個具有固定值的物件。不可變物件包括數字、字串和元組。這類物件是不能被改變的。

字串就是字元按一定順序構成的序列，字串是一種不可變資料類型，也就是說對字串做連接、複製、轉換大小寫、修剪空格、添加元素、刪除元素、清空、排序等操作的時候會產生新的字串，原來的字串並沒有發生任何改變。

本章介紹序列的通用操作、串列的專用操作、元組與串列的區別及相互轉換。

7-1　序列的通用操作

大多數序列類型都支援存取、分割、連接、複製以及成員檢測等操作。除此之外，Python 還提供內建函式來計算序列長度、找出最大元素和最小元素等。如表 7-1 所示。

表 7-1　Python 序列的基本操作

基本操作	功能
len(s)	序列 s 的長度
min(s)	序列 s 的最小值
max(s)	序列 s 的最大值
s+t	序列 s 與序列 t 連接
s*n 或 n*s	序列 s 複製 n 次
s[i]	序列 s 的第 i 項，起始下標為 0
s[i:j]	序列 s 從 i 到 j 的分割
s[i:j:k]	序列 s 從 i 到 j，步長為 k 的分割
x in s	如果序列 s 中的某項等於 x，則結果為 True，否則為 False
x not in s	如果序列 s 中的某項等於 x，則結果為 False，否則為 True

7-1-1　**序列的基本操作**

（一）序列的連接

兩種相同類型的序列透過加號(+)可以進行序列的連接(Concatenating)操作。例如：

```
>>> [1, 2, 3] + [4, 5]        #兩個串列連接
[1, 2, 3, 4, 5]
>>> [1, 2, 3] + (4, 5)   #串列和元組無法連接，會出現錯誤訊息
TypeError: can only concatenate list (not "tuple") to list
>>> [1, 2, 3] + 'Python'    #串列和字串無法連接，會出現錯誤訊息
TypeError: can only concatenate list (not "str") to list
```

上述例子說明串列和字串是無法連接的，儘管它們都是序列。同樣，串列和元組也不能進行連接操作，只有兩種相同類型的序列才可以進行連接操作。

（二）序列的複製

使用整數 n 乘以(*)一個序列會產生新的序列，在新序列中，原來的序列將複製 n 次。當 n<1 時，將傳回空串列。例如：

```
>>> (10,) * 5  #元組(10,)複製 5 次
(10, 10, 10, 10, 10)
>>> 2 * [1, 2, 3]    #串列[1, 2, 3]複製 2 次
[1, 2, 3, 1, 2, 3]
```

在序列中，Python 的內建值 None 表示什麼都沒有，可做為預留位置。例如，空串列可以透過中括號([])表示，但是如果想建立一個占用 5 個元素的空間，卻不包括任何內容的串列，就需要一個值來代表空值，例如：

```
>>> s = [None] * 5
>>> s
[None, None, None, None, None]
```

（三）序列的存取

序列中的每一個元素被分配一個位置編號，稱為索引值(Index)（或稱下標(Subscript)）。第一個元素的下標為 0，第二個元素的下標為 1，依此類推。可以透過下標來存取序列中的元素，一般格式為：

序列名稱[下標]

例如：

```
>>> greeting = "Welcome to Taiwan"
>>> greeting[0]    #第一個元素
'W'
```

除了常見的正向存取外，Python 序列還支援「反向存取」，即從最後一個元素開始計數，最後一個元素的下標是 -1，倒數第二個元素的下標是 -2，依此類推。使用負數下標，可以在不需計算序列長度的前提下，定位序列中的元素。例如：

```
>>> greeting = "Welcome to Taiwan"
>>> greeting[-1]     #最後一個元素
'n'
>>> greeting[-8]
'o'
```

（四）序列的分割

分割(Slicing)（或稱截斷）就是取出序列中某一範圍內的元素，從而得到一個新的序列。建立一段分割的方法是使用下標運算子([])，其語法格式為：

序列名稱[起始下標:終止下標:步長]

其中，「起始下標」是截取第一個元素的編號，「終止下標」對應的元素不包含在分割範圍內。「步長」為非零整數，當步長為負數時，從右到左截取元素。若要輸出多個元素，則在數字之間使用冒號，例如：num[1: 8: 2]。當忽略參數時，起始下標預設為第一個元素（下標 0），終止下標預設為 "len（序列名稱）"，步長預設為 1。請看下面的例子：

```
>>> num = [11, 12, 13, 14, 15, 16, 17, 18]
>>> num[1: 8: 2]   #步長設為 2，截取第 2、4、6、8 個元素
[12, 14, 16, 18]
>>> num[0: 1]        #步長預設為 1，截取第 1 個元素
[11]
>>> num[3: 6]        #步長預設為 1，截取第 4~6 個元素
[14, 15, 16]
>>> num[5: ]            #終止下標預設為 len(num)，截取最後 3 個元素
[16, 17, 18]
>>> num[5: len(num)]       #截取第 6~8 個元素
[16, 17, 18]
```

　　如果需要從序列尾端開始計數，也就是說如果截取所得部分包括序列尾端的元素，那麼只需將終止下標處空白。例如：

```
>>> num = [11, 12, 13, 14, 15, 16, 17, 18]
>>> num[-3: ]        #終止下標處空白
[16, 17, 18]
```

　　這種分割方式也適用於截取從序列開始的元素或截取整個序列元素。例如：

```
>>> num = [11, 12, 13, 14, 15, 16, 17, 18]
>>> num[: 3]      #截取序列開始的 3 個元素
[11, 12, 13]
>>> num[:]          #截取整個序列
[11, 12, 13, 14, 15, 16, 17, 18]
```

　　在分割時，預設的步長是 1。如果設定的步長大於 1，那麼會跳過某些元素。例如：

```
>>> num = [11, 12, 13, 14, 15, 16, 17, 18]
>>> num[0: 8: 2]
[11, 13, 15, 17]
>>> num[3: 8: 3]
[14, 17]
```

　　步長不能為 0，但是可以是負數，即從右到左截取元素。例如：

```
>>> num = [11, 12, 13, 14, 15, 16, 17, 18]
>>> num[8: 0: -2]
[18, 16, 14, 12]
>>> num[0: 8: -2]        #步長為負時，起始下標必須大於終止下標
[]
```

　　注意：分割操作是產生新的序列，不會改變原來的序列。例如：

```
>>> x = ['a', 'b', 'c', 'd']
>>> y = x[:]              #產生一個新的串列 y
>>> id(x), id(y)         # x 和 y 的記憶體位址
(1699240124608, 1699240126080)
```

　　x[:]將產生一個新的串列，x 和 y 的記憶體位址不同，代表不同的物件。而敘述 y = x 則是將 x 的內容再取一個名稱 y，也就是 x 和 y 都指向相同的儲存內容。例如：

```
>>> x = ['a', 'b', 'c', 'd']
>>> y = x
```

```
>>> id(x), id(y)    # x 和 y 的記憶體位址相同
(1699240124608, 1699240124608)
```

（五）序列的成員檢測

成員檢測(Membership Checks)用於檢查一個值是否包含在某個序列中，Python 中使用 in 運算子檢查元素的成員並傳回邏輯類型的結果（True 或 False）。例如：

```
>>> p = (1, 2, 3, 4, 5)      #元組 p
>>> 5 in p                   #檢測 5 是否包含在元組 p 之中
True                         # 5 包含在元組 p 之中
>>> mem = ["a", "b", "c"]    #串列 mem
>>> input('Enter:') in mem   #輸入一個值，檢測是否包含在 mem 中
Enter: A
False                        # A 不包含在串列 mem 之中
```

7-1-2 序列的比較

兩個序列物件可以進行比較(Comparison)操作。兩個序列的比較是透過比較對應元素是否為真(True)。兩個序列的第 1 個元素先進行比較，如果第 1 個元素可以得出結果，那麼就得到序列的比較結果；如果第 1 個元素相同，則繼續比較下一個元素，如果元素本身也是序列，則對元素進行以上過程。亦即，若要比較的結果為真，則每個對應元素的比較結果都必須為真。例如：

```
>>> (1, 2, 3) < (1, 2, 4)        #兩個元組的比較
True
>>> [1, 2, 3, 4] < [1, 2, 4]     #兩個串列的比較
True
>>> ['a', 'b', [1, 2, 3]] > ['a', 'b', [1, 2, 3, 4]]
False
```

兩個不同的物件也可以進行比較操作，但必須是相容的。例如 25 和 25.0 就可以進行比較，比較的方法是用它們的值進行比較。如果不相容，則比較時會出現 TypeError 錯誤。例如：

```
>>> 25 == 25.0        #數值類型的比較
True
>>> [1, 2, 3, 4] < (1, 2, 3, 4)    #串列和元組不可以進行比較
TypeError: '<' not supported between instances of 'list'
and 'tuple'
```

再舉一個例子：

```
# 建立兩個長度相同的串列
>>> lst1 = [11, 23, 34, 45]
>>> lst2 = list(range(1, 5))     #[1, 2, 3, 4]

# 比較兩個串列的對應下標位置上的元素是否相等
>>> print(lst1 == lst2)       #對應元素不相等
False

# 比較串列 lst1 的元素是否不大於串列 lst3 對應下標位置上的元素
>>> lst3 = [43, 32, 21]
>>> print(lst1 <= lst3)
True                          #滿足不大於比較運算
```

7-1-3　序列的進階操作

Python 除了支援 7.1.1 節的基本操作外，還支援表 7-2 中的進階操作。

表 7-2　Python 序列的進階操作

運算式	說明
s += t	用 t 的內容連接 s （基本上同義於 s[len(s):len(s)] = t）
s *= n	使用 s 的內容複製 n 次來更新 s
s[i] = x	將 s 的第 i 項替換為 x
s[i:j] = t	將 s 從 i 到 j 的分割替換為可迭代物件 t 的內容
s[i:j:k] = t	將 s[i:j:k] 的元素替換為 t 的內容
del s[i:j]	同義於 s[i:j] = []
del s[i:j:k]	從串列中移除 s[i:j:k] 的元素

（一）序列的指定和分割指定

使用指定(Assignment)敘述，可以將序列指定給一個變數，也可以將序列分割之後，指定給多個變數。例如：

```
>>> x = [1, 2, 3]
>>> x
[1, 2, 3]
>>> a, b, c = [1, 2, 3]    #將串列分割，分別指定給變數 a,b,c
>>> print(a, b, c)
1 2 3
```

變數個數和序列元素的個數不同時，將導致 ValueError 錯誤。例如：

```
>>> a, b, c = [1, 2, 3, 4]      #出現 ValueError 錯誤
ValueError: too many values to unpack (expected 3)
```

意思是值(Value)太多，變數太少。這時可以在變數名稱前面加上星號(*)，將序列的多個元素值指定給對應的變數。注意：只允許一個加星號的變數，否則會出現語法錯誤 SyntaxError。例如：

```
>>> a, *b, c = [1, 2, 3, 4]
>>> print(a,b,c)
1 [2, 3] 4
>>> *a, b, c = [1, 2, 3, 4]
>>> print(a,b,c)
[1, 2] 3 4

#只允許一個加星號的變數
>>> *a, b, *c = [1, 2, 3, 4, 5]
SyntaxError: multiple starred expressions in assignment
```

（二）序列的連接指定

透過使用複合指定運算子(+=)進行序列的連接操作。例如：

```
>>> s = (1, 2, 3)
>>> t = ('go', 'to', 'bed')
>>> s += t     #先執行 s+t，再將結果指定給 s
>>> s
(1, 2, 3, 'go', 'to', 'bed')
```

（三）序列的複製指定

透過使用複合指定運算子(*=)進行序列的複製操作。例如：

```
>>> s = (1, 2, 3)
>>> s *= 3                #將 s 複製 3 次，再將結果指定給 s
>>> s
(1, 2, 3, 1, 2, 3, 1, 2, 3)
```

（四）序列元素的替換

透過指定元素下標來替換序列中的元素。例如：

```
>>> s = ['How', 'much', 'is', 'this', 'meat', 'a', 'pound']
>>> s[4] = 'beef'               #將下標 4 的元素替換為 beef
```

```
>>> s
['How', 'much', 'is', 'this', 'beef', 'a', 'pound']
```

（五）序列元素的分割替換

將 s 從 i 到 j 的分割替換為可迭代物件 t 的內容。例如：

```
>>> s = ['How', 'much', 'is', 'this', 'meat', 'a', 'pound']
>>> t = ['beef', 'an', 'ounce']
>>> s[4:7] = t                    #將 s[4]~s[6]替換為 t
>>> s
['How', 'much', 'is', 'this', 'beef', 'an', 'ounce']
```

（六）序列元素的分割移除

從序列中移除 s[i:j:k]的元素。例如：

```
>>> s = ['How', 'cold', 'it', 'was', 'last', 'night']
>>> del s[2:4]            #刪除 s[2]~s[3]元素
>>> s
['How', 'cold', 'last', 'night']
```

7-2   序列的函式

Python 除了具有上述操作功能之外，還提供一些函式來實現序列的處理。

（一）len()、max()和 min()函式

len()、max()、min()函式分別用於計算序列的長度、最大值和最小值。

1. len(s)

    傳回序列 s 的元素個數，即序列的長度(Length)。

2. min(s)

    傳回序列 s 中最小的元素。

3. max(s)

    傳回序列 s 中最大的元素。

    請看下面的例子。

```
>>> s1 = (12, -345, 67, -890)
>>> len(s1)      #序列 s 的元素個數
```

```
4
>>> s2 = ['I', 'wrote', 'this', 'paper', 'myself']
>>> max(s2)
'wrote'
>>> min(s2)
'I'
```

（二）sum()函式

sum(s)

　　傳回序列 s 中所有元素的和。元素必須為數值，否則會出現 TypeError 錯誤。例如：

```
>>> s = [1, 2]
>>> sum(s)
3
>>> s = (1.5, 2)
>>> sum(s)
3.5
>>> s = ['good', 'morning']
>>> sum(s)
TypeError: unsupported operand type(s) for +: 'int' and
'str'
```

（三）enumerate()和 zip()函式

1. enumerate(iter)

　　接收一個可迭代物件做為參數，傳回一個 enumerate 物件，該物件產生由每個元素的下標值和元素值組成的元組。例如：

```
>>> s = ['Lin', '3', 'Lee']
>>> for i, obj in enumerate(s):
        print(i, obj)

0 Lin
1 3
2 Lee
```

2. zip([s0,s1,…,sn])

　　接收任意多個序列做為參數，傳回一個可迭代物件，其第一個元素是 s0，s1, … , sn 等元素的第一個元素所組成的一個元組，後面的元素依此類推。就是依次取出每一個串列的元素，然後組合成元組，做為新的可迭代物件的元素。若參數的長度不相等，則傳回串列的長度和參數中最短的物件長度相同。例如：

```
>>> s1 = zip([1, 2, 3], ['a', 'b', 'c'])
>>> lst1 = list(s1)
>>> lst1
[(1, 'a'), (2, 'b'), (3, 'c')]

#參數的長度不相同
>>> s2 = zip([1, 2, 3], ['a', 'b'])
>>> lst2 = list(s2)
>>> lst2
[(1, 'a'), (2, 'b')]
```

利用星號運算子(*)可以將物件解壓縮還原。zip(*lst)也就是物件前面含一個星號，是上述操作的逆向操作。例如：

```
>>> lst3 = zip(*lst1)
>>> list(lst3)
[(1, 2, 3), ('a', 'b', 'c')]
```

（四）sorted()和 reversed()函式

1. sorted(iterable,key=None,reverse=False)

函式傳回對可迭代物件 iterable 中元素排序後的序列，函式傳回副本，原始輸入不變。iterable 是可迭代類型；key 指定一個接收一個參數的函式，這個函式用於計算比較的鍵(Key)，預設值為 None；reverse 代表排序規則，當 reverse 為 True 時按降冪排序；reverse 為 False 時按升冪，預設按升冪。例如：

```
>>> s = ['Lee', '3', 'Lin']
>>> sorted(s)
['3', 'Lin', 'Lee']
>>> x = (100, 2, 203, 3234)
>>> sorted(x)
[2, 100, 203, 3234]
>>> sorted(x, reverse = True)
[3234, 203, 100, 2]
>>> x = 'ABac'
>>> sorted(x, reverse = False)
['A', 'B', 'a', 'c']
>>> sorted(x, key = str.lower, reverse = True)
['c', 'B', 'A', 'a']
```

2. reversed(iterable)

對可迭代物件 iterable 的元素按逆向排列，傳回一個新的可迭代變數。例如：

```
>>> x = range(5)
>>> for k in reversed(x):
...     print(k, end=' ')
...
4 3 2 1 0
```

（五）all()和 any()函式

設 s 為一個序列，下面的內建函式可用於串列或元組。

1. all(s)

如果序列 s 所有元素都為 True，則傳回 True，否則傳回 False。元素除了 0、空、None、False 以外都是 True。注意：空元組、空串列傳回值為 True。

2. any(s)

如果序列 s 所有元素都為 False，則傳回 False；如果有一個為 True，則傳回 True。元素除了 0、空、None、False 以外都是 True。

例如：

```
>>> all(['a', 'b', 'c', 'd'])     #串列元素都不為空或 0
True
>>> all(['a', 'b', '', 'd'])      #串列存在一個空的元素
False
>>> all(('a', 'b', 'c', 'd'))     #元組元素都不為空或 0
True
>>> all([])                       #空串列
True
>>> any(())                       #空元組
False
>>> any(['a', 'b', '', 'd'])      #串列存在一個空的元素
True
>>> any([0, '', False])           #串列元素全為 0,'',false
False
>>> any(('a', 'b', 'c', 'd'))     #元組元素都不為空或 0
True
```

7-3　序列的方法

下面的方法(Methods)不改變序列本身，可用於串列、元組和字串。方法中 s 為序列，x 為元素值。

方法	功能
s.append(x)	將 x 添加到序列的尾端（相當於 s[len(s):len(s)]=[x]）
s.clear()	從 s 中移除所有項（相當於 del s[:]）
s.copy()	建立 s 的淺複製（相當於 s[:]）
s.extend(x)	用 x 的內容連接 s（基本上相當於 s[len(s):len(s)]=x）
s.insert(i,x)	在由 i 給出的下標位置將 x 插入 s（相當於 s[i:i]=[x]）
s.pop()或 s.pop(i)	提取在 i 位置上的項，並將其從 s 中移除
s.remove(x)	刪除 s 中第一個 s[i]等於 x 的項目。
s.reverse()	將 s 中的元素反向排列。
s.sort()	將 s 中的元素排序。
s.index(x[,i[,j]])	x 在序列 s 中首次出現項的下標編號（下標編號在 i 或其後且在 j 之前）
s.count(x)	x 在序列 s 中出現的次數

由於元組和字串的元素不可變更，下面方法只適用於串列。以下方法都是在原來的串列上進行操作的，會對原來的串列產生影響，而不是傳回一個新串列。

（一）s.append()方法

append()方法用於在串列的尾端添加新的物件，其語法格式為：

```
s.append(x)
```

其中，參數 x 是添加到串列尾端的物件，該方法會修改原來的串列。例如：

```
>>> lst1 = ['Telus', 'Bell', 'Shaw']
>>> lst1.append('Rogers')
>>> print("更改後的串列: ", lst1)
更改後的串列: ['Telus', 'Bell', 'Shaw', 'Rogers']
```

（二）s.clear()方法

clear()方法用於清空串列，類似於 del a[:]，其語法格式為：

```
s.clear()
```

例如：

```
>>> lst = ['Telus', 'Bell', 'Shaw', 'Rogers']
>>> lst.clear()
>>> print("串列清空後 : ", lst)
串列清空後 :  []
```

（三）s.copy()方法

copy()方法用於複製串列，類似於 a[:]，其語法格式為：

```
s.copy()
```

複製後傳回新的串列。例如：

```
>>> lst1 = ['Telus', 'Bell', 'Shaw', 'Rogers']
>>> lst2 = lst1.copy()
>>> print("lst2 串列: ", lst2)
lst2 串列: ['Telus', 'Bell', 'Shaw', 'Rogers']
```

（四）s.extend()方法

extend()方法用於在串列尾端追加另一個序列中的多個值（用新串列連接原來的串列），其語法格式為：

```
s.extend(seq)
```

其中，參數 seq 是元素序列，可以是串列、元組、集合、字典。若為字典，則僅會將鍵(Key)做為元素依序添加至原串列的尾端。該方法會在已存在的串列中添加新的串列內容。例如：

```
>>> lst1 = ['Telus', 'Bell', 'Shaw']
>>> lst2 = list(range(5))      #建立 0~4 的串列
>>> lst1.extend(lst2)          #連接串列
>>> print("連接後的串列: ", lst1)
連接後的串列: ['Telus', 'Bell', 'Shaw', 0, 1, 2, 3, 4]
```

（五）s.insert(i,x)方法

insert()方法用於將指定物件插入串列的指定下標位置，其語法格式為：

```
s.insert(index, obj)
```

其中，參數 index 是要插入物件 obj 的下標位置，obj 是要插入串列中的物件。該方法會在串列的指定位置插入物件。

在串列 s 的 i 位置處插入 x，如果 i 大於串列的長度，則插入到串列最後。
例如：

```
>>> lst = [1, 2, 3, 4]
>>> lst.insert(1, 'a')     #在串列 lst 的下標位置 1 插入 a
>>> lst
[1, 'a', 2, 3, 4]
>>> lst.insert(9, 'b')     #在串列 lst 的最後面插入 b
>>> lst
[1, 'a', 2, 3, 4, 'b']
```

（六）s.pop([i])方法

pop()方法用於移除串列中指定下標位置 i 的元素，預設是最後一個元素，並
且傳回該元素的值，其語法格式為：

s.pop([index=-1])

其中，參數 index 是可選參數，要移除串列元素的下標值，預設為 index= -
1，刪除最後一個串列值。該方法會傳回從串列中移除的元素物件。不能超過串
列總長度，若 index 超出串列長度，則顯示 IndexError 異常。例如：

```
>>> lst = ['Telus', 'Bell', 'Shaw']
>>> list_pop = lst.pop()
>>> print("刪除的項為: ", list_pop)
刪除的項為: Shaw
>>> print("串列現在為: ", lst)
串列現在為:  ['Telus', 'Bell']
>>> lst.pop(1)
'Bell'
>>> print("串列現在為: ", lst)
串列現在為:  ['Telus']
>>> lst.pop(3)
IndexError: pop index out of range
#下標位置 3 超出串列下標範圍，出現 IndexError 錯誤
```

（七）s.remove()方法

remove()方法用於移除串列中某個值的第一個匹配項，其語法格式為：

s.remove(obj)

其中，參數 obj 是串列中要移除的物件。若 obj 不存在，則出現 ValueError 異常。例如：

```
>>> lst = ['Telus', 'Bell', 'Shaw', 'Rogers']
>>> lst.remove('Shaw')
>>> print("串列現在為: ", lst)
串列現在為: ['Telus', 'Bell', 'Rogers']
>>> lst.remove('Rogers')
>>> print("串列現在為: ", lst)
串列現在為: ['Telus', 'Bell']
>>> lst.remove('a')      #元素"a"不存在串列中，會出現錯誤訊息
ValueError: list.remove(x): x not in list
```

若串列中包含多個待刪除的元素，則只刪第一個。例如：

```
>>> lst = list("Hello,Python")   #串列中包含 2 個'o'
>>> lst.remove('o')
>>> lst
['H','e','l','l',',','P','y','t','h','o','n']
```

（八）s.reverse()方法

reverse()方法用於將串列中的元素反向排列，其語法格式為：

```
s.reverse()
```

該方法沒有傳回值。例如：

```
>>> lst1 = ['Telus', 'Bell', 'Shaw', 'Rogers']
>>> lst1.reverse()
>>> print("串列中的元素反向後: ", lst1)
串列中的元素反向後: ['Rogers', 'Shaw', 'Bell', 'Telus']

>>> lst2 = [1, 2, 3, 4]
>>> lst2.reverse()
>>> lst2
[4, 3, 2, 1]
```

（九）s.sort()方法

sort()方法用於對原串列進行排序，其語法格式為：

```
s.sort(key=None, reverse=False)
```

　　其中，參數 key 是用來進行比較的元素，指定可迭代物件中的一個元素來進行排序。reverse 是排序規則，reverse = True 為降冪排序，reverse = False 為升冪排序（預設）。例如：

```
>>> lst1 = [36, 24, 13, 5]
>>> lst1.sort()
>>> lst1
[5, 13, 24, 36]

>>> lst2 = ['Telus', 'Bell', 'Shaw', 'Facebook']
>>> lst2.sort()
>>> lst2
['Bell', 'Facebook', 'Shaw', 'Telus']
```

　　sort()方法中也可以使用 key、reverse 參數，其用法與 sorted()函式相同。例如：

```
>>> lst1 = ['Goofy', 'Garfield', 'Pikachu', 'Nemo']
>>> lst1.sort(key = len)
>>> lst1
['Nemo', 'Goofy', 'Pikachu', 'Garfield']

>>> lst1 = ['Goofy', 'Garfield', 'Pikachu', 'Nemo']
>>> lst1.sort(key = sorted)
>>> lst1
['Garfield', 'Goofy', 'Nemo', 'Pikachu']

>>> lst2 = [3, -78, 13, 43, 7, 9]
>>> lst2.sort(reverse = True)
>>> lst2
[43, 13, 9, 7, 3, -78]
```

　　請注意：sort()方法與 sorted()函式的區別如下：sort()方法是應用在串列(List)上的方法，而 sorted()函式則可以對所有的可迭代物件進行排序。

　　串列的 sort()方法傳回的是對已經存在的串列進行操作，而內建函式 sorted()傳回的是一個新的串列，而不是在原來的基礎上進行的操作。

（十）s.index()方法

　　index()方法用於從序列中找出某個值第一個匹配項的下標位置，其語法格式為：

```
    s.index(x[,i[,j]])
```

當 x 在 s 中找不到時會發生 ValueError 錯誤。額外參數 i 和 j 相當於使用 s[i:j].index(x)，可以有效地搜尋序列的子序列。例如：

```
>>> s = 'have a nice day.'

# index()方法
>>> s.index('ni')
7                          #找到傳回子字串'ni'第一個字元'n'的下標

>>> s.index('de')
ValueError: substring not found  #找不到子字串'de',顯示錯誤訊息

#傳入額外參數 i 和 j
>>> s.index('ni', 5, 10)
7

>>> s[5:10].index('ni')
2
```

（十一）s.count()方法

count()方法用於統計某個元素在序列中出現的次數，其語法格式為：

```
    s.count(obj)
```

其中，參數 obj 是序列中統計的物件。例如：

```
>>> s = [123, 'Telus', 'Bell', 'Shaw', 123]
>>> s.count(123)            #元素 123 的個數
2
>>> s.count('Bell')         #元素 Bell 的個數
1
```

7-4　字串

字串(String)是 Python 中最常用的資料類型。Python 不支援單一字元類型，單一字元在 Python 中也是做為一個字串使用。需要在字串中使用特殊字元時，Python 用倒斜線(\)轉義字元。Python 支援格式化字串的輸出。在 Python 中，字串格式化使用與 C 中 sprintf()函式一樣的語法。

7-4-1　字串的建立

在 Python 中，如果把單一或多個字元用單引號(')、雙引號(")或三引號(''')括起來，就可以建立一個字串。字串中的字元可以是特殊符號、英文字母、中文字元、日文的平假名或片假名、希臘字母等。例如：

```
#使用單引號建立一個字串
>>> str1 = 'Hello, World!'
>>> str1
'Hello, World!'

#使用雙引號建立一個字串
>>> str2 = "Python"
>>> str2
'Python'

#使用三引號建立一個字串
>>> str3 = '''python 三引號允許一個字串跨多列
字串中可以使用定位字元 TAB；
也可以使用分列符號等。
'''
>>> print(str3)
'python 三引號允許一個字串跨多列
字串中可以使用定位字元 TAB；
也可以使用分列符號等。'
```

我們可以使用內建函式 len()來取得字串的長度。例如：

```
>>> s = 'Hello, World!'
>>> len(s)
13
>>> len('good-bye, Sir.' )
14
```

7-4-2　轉義字元和原始字串

如果要在字串中使用特殊字元時，可以在字串中使用倒斜線(\)來表示轉義，也就是說倒斜線後面的字元不再是它原來的意義。有關轉義字元請參閱表 2-1。例如：\n 不是代表倒斜線和字元 n，而是表示換列。所以如果字串本身又包含單引號(')、雙引號(")等特殊字元，就必須要透過倒斜線(\)進行轉義處理。例如：

```
#輸出含單引號的字串
>>> s1 = '\'Hello, World!\''
>>> print(s1)
'Hello, World!'

#換列
>>> print("\n")


#輸出含倒斜線的字串
>>> s2 = '\\Hello, World!\\'
>>> print(s2)
\Hello, World!\
```

Python 中還允許在倒斜線(\)後面跟一個八進制或者十六進制數來表示字元，例如：\141 和 \x61 都代表小寫字母 a，前者是八進制的表示法(\yyy)，y 代表 0~7 的字元；後者是十六進制的表示法(\xyy)，以\x 開頭，y 代表 0~9、A~F 的字元。另外一種表示字元的方式是在\u 後面跟 Unicode 碼，例如：

```
>>> s1 = '\141 \142 \143'
>>> print(s1)
a b c
>>> s2 = '\x61 \x62 \x63'
>>> print(s2)
a b c
>>> s3 = '\u60A8 \u597D'      # Unicode 碼
>>> print(s3)
您 好
```

7-4-3　字串格式化

在 Python 中，字串格式化使用與 C 中 sprintf 函式一樣的語法。在使用 print()函式輸出字串時，可以使用下面的格式字串對字串進行格式化：

格式字串	功能
%c	格式化字元及其 ASCII 碼
%s	格式化字串
%d	格式化整數
%u	格式化無符號整數類型
%o	格式化無符號八進制數
%x	格式化無符號十六進制數

格式字串	功能
%X	格式化無符號十六進制數（大寫）
%f	格式化浮點數字，可指定小數點後的有效位數
%e	用科學記號表示法格式化浮點數
%E	作用和%e相同，使用科學記號表示法格式化浮點數
%g	%f和%e的簡寫
%G	%f和%E的簡寫
%p	用十六進制數格式化變數的位址

例如：

```
>>> print('Python\n')
Python

>>> print("Hello, world!\n")
Hello, world!

>>> print("Hello\tWorld\n\n")
Hello    World


>>> c1 = 'Hi!'
>>> c2 = 'good'
>>> c3 = 'luck!'
>>> print("%s %s %s" % (c1, c2, c3))
Hi! good luck!

>>> print ("我住 %s 今年 %d 歲!" % ('新北市', 20))
我住 新北市 今年 20 歲!
```

7-4-4　f-string 格式化字串

格式化字串還有更簡潔的書寫方式，就是在字串前面加上 f 來格式化字串。這種以 f 開頭，後面跟著字串，字串中的變數或運算式用大括號{}括起來，它會被變數或運算式計算後的值將其替換，例如：

```
>>> print(f'{1+2}')
3

>>> a = 12
>>> b = 345
>>> print(f'{a} * {b} = {a * b}')
```

```
12 * 345 = 4140

>>> w = {'name': 'Python', 'mail': 'abc123@gmail.com'}
>>> print(f'{w["name"]}: {w["mail"]}')
Python: abc123@gmail.com

>>> name = 'Python'
>>> print(f'Hello {name}')
Hello Python
```

也可以使用等號(=)來連接運算式與結果。例如：

```
>>> x = 1
>>> print(f'{x+1 = }')
x+1 = 2
```

7-4-5　字串的 format()方法

如果要將輸出項格式化為一個字串，可以使用字串的 format()方法。儘管大多數的 Python 程式仍然使用"%"運算子，但是因為這種舊式的格式化方法最終會從 Python 中移除，因此應該更常使用字串的 format()方法。

字串 format()方法的呼叫格式為：

> 格式字串.format（輸出項 1,輸出項 2,……,輸出項 n）

其中，格式字串中可以包括一般字元和格式字串。一般字元原樣輸出，格式字串決定所對應輸出項的轉換格式。

格式字串使用大括號括起來，一般格式如下：

> {[序號或鍵]:格式字串}

其中，可選的序號對應於要格式化的輸出項的位置，從 0 開始。0 表示第一個輸出項，1 表示第二個輸出項，依此類推。序號全部省略則按輸出項的順序輸出；可選的鍵對應於要格式化的輸出項的名稱或字典的鍵值；格式字串和 format()內建函式相同。格式字串使用冒號(:)開頭。例如：

```
>>> '{0:.2f}, {1}'.format(3.145, 500)
'3.15, 500'
```

其中，格式字串"{0:.1f}"包含兩個含義，"0"表示該格式字串決定 format 中第一個輸出項的格式，":.1f"即格式字串，它進一步說明對應的輸出項如何被格式化,即小數部分占 1 位元,按輸出項實際位數輸出。"{1}"會被傳遞給 format() 方法的第二個輸出項,即 500,也就是在逗號後面是"500"。

下面看一些字串 format()方法的使用例子。

1. 使用大括號"{}"格式字串

大括號以及其中的字元(稱為格式字元)將會被 format()中的參數替換。例 如:

```
>>> print('I\'m {}. {}'.format('Henry','Welcome!'))
I'm Henry. Welcome!
>>> import math
>>> print('PI is approximately {}.'.format(math.pi))
PI is approximately 3.141592653589793.
```

2. 使用"{序號}"形式的格式字串

在大括號中的數字用於指向輸出物件在 format()函式中的位置。例如:

```
>>> print('{0},I\'m {1}.My E-mail is {2}'.\
    format('Hello','Henry','Henry@ntu.edu.tw'))
Hello,I'm Henry.My E-mail is Henry@ntu.edu.tw
```

3. 使用"{鍵}"形式的格式字串

大括號中是一個識別字,該識別字會指向使用該名稱的參數。例如:

```
>>> print('Hi,{nm},{ms}'.format(nm='Henry',ms='Welcome!'))
Hi,Henry,Welcome!
```

4. 混合使用"{序號}"、"{鍵}"形式的格式字串

例如:

```
>>> print('{1},{0},{ms}'.format('Bob','Hi',ms='Welcome!'))
Hi,Bob,Welcome!
```

5. 輸出項的格式控制

序號或鍵後面可以跟一個冒號(:)和格式字串,這就允許對輸出項進行更好的格式化。例如,{0:8}表示 format 中的第一個參數占 8 個字元寬度,如果輸出位數大於該寬度,就按實際位數輸出;如果輸出位數小於此寬度,預設靠右對齊,左邊補空格,補足 8 位。{1:.3}表示第二個參數除小數點外的輸出位數是 3 位。{1:.3f}表示浮點數的小數保留 3 位,其中 f 表示浮點類型,就是指出資料類型用的;d 表示整數類型。請看下面的例子。

```
>>> print('PI is approximately {0:.3f}.'.format(math.pi))
PI is approximately 3.142.
>>> print('PI is approximately {0:.3}.'.format(math.pi))
PI is approximately 3.14.
```

還可以設定對齊方式，使用二進制、八進制、十六進制輸出整數類型數值。看下面程式的輸出結果。

```
>>> print('{0:<15}'.format(1234567890))     #靠左對齊
1234567890
>>> print('{0:>15}'.format(1234567890))     #靠右對齊
     1234567890
>>> print('{0:*^15}'.format(1234567890))     #置中對齊
**1234567890***
>>> print('{0:10b}'.format(65))     #使用二進制形式輸出
   1000001
>>> print('{0:10o}'.format(65))     #使用八進制形式輸出
       101
>>> print('{0:10x}'.format(65))     #使用十六制形式輸出
        41
```

7-5　字串編碼

在電腦內部，字元(Character)都是以某種編碼方式進行儲存和處理的。有許多不同的字元編碼(Character Encoding)方案，有一些是為特定的語言（如英語、中文、拉丁語等）設計的，有一些則可以用於多種語言。在 Python 2 中，普通字串是以 8 位元的 ASCII 碼進行儲存，而 Unicode 字串則儲存為 16 位元的 Unicode 字串，如此能夠表示更多的字元集。在 Python 3 中，所有的字串都是 Unicode 字串。使用的語法是在字串前面加上前導字元 u。

（一）Unicode 碼

習知的 ASCII 碼是將英文字母、阿拉伯數字和特殊字元使用 0~127 之間的數字來儲存和處理，例如：65 表示大寫字母'A'，97 表示小寫字母'a'，48 表示數字'0'。通常會額外使用一個擴充的位元，以便於以 1 個位元組(Byte)的方式儲存。然而，像中文的字元很多、結構複雜，便需要多個位元組編碼的字元集。由於編碼總數已經超過 65535，所以 2 個位元組的編碼是不夠用的。

現在，電腦系統支援 Unicode 編碼標準。Unicode 編碼標準是為了表示全世界所有語言的字元而設計，它使用 4 位元組的數字編碼來表示每個字母、符號或文字。每個字元對應一個數字碼，每個數字碼對應一個字元。

（二）UTF-8 碼

Unicode 編碼標準定義了不同的實現方式，其中普遍使用的方式是 UTF-8。UTF-8 是一種為 Unicode 字元設計的可變長編碼系統，即不同的字元可使用不同個數的位元組編碼。對於 ASCII 字元，UTF-8 僅使用 1 個位元組來編碼。事實上，UTF-8 中前 128 個字元(0~127)使用的是和 ASCII 碼一樣的編碼方式。像擴展拉丁字元則使用 2 個位元組來編碼，中文字元比如「中」則占用了 3 個位元組，一些更複雜的字元則占用 4 個位元組。根據需要，可以把字元編碼變換成位元組編碼，或把位元組解碼成字元。

UTF-8 支援中英文編碼，英文系統也可以顯示中文。例如，如果是 UTF-8 編碼，則在英文流覽器上也能顯示中文，而不需下載流覽器的中文支援套件。Python 支援 UTF-8 編碼，中文字元、希臘字母都可以做為識別字使用。例如：

```
>>> π = 3.14159
>>> π * 10 ** 2
314.159
>>> 國家 = '加拿大'
>>> 國家
'加拿大'
```

這些規則是其他程式設計語言所沒有的。

在 Python 3.x 中，所有的字串都是使用 Unicode 編碼的字元序列，所以不需加前導字元"u"。Unicode 透過使用一個或多個位元組來表示一個字元，這種方法突破了 ASCII 碼字元個數的限制。

Python 提供 ord()和 chr()兩個內建函式，用於字元與內部編碼值（ASCII 碼或 Unicode 碼）之間的轉換。ord()函式將一個字元轉換為對應的 ASCII 碼或 Unicode 碼，chr()函式將一個整數轉換成 Unicode 字元。

已知"a"和"A"的 ASCII 碼分別為 97 和 65，請看下面的敘述執行結果。

```
>>> print(ord('a'), ord('A'))
97 65
>>> print(chr(97), chr(65))
a A
```

關於中文字的編碼，同樣可以使用 ord()和 chr()函式。已知中文字"永"和 "康"的 Unicode 編碼分別是 27704 和 24247，採用十六進制分別是 6c38 和 5eb7，請看下面的敘述執行：

```
>>> print(ord('永'), ord('康'))
27704 24247
>>> print('{:x}, {:x}'.format(27704, 24247))
6c38, 5eb7
>>> print(chr(27704), chr(24247))
永 康
>>> print(chr(0x6c38), chr(0x5eb7))
永 康
```

從字串建構 Unicode 碼串列

```
>>> symbols = '%$@&!'
>>> codes = []
>>> for symbol in symbols:
...     codes.append(ord(symbol))
...
>>> codes
[37, 36, 64, 38, 33]
```

（三）Unicode 碼與 UTF-8 碼的轉換

Unicode 是一種編碼標準，其中每一個字元規定一個二進位編碼。和 ASCII、Big5（大五碼）、CNS11643（中文標準交換碼）等是相同的概念，只不過是字元集不同而已。而 UTF(Unicode Transformation Format)是指 Unicode 傳送格式，即把 Unicode 檔案轉換成位元組的傳送流。UTF-8 就是為傳送 Unicode 字元而設計出來的「再編碼」方法，這也是在互聯網上使用最廣的一種 Unicode 的實現方式。

UTF-8 就是以 8 個位元為單位對 Unicode 進行編碼。從 Unicode 到 UTF-8 的編碼方式如下。

Unicode 編碼（十六進制）	UTF-8 位元組流（二進位）
0000-007F	0×××××××
0080-07FF	110×××××10××××××
0800-FFFF	1110××××10××××××10××××××

　　例如，「漢」的 Unicode 編碼是 6C49H。6C49 在 0800-FFFF 之間，所以要用 3 位元組範本：1110××××10××××××10××××××。將 6C49H 寫成二進位是：0110110001001001，用這個位元流依次代替範本中的 ×，得到：111001101011000110001001，即「漢」的 UTF-8 編碼是 E6B189H。同樣，讀者可以分析「嚴」的 UTF-8 編碼是 E4B8A5H。

　　一個 Unicode 碼可能轉成長度為 1 個位元組，或 2 個、3 個、4 個位元組的 UTF-8 碼，這取決於 Unicode 碼的值。對於英文字元，因為它們的 Unicode 碼值小於 80H，只要用一個位元組的 UTF-8 傳送，比傳送 Unicode 兩個位元組要快。

　　在 Python 中，可以透過字串的 encode() 方法從 Unicode 編碼為指定編碼方式。例如，s.encode("utf-8") 表示字串 s 從 Unicode 編碼方式編碼為 UTF-8 編碼方式。這裡要求 s 必須是 Unicode 的編碼方式，否則會發生錯誤。decode() 方法從指定編碼方式解碼為 Unicode 方式。例如，s.decode("utf-8")，表示 s 從 UTF-8 編碼方式解碼為 Unicode 編碼方式。s 必須是 UTF-8 編碼方式，否則會發生錯誤。下面說明下列敘述的執行結果。

```
>>> s = '中文字 ABC'
>>> k = s.encode('utf-8')
>>> k
b'\xe4\xb8\xad\xe6\x96\x87\xe5\xad\x97 ABC'
>>> k.decode('utf-8')
'中文字 ABC'
```

　　在 Unicode 字串中，預設一個中文占一個字元；編碼格式為 UTF-8 時，一個中文占 3 個字元；編碼格式是 big5 時，一個中文占 2 個字元。所以在檢測字串長度時需注意。請看下面的例子。

```
>>> s = '永'        #預設是 Unicode 編碼
>>> len(s)
1

>>> s = s.encode('utf-8')      #指定為 UTF-8 編碼
>>> len(s)
3

#分別輸出"永"的 3 個位元組編碼的值（十進位）
>>> print(s[0], s[1], s[2])
230 176 184

>>> s = s.decode('utf-8')      #解碼為 Unicode 編碼
```

```
>>> s = s.encode('big5')        #指定為 big5 編碼
>>> len(s)
2

>>> s = s.decode('big5')        #解碼為 Unicode 編碼
>>> len(s)
1

>>> ord(s)
27704

>>> s[0]
'永'
```

7-6　字串的操作

Python 提供字串類型非常豐富的運算子，我們可以使用+運算子來實現字串的連接，使用*運算子來複製一個字串的內容，使用 in 和 not in 來判斷一個字串是否包含另外一個字串，也可以使用[]和[:]運算子從字串取出某個字元或某些字元。

在 Python 中，字串的常用操作如下所示：

運算子	功能
+	字串連接
*	複製字串
[]	取得字串中的字元
[:]	截取字串中的一部分，遵循左閉右開原則，如：str[0:2]是不包含第 3 個字元的。
in	如果字串中包含給定的字元，則傳回 True
not in	如果字串中不包含給定的字元，則傳回 True
r/R	所有的字串都是直接按照字面的意思來使用，沒有轉義特殊或不可列印字元。原始字串除在字串的第一個引號前加上字母 r（可以大小寫）以外，與普通字串的語法幾乎完全相同。

7-6-1　字串連接操作

（一）基本連接操作

Python 提供字串資料的連接運算，其運算子為"+"，表示將兩個字串資料連接起來，成為一個新的字串資料。字串運算式是指用連接運算子(+)把字串常數、字串變數等字串資料連接起來的式子，其一般格式為：

```
s1+s2+…+sn
```

其中，s1，s2，...，sn 都是一個字串，運算式的值也是一個字串。例如：

```
>>> "Sub"+"string"
'Substring'
```

將字串和數值資料進行連接時，需要將數值資料用 str()函式或 repr()函式轉換成字串，然後再進行連接。例如：

```
>>> "Python"+" "+str(3.11)
'Python 3.11'
```

Python 的字串是不可變類型，只能透過新建一個字串去改變一個字串的元素。例如：

```
>>> s = "abcdefg"
>>> s[1] = "8"          #錯誤操作
TypeError: 'str' object does not support item
assignment
```

敘述試圖改變 s[1]中的字元，導致出現 TypeError 錯誤。意思是字串物件不支援元素指定。同樣的操作可以用"s=s[0]+"8"+s[2:]"敘述實現。

```
>>> s = "abcdefg"
>>> s = s[0] + "8" + s[2:]
>>> s
'a8cdefg'
```

（二）連接操作的其他實現

Python 中使用"+"進行字串連接的操作效率低，因為字串是不可變的類型，使用"+"連接兩個字串時會產生一個新的字串，產生新的字串就需要重新申請記憶體，當連續相加的字串很多時，效率低是必然的。對於這種連加操作，可以用格式化運算子或 join()方法取代，這樣只會有一次記憶體的申請，可以提高操作效率。例如：

```
>>> s1 = "-"
>>> s2 = ""
>>> seq = ("P", "y", "t", "h", "o", "n")     # 字串序列
>>> print (s1.join(seq))
P-y-t-h-o-n
>>> print (s2.join(seq))
Python
```

其中，s.join()方法的使用請參見 7-6-6 節。

7-6-2　字串複製操作

Python 提供乘法運算子(*)，建構一個由其本身字串複製連接而成的字串。字串複製連接的一般格式是：

s*n 或 n*s

其中，s 是一個字串；n 是一個正整數，代表複製的次數。例如：

```
>>> "ABCD"*2
'ABCDABCD'
>>> 3*"ABC"
'ABCABCABC'
```

連接運算子(+)和複製運算子(*)也支援複合指定操作。例如：

```
>>> a = "XYZ"
>>> a *= 2     # a = a*2
>>> a
'XYZXYZ'
```

7-6-3　字串存取操作

Python 字串是一種元素為字元的序列類型。因為序列類型是元素被循序放置的一種資料結構，因此可以對字串中的字元進行編號。假設字串的長度為 N，那麼下標 n 可以是從 0 到 N-1 的整數，其中最左邊字元的編號為 0，而最右邊字元的編號是 N-1，此種方式的編號通常稱為「正向下標」；字串的下標也可以從 -1 到 -N 的整數，其中-1 是最後一個字元的下標，而 -N 則是第一個字元的下標，通常稱為「反向下標」。圖 7-1 所示是字串 s = 'Python'中各個字元的下標 n。

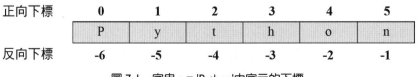

圖 7-1　字串 s = 'Python'中字元的下標

如果要從字串中取出某個字元，可以使用下列格式對字串進行索引 (Indexing)操作或稱「存取」(Access)操作：

字串名稱[n]

存取字串中字元的方式如下所示：

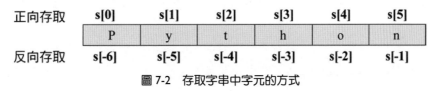
圖 7-2　存取字串中字元的方式

我們可以透過存取操作來取得某一個字元或是透過指定下標範圍來取得一組字元。例如：

```
s = 'Python'
N = len(s)                    #字串長度為 6

#存取第一個字元
print(s[0],s[-N])

#存取最後一個字元
print(s[N-1],s[-1])

#存取下標為 3 和-5 的字元
print(s[3],s[-5])

#存取下標為 2 和-6 的字元
print(s[2],s[-6])
```

程式執行結果如下：

```
P P
n n
h y
t P
```

由於字串是不可變類型，不可以透過存取操作修改字串中的字元，否則會出現錯誤訊息。例如：

```
s = 'Python'
s[0] = 'p'
TypeError: 'str' object does not support item assignment
```

注意：下標必須為整數，且不能超出範圍，否則會出現錯誤。例如：

```
>>> s = "Python"
>>> s[6]
IndexError: string index out of range
```

出現的錯誤訊息"IndexError:string index out of range"，意思是字串下標超出範圍。

```
>>> s['H']
TypeError: string indices must be integers, not 'str'
```

如果下標為字元，則會出現類型錯誤訊息"TypeError: string indices must be integers, not 'str'"，意思是字串下標必須為整數類型資料，不可以是字串類型。

7-6-4　字串的截取操作

如果要從字串中取出多個字元，我們可以對字串進行截取(Slicing)操作，這時可以使用以下的下標形式：

```
i:j:k
```

其中，i 是開始下標，下標對應的字元可以取得；j 是結束下標，下標對應的字元不能取得；k 是步長，預設值為 1，表示正向取得相鄰字元的連續截取，所以 :k 部分可以省略。假設字串的長度為 N，當 k>0 時表示正向截取（正向取得字元），如果沒有列出 i 和 j 的值，則 i 的預設值是 0，j 的預設值是 N；當 k<0 時表示反向截取（反向取得字元），如果沒有列出 i 和 j 的值，則 i 的預設值是 -1，j 的預設值是 -N-1。

正向截取	:1	:2	:3	:4	:5	:
	P	y	t	h	o	n
反向截取	:-5	:-4	:-3	:-2	:-1	:-

請看下面的例子，記住第一個字元的下標是 0 或 -N，最後一個字元的下標是 N-1 或 -1。

```
>>> s = "Python"
>>> s[:0]
''
>>> s[:1]
'P'
>>> s[:-5]
```

```
'P'
>>> s[:6]
'Python'
>>> s[6:]
''
>>> s[5:6]
'n'
>>> s[-1:]
'n'
>>> s[:3]
'Pyt'
>>> s[0:2]
'Py'
>>> s[:]
'Python'
```

截取的操作很靈活，開始下標值和結束下標值可以超過字串的長度。例如：

```
>>> s = 'Have a nice day!'
>>> s[-100:100]
'Have a nice day!'
```

如果希望從字串中取出每個字元，可以使用 for 迴圈對字串進行存取，請看下列方式。

```
s = 'abc123'

#直接進行存取
for ch in s:
    print(ch, end=' ')          # a b c 1 2 3

#使用下標存取
for index, ch in enumerate(s):
    print(index, end=' ')
    print(ch)

#使用 range 進行存取
for index in range(len(s)):
    print(s[index], end=' ')
print()                         # a b c 1 2 3

#使用迭代器進行存取
for ch in iter(s):
    print(ch, end=' ')          # a b c 1 2 3
```

程式輸出結果如下：

```
a b c 1 2 3
0 a
1 b
2 c
3 1
4 2
5 3
a b c 1 2 3
a b c 1 2 3
```

7-6-5 成員檢測操作

Python 中可以使用 in 和 not in 判斷一個字串中是否存在另外一個字元或字串，in 和 not in 運算子通常稱為「成員運算子」，會產生布林值 True 或 False，一般格式為：

字串 1 [not] in 字串 2

該操作用於判斷字串 1 是否屬於字串 2，其傳回值為 True 或 False。例如：

```
>>> 'a' in 'abc'
True
>>> 'a' not in 'abc'
False
>>> 'ab' in 'abc'
True
>>> 'e' in 'abc'
False
>>> s1='Hello, World!'
>>> print('wo' in s1)
False
>>> s2='good bye'
>>> print(s2 not in s1 )
True
```

7-6-6 原始字串

Python 中的字串可以使用 r 或 R 開頭，這種字串稱為「原始字串」，意思是字串中的每個字元都是它本來的含義，沒有轉義字元。例如，在字串 'hello\n' 中，\n 表示換列；而在 r'hello\n' 中，\n 不表示換列，而是倒斜線(\)和字元 n。例如：

```
#字串 s1 中\n 是換列符號
s1='\good luck\now'
print(s1)
```

程式執行結果如下：

```
\good luck
ow
```

請再看原始字串的例子：

```
#字串 s2 中沒有轉義字元，每個字元都是原始含義
s2=r'\good luck\now'
print(s2)
```

程式執行結果如下：

```
\good luck\now
```

7-7 　字串的運算

　　與數值資料一樣，字串也能進行關係運算。對於兩個字串類型的變數，可以直接使用關係運算子比較兩個字串的大小。字串中的字元比較是按其字元編碼值的大小進行比較，英文字元按 ASCII 碼值大小進行比較。比較的基本規則是，特殊符號字元最小，阿拉伯數字比字母小，大寫字母比小寫字母小（對應大小字母相差 32）。例如 A 的編碼是 65，而 a 的編碼是 97，所以 'A'<'a' 的結果相當於就是 65<97 的結果，很顯然是 True。如果不清楚字元對應的編碼值，可以使用 ord()函式來取得，例如 ord('A')的值是 65，而 ord（'台'）的值是 21488。

7-7-1 　字串的關係運算

　　在進行字串資料的比較時，遵循以下規則。

1. 單一字元比較，按字元 ASCII 值大小進行比較。例如：

```
>>> "D" < "B"
False
>>> "8" > "2"
True
```

2. 兩個相同長度的字串的比較是將字串中的字元從左到右逐一比較，如果所有字元都相等，則兩個字串相等；如果兩個字串中有不同的字元，以最左邊的第一對不同字元的比較結果為準。例如：

```
>>> "formation" < "formative"
True
```

因為第 8 個字元"o"小於"v"，所以字串"formation"小於字串"formative"。

3. 若兩個字串中字元個數不相等時，則將較短的字串後面補足空格後再比較。例如：

```
>>> "impart" < "impartial"
True
```

因為先將"impart"後邊補 3 個空格成為"impart△△△"之後，再與"impartial"比較，第 7 個字元空格小於字母"i"。

例 7-1　　字串的比較運算。

```
s1 = 'have a nice day!'
s2 = 'hello world'
print(s1 == s2, s1 < s2)       # False True
print(s2 == 'hello world')     # True
print(s2 == 'Hello world')     # False
print(s2 != 'Hello world')     # True
s3 = '台北市'

print(ord('台'), ord('北'), ord('市'))  # 21488 21271 24066

s4 = '歡迎光臨'
print(ord('永'),ord('康'),ord('街'))  # 27704 24247 34903
print(s3 > s4, s3 <= s4)       # False True
```

程式執行結果如下：

```
False True
True
False
True
21488 21271 24066
27704 24247 34903
False True
```

7-7-2　is 運算子

Python 提供 is 運算子（又稱身份運算子），用來比較兩個變數對應的字串是否在相同的記憶體位址。

例 7-2　比較字串的記憶體位址。

```
s1 = 'Hello world'
s2 = 'hello World'
s3 = s2

#比較字串的內容
print(s1 == s2, s2 == s3)      # True True

#比較字串的位址
print(s1 is s2, s2 is s3)      # False True
```

程式執行結果如下：

```
False True
False True
```

7-8　字串的常用方法

在 Python 中經常會用到函式(Function)和方法(Method)兩個概念。例如，前面介紹的 ord()和 chr()是兩個內建函式，後面介紹的 upper()和 lower()是字串的兩個方法(Method)。其實，它們是同一個概念，即具有獨立功能、由若干敘述組成的一個可執行程式區段，但它們有區別的。函式是程序導向程式設計的概念，方法是物件導向程式設計的概念。在物件導向程式設計中，類的成員函式稱為方法，所以方法本質上還是函式，只不過是寫在類裡面的函式。方法依附於物件，沒有獨立於物件的方法；而程序導向程式設計中的函式是獨立的程式區段。所以，函式可以透過函式名稱直接呼叫，如 ord('A')，而物件中的方法則要透過物件名稱和方法名稱來呼叫。一般格式如下：

物件名稱.方法名稱（參數）

字串支援很多方法，透過它們可以實現對字串的處理。字串物件是不可改變的，也就是說在 Python 建立一個字串後，不能改變這個字串中的某一部分。任何字串方法改變字串後，都會傳回一個新的字串，原字串並沒有改變。

在 Python 中，字串(String)類型可以看成一個類(Class)，而一個具體的字串可以看成一個物件，該物件具有很多方法(Methods)，這些方法是透過類的成員函式來實現的。下面的敘述呼叫字串類型的 upper()方法，將字串"abc123dfg"中的字母全部變成大寫。

```
>>> 'abc123dfg'.upper()
'ABC123DFG'
```

在 Python 中，我們可以透過字串類型內含的方法(Method)對字串進行操作和處理，對於一個字串類型的變數，我們可以用「變數名稱.方法名稱()」的方式來呼叫它的方法。所謂方法其實就是跟某個類型的變數綁定的函式，後面我們講物件導向程式設計的時候還會對這一概念詳加說明。

（一）字母大小寫相關操作

可以使用下列方法將字串中的所有字元轉換為大寫或小寫字母，也可以將第一個字母轉換為大寫，其餘小寫。

方法	功能
s.upper()	將字串 s 全部轉換為大寫字母
s.lower()	將字串 s 全部轉換為小寫字母
s.swapcase()	將字串 s 字母大小寫互換
s.capitalize()	將字串 s 第一個字母大寫，其餘小寫
s.title()	將字串 s 第一個字母大寫

1. s.upper()

   將字串 s 全部轉換為大寫字母。

2. s.lower()

   將字串 s 全部轉換為小寫字母。

3. s.swapcase()

   將字串 s 字母大小寫互換。

4. s.capitalize()

   將字串 s 第一個字母大寫，其餘小寫。

5. s.title()

   將字串 s 第一個字母大寫。

   請看字母大小寫轉換方法的使用例子。

```
s1 = 'How are you!!'

#使用 capitalize 方法取得字串第一個字母大寫後的字串
>>> print(s1.capitalize())
How are you!

#使用 title 方法取得字串每個單字第一個字母大寫後的字串
>>> print(s1.title())
How Are You!

#使用 upper 方法取得字串大寫後的字串
>>> print(s1.upper())
HOW ARE YOU!

>>> s2 = 'TSMC'

#使用 lower 方法取得字串小寫後的字串
>>> print(s2.lower())
tsmc
```

（二）字串搜尋

如果想在一個字串中使用正向搜尋子字串，可以使用字串的 find 或 index 方法。

方法	功能
s.find()	傳回字串 s 中出現子字串的第 1 個字元的下標
s.index()	傳回字串 s 中出現子字串的第 1 個字元的下標
s.rfind()	傳回字串 s 中最後出現子字串的第 1 個字元的下標
s.rindex()	傳回字串 s 中最後出現子字串的第 1 個字元的下標
s.count()	計算子字串在字串 s 中出現的次數

1. s.find(子字串,[start,[end]])

傳回字串 s 中出現子字串的第 1 個字元的下標，如果字串 s 中沒有子字串則傳回-1。start 和 end 作用就相當於在 s[start:end] 中搜尋。

2. s.index(子字串,[start,[end]])

與 find()相同，只是在字串 s 中沒有子字串時，會傳回一個錯誤訊息：ValueError: substring not found。

3.　**s.rfind(子字串,[start,[end]])**

　　傳回字串 s 中最後出現的子字串的第 1 個字元的下標，如果字串 s 中沒有子字串則傳回-1，也就是說從右邊算起的第 1 次出現的子字串的第一個字元下標。

4.　**s.rindex(子字串,[start,[end]])**

　　與 rfind()相同，只是在字串 s 中沒有子字串時，會傳回一個錯誤訊息。

5.　**s.count(子字串,[start,[end]])**

　　計算子字串在字串 s 中出現的次數。

　　在使用 find 和 index 方法時還可以透過方法的參數來指定搜尋範圍，也就是搜尋不必從下標為 0 的位置開始。find 和 index 方法還有反向搜尋的版本，分別是 rfind 和 rindex，如下所示。

```
>>> s = 'gentle and elegant'

# find 方法從字串中搜尋子字串所在的位置
#如果找到,則傳回子字串第一個字元的下標
>>> print(s.find('le'))
4

#找不到傳回-1
>>> print(s.find('del'))
-1

#傳回從右邊算起,第 1 次出現子字串'le'的第一個字元'l'的下標
>>> print(s.rfind('le'))
12

# index 方法與 find 方法類似
#如果找到,則傳回子字串第一個字元的下標
>>> print(s.index('nd'))
8

#找不到會傳回一個錯誤訊息
>>> print(s.rindex('del'))
ValueError: substring not found
```

　　請再看字串搜尋方法的使用例子：

```
>>> s = 'every second counts'
```

```
#正向搜尋字元 o 出現的位置(相當於第一次出現)
>>> print(s.find('o'))
9

#從下標為 5 的位置開始搜尋字元 o 出現的位置
>>> print(s.find('o',5))
9

#反向搜尋字元 o 出現的位置(相當於最後一次出現)
>>> print(s.rfind('o'))
14
```

（三）性質判斷

可以透過字串的 startswith、endswith 方法來判斷字串是否以某個字串開頭和結尾，這些方法都傳回布林值。

方法	功能
s.startswith()	判斷字串 s 是否以某個字串開頭
s.endswith()	判斷字串 s 是否以某個字串結尾

1. **s.startswith(前導字串[,start[,end]])**

    是否以前導(prefix)字串開頭，若是傳回 True，否則傳回 False。

2. **s.endswith(後置字串[,start[,end]])**

    是否以後置(suffix)字串結尾，若是傳回 True，否則傳回 False。

    請看下面字串性質判斷方法的使用例子：

```
>>> s = 'smooth sailing!'

# startwith 方法檢查字串是否以指定的字串開頭，並傳回布林值
>>> print(s.startswith('the'))
False

>>> print(s.startswith('ai'))
False

# endswith 方法檢查字串是否以指定的字串結尾，並傳回布林值
>>> print(s.endswith('!'))
True
```

（四）字串對齊處理

在 Python 中，字串類型可以透過 center、ljust 和 rjust 方法實現置中、靠左對齊和靠右對齊的處理。

方法	功能
s.ljust()	字串 s 靠左對齊
s.rjust()	字串 s 靠右對齊
s.center()	字串 s 置中對齊
s.zfill()	將字串 s 的長度設成 n，並且靠右對齊

1. s.ljust（n,[指定符號]）

輸出 n 個字元，字串 s 靠左對齊，右邊不足部分用指定符號填補，預設用空格填補。

2. s.rjust（n,[指定符號]）

輸出 n 個字元，字串 s 靠右對齊，左邊不足部分用指定符號填補，預設用空格填補。

3. s.center（n,[指定符號]）

輸出 n 個字元，字串 s 置中對齊，兩邊不足部分用指定符號填補，預設用空格填補。

4. s.zfill(n)

將字串 s 的長度設成 n，並且靠右對齊，左邊不足部分補 0。

請看下面字串對齊處理方法的使用例子：

```
>>> s = 'take precautions'

# center 方法以寬度 20 將字串置中並在兩側補*號
>>> print(s.center(20,'*'))
**take precautions**

# rjust 方法以寬度 20 將字串靠右對齊並在左側填補空格
>>> print(s.rjust(20))
    take precautions

# ljust 方法以寬度 20 將字串靠左對齊並在右側補*號
>>> print(s.ljust(20,'*'))
take precautions****
```

```
# zfill 方法以寬度 20 將字串靠右對齊並在左側補 0
>>> print(s. zfill(20))
0000take precautions
```

（五）字串替換

　　字串的 strip 方法可以取得將原字串修剪左右兩端空格之後的字串。這個方法非常實用，通常用來將使用者不小心輸入的頭尾空格去掉，strip 方法還有 lstrip 和 rstrip 兩個版本。

方法	功能
s.replace()	將字串 s 中的原字串替換為新字串
s.strip()	將字串 s 中兩側的指定字元全部去掉
s.lstrip()	將字串 s 左邊的指定字元全部去掉
s.rstrip()	將字串 s 右邊的指定字元全部去掉
s.expandtabs()	將字串 s 中的每個 tab 替換為 tabsize 個空格

1. s.replace（原字串,新字串,[count]）

　　將字串 s 中的原字串替換為新字串，count 為替換次數。這是替換的通用形式，還有一些函式進行特殊字元的替換。

2. s.strip（[指定字元]）

　　將字串 s 中兩側的指定字元全部去掉，也就是說將字串 s 兩側的指定字元替換為 None。預設去掉前後空格。

3. s.lstrip（[指定字元]）

　　將字串 s 左邊的指定字元全部去掉。預設去掉左邊空格。

4. s.rstrip（[指定字元]）

　　將字串 s 右邊的指定字元全部去掉。預設去掉右邊空格。

5. s.expandtabs([tabsize])

　　將字串 s 中的 tab 字元替換為空格，每個 tab 替換為 tabsize 個空格，預設是 8 個。

　　請看下面字串替換方法的使用例子：

```
>>> s = ' of a great momentum! \t \r \n '
>>> print(s)
 of a great momentum!
```

```
# strip 方法取得字串修剪左右兩側空格之後的字串
>>> print(s.strip())
of a great momentum!

# rstrip 方法取得字串修剪右邊空格之後的字串
>>> print(s.rstrip())
  of a great momentum!

# lstrip 方法取得字串修剪左邊空格之後的字串
>>> print(s.lstrip())
of a great momentum!

# expandtabs 方法將每個 tab 替換為 5 個空格
>>> print(s.expandtabs(5))
  of a great momentum!

# replace 方法將字串 s 中的 of 替換為空格
>>> print(s.replace('of',' '))
    a great momentum!

# replace 方法將字串 s 中的 great 替換為 good
>>> print(s.replace('great','good'))
  of a good momentum!
```

（六）字串的分割與組合

可以使用下列方法將字串分割成一個串列或元組，也可以將序列組合成一個字串。

方法	功能
s.split()	將字串 s 分割成一個串列
s.rsplit()	從右側將字串 s 分割成一個串列
s.splitlines()	將 s 按列分割分為一個串列
s.partition()	將字串 s 分割成一個 3 元素的元組
s.rpartition()	從右側開始，將字串 s 分割成一個 3 元素的元組
s.join()	用字串 s 連接序列的各元素

1.　s.split（[sep,[分割次數]]）

以 sep 為分隔符號，將字串 s 分割成一個串列。預設的分隔符號為空格。分割次數預設為 -1，表示無限制分割。

2. s.rsplit（[sep,[分割次數]]）

從右側將字串 s 分割成一個串列。

3. s.splitlines([keepends])

將 s 按列分割分為一個串列。keepends 是一個邏輯值，如果為 True，則每列分割後會保留列分隔符號。

4. s.partition（子字串）

從子字串出現的第 1 個位置起，將字串 s 分割成一個 3 元素的元組（子字串左邊字元,子字串,子字串右邊字元）。如果 s 中不包含子字串，則傳回(s,"","")。

5. s.rpartition（子字串）

從右側開始，將字串 s 分割成一個 3 元素的元組（子字串左邊字元,子字串,子字串右邊字元）。如果 s 中不包含子字串則傳回("","",s)。

6. s.join(seq)

將 seq 代表的序列組合成字串，用字串 s 將序列的各元素連接起來。字串中的字元是不能修改的，如果要修改，通常是用 list()函式將字串 s 變為以單一字元為成員的串列（使用敘述 s=list(s)），再使用指定串列成員的方式改變值（如 s[3]='a'），最後再使用敘述"s="".join(s)"還原成字串。

請看下面字串分割與組合方法的使用例子：

```
>>> s1 = 'abcdef'
>>> '{:s} split: {}'.format(s1,s1.split('d'))
"abcdef split: ['abc', 'ef']"
>>> '{:s} rsplit: {}'.format(s1,s1.rsplit('d'))
"abcdef rsplit: ['abc', 'ef']"
>>> '{:s} partition: {}'.format(s1,s1.partition('d'))
"abcdef partition: ('abc', 'd', 'ef')"
>>> '{:s} splitlines: {}'.format(s1,s1.splitlines(True))
"abcdef splitlines: ['abcdef']"

>>> s2 = 'a-b-c-def'
>>> '{:s} split: {}'.format(s2,s2.split('-'))
"a-b-c-def split: ['a', 'b', 'c', 'def']"
>>> '{:s} partition: {}'.format(s2,s2.partition('-'))
"a-b-c-def partition: ('a', '-', 'b-c-def')"
>>> '{:s} rpartition: {}'.format(s2,s2.rpartition('-'))
"a-b-c-def rpartition: ('a-b-c', '-', 'def')"
```

（七）字串類型測試

字串類型測試是使用 is 開頭的方法來判斷字串的特徵，這些方法都傳回布林值。

方法	功能
s.isalnum()	字串 s 是否全是字母和數字
s.isalpha()	字串 s 是否全是字母
s.isdigit()	字串 s 是否全是數字
s.isspace()	字串 s 是否全是空格
s.islower()	字串 s 中的字母是否全是小寫
s.isupper()	字串 s 中的字母是否全是大寫
s.istitle()	字串 s 的第一個字母是否為大寫

1. **s.isalnum()**

   判斷字串 s 是否全是字母和數字，並至少有一個字元。

2. **s.isalpha()**

   判斷字串 s 是否全是字母，並至少有一個字元。

3. **s.isdigit()**

   判斷字串 s 是否全是數字，並至少有一個字元。

4. **s.isspace()**

   判斷字串 s 是否全是空格，並至少有一個字元。

5. **s.islower()**

   判斷字串 s 中的字母是否全是小寫。

6. **s.isupper()**

   判斷字串 s 中的字母是否全是大寫。

7. **s.istitle()**

   判斷字串 s 的第一個字母是否為大寫。

   請看下面字串類型測試方法的使用例子：

```
>>> s1 = 'Python'
>>> print('{:s} isdigit: {}'.format(s1,s1.isdigit()))
Python isdigit: False
>>> print('{:s} isalnum: {}'.format(s1,s1.isalnum()))
Python isalnum: True
```

```
>>> print('{:s} isalpha: {}'.format(s1,s1.isalpha()))
Python isalpha: True
>>> print('{:s} istitle: {}'.format(s1,s1.istitle()))
Python istitle: True

>>> s2 = 'Programming-123'
>>> print('{:s} isalnum: {}'.format(s2,s2.isalnum()))
Programming-123 isalnum: False
>>> print('{:s} isalpha: {}'.format(s2,s2.isalpha()))
Programming-123 isalpha: False
>>> print('{:s} isupper: {}'.format(s2,s2.isupper()))
Programming-123 isupper: False
>>> print('{:s} islower: {}'.format(s2,s2.islower()))
Programming-123 islower: False
>>> print('{:s} isdigit: {}'.format(s2,s2.isdigit()))
Programming-123 isdigit: False
```

7-9   字串應用範例

　　現代程式設計語言都有字串處理功能，涉及字串的表示及各種操作。在字串處理過程中，要充分利用好系統提供的字串處理函式，提高處理技巧。下面再看幾個字串應用的實例。

例 7-3   字串的建立。

程式如下：

```
s1 = 'Hello, World!'
s2 = "您好，世界！"
print(s1, s2)



s3 = '''            #使用三引號建立一個字串
Hello,
World!
'''
print(s3, end='')    #print 函式中的 end=' '表示輸出後不換列
```

程式執行結果如下：

```
Hello, World! 您好，世界！

Hello,
World!
```

例 7-4　從鍵盤輸入 5 個字串，將它們連接成一個字串後輸出。

```
s = ''
for i in range(0,5):
    c = input("Please enter a string: ")
    s += c
print(s)
```

程式執行結果如下：

```
Please enter a string: 1
Please enter a string: 2
Please enter a string: 3
Please enter a string: abc
Please enter a string: xyz
123abcxyz
```

例 7-5　將一個字串中的字元反向輸出。

說明：先輸出字串的最後一個字元，且不換列，然後輸出倒數第 2 個字元，同樣不換列，一直到第 1 個字元。利用 for 迴圈控制字元下標，迴圈指定控制變數從 0 變化到字串的長度。可以利用 len()函式取得字串的長度。

程式如下：

```
s1 = input("Please enter a string:")
for i in range(0,len(s1)):
    print(s1[len(s1)-1-i], end=' ')
```

程式輸出結果如下：

```
Please enter a string: Python
nohtyP
```

例 7-6　從鍵盤輸入 5 個英文單字，輸出其中以母音字母開頭的單字。

說明：輸入一個英文單字，並進行判斷，用 for 迴圈重複執行 5 次。可以將所有母音字母構成一個字串，搜尋該字串中的各個字元，並判斷單字的開頭字母。

程式如下：

```
ss = 'AEIOUaeiou'        #所有母音字母構成的字串
for i in range(0,5):
    s = input("Please enter a word: ")
    for c in ss:
        if s[0] == c:        #單字的開頭字母為母音
            print(s)
            break
```

程式執行結果如下：

```
Please enter a word: good
Please enter a word: ounce
ounce
Please enter a word: date
Please enter a word: update
update
Please enter a word: intend
intend
```

例 7-7 字串排序。

程式如下：

```
str1 = input('輸入字串1: ')
str2 = input('輸入字串2: ')
str3 = input('輸入字串3: ')
print('排序前: ')
print(str1, str2, str3)

if str1 > str2 : str1, str2 = str2, str1
if str1 > str3 : str1, str3 = str3, str1
if str2 > str3 : str2, str3 = str3, str2

print('排序後: ')
print(str1, str2, str3)
```

程式執行結果如下：

```
輸入字串1: abcd
輸入字串2: 2a2b
輸入字串3: a34cd
排序前:
abcd 2a2b a34cd
排序後:
2a2b a34cd abcd
```

例 7-8　　輸入一個字串，統計其中英文字母、空格、數字和其他字元的個數。

說明：可以使用 for 或 while 敘述，條件為輸入的字元不為 '\n'。

程式如下：

```python
s = input('請輸入一個字串: ')
letter = 0; space = 0; digit = 0; others = 0
for c in s:
    if c.isalpha():
        letter += 1
    elif c.isspace():
        space += 1
    elif c.isdigit():
        digit += 1
    else:
        others += 1
print ('letter: %d, space: %d, digit: %d, others: %d' %
(letter, space, digit, others))
```

程式執行結果如下：

```
請輸入一個字串: 23+a/567 good
letter: 5,space: 1,digit: 5,others: 2
```

例 7-9　　輸入一個字串，每次去掉最後面的字元並輸出。

程式如下：

```python
s = input()
for i in range(-1, -len(s), -1):
    print(s[:i])
```

程式執行結果如下：

```
ABCDE
ABCD
ABC
AB
A
```

上機練習

下列上機問題，請先自行演算後，再上機驗證您的答案是否正確。

1. 已知字串 s1 = 'Have a nice day!'，下列敘述的執行結果為_____。

	敘述	執行結果
①	s1[1:16:2]	
②	s1[::2]	
③	s1[::-1]	
④	s1[4:1:-1]	
⑤	s1[:-1]	

2. 已知 s2 = 'huge fan'，下列敘述的執行結果為_____。

	敘述	執行結果
①	s2.upper()	
②	s2.swapcase()	
③	s2.title()	
④	s2.replace('fan', 'can')	

3. 假設 s1 = 'a, b, c'，s2 = ('x', 'y', 'z')，s3 = ':'，則的值為____。

	敘述	執行結果
①	s1.split(',')	
②	s1.rsplit(', ', 1)	
③	s1.partition(',')	
④	s1.rpartition(',')	
⑤	s3.join('abc')	
⑥	s3.join(s2)	

4.
```
import re
str = "There are many people at SB Café."
print(re.findall(r'\b[aeiouAEIOU]\w+?\b', str))
```

5.
```
>>> str = "s\tp\na\x00m"
>>> print(str)
```

6.
```
s = 'abcdef123456'
print(s[3:4])
print(s[-5:-2])
```

```
print(s[4:7])
print(s[-2:-6:-1])
print(s[-2:-7:-2])
print(s[6:2:-1])
```

7. 敘述 s = 'e-mail address' 的執行結果為_____。

   (1) print(s[-7:])

   (2) print(s[2::2])

   (3) print(s[-7::2])

   (4) print(s[1:-1:2])

   (5) print(s[-2:-8:-1])

   (6) print(s[::2])

8.

```
>>> str(3.1415), float("1.5")
>>> text = "1.234E-10"
>>> float(text)
>>> ord('s')
>>> chr(115)
>>> int('5')
>>> ord('5') - ord('0')
>>> int('1101', 2)
>>> bin(13)
```

9. 寫出運算式。

   (1) 利用各種方法判斷字元變數 c 是否為字母（不區分大小寫字母）。

   (2) 利用各種方法判斷字元變數 c 是否為大寫字母。

   (3) 利用各種方法判斷字元變數 c 是否為小寫字母。

   (4) 利用各種方法判斷字元變數 c 是否為數位字元。

習題

一、選擇題

1. 執行下列敘述後的顯示結果是＿＿＿＿＿＿。

```
world = "world"
print("hello" + world)
```

(A)helloworld　(B)"hello"world　(C)hello world　(D)"hello"+world

2. 執行下列敘述後的顯示結果是　(A)3　(B)5　(C)7　(D)以上皆非

```
>>> s = 'a\nb\tc'
>>> len(s)
```

3. 假設 s = "Python Programming"，則 print(s[-5:]) 的結果是＿＿＿＿＿＿。

(A)mming　(B)Python　(C)mmin　(D)Pytho

4. 假設 s = "Happy New Year"，則 s[3:8] 的值為＿＿＿＿＿＿。

(A)'ppy Ne'　(B)'py Ne'　(C)'ppy N'　(D)'py New'

5. 下列運算式中，能用於判斷字串 s1 是否屬於字串 s (即 s1 是否為 s 的子字串)的是

(A)①　(B)①②　(C)①②③　(D)①②③④⑤

①s1 in s　②s.find(s1) > 0　③s.index(s1) > 0　④s.rfind(s1)　⑤s.rindex(s1) > 0

6. 下列程式執行後，得到的輸出結果是＿＿＿＿＿＿。

```
import re
p = re.compile(r'\bb\w*\b')
str = "Boys may be able to get a better idea."
print(p.sub('**', str, 1))
```

(A)** may be able to get a better idea.

(B)Boys may be able to get a ** idea.

(C)Boys may ** able to get a better idea.

(D)Boys may ** able to get a ** idea.

7. 下列敘述的執行結果為　(A)('o', 'uc')　(B)'o', 'uc'　(C)('g', 'luc')　(D)('o', 'luc')

```
>>> a = "good"
>>> b = "luck!"
>>> a = a + b
>>> a[1], a[5:7]
```

8. 下列敘述的執行結果為　(A)(seeyou!!)　(B)see you!!　(C)(see you!!)　(D)seeyou!!

```
>>> s1 = 'see' + ' ' + 'you'
>>> s2 = '!' * 2
>>> s1 += s2
>>> print(s1)
```

9. 下列敘述的執行結果為　(A)'''town'''　(B)'town'　(C)"town"　(D)town

```
>>> repr('town')
```

10. 下列敘述的執行結果為　(A)knight's, knight"s　(B)(knight's, 'knight"s)　(C)
("knight's", 'knight"s')　(D)('knight's', 'knight's')

```
>>> 'knight\'s', "knight\"s"
```

11. 下 列 敘 述 的 執 行 結 果 為　(A)knight's, knight"s　(B)(knight's, 'knight"s)
(C)("knight's", 'knight"s')　(D)('knight's', 'knight's')

```
>>> 'knight\'s', "knight\"s"
```

12. 下列敘述的執行結果為　(A)False　(B)True　(C)0　(D)1

```
>>> hisjob = "hacker"
>>> "k" in hisjob
```

13. 下列何者的執行結果為'ow'？　(A)'town'[::-1]　(B)'town'[1:3]　(C)'town'[slice(1,
3)]　(D)'town'[slice(None, None, 1)]

14. 下列敘述的執行結果為　(A)'olleh'　(B)'hell'　(C)'el'　(D)'hel'

```
>>> s = 'hello'
>>> s[::-1]
```

15. 下列敘述的執行結果為　(A)'olleh'　(B)'hell'　(C)'el'　(D)'hel'

```
>>> s = 'hello'
>>> s[::-1]
```

16. 下 列 何 者 的 執 行 結 果 為 TypeError？　(A)int("12"), str(12)　(B)"12" + 1
(C)repr(12)　(D)str('town'), repr('town')

17. 下列敘述的執行結果為　(A)'5'　(B)'6'　(C)6　(D)以上皆非

```
>>> s = '5'
>>> s = chr(ord(s) + 1)
>>> s
```

18. 下列敘述的執行結果為　(A)'town'　(B)'xown'　(C)'xtown'　(D)TypeError

```
>>> s = 'town'
>>> s[0] = 'x'
```

19. 下列程式片段的執行結果為　(A)ook!　(B)ok!　(C)a bo　(D)a bo!

```
s = 'a book!!'
print('%.4s' % s)
```

20. 下列程式片段的執行結果為　(A)4　(B)3　(C)5　(D)IndexError

```
>>> s = 'holiday'
>>> result = s.find('day')
>>> result
```

21. 下 列 敘 述 的 執 行 結 果 為　(A)'oldxxwn'　(B)'olxxown'　(C)'oldxxtown'
(D)'oldxxown'

```
>>> s = 'old town'
>>> s = s[:3] + 'xx' + s[5:]
>>> s
```

22. 下列程式片段的執行結果為　(A)''　(B)13　(C)'1101'　(D)TypeError

```
>>> s = '1101'
>>> x = 0
>>> while s != '':
...        x = x * 2 + (ord(s[0]) - ord('0'))
...        s = s[1:]
...
>>> x
```

23. 下列敘述的執行結果為　(A)['a' 'b' 'c']　(B)['a', 'b', 'c']　(C)('a', 'b', 'c')　(D)('a' 'b' 'c')

```
>>> s = 'a b c'
>>> s1 = s.split()
>>> s1
```

24. 下列敘述的執行結果為　(A)False　(B)True　(C)Hi!　(D)'Hi!'

```
>>> s = "The knights who say Hi!\n"
>>> sub = 'Hi!\n'
>>> s[-len(sub):] == sub
```

25. 下列敘述的執行結果為　(A)e H　(B)H,e　(C)H e　(D)He

```
>>> s = "Hello"
>>> print(s[0], s[-4])
```

26. 下列程式片段的執行結果為　(A)tol= -30　(B)tol= 15　(C)tol= 0　(D)tol= -15

```
tol = 0
a = [1, 2, -1, -2, -3, 2, -11, -4, -9, 10]
for i in range(0, 9):
    if a[i] < 0:
        tol = a[i] + tol
print('tol= %d' % tol)
```

二、填空題

1. "4"+"5"的執行結果為_____。

2. 'Python Program'.count('P') 的執行結果為_____。

3. 'AsDf888'.isalpha() 的執行結果為_____。

4. 下列程式片段的執行結果為_____。

```
>>> 'abc' + 'def'
>>> ˇ * 'Hi!'
```

5. 下列程式片段的執行結果為_____。

```
s = 'HELLO'
print('the length of s= %d' % len(s))
```

6. 下列程式片段的執行結果為_____。

```
>>> title = "Meaning " 'of' " Life"
>>> title
```

7. re.sub('hard', 'easy', 'Python is hard to learn.') 的值是____。

8. 下列程式片段的執行結果為_____。

```
s = 'ace'
for x in s:
    for y in s:
        print(x + y, end=' ')
```

9. 下列程式片段的執行結果為_____。

```
>>> s = 'abcdefghijklmnop'
>>> s[1:10:2]
>>> s[::2]
>>> s[10:1:-2]
```

10. 下列程式片段的執行結果為_____。

```
>>> s = "Hello, World!"
>>> s[0:5:2]
>>> print(s[0:4:1])
>>> print(s[-1:-5:-1])
>>> s[5:1:-1]
>>> s[-len(s):-1]
```

11. 下列程式片段的執行結果為_____。

```
s = 'abcdef123456'
n = len(s)
print(s[0], s[-n])
print(s[n-1], s[-1])
print(s[3], s[-5])
print(s[2], s[-6])
```

12. 下面敘述的執行結果是＿＿＿。
```
s = 'A'
print(3 * s.split())
```

13. 下列程式片段的執行結果為＿＿＿＿＿。
```
>>> s = '****good****good****'
>>> x = s.find('good')
>>> s = s[:x] + 'mango' + s[(x+4):]
>>> x, s
```

14. 下列程式片段的執行結果為＿＿＿＿＿。
```
>>> s = 'nice'
>>> s = s + 'play!'
>>> s = s[:4] + 'tomato' + s[-1]
>>> s
```

15. 下列程式片段的執行結果為＿＿＿＿＿。
```
>>> s = 'Hi!'
>>> for i in range(len(s)):
...     print(s[i])
```

16. 下列程式片段的執行結果為＿＿＿＿＿。
```
>>> s = 'onion, hacker, 40'
>>> s.split(',')
>>> s.split("hacker")
```

17. 下列程式片段的執行結果為＿＿＿＿＿。
```
>>> s = "You can play it on Facebook.\n"
>>> s.rstrip()
>>> s.isalpha()
>>> s.find('Facebook') != -1
```

18. 下列程式片段的執行結果為＿＿＿＿＿。
```
>>> x = [1, 2, 3, 0]
>>> all(x)
>>> any(x)
```

19. 下列程式片段的執行結果為＿＿＿＿＿。

	運算式	運算結果
①	11 == '11'	
②	11 >= '11'	
③	[11, '11'].sort()	
④	str(11) >= '11', 11 >= int('11')	

20. 下列程式片段的執行結果為_____。

```
s = """ fdfd
gf
123
"""

print(s.split())
print(s.rsplit())
print(s.splitlines())
print(s.splitlines(True))
```

21. 下列程式片段的執行結果為_____。

```
s = 'smooth sailing!'
print(s.isalnum())
print(s.isdigit())
print(s.isalpha())
```

22. 下列程式片段的執行結果為_____。

```
>>> symbols = '01a2B'
>>> codes = [ord(symbol) for symbol in symbols]
>>> codes
```

23. 下列程式片段的執行結果為_____。

```
>>> x = 'ABC'
>>> L = [ord(x) for x in x]
>>> L
```

24. 下列程式片段的執行結果為_____。

```
s = 'ab-+123-45-'
print(s.isdigit())
print(s.isalpha())
print(s.isalnum())
```

25. 下列程式片段的執行結果為_____。

```
s = ['H', 'E', 'L', 'L', 'O']
for i in range(0, 5):
    print('s[%d]= %c' % (i, s[i]))
```

26. 下列程式片段的執行結果為_____。

```
>>> S1 = 'town'
>>> S2 = 'town'
>>> S1 == S2, S1 is S2
>>> S3 = 'a longer string'
>>> S4 = 'a longer string'
>>> S3 == S4, S3 is S4
```

三、簡答題

1. 何謂字串？有哪些常用的字元編碼方案？

2. 不可更改(Immutable)指的是什麼？Python 的哪些類型是可更改的(Mutable)，哪些不是？

3. 哪些 Python 類型是按照循序存取的，它們和映射類型的不同是什麼？

4. 數字字元和數字值（如：'5' 和 5）有何不同？如何轉換？

5. 為什麼 print('I like Python' * 5)可以正常執行，而 print('I like Python' + 5)執行時卻出現錯誤？

6. re.match("back", "text.back") 與 re.search("back", "text.back") 的執行結果有何不同？

四、程式設計題

1. 從鍵盤輸入一個字串，然後使用字串截取操作，將該字串中的字元反向輸出。

2. 從鍵盤輸入一個字串，然後分別使用 while 迴圈和 for 迴圈將該字串中的字元逐一輸出。

3. （續上題）更新程式碼，使其可以每次向前向後都顯示一個字串的一個字元。

4. 建立一個 string.strip()的替代函式，該函式用來接受一個字串，並去掉它前面和後面的空格（不可以使用 string.*strip()函式）。

5. 建立一個 findchr()函式，函式宣告如下：

    def findchr(string, char)

    findchr()要在字串 string 中尋找字元 char，找到就傳回該值的下標，否則傳回 -1。不可以使用 string.*find()或者 string.*index()函式和方法。

6. 建立一個 rfindchr()函式，尋找字元 char 最後一次出現的位置。它和 findchr()工作類似，不過它是從字串的最後開始向前尋找。

7. 建立一個 subchr()函式，函式宣告如下：

    def subchr(string, origchar, newchar)

    subchr()和 findchr()類似，不同的是，如果找到匹配的字元，就使用新的字元替換原來的字元，並傳回修改後的字串。

8. Python 的識別字以字母或底線(_)開頭，後接字母、數字或底線組成。編寫一函式，從鍵盤輸入字串，判斷它是否為 Python 的識別字。

    提示：利用 string 模組中的常數，包括 string.digits（數字 0~9）、string.ascii_letters（所有大小寫字母）、string.ascii_lowercase(所有小寫字母)、

string.ascii_uppercase（所有大寫字母）。先輸入字串，再分別判斷開頭字元和中間字元，並給出提示。判斷中間字元利用 for 迴圈搜尋字串。

9. 編寫一程式，從鍵盤輸入多個使用逗號隔開的數字，並求這些數字之和。

提示：輸入的數字做為一個字串來處理，首先分離出數字串，再轉換成數值，這樣就能求和。

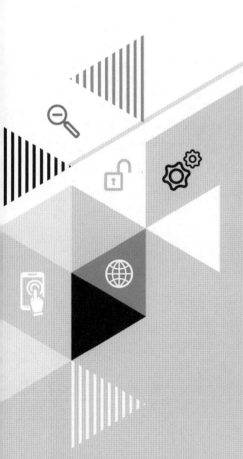

CHAPTER

08 串 列

　　在 Python 中，串列(List)的資料類型屬於序列(Sequence)類型。串列就像其他程式設計語言中的陣列(Array)，但陣列通常儲存相同類型的資料，而串列則可以儲存不同類型的資料。亦即，可以在 Python 串列中同時包含數字和字串資料。

　　串列是一種可變資料類型，也就是說串列可以添加元素、刪除元素、更新元素，這一點跟字串有著顯著的差別。字串是一種不可變資料類型，也就是說對字串做連接、複製、轉換大小寫、修剪空格等操作的時候會產生新的字串，原來的字串並沒有發生任何改變。

　　推導式(Comprehension)是可以運用在可迭代的物件上，只要撰寫一列敘述就能完成多列的任務，大幅增加程式的簡潔性與可讀性，本章將簡單介紹串列(List)推導式及其使用範例。

8-1　一維串列的建立

　　Python 規定一維串列第一個元素的「索引」(Index)（或稱「下標」）為 0，第二個元素其下標為 1，依此類推。因此，一個擁有 n 個元素的一維串列，最後一個元素的下標為 n-1。下標值的個數稱為「維度」(Dimension)。使用一個下標值的串列稱為「一維串列」，如：a[n]；使用二個下標值的串列為「二維串列」，如：a[m][n]；依此類推。每個下標對應唯一一個串列元素，因此我們只要指定串列與下標就可存取串列中指定的元素。

（一）使用中括號建立一維串列

　　在 Python 中，可以使用中括號([ ])來建立一個一維串列，串列中的元素用逗號隔開，如下所示。

```
>>> lst1 = ['TSMC', 1987, 'UMC', 1980]
>>> print(lst1)
['TSMC', 1987, 'UMC', 1980]

>>> lst2 = [1, 2, 3, 4, 5]
>>> print(lst2)
[1, 2, 3, 4, 5]

>>> lst3 = ["a", "b", "c", "d"]
>>> print(lst3)
['a', 'b', 'c', 'd']
```

此外，還可以透過 Python 內建的 list()函式將其他序列轉換成串列。例如：

```
>>> lst4 = list(range(1,10))
>>> print(lst4)
[1, 2, 3, 4, 5, 6, 7, 8, 9]
>>> lst5 = list('Python!')
>>> print(lst5)
['P', 'y', 't', 'h', 'o', 'n', '!']
```

例 8-1　使用 for 迴圈存取每一個串列元素並輸出。

說明：在初始化串列時要注意，每一個串列元素都是使用一對單引號或雙引號括起來。然後透過迴圈存取每一個串列元素並輸出，a[i]是用來存取一維串列中的每一個元素。

程式如下：

```
a = ['H', 'e', 'l', 'l', 'o']
print('串列 a: ')
for i in range(0, 5):
    print('%c' % a[i], end='')
```

程式執行結果如下：

```
串列 a:
Hello
```

例 8-2　使用兩種方式輸出一維串列。

說明：輸出一維串列時，可以逐一將串列元素輸出，也可以直接將串列輸出。在直接輸出串列時，使用格式字元"%s"，不能使用"%c"，否則會出現錯誤訊息。

程式如下：

```
a = ['H', 'e', 'l', 'l', 'o', ' ', 'W', 'o', 'r', 'l', 'd']
print('逐一輸出串列元素: ')
for i in range(0, 11):
    print('%c' % a[i], end='')  #將串列中的元素逐一輸出
print('\n')

print('直接輸出串列: ')
print('%s\n' % a)                    #使用格式字元%s直接輸出串列
```

程式執行結果如下：

```
逐一輸出串列元素：
Hello World

直接輸出串列：
['H', 'e', 'l', 'l', 'o', ' ', 'W', 'o', 'r', 'l', 'd']
```

（二）使用串列推導式建立一維串列

串列推導式(List Comprehensions)只需要撰寫一列敘述，就能快速產生一個串列，其語法格式為：

[expr for item in iterable]

其中，for 迴圈迭代 iterable 物件的所有項目 item，expr 應用於序列的每個成員，item 為從迭代物件中取出的項目，iterable 為可迭代物件。例如：

```
>>> [i for i in range(8)]
[0, 1, 2, 3, 4, 5, 6, 7]

>>> [x**2 for x in range(10)]
[0, 1, 4, 9, 16, 25, 36, 49, 64, 81]
```

請看下列例子：

例 8-3　　使用兩種方式建立一個 1~9 的一維串列。

說明：要建立一個 1~9 的串列，除了可以透過 for 迴圈搭配串列，也可以使用串列推導式來實現。

程式如下：

```
a = []

# 使用 for 迴圈
for i in range(1, 10):
    a.append(i)
print(a)        #輸出[1, 2, 3, 4, 5, 6, 7, 8, 9]

# 使用串列推導式
# 依序取出 1~9 的數字，然後提供給最前方的 j
b = [j for j in range(1, 10)]
print(b)        #輸出[1, 2, 3, 4, 5, 6, 7, 8, 9]
```

程式執行結果如下：

```
[1, 2, 3, 4, 5, 6, 7, 8, 9]
[1, 2, 3, 4, 5, 6, 7, 8, 9]
```

請再看下面的例子：

例 8-4　　**兩個建立一維串列方式的比較。**

說明：已知串列 a，建立一個串列 b，串列 b 中的每一資料項是串列 a 的最大值加上對應項目的值。我們使用兩個方式來實現，讓讀者做一個比較。可以發現使用串列推導式，整個程式會變得非常簡潔。

程式如下：

```
# 使用 for 迴圈
a = [1, 2, 3, 4, 5, 6, 7, 8, 9]
b = []
for i in a:
    b.append(max(a)+i)        # 用 a 的最大值加上每個對應項目
print(b)

# 使用串列推導式
a = [1, 2, 3, 4, 5, 6, 7, 8, 9]
b = [max(a)+i for i in a]
print(b)
```

程式執行結果如下：

```
[10, 11, 12, 13, 14, 15, 16, 17, 18]
[10, 11, 12, 13, 14, 15, 16, 17, 18]
```

串列推導式不僅能使用 for 迴圈產生串列，也可以搭配 if 敘述，提供一個擴展版本的語法：

[expr for item in iterable if cond_expr]

這個語法在迭代時會過濾/捕獲滿足條件運算式 cond_expr 的序列成員。下面的例子係透過串列推導式，將 if 放在 for 敘述的後面來產生一個偶數的串列。

例 8-5　　**使用兩種方式建立一個偶數的一維串列。**

說明：透過串列推導式，將 if 放在 for 敘述的後面來產生一個偶數的串列。

程式如下：

```
# 使用 for 迴圈結合 if 敘述
a = []
for i in range(1, 10):
    if i%2 == 0:
        a.append(i)      #取出偶數放入串列 a
print(a)

# 使用串列推導式
a = [i for i in range(1, 10) if i%2 == 0]
print(a)
```

程式執行結果如下：

```
[2, 4, 6, 8]
[2, 4, 6, 8]
```

如果將 if 放在 for 敘述的前方，就必須加上 else，下面的例子，會將偶數的項目保留，奇數項目替換成星號(*)。

```
# 使用 for 迴圈結合 if 敘述
a = []
for i in range(1, 10):
    if i%2 == 0:
        a.append(i)          #取出偶數放入串列 a
    else:
        a.append('*')       #如果是奇數，將*放入串列 a
print(a)

# 使用串列推導式
a = [i if i%2 == 0 else '*' for i in range(1, 10)]
print(a)
```

程式執行結果如下：

```
['*', 2, '*', 4, '*', 6, '*', 8, '*']
['*', 2, '*', 4, '*', 6, '*', 8, '*']
```

在串列推導式中，還可以使用巢狀迴圈，其格式如下：

[expr for item 1 in iterable 1 [if cond_expr 1]
......
for item n in iterable n [if cond_expr n]]

任意個數的巢狀 for 迴圈同時結合可選的 if 測試，其中 if 測試敘述是可選的。例如：

```
>>> [(x, y) for x in range(5) if x%2==0 for y in range(5)\
    if y%2==1]
[(0, 1), (0, 3), (2, 1), (2, 3), (4, 1), (4, 3)]
>>> rect = [[1, 2, 3], [3, 4, 5]]
>>> [row[1] for row in rect]                #存取指定列中的元素
[2, 4]
>>> rect[1]                                 #存取指定列的元素
[3, 4, 5]
>>> [rect[row][1] for row in range(2)]    #存取指定位置元素
[2, 4]

#迭代一個2列3行的矩陣
>>> [(x+1,y+1) for x in range(2) for y in range(3)]
[(1, 1), (1, 2), (1, 3), (2, 1), (2, 2), (2, 3)]
```

8-2　串列的函式

Python 提供下列函式來實現串列的處理。

（一）len()函式

len()函式用來計算串列的元素個數。其語法格式為：

```
len(list)
```

其中，參數 list 是要計算元素個數的串列。例如：

```
>>> lst1 = ['Telus', 'Bell', 'Shaw']
>>> print(len(lst1))
3
>>> lst2 = list(range(5))        #建立一個 0~4 的串列
>>> print(lst2)
[0, 1, 2, 3, 4]
>>> print(len(lst2))
5
```

（二）enumerate()函式

enumerate()函式用來傳回一個列舉(Enumerate)物件。其語法格式為：

```
enumerate(iterable, start=0)
```

其中，參數 iterable 必須是一個序列或其他支援迭代的物件。例如：

```
>>> seasons = ['Spring', 'Summer', 'Fall', 'Winter']
>>> list(enumerate(seasons))
[(0, 'Spring'), (1, 'Summer'), (2, 'Fall'), (3, 'Winter')]
>>> list(enumerate(seasons, start=1))
[(1, 'Spring'), (2, 'Summer'), (3, 'Fall'), (4, 'Winter')]
```

（三）max()函式

max()函式用來傳回串列中元素的最大值。其語法格式為：

```
max(list)
```

其中，參數 list 是要傳回最大值的串列。例如：

```
>>> lst1 = ['Telus', 'Bell', 'Shaw']
>>> print(max(lst1))
Telus

>>> lst2 = list(range(5))        # 建立一個 0-4 的串列
>>> print(max(lst2))
4
```

（四）min()函式

min()函式用來傳回串列中元素的最小值。其語法格式為：

```
min(list)
```

其中，參數 min 是要傳回最小值的串列。例如：

```
>>> lst1=['Telus', 'Bell', 'Shaw']
>>> print(min(lst1))
Bell

>>> lst2=list(range(5))          # 建立一個 0-4 的串列
>>> print(min(lst2))
0
```

（五）list()函式

list()函式用於將元組(Tuple)轉換為串列。其語法格式為：

```
list(tup)
```

其中，參數 tup 是要轉換為串列的元組。例如：

```
>>> tup = (123, 'Telus', 'Bell', 'Shaw')
>>> lst = list(tup)
>>> print(lst)            #列印串列 lst 的元素
[123, 'Telus', 'Bell', 'Shaw']
```

（六）sorted()函式

sorted()函式用來對所有可迭代物件進行排序。其語法格式為：

```
sorted(iterable, key=None, reverse=False)
```

其中，參數 iterable 是可迭代物件，key 主要是用來進行比較的元素，reverse 是排序規則，reverse=True 是降冪排序，reverse=False 是升冪排序（預設）。例如：

```
>>> sorted([15, -21, 32, 18, -4])
[-21, -4, 15, 18, 32]                   #預設為升冪排序

>>> sorted({1:'g', 2:'i', 3:'f', 4:'t'})
[1, 2, 3, 4]

>>> lst = [-21, -4, 15, 18, 32]
>>> sorted(lst, reverse=True)           #設定為降冪排序
[32, 18, 15, -4, -21]
```

可以使用 sorted()函式獲得排序後的副本，該函式可用於任何可迭代物件。例如：

```
>>> lst1 = [36, 24, 13, 5]
>>> lst2 = sorted(lst1)
>>> id(lst1), id(lst2)
(1462622739712, 1462622740288)
```

8-3　串列的專有操作

　　除了實現序列的通用操作及函式外，串列還有許多專用的操作，這些操作是其他序列類型無法進行的。

8-3-1　串列的基本操作

　　和字串類型一樣，串列也支援所有適用於序列的標準操作，例如：存取、截取、連接和複製等操作。在此不再贅述，請參考下面的範例。

例 8-6　串列的連接和複製。

說明：使用+和*運算子來實現字串的連接和複製操作。
程式如下：

```python
lst1 = [3, 15, 9, 28, 35, 78]
lst2 = [25, 7, 39]

# 串列的連接
lst3 = lst1+lst2
print(lst3)

# 串列的複製
lst4 = ['Best'] * 3
print(lst4)
```

程式執行結果如下：

```
[3, 15, 9, 28, 35, 78, 25, 7, 39]
['Best', 'Best', 'Best']
```

例 8-7　串列的長度和修改串列元素。

程式如下：

```python
lst1 = [3, 15, 9, 28, 35, 78, 25, 7, 39]

# 取得串列的長度(元素個數)
size = len(lst1)
print(size)
print(lst1[0], lst1[-size])
```

```
# 修改串列元素
lst1[-1] = 50
print(lst1[size - 1], lst1[-1])
```

程式執行結果如下：

```
9
3 3
50 50
```

如果想逐一取出串列中的元素，可以使用 for 迴圈，有以下兩種做法。

例 8-8　逐一存取一維串列元素。

程式如下：

```
# 逐一存取一維串列元素
items = ['Python', 'Java', 'C++', 'C#', 'MATLAB']

print('方法 1: ')
for index in range(len(items)):
    print(items[index], end=' ')
print('\n')

print('方法 2: ')
for item in items:
    print(item, end=' ')
```

程式執行結果如下：

```
方法 1:
Python Java C++ C# MATLAB

方法 2:
Python Java C++ C# MATLAB
```

例 8-9　一維串列的成員檢測。

程式如下：

```
lst1 = [3, 15, 9, 28, 35, 78, 25, 7, 39]
lst2 = ['Best', 'Better', 'Good']

# 串列的成員檢測
```

```
print(15 in lst1)
print('best' in lst2)
```

程式執行結果如下：

```
True
False
```

例 8-10　一維串列的比較運算。

說明：兩個串列的比較是透過比較對應元素是否相等。若要比較的結果相等，則每個對應元素的比較結果都必須相等。

程式如下：

```
# 建立兩個長度相同的串列
lst1 = [11, 23, 34, 45]
lst2 = list(range(1, 5))

# 比較兩個串列的對應下標位置上的元素是否相等
print(lst1 == lst2)

lst3=[43, 32, 21]

# 比較兩個串列的對應下標位置上的元素的大小
print(lst1 <= lst3)
```

程式執行結果如下：

```
False
True
```

8-3-2　改變串列的操作

串列是可變的序列，因此可以改變串列的內容，包括指定元素、刪除元素、截取元素等。

（一）指定元素

使用下標來指定某個特定的元素值，從而可以修改串列。例如：

```
>>> x = [1, 1, 1]
>>> x[1] = 10
>>> x
[1, 10, 1]
```

但不能指定一個位置不存在的元素值。例如：

```
>>> x = [1, 1, 1]
>>> x[3] = 100              #錯誤的指定
IndexError: list assignment index out of range
```

串列 x 包括 3 個元素，下標從 0 到 2，不存在 x[3]，敘述執行時出現錯誤訊息 IndexError: list assignment index out of range，提示串列下標超出範圍。

（二）刪除元素

使用 del 敘述來實現從串列中刪除元素。例如：

```
>>> lst = ['Alice', 'Beth', 'Cecil', 'Jack', 'Earl']
>>> del lst[2]
>>> lst
['Alice', 'Beth', 'Jack', 'Earl']
```

除了刪除串列中的元素外，del 敘述還能用於刪除其他物件。例如：

```
>>> x = []
>>> x
[]
>>> del x
>>> x
NameError: name 'x' is not defined
```

因為 x 物件被刪除，引用它時會出現錯誤訊息 NameError: name 'x' is not defined，提示沒有定義 x。

（三）截取指定多個元素

使用截取指定可以指定串列的多個元素。例如：

```
>>> lst = list('Perl')
>>> lst[2:] = list('ar')
>>> lst
['P', 'e', 'a', 'r']
```

在使用截取指定時，可以使用與原串列不等長的串列將截取元素替換。例如：

```
>>> lst = list('Perl')
>>> lst[1:] = list('ython')
>>> lst
['P', 'y', 't', 'h', 'o', 'n']
```

截取指定敘述可以在不需要替換任何原有元素的情況下插入新的元素。例如：

```
>>> lst = [1, 5]
>>> lst[1:1] = [2, 3, 4]
>>> lst
[1, 2, 3, 4, 5]
```

透過截取指定來刪除元素也是可行的。例如：

```
>>> lst = [1, 2, 3, 4, 5]
>>> lst[1:4] = []
>>> lst
[1, 5]
```

截取指定時，如果截取步長等於 1，則值串列的長度沒有要求；如果截取步長大於 1，則值串列的長度必須等於截取長度。例如：

```
>>> lst = list('ABCDEFG')
>>> lst[1:3] = list('8')
>>> lst
['A', '8', 'D', 'E', 'F', 'G']

>>> lst = list('ABCDEFG')
>>> lst[1:3] = list('888')
>>> lst
['A', '8', '8', '8', 'D', 'E', 'F', 'G']
```

如果值串列元素多於截取元素，則會出現錯誤訊息：

```
>>> lst = list('ABCDEFG')
>>> lst[1:5:2] = list('888')
ValueError: attempt to assign sequence of size 3 to
extended slice of size 2
```

提示企圖將大小是 3 的串列指定給大小是 2 的截取串列。

8-4　串列的常用方法

Python 提供很多有用的方法(Method)。表 8-1 的串列方法中，s 為一個串列，x 為一個物件。由於元組和字串的元素不可變更，下列方法只適用於串列。

表 8-1　串列的方法

方法	功能
s.append(x)	將 x 添加到序列的尾端（相當於 s[len(s):len(s)]=[x] ）
s.clear()	從 s 中移除所有項（相當於 del s[:]）
s.copy()	建立 s 的淺複製（相當於 s[:]）
s.extend(x)	用 x 的內容連接 s（基本上相當於 s[len(s):len(s)]=x）
s.insert(i,x)	在由 i 給出的下標位置將 x 插入 s（相當於 s[i:i]=[x] ）
s.pop()或 s.pop(i)	提取在 i 位置上的項，並將其從 s 中移除
s.remove(x)	刪除 s 中第一個 s[i]等於 x 的項目。
s.reverse()	將串列中的元素逆序。

　　上述方法都是在原來的串列上進行操作的，會對原串列產生影響，而不是傳回一個新串列。

（一）s.append()方法

　　append()方法用於在串列的尾端添加新的物件。其語法格式為：

```
list.append(x)
```

　　其中，參數 x 是添加到串列尾端的物件。該方法會修改原來的串列。例如：

```
>>> lst1 = ['Telus', 'Bell', 'Shaw']
>>> lst1.append('Rogers')
>>> print("更改後的串列: ", lst1)
更改後的串列:  ['Telus', 'Bell', 'Shaw', 'Rogers']
```

（二）s.clear()方法

　　clear()方法用於清空串列，類似於 del a[:]。其語法格式為：

```
list.clear()
```

　　例如：

```
>>> lst = ['Telus', 'Bell', 'Shaw', 'Rogers']
>>> lst.clear()
>>> print("串列清空後: ", lst)
串列清空後:  []
```

（三）s.copy()方法

　　copy()方法用於複製串列，類似於 a[:]。其語法格式為：

```
list.copy()
```

複製後傳回新的串列。例如：

```
>>> lst1 = ['Telus', 'Bell', 'Shaw', 'Rogers']
>>> lst2 = lst1.copy()
>>> print("lst2 串列: ", lst2)
lst2 串列: ['Telus', 'Bell', 'Shaw', 'Rogers']
```

（四）s.extend()方法

extend()方法用於在串列尾端追加另一個序列中的多個值（用新串列連接原來的串列）。其語法格式為：

```
list.extend(seq)
```

其中，參數 seq 是元素序列，可以是串列、元組、集合、字典。若為字典，則僅會將鍵(Key)做為元素依序添加至原串列的尾端。該方法會在已存在的串列中添加新的串列內容。例如：

```
>>> lst1 = ['Telus', 'Bell', 'Shaw']
>>> lst2 = list(range(5))        #建立 0~4 的串列
>>> lst1.extend(lst2)            #連接串列
>>> print("連接後的串列: ", lst1)
連接後的串列: ['Telus', 'Bell', 'Shaw', 0, 1, 2, 3, 4]
```

（五）s.insert(i,x)方法

insert()方法用於將指定物件插入串列的指定位置。其語法格式為：

```
list.insert(index, x)
```

其中，參數 index 是物件 x 需要插入的下標位置。 x 是要插入串列中的物件。

在串列 s 的 i 位置處插入物件 x 時，如果 i 大於串列的長度，則插入到串列的尾端。例如：

```
>>> lst = [1, 2, 3, 4]
>>> lst.insert(1, 'a')
>>> lst
[1, 'a', 2, 3, 4]
>>> lst.insert(9, 'a')
>>> lst
[1, 'a', 2, 3, 4, 'a']
```

（六）s.pop([i])方法

pop()方法用於移除串列中指定位置 i 的元素，預設是最後一個元素。並且傳回該元素的值。其語法格式為：

```
list.pop([index=-1])
```

其中，參數 index 是可選參數，要移除串列元素的下標值，預設為 index= -1，刪除最後一個串列元素值。該方法會傳回從串列中移除的元素物件。不能超過串列總長度，若 index 超出串列長度，則出現 IndexError 錯誤訊息。例如：

```
>>> lst = ['Telus', 'Bell', 'Shaw']
>>> list_pop = lst.pop()
>>> print("刪除的項為: ", list_pop)
刪除的項為: Shaw
>>> print("串列現在為: ", lst)
串列現在為: ['Telus', 'Bell']
>>> lst.pop(1)
'Bell'
>>> print("串列現在為: ", lst)
串列現在為: ['Telus']
>>> lst.pop(3)
IndexError: pop index out of range
#下標位置 3 超出串列下標範圍，出現 IndexError 錯誤
```

（七）s.remove()方法

remove()方法用於移除串列中某個值的第一個匹配項。其語法格式為：

```
list.remove(x)
```

其中，參數 x 是串列中要移除的物件。若物件 x 不存在，則出現 ValueError 錯誤訊息。例如：

```
>>> lst = ['Telus', 'Bell', 'Shaw', 'Rogers']
>>> lst.remove('Shaw')
>>> print("串列現在為: ", lst)
串列現在為: ['Telus', 'Bell', 'Rogers']
>>> lst.remove('Rogers')
>>> print("串列現在為: ", lst)
串列現在為: ['Telus', 'Bell']
>>> lst.remove('a')      #元素"a"不存在串列中，會出現錯誤訊息
ValueError: list.remove(x): x not in list
```

若串列中包含多個待刪除的元素，則只刪第一個。例如：

```
>>> lst = list("Hello,Python")   #串列中包含 2 個'o'
>>> lst.remove('o')
>>> lst
['H', 'e', 'l', 'l', ',', 'P', 'y', 't', 'h', 'o', 'n']
```

（八）s.reverse()方法

reverse()方法用於將串列中的元素反向排列。語法格式為：

list.reverse()

該方法沒有傳回值。例如：

```
>>> lst1 = ['Telus', 'Bell', 'Shaw', 'Rogers']
>>> lst1.reverse()
>>> print("串列中的元素反向後: ", lst1)
串列中的元素反向後: ['Rogers', 'Shaw', 'Bell', 'Telus']

>>> lst2 = [1, 2, 3, 4]
>>> lst2.reverse()
>>> lst2
[4, 3, 2, 1]
```

（九）s.sort()方法

sort()方法用於對原串列進行排序，如果指定參數，則使用比較函式指定的比較函式。其語法格式為：

list.sort(key=None, reverse=False)

其中，參數 key 是用來進行比較的元素，指定可迭代物件中的一個元素來進行排序。reverse 是排序規則，reverse=True 為降冪排序，reverse=False 為升冪排序（預設）。例如：

```
>>> lst1 = [36, 24, 13, 5]
>>> lst1.sort()
>>> lst1
[5, 13, 24, 36]

>>> lst2 = ['Telus', 'Bell', 'Shaw', 'Rogers']
>>> lst2.sort()
>>> lst2
['Bell', 'Rogers', 'Shaw', 'Telus']
```

sort()方法中也可以使用 key、reverse 參數，其用法與 sorted()函式相同。例如：

```
>>> lst3 = ['Goofy', 'Garfield', 'Pikachu', 'Nemo']
>>> lst3.sort(key=len)
>>> lst3
['Nemo', 'Goofy', 'Pikachu', 'Garfield']

>>> lst4 = [3, -78, 12, 43, 7, 9]
>>> lst4.sort(reverse=True)
>>> lst4
[43, 12, 9, 7, 3, -78]
```

請注意 sort()方法與 sorted()函式的區別如下：sort()方法是應用在串列(List)上的方法，而 sorted()函式可以對所有的可迭代物件進行排序。

串列的 sort()方法傳回的是對已經存在的串列進行操作，而內建函式 sorted()傳回的是一個新的串列，而不是在原來的基礎上進行的操作。

8-5　二維串列

Python 支援多維串列。多維串列最簡單的形式是二維串列。在實際應用上，一維陣列在某些情況下難以滿足開發的需求，引入二維串列的概念之後，問題就變得簡單多了。二維串列通常也被稱為矩陣(Matrix)，將二維串列寫成列(Row)和行(Column)的表示形式，可以幫我們解決許多問題。

8-5-1　二維串列概述

本質上，在 Python 中建立一個二維串列的概念和在 C 語言中的二維陣列是相同的。二維串列是由多個一維串列所構成，亦即，一個二維串列是一個一維串列的串列，架構如圖 8-1 所示。

下標	0	1	2	3	4	5	...
0	1	2	3	4	Bob	David	...
1	5	6	7	8	9	10	...
2	11	12	13	14	John	Mary	...
⋮			⋮				
⋮			⋮				

圖 8-1　二維串列架構圖

比如，要儲存 5 位同學的國文、英文、數學和通識科目等四門課的成績，如圖 8-2 所示。

	陳一	林二	張三	李四	王五
國文	81	92	83	48	93
英文	83	90	81	85	96
數學	78	91	85	86	92
通識	80	94	81	83	95

圖 8-2　二維串列

這四門學科的成績，需要使用四個一維串列來儲存，例如：a1[]、a2[]、a3[]、a4[]，而如果使用二維串列，則只需要建立一個二維串列 a。在二維串列中，資料元素的位置由「列下標」(Row Subscript)和「行下標」(Column Subscript)兩個下標來決定。所以它表示了一個包含列(Row)和行(Column)的資料的表格(Table)。

二維串列是由多個一維串列所構成。這裡要強調的是，幾列幾行是從概念模型上來看的，也就是說這樣來看待二維串列可以更容易理解。實際上，無論是二維串列還是更多維的串列，在記憶體中仍然是以線性的方式儲存的。比如，定義4 列 3 行的二維串列 a，那麼二維串列 a 在記憶體中的儲存如圖 8-3 所示。

圖 8-3　二維串列 a 在記憶體中的線性儲存形式

從圖 8-3 中不難看出，二維串列事實上就是在一維陣列的每個元素中儲存另一個一維陣列，這就是所謂的線性方式儲存。同理，三維串列、四維串列甚至五維串列都是以同樣的方式實現。

二維串列元素的呼叫格式如下：

陣列名稱 [常數運算式 1] [常數運算式 2]；

其中，常數運算式 1 稱為「列下標」，常數運算式 2 稱為「行下標」。例如，定義一個 2 列 3 行的二維串列 a。該串列 a 共有 2×3 個陣列元素，即 a[0][0]、 a[0][1]、a[0][2]、a[1][0]、a[1][1]、a[1][2]。對於二維陣列 a[m][n]，則「列下標」的範圍為 0~(m-1)，「行下標」的範圍為 0~(n-1)。二維串列 a[m][n]的最大下標值元素是 a[m-1][n-1]。

8-5-2　建立二維串列

建立二維串列跟建立一維串列的方法類似。在下面二維串列的例子中，每個串列元素本身也是一個串列。

（一）使用中括號建立二維串列

一個二維串列 a[m][n]可以認為是一個含有 m 列和 n 行的表格(Table)，如圖 8-4 所示是一個 4 列 3 行的二維串列。在 Python 中，二維串列是「按列排列」(Row-major)的，即按「列」(Row)依序存放。例如 4 列 3 行二維串列是先儲存 a[0]列，再儲存 a[1]列。每列有 3 個元素，也是依序儲存。

	第 1 行[0]	第 2 行[1]	第 3 行[1]
第 1 列[0]	1	2	3
第 2 列[0]	4	5	6
第 3 列[0]	7	8	9
第 4 列[0]	10	11	12

圖 8-4　4 列 3 行二維串列

我們可以使用下列方式來建立一個 4 列 3 行的二維串列：

```
>>> a = [0]*4
>>> for i in range(4):
...    a[i] = [0]*3
>>> a                      #二維串列 a
[[0, 0, 0], [0, 0, 0], [0, 0, 0], [0, 0, 0]]
>>> a[1]                   #二維串列的第 2 列
[0, 0, 0]
```

或是

```
>>> a = [[0]*3 for i in range(4)]
>>> a                      #二維串列 a
[[0, 0, 0], [0, 0, 0], [0, 0, 0], [0, 0, 0]]
>>> a[1]                   #二維串列的第 2 列
[0, 0, 0]
```

或是

```
>>> w, h = 4, 3
>>> a = [[0]*h for i in range(w)]
>>> a                           #二維串列a
[[0, 0, 0], [0, 0, 0], [0, 0, 0], [0, 0, 0]]
>>> a[1]                        #二維串列的第 2 列
[0, 0, 0]
```

「初始化」(Initialization)就是指定串列中的元素值。在定義串列的同時指定各個元素的值，稱為串列的「初始化」。只要將所有資料寫在一個中括號內，按照串列元素的排列順序來指定元素的初值。例如圖 8-4 所示的 4 列 3 行二維串列可以初始化為：

```
# 初始化二維串列a
>>> a = [[1, 2, 3], [4, 5, 6], [7, 8, 9], [10, 11, 12]]

>>> print(a)
[[1, 2, 3], [4, 5, 6], [7, 8, 9], [10, 11, 12]]
```

內部巢狀的括號是可選的，下面的初始化與上面是相同的：

```
>>> a = [[1, 2, 3], [4, 5, 6], [7, 8, 9], [10, 11, 12]]
>>> print(a)
[[1, 2, 3], [4, 5, 6], [7, 8, 9], [10, 11, 12]]
>>> for i in range(len(a)):
...     print()
...     for j in range(len(a[i])):
...         print('a[%d][%d]=%2d' % (i,j,a[i][j]), end=' ')
...
a[0][0]= 1 a[0][1]= 2 a[0][2]= 3
a[1][0]= 4 a[1][1]= 5 a[1][2]= 6
a[2][0]= 7 a[2][1]= 8 a[2][2]= 9
a[3][0]=10 a[3][1]=11 a[3][2]=12
```

可以存取串列 a 的第 2 列第 3 行元素。

```
>>> a=[[] for i in range(4) for j in range(3)]
>>> a
[[], [], []]
>>> a[0].append(1)
>>> a[1].append(2)
>>> a[2].append(3)
>>> a
[[1], [2], [3]]
```

例 8-11   將下表中的學生成績輸入二維串列中並列印出來。

	陳一	林二	張三	李四	王五
國文	81	92	83	48	93
英文	83	90	81	85	96
數學	78	91	85	86	92
通識	80	94	81	83	95

程式如下：

```
a = [[80,92,85,86,99],[78,65,89,70,99],[67,78,76,89,99],\
[88,68,98,90,99]]
for i in range(0,4):
    for j in range(0,5):
        print('a[%d][%d]=%2d' % (i, j, a[i][j]), end=' ')
    print('\n')
```

程式執行結果如下：

```
a[0][0]=80 a[0][1]=92 a[0][2]=85 a[0][3]=86 a[0][4]=99

a[1][0]=78 a[1][1]=65 a[1][2]=89 a[1][3]=70 a[1][4]=99

a[2][0]=67 a[2][1]=78 a[2][2]=76 a[2][3]=89 a[2][4]=99

a[3][0]=88 a[3][1]=68 a[3][2]=98 a[3][3]=90 a[3][4]=99
```

注意：也可以把上面橫向和縱向的成績顛倒過來顯示，即將矩陣轉置 (Transpose)。程式如下：

```
a = [[80,92,85,86,99],[78,65,89,70,99],[67,78,76,89,99],\
[88,68,98,90,99]]
for i in range(0,5):
    for j in range(0,4):
        print('a[%d][%d]=%2d' % (j, i, a[j][i]), end=' ')
    print('\n')
```

程式執行結果如下：

```
a[0][0]=80 a[1][0]=78 a[2][0]=67 a[3][0]=88

a[0][1]=92 a[1][1]=65 a[2][1]=78 a[3][1]=68

a[0][2]=85 a[1][2]=89 a[2][2]=76 a[3][2]=98

a[0][3]=86 a[1][3]=70 a[2][3]=89 a[3][3]=90

a[0][4]=99 a[1][4]=99 a[2][4]=99 a[3][4]=99
```

（二）二維串列推導式

對於二維串列需要使用雙層 for 迴圈才能建立串列，同樣也可以使用串列推導式來產生。例如：

```
# 使用雙層 for 迴圈
# 將雙層 for 迴圈的 i 和 j 加在一起，變成新串列的項目
a = []
for i in 'Bob':
    for j in range(1,4):
        a.append(i+str(j))
print(a)

# 使用串列推導式
# 兩個 for 迴圈分別產生 i 和 j
a = [i+str(j) for i in 'Bob' for j in range(1,4)]
print(a)
```

程式執行結果如下：

```
['B1', 'B2', 'B3', 'o1', 'o2', 'o3', 'b1', 'b2', 'b3']
['B1', 'B2', 'B3', 'o1', 'o2', 'o3', 'b1', 'b2', 'b3']
```

此外，串列推導式也可以加入內建函式，針對產生的項目做處理，下列程式只要透過一列串列產生式，就能得出串列中的最大值。

```
# 使用 for 迴圈
a = [[10, 20, 30, 40, 50], [10, 20, 50, 200, 100]]
b = []
for i in a:
# 將二維串列中每個串列中的最大值取出，變成新的串列
```

```
    b.append(max(i))
print(max(b))                #印出新的串列中的最大值

# 使用串列推導式
a = [[10, 20, 30, 40, 50], [10, 20, 50, 200, 100]]
print(max([max(i) for i in a]))
```

程式執行結果如下：

```
200
200
```

8-5-3　二維串列的操作

和一維串列一樣，二維串列也支援所有適用於序列的標準操作，例如：存取、截取、連接和複製等操作。對此我們不再贅述，請參考下面的範例。

（一）存取二維串列元素

可以使用兩個下標來存取二維串列中的資料元素。一個下標參照主串列或父串列，另一個下標參照內部串列中的資料元素的位置。如果只使用一個下標，那麼將為該下標位置列印整個內部串列。

二維串列中的元素是透過使用下標（即串列的列下標和行下標）來存取的。例如：

```
a = [[10,11,12], [13,14,15], [16,17,18], [19,20,21]]
print('a= ',a)
print('a[2][1]= %2d' % (a[2][1]))
```

程式執行結果如下：

```
a= [[10,11,12], [13,14,15], [16,17,18], [19,20,21]]
a[2][1]= 17
```

上面的敘述將取得串列中第 3 列第 2 行的元素值(17)。我們可以透過下面的示意圖來加以驗證。

使用 A[i]存取串列中的元素，使用迴圈控制 i 的變化，當 i 等於 0，A[i]就會存取串列 A 的第一個元素；當 i 等於 1，A[i]就會存取串列 A 的第二個元素；

	第 1 行	第 2 行	第 3 行
第 1 列	10	11	12
第 2 列	13	14	15
第 3 列	16	**17**	18
第 4 列	19	20	21

當 i 等於 2，A[i]就會存取串列 A 的第三個元素，依此類推，就可以存取到串列所有元素，這就是串列與迴圈結合可以存取串列中所有元素的概念。

讓我們來看看下面的程式，我們將使用巢狀迴圈來處理二維串列：

```
a = [[-1,0],[1,2],[3,4],[5,6],[7,8]]          # 5列2行的串列
for i in range(0,5):
    for j in range(0,2):
        print('a[%d][%d]=%d' % (i,j,a[i][j]))    #輸出每個元素值
```

程式執行結果如下：

```
a[0][0]=-1
a[0][1]=0
a[1][0]=1
a[1][1]=2
a[2][0]=3
a[2][1]=4
a[3][0]=5
a[3][1]=6
a[4][0]=7
a[4][1]=8
```

（二）在二維串列中插入資料元素

可以使用 insert()方法並指定下標來在特定位置插入新的資料元素。在下面的例子中，新的資料元素被插入 a[2]列。

```
a = [[1,2,5,-12], [5,-6,10], [3,8,-2,5], [6,-5,8,6]]
a.insert(2, [0,5,10,15,20])
for i in a:
    for j in i:
        print(j, end=' ')
    print()
```

程式執行結果如下：

```
1 2 5 -12
5 -6 10
0 5 10 15 20
3 8 -2 5
6 -5 8 6
```

（三）更新二維串列中的值

可以透過串列下標指定新值來更新整個內部串列或內部串列的某些特定資料元素。

```
a = [[1,2,5,-12], [5,-6,10], [3,8,-2,5], [6,-5,8,6]]
a[2] = [3,6,9]              # a[2]列更新為[3,6,9]
a[0][2] = 7                 #元素a[0][2]更新為7

for i in a:
    for j in i:
        print(j, end=' ')
    print()
```

程式執行結果如下：

```
1 2 7 -12
5 -6 10
3 6 9
6 -5 8 6
```

（四）刪除二維串列中的值

可以透過使用 del()方法來刪除整個串列或串列的某些特定資料元素。但是，如果需要刪除其中一個串列的特定資料元素，請使用上述更新過程。

```
a = [[1,2,5,-12], [5,-6,10], [3,8,-2,5], [6,-5,8,6]]

del a[1][1]       #刪除第2列第2行元素
del a[2]          #刪除第3列元素

for i in a:
    for j in i:
        print(j,end=' ')
    print()
```

程式執行結果如下：

```
1 2 5 -12
5 10
6 -5 8 6
```

（五）輸出二維串列的所有元素

可以透過使用雙重迴圈將二維串列的所有元素輸出。請看下面的例子。

```
a = []
row = int(input('輸入列數:'))
col = int(input('輸入行數:'))
for i in range(row):
    a.append([])
    for j in range(col):
        val = int(input('輸入串列元素值:'))
        a[i].append(val)
print()
print('輸出二維串列:')
for i in range(0,2):
    for j in range(0,3):
        print('a[%d][%d]=%d' % (i, j, a[i][j]))
```

程式執行結果如下：

```
輸入列數:2
輸入行數:3
輸入串列元素值:11
輸入串列元素值:12
輸入串列元素值:13
輸入串列元素值:14
輸入串列元素值:15
輸入串列元素值:16

輸出二維串列:
a[0][0]=11
a[0][1]=12
a[0][2]=13
a[1][0]=14
a[1][1]=15
a[1][2]=16
```

8-6　串列的應用範例

例 8-12　任意輸入 5 筆資料，然後將這 5 筆資料反向輸出。

程式如下：

```
a = []
print('請輸入串列元素:')
for i in range(0,5):
    x = eval(input())
    a.append(x)

print('轉換前的串列:')
for i in range(0,5):
    print('a[%d]= %d' % (i, a[i]))   #將串列中的元素逐一輸出

for i in range(0,2):
    a[i],a[4-i] = a[4-i],a[i]          #將串列元素的前後位置互換

print('轉換後的串列:')
for i in range(0,5):
    print('a[%d]= %d' % (i, a[i]))
```

程式執行結果如下：

```
請輸入串列元素:
11
12
13
14
15
轉換前的串列:
a[0]= 11
a[1]= 12
a[2]= 13
a[3]= 14
a[4]= 15
轉換後的串列:
a[0]= 15
a[1]= 14
a[2]= 13
a[3]= 12
a[4]= 11
```

例 8-13　大樂透電腦選號。

說明：使用 random 隨機模組，從 1~49 數字中，選出 6 個不重複的數字。首先建立一個空串列，接著不斷將 1~49 的隨機數放入串列中，放入時進行判斷，如果串列中已經存在該數字就不放入，直到串列的長度等於 6 為止。

程式如下：

```
import random
x = []     #建立空串列
while len(x) < 6:    #使用 while 迴圈，直到串列的長度等於 6 就停止
    y = random.randint(1,49)       #取出 1~49 隨機整數
    if y not in x:                 #判斷如果 x 中沒有 b
        x.append(y)                #將 y 放入 x
print(x)                           #選出 6 個不重複的數字
```

程式執行結果如下：

```
[46, 49, 16, 39, 18, 32]
```

例 8-14　找出字串中不重複的字元。

說明：使用 Python 的 for 迴圈、串列操作、字串操作和 if 判斷式，找出不重複的字元。判斷字元是否重複的方法，就是如果每個字元在字串中出現的次數大於 1 表示有重複，就用 re 串列存放，如果出現次數等於 1 表示沒有重複，就用 nr 串列存放，如此一來就能夠篩選出重複與不重複的字元。

程式如下：

```
re = []  #建立空串列 re
nr = []  #建立空串列 nr
s = input('請輸入一段英文或數字：\n')   #輸入的字串
for i in s:                            #使用 for 迴圈依序取出字元
    a = s.count(i, 0, len(s))   #判斷字元在字串中出現的次數
    if a > 1 and i not in re:   #如果次數大於 1 且不在 re 串列中
        re.append(i)            #將字元加入 re 串列
    if a == 1 and i not in nr:  #如果次數等於 1 且不在 nr 串列中
        nr.append(i)            #將字元加入 nr 串列
print('\n')

print('重複字元：', re)
print('不重複字元：', nr)
```

程式執行結果如下：

```
請輸入一段英文或數字：
He plays basketball very well.

重複字元： ['e', ' ', 'l', 'a', 'y', 's', 'b']
不重複字元： ['H', 'p', 'k', 't', 'v', 'r', 'w', '.']
```

例 8-15　使用輾轉相除法求最大公因數。

說明：輾轉相除法(Euclidean Algorithm)是用來求解兩個整數的最大公因數(Greatest Common Divisor；GCD)的方法。使用這個方法演算求解的過程，其實就是不停的用兩個數字相除取餘數，再用餘數輾轉下去相除，直至餘數為 0 時結束。最後將兩數整除的數字即最大公因數 GCD。例如要求 128 和 20 的最大公因數，先以 128 除以 20，得到餘數為 8；再以 20 除以 8 得到餘數為 4；最後 8 除以 4 的餘數為 0，4 就是最大公因數。

程式如下：

```python
# 使用推導式將輸入的數字變成串列
# 輸入兩個使用逗號隔開的數字
lst = [int(i) for i in input('輸入兩個數字： ').split(',')]
lst.sort()              # 由小到大排序
rst = lst[0]            # 取出最小的項目當作預設的最大公因數
while rst!=1:           # 如果 rst 不為 1，就不斷執行迴圈內容
    # 使用 for 迴圈，依序將串列元素取出執行
    for i in range(1,len(lst)):
        r = lst[i]%rst         # 取得相除後的餘數
        if r !=0:              # 如果相除後餘數不為 0
            lst.insert(0, r)   # 將餘數插入為串列的第一個項目
            break              # 只要遇到餘數不為 0 就跳出迴圈
# 如果 rst 不等於串列第一個項目(餘數)
# 將 rst 改為第一個項目(餘數)，然後重新執行 while 迴圈
    if rst != lst[0]:
        rst = lst[0]
    else:
        break              # 如果相等，表示沒有餘數，得到最大公因數
print('最大公因數： %d' % rst)
```

程式執行結果如下：

```
輸入兩個數字： 128, 20
最大公因數： 4
```

例 8-16　費布那西數列。

說明：費布那西(Fibonacci)數列從 0 和 1 開始，之後的數字就是由之前的兩數相加而得，下面列出費布那西數列的一些數字：

1, 1, 2, 3, 5, 8, 13, 21, 34, 55, 89, 144, 233, 377 ,610, 987......

數列中的前後數值比例約為 1.618，也就是所謂的黃金比例。

程式如下：

```
n = int(input('請輸入數字個數: '))
lst = []                        # 建立一個空串列儲存數字
for i in range(n):              # 使用 for 迴圈
    if i == 0:                  # 如果 i 等於 0，a 為 0
        s = 0
    elif i==1:                  # 如果 i 等於 1，a 為 1
        s = 1
        lst = [0, 1]            # 將串列設定為[0,1]
    else:                       # 如果 i 大於 1
        s = lst[0] + lst[1]     # s 等於串列的兩個數字相加
        del lst[0]              # 刪除串列的第一個項目
        lst.append(s)           # 將 s 加入串列成為第二個項目
    print(s, end=',')
```

程式執行結果如下：

```
請輸入數字個數: 10
0,1,1,2,3,5,8,13,21,34,
```

例 8-17　使用二維串列輸出一個鑽石形狀。

說明：定義一個二維陣列，並且利用陣列的初始化設定鑽石形狀。為了方便讀者觀察字元陣列的初始化，我們將指定初值對齊。在初始化時，雖然沒有設定列下標值，但是透過初始化可以確定其每一列中的元素個數為 5，最後使用雙重迴圈將所有的陣列元素輸出顯示。

程式如下：

```
a[5][5] =[[' ',' ','*'],
          [' ','*',' ','*'],
          ['*',' ',' ',' ','*'],
          [' ','*',' ','*'],
          [' ',' ','*']]
    for i in range(len(a)):
```

```
    for j in range(len(a[i])):
        print('%c' % a[i][j], end=' ')  #將串列元素逐一輸出
    print('\n')
```

程式執行結果如下：

```
    *


  *   *


*       *


  *   *


    *
```

例 8-18　輸入任意一個 3 列 3 行的二維串列，求主對角線元素之和。

　　說明：使用二維串列儲存一個 3 列 3 行的串列元素，利用雙重迴圈存取串列中的每一個元素。在迴圈中判斷是否是主對角線上的元素，然後實現累加運算。

```
a = []
tot = 0                          #定義儲存資料變數 tot
for i in range(0,3):        #使用迴圈指定串列元素的值
    a.append([])
    for j in range(0,3):
        val = int(input('輸入串列元素值:'))
        a[i].append(val)

for i in range(0, 3):                #使用迴圈計算主對角線上元素的總和
    for j in range(0,3):
        if (i==j):
            tot = tot + a[i][j]      #執行資料的累加計算
print('主對角線元素總和為 :%d\n' % tot)
```

程式執行結果如下：

```
輸入陣列元素值:11
輸入陣列元素值:12
輸入陣列元素值:13
輸入陣列元素值:14
輸入陣列元素值:15
輸入陣列元素值:16
輸入陣列元素值:17
輸入陣列元素值:18
輸入陣列元素值:19
主對角線元素總和為 :45
```

下列上機問題，請先自行演算後，再上機驗證你的答案是否正確。

1.　有一串列 lst = [12, 345, 24, 6, 10, 9]，試問以下敘述的輸出結果為何？（假設每一列的敘述是有連續性的，亦即上一敘述會影響下一敘述。）

敘述	輸出結果
(a) lst.append(36)	
(b) lst.insert(2, 2)	
(c) len(lst)	
(d) lst.index(24)	
(e) lst.pop()	
(f) lst.pop(1)	
(g) lst.append(-10)	
(h) lst.remove(10)	
(i) lst.sort()	
(j) lst.reverse()	
(k) lst.count(12)	
(l) sum(lst)	
(m) max(lst)	

2.

```
lst1 = [3, [66, 55, 44], (7, 8, 9)]
lst2 = list(lst1)
lst1.append(100)
lst1[1].remove(55)
print('lst1:', lst1)
print('lst2:', lst2)
lst2[1] += [33, 22]
lst2[2] += (10, 11)
print('lst1:', lst1)
print('lst2:', lst2)
```

3.

```
>>> lst = [14, '28', 5, '9', '1', 0, 6, '23', 19]
>>> sorted(lst, key=int)
>>> sorted(lst, key=str)
```

4.

```
>>> lst = ['abc', 'ABD', 'aBe']
>>> lst.sort()
```

```
>>> lst
>>> lst = ['abc', 'ABD', 'aBe']
>>> lst.sort(key=str.lower)
>>> lst
>>>
>>> lst = ['abc', 'ABD', 'aBe']
>>> lst.sort(key=str.lower, reverse=True)
>>> lst
>>> lst = ['abc', 'ABD', 'aBe']
>>> sorted([x.lower() for x in lst], reverse=True)
```

5.
```
a = ['a', 'b', '\0', 'c', '\0']
for i in range(0, 5):
    print('%c' % a[i], end=' ')
```

6.
```
>>> colors = ['black', 'white']
>>> sizes = ['S', 'M', 'L']
>>> for tshirt in ('%s %s' % (c, s) for c in colors for s\
 in sizes):
...     print(tshirt, end=',')
```

7.
```
>>> symbols = '01a2B'
>>> import array
>>> array.array('I', (ord(symbol) for symbol in symbols))
```

8.
```
>>> lst = ['abc', [(1, 2), ([3], 4)], 5]
>>> lst[1]
>>> lst[1][1]
>>> lst[1][1][0]
>>> lst[1][1][0][0]
```

9.
```
s = 0
a = [12, 11, -12, -13, -1, 2, -2, -2, 15, -11]
for i in range(0, 10):
    if a[i] > 0:
        s = a[i] + s
print('s= %d' % s)
```

10.

```
a = []
for i in range(0, 3):
    a.append(i+5)
for i in range(0, 3):
    a[0] = a[0] + a[i]
    print('a[%d]= %d' % (i, a[i]))
a = [[1,2,3], [4,5,6], [7,8,9]]
for i in range(0,3):
    print('%2d'%a[i][2-i], end=' ')
print('\n')
```

11.

```
a = [4,0,2,3,1]
for i in range(0,5):
    t = a[i]; j = i - 1
    while(j >= 0 and t > a[j]):
        a[j+1] = a[j]; j -= 1
        a[j+1] = t
print(a)
```

12.

```
a = []
for i in range(0,5):
    a.append(i)
    a[i] = 9 * (i-2+4*(i>3)) % 5
    print('%2d' % a[i], end=' ')
```

13.

```
a = []
a.append([])
a = [[1,2,3],[4,5,6],[7,8,9]]
for i in range(0,3):
    for j in range(0,3):
        print('a[%d][%d]= %d' % (i, j, a[i][j]))
```

14.

```
a = ['a','b','\0','c','\0']
for i in range(0,5):
    print('%c' % a[i], end=' ')
```

一、選擇題

1. 敘述 len([1, 2, 3]) 的輸出結果為　(A)3　(B)5　(C)7　(D)SyntaxError

2. 有一串列 lst=[2, 3, 5, 7, 9]，試問敘述 lst[-2:4] 的輸出結果為　(A)[]　(B)[7]　(C)[7, 9]　(D)[5]

3. 下列敘述的執行結果為　(A)'lemon'　(B)'pear'　(C)'peach'　(D)['peach', 'lemon']
```
>>> lst = ['pear', 'peach', 'lemon']
>>> lst[2]
```

4. 下列程式片段的執行結果為　(A)['A', 'c', 'e']　(B)('A', 'c', 'e')　(C){'A', 'c', 'e'}　(D)['Ace']
```
>>> s = 'Ace'
>>> lst = list(s)
>>> lst
```

5. 敘述 lst='19:36:55'.split(':')的輸出結果為　(A)'19', '36', '55'　(B)('19', '36', '55')　(C)(['19', '36', '55'])　(D)['19', '36', '55']

6. 下列程式片段的執行結果為　(A)(False, True)　(B)(False, False)　(C)(True, False)　(D)(True, True)
```
>>> lst1 = [1, ('a', 3)]
>>> lst2 = [1, ('a', 3)]
>>> lst1 == lst2, lst1 is lst2
```

7. 下列程式片段的執行結果為　(A)1　4　7　(B)3　5　7　(C)2　5　8　(D)3　6　9
```
a = [[1, 2, 3], [4, 5, 6], [7, 8, 9]]
for i in range(0, 3):
    print('%2d' % a[i][2-i], end=' ')
print('\n')
```

8. 下列敘述的執行結果為　(A)True　(B)False　(C)SyntaxError　(D)NameError
```
>>> type([1]) == list
```

9. 下列敘述的執行結果為　(A)[1, 0, 1]　(B)[0, 1]　(C)[1, 0]　(D)SyntaxError
```
>>> list(map(abs, [-1, 0, 1]))
```

10. 下列敘述的執行結果為　(A)['I', 'c', 'e', 'x']　(B)['I', 'c', 'e']　(C)SyntaxError　(D)IndexError
```
>>> s = 'Ice'
>>> lst = list(s)
>>> lst[3] = 'x'
```

11. 下列敘述的執行結果為　(A)'1, 2, 34'　(B)'[1, 2]34'　(C)'[1, 2, '34']　(D)'[1, 2, 34]

```
>>> str([1, 2]) + "34"
```

12. 下列敘述的執行結果為　(A)[1, 2, 3, 4]　(B)['1', '2', '3', '4']　(C)[1, 2, '3', '4']　(D)[1, 2, '34']

```
>>> [1, 2] + list("34")
```

13. 下列敘述的執行結果為　(A)1　(B)True　(C)False　(D)[1, 2, 3]

```
>>> 3 in [1, 2, 3]
```

14. 下列敘述的執行結果為　(A)3　(B)4　(C)7　(D)12

```
lst1 = [1, 2, 3, 4]
lst2 = [5, 6, 7]
print(len(lst1 + lst2))
```

15. 下列敘述的執行結果為　(A)['4', '3', '2', '1']　(B)['1', '2', '3', '4']　(C)[1, 2, 3, 4]　(D)[4, 3, 2, 1]

```
>>> lst = [1, 2, 3, 4]
>>> lst.reverse()
>>> list(reversed(lst))
```

16. 下列敘述的執行結果為　(A)9　(B)11　(C)20　(D)7

```
>>> lst = list(range(10))
>>> lst[2:5] = [20, 30]
>>> del lst[5:7]
>>> lst[3::2] = [11, 22]
>>> lst[6]
```

17. 下列程式片段的執行結果為　(A)[1, 2, 100, 100, 100, 22, 29]　(B)[1, 2, 100, 100, 22, 29]　(C)[1, 2, 100, 22, 29]　(D)[1, 2, 100, 11, 15, 22, 29]

```
>>> lst = [1, 2, 3, 11, 15, 22, 29]
>>> lst[2:5] = [100]
>>> lst
```

18. 下列敘述的執行結果為　(A)1, 2, 3　(B)(1 2 3)　(C)1 2 3　(D)[1, 2, 3]

```
>>> for x in [1, 2, 3]:
...     print(x, end=' ')
...
```

19. 下列程式片段的執行結果為　(A)[[4, 0, 6], [4, 0, 6]]　(B)[4, 0, 6], [4, 0, 6]　(C)[4, 5, 6, 4, 5, 6]　(D)[4, 0, 6, 4, 0, 6]

```
>>> lst = [4, 5, 6]
>>> X = lst * 2
>>> Y = [lst] * 2
>>> lst[1] = 0
>>> X
```

20. 下列敘述的執行結果為　(A)(True, True)　(B)(True, False)　(C)(False, True)　(D)(False, False)

```
>>> lst1 = [3, [55, 44], (7, 8, 9)]
>>> lst2 = list(lst1)
>>> lst2 == lst1, lst2 is lst1
```

21. 下列敘述的執行結果為　(A)['H', 'i', '!']　(B)['HH', 'ii', '!!']　(C)['Hi!', 'Hi!']　(D)['HH, ii, !!']

```
>>> res = [c * 2 for c in 'Hi!']
>>> res
```

22. 下列敘述的執行結果為　(A)0　(B)1　(C)2　(D)3

```
>>> lst = ['pear', 'cherry', 'longan']
>>> lst.index('cherry')
```

23. 下列程式片段的執行結果為　(A)[[4, 5, 99], [4, 5, 6]]　(B)[[4, 5, 6], [4, 99, 6]]　(C)[[4, 99, 6], [4, 99, 6]]　(D)[[4, 99, 6], [4, 5, 6]]

```
>>> lst = [4, 5, 6]
>>> X = [list(lst) for i in range(2)]
>>> X[0][1] = 99
>>> X
```

24. 下列程式片段的執行結果為　(A)tol= 33　(B)tol= -31　(C)tol= 16　(D)tol= 2

```
tol = 0
a = [1, 15, -12, -3, -1, 2, -2, -2, 15, -11]
for i in range(0, 5):
    if a[i] > 0:
        tol = a[i] + tol
print('tol= %d' % tol)
```

25. 下列程式片段的執行結果為　(A)[2, 3, 4]　(B)[1, 2, 3, 4]　(C)[2, 3, 4, 1]　(D)[2, 3, 4, 2]

```
>>> lst = [1]
>>> lst[:0] = [2, 3, 4]
>>> lst
```

26. 下列程式片段的執行結果為　(A)[24, 3, 4]　(B)[2, 3, 4]　(C)[2, 3, 4, 24]　(D)以上皆非

```
>>> lst1 = [2, 3, 4]
>>> lst2 = lst1[:]
>>> lst1[0] = 24
>>> lst2
```

27. 下列程式片段的執行結果為　(A)[1, 2, 3, 4]　(B)5　(C)[]　(D)3, 4

```
>>> lst = [1, 2]
>>> lst.extend([3, 4, 5])
>>> lst.pop()
```

28. 下列程式片段的執行結果為　(A)[1]　(B)[2]　(C)[]　(D)1

```
>>> lst = []
>>> lst.append(1)
>>> lst.append(2)
>>> lst.pop()
>>> lst
```

29. 下列程式片段的執行結果為　(A)'pear'　(B)'lychee'　(C)'cherry'　(D)'longan'

```
>>> lst = ['pear', 'cherry', 'longan']
>>> lst.insert(1, 'lychee')
>>> lst.remove('cherry')
>>> lst.pop(1)
```

30. 下列程式片段的執行結果為　(A)['pear']　(B)['longan']　(C)['lychee']　(D)['cherry']

```
>>> lst = ['pear', 'cherry', 'longan', 'lychee']
>>> del lst[0]
>>> del lst[1:]
>>> lst
```

二、填空題

1. 有一串列 lst = [12, 34, 56, 78, 90, 65]，試問下列敘述的輸出結果為何？

敘述	輸出結果
lst[2]	①
lst[1:5]	②
lst[0:-3]	③
lst[-2:5]	④
lst[-1:]	⑤

2. 下列程式片段的執行結果為_____。

```
>>> lst1 = [1, 2, 3]
>>> lst2 = ['X', lst1, 'Y']
>>> lst1[1] = 0
>>> lst2
```

3. 下列程式片段的執行結果為_____。

```
>>> lst1 = [1, 2, 3]
>>> lst2 = ['X', lst1[:], 'Y']
>>> lst[1] = 0
>>> lst2
```

4. 下列程式片段的執行結果為_____。

```
>>> lst = ['pear', 'peach', 'lemon']
>>> lst[1] = 'cocoa'
>>> lst[0:2] = ['eat', 'more']
>>> lst
```

5. 下列程式片段的執行結果為_____。

```
>>> lst = ['Already', 'got', 'one']
>>> lst[1:] = []
>>> lst                          ①
>>> lst[0] = []
>>> lst                          ②
```

6. 下列程式片段的執行結果為_____。

```
>>> A = "coconut"
>>> B = A
>>> B = "pomelo"
>>> A                            ①
>>> A = ["coconut"]
>>> B = A
>>> B[0] = "pomelo"
>>> A                            ②
>>> A = ["coconut"]
>>> B = A[:]
>>> B[0] = "pomelo"
>>> A                            ③
```

7. 下列程式片段的執行結果為_____。

```
>>> x = [1, 2, 3, 0]
>>> all(x)                       ①
>>> any(x)                       ②
>>> all([0, 1, 2, 3])            ③
```

8. 下列程式片段的執行結果為_____。

```
>>> lst1 = [1, ('a', 3)]
>>> lst2 = [1, ('a', 2)]
>>> lst1 < lst2, lst1 == lst2, lst1 > lst2
```

9. 下列程式片段的執行結果為_____。

```
>>> lst = [1, 2, 3]
>>> lst[1:2] = [4, 5]
>>> lst[1:1] = [6, 7]
>>> lst                          ①
>>> lst[1:2] = []
```

```
>>> lst                     ②
>>> lst[len(lst):] = [5, 6, 7]
>>> lst                     ③
>>> lst.extend([8, 9, 10])
>>> lst                     ④
```

10. 下列程式片段的執行結果為_____。

```
>>> lst = [2, 3, 4, 1]
>>> lst[len(lst):] = [5, 6, 7]
>>> lst                     ①
>>> lst.extend([8, 9, 10])
>>> lst                     ②
```

11. 下列程式片段的執行結果為_____。

```
>>> lst = list(range(6))
>>> lst[1:2] = [10, 20]
>>> lst.remove(5)
>>> lst[3::2] = [11, 12]
>>> lst
```

12 下列程式片段的執行結果為_____。

```
>>> lst = ['grape']
>>> lst.append(lst)
>>> lst
```

13. 下列程式片段的執行結果為_____。

```
>>> lst = ['eat', 'more', 'lemon']
>>> lst.append('please')
>>> lst.sort()
>>> lst
```

14. 下列運算式的執行結果是_____。

```
>>> [i for i in range(5) if i % 2 != 0]     ①
>>> [i**2 for i in range(3)]                 ②
```

15. 下列程式片段的執行結果為_____。

```
>>> lst = ['onion', 20, ['garlic', 'ginger']]
>>> lst[0]              ①
>>> lst[1]              ②
>>> lst[2][1]          ③
```

16. 下列程式片段的執行結果為_____。

```
>>> res = []
>>> for c in 'nice':
...     res.append(c * 2)
...
>>> res
```

17. 下列程式片段的執行結果為_____。

```
>>> lst = []
>>> for i in range(3):
...     r = ['_'] * 2
...     lst.append(r)
...
>>> lst[1][1] = '*'
>>> lst
```

18. 下列程式片段的執行結果為_____。

```
a = []
for i in range(0, 5):
    a.append(i)
    a[i] = 9 * (i - 2 + 4 * (i > 3)) % 5
    print('%2d' % a[i], end=' ')
```

19. 下列程式片段的執行結果為_____。

```
a = [4, 0, 2, 3, 1]
for i in range(0, 5):
    t = a[i] ;j = i - 1
    while(j >= 0 and t > a[j]):
        a[j+1] = a[j]; j -= 1
        a[j+1] = t
print(a)
```

20. 下列程式片段的執行結果為_____。

```
>>> s = 'guava'
>>> lst = list(s)
>>> s = ''.join(lst)
>>> s
```

21. 下列程式片段的執行結果為_____。

```
>>> M = [[1, 2, 3], [4, 5, 6], [7, 8, 9]]
>>> M[1]                              ①
>>> M[1][1]                           ②
>>> M[2][0]                           ③
```

22. 下列程式片段的執行結果為_____。

```
>>> lst = [['_'] * 2 for i in range(3)]
>>> lst[1][0] = '*'
>>> lst
```

23. 下列程式片段的執行結果為_____。

```
a = []
a.append([])
```

```
a = [[1, 2, 3], [4, 5, 6], [7, 8, 9]]
for i in range(0, 3):
    for j in range(0, 3):
        print('a[%d][%d]= %d' % (i, j, a[i][j]))
```

三、簡答題

1. 如何建立串列類型資料並給予初值的設定？

2. 如何存取串列中的值？

3. 如何更新串列？

4. 如何刪除串列中的元素或者串列本身？

5. 如何把串列的單一元素替換成一個串列？

6. 如何在一個串列物件取得物件所有的方法和屬性？

四、程式設計題

1. 將 5 個朋友的名字儲存在串列 names 中。然後將每個人的姓名逐一印出。

2. 如果你還沒有在你的某個程式中發生 IndexError 錯誤訊息，請嘗試更改你的一個程式中的下標以產生 IndexError 錯誤訊息。

3. 想一想可以儲存在串列中的資料。例如，你可以列出山脈、河流、國家、城市、或任何你想要儲存的內容。編寫一個程式，使用本章介紹的函式，建立一個包含這些資料的串列。

4. 如果你想邀請 5 個人共進晚餐，列出你想邀請共進晚餐的名字。然後使用串列向每個人列印一條訊息，邀請他們共進晚餐。

5. （續上題）你剛剛聽說有一位客人無法參加晚宴，你必須考慮邀請其他人。因此你需要發出一組新的邀請函。
   (1) 在程式末尾添加列印敘述，說明無法到達的客人姓名。
   (2) 修改串列，將不能到場的客人姓名更換為你要新邀請的客人姓名。
   (3) 列印新的邀請函。

6. （續上題）你剛找到一張更大的餐桌，所以現在有更多空間可以使用。考慮再邀請 3 位客人共進晚餐。
   (1) 在程式末尾添加列印敘述，通知所有受邀者，你找到了更大的餐桌。
   (2) 使用 insert()將一位新客人添加到串列的開頭。
   (3) 使用 insert()將一位新客人添加到你的串列中間。
   (4) 使用 append()將一位新客人添加到串列尾端。
   (5) 列印一組新的邀請訊息。

7. （續上題）你剛剛發現新餐桌無法及時送達，而且你只能容納 4 位客人。

(1) 添加一個新列，列印一條訊息，說明你只能邀請四個人共進晚餐。

(2) 使用 pop()從串列中一次刪除一位客人，直到只有四位名字留在名單中。每次從串列中彈出一個名字時，列印一條訊息給那個人，讓他們知道很抱歉不能邀請他們共進晚餐。

(3) 向仍在串列中的四個人列印一條訊息，讓他們知道他們仍然受到邀請。

(4) 使用 len()列印你邀請共進晚餐的人數。

8. 想想世界上至少五個你想去旅遊的地方。

(1) 將地名儲存在串列中。串列不是按字母順序排列的。

(2) 按原始順序列印串列中的地名。不用考慮列印串列是否對齊，只需將其列印為原始 Python 串列即可。

(3) 使用 sorted()按字母順序列印而不修改實際串列。

(4) 透過列印顯示串列仍按其原始順序排列。

(5) 使用 sorted()以反向列印串列而不更改原始串列的順序。

(6) 透過再次列印來顯示串列仍按其原始順序排列。

(7) 使用 reverse()更改串列的順序。列印串列以顯示其順序已更改。

(8) 使用 reverse()再次更改串列的順序。列印串列以顯示它已恢復到原來的順序。

(9) 使用 sort()更改串列，使其按字母順序儲存。列印串列以顯示其順序已更改。

(10) 使用 sort()更改你的串列，使其按相反的順序儲存。列印串列以顯示其順序已更改。

9. 至少想出三種你最喜歡的水果。將這些水果名稱儲存在串列 fruits 中，然後使用 for 迴圈列印每種水果的名稱。

(1) 修改你的 for 迴圈以使用水果的名稱列印一個句子，而不是只列印水果的名稱。對於每個水果，你應該有一列輸出，其中包含一個簡單的敘述，例如：*I like banana.*。

(2) 在你的程式末尾添加一列（在 for 迴圈之外），說明你喜歡水果的程度。輸出應該包括三列或更多列關於你喜歡的水果種類，然後是一個額外的句子，比如：*I really love banana!*。

10. 想出至少三種具有共同特徵的不同動物。將這些動物的名字儲存在串列 animals 中，然後使用 for 迴圈列印出動物的名字。

(1) 修改你的程式以列印關於每種動物的描述，例如：A dog would make a great pet.。

(2) 在程式末尾加一列，說明這些動物的共同點。你可以列印一個句子，例如：Any of these animals would make a great pet!。

11. 一個數的 3 次方稱為立方(Cube)。比如 2 的立方在 Python 中寫成 2**3。試使用串列推導式(List Comprehension)產生從整數 1 到 10 的 10 個立方數。

12. 使用你在本章中編寫的一個程式，在程式末尾添加幾列，執行以下操作：

    (1) 列印訊息，The first three items in the list are:。然後使用截斷(Slice)列印該程式串列中的前三項。

    (2) 列印訊息，Three items from the middle of the list are:。使用截斷列印串列的中間三項。

    (3) 列印訊息，The last three items in the list are:。使用截斷列印串列的最後三項。

13. 找出一個二維陣列中的鞍點。

    提示：鞍點位置上的元素是該列上的最大值，是該行上的最小值。二維陣列可能不止一個鞍點，也可能沒有鞍點。

14. 給定一個 m×n 矩陣，其元素互不相等，求每列絕對值最大的元素及其所在列號。

15. 已知 m×n 矩陣 A 和 n×p 矩陣 B，試求它們乘積 C=A×B。

    提示：求兩個矩陣 A 和 B 的乘積分為以下 3 步。

    (1) 輸入矩陣 A 和 B。

    (2) 求 A 和 B 的乘積並儲存到矩陣 C 中。

    (3) 輸出矩陣 C。其中第(2)步是關鍵。

    依照矩陣乘法規則，乘積 C 為 m×p 矩陣，且 C 的各元素的計算公式為：

    $$C_{ij} = \sum_{k=1}^{n} A_{ik} B_{kj} \quad (1 \le i \le m,\ 1 \le j \le p)$$

    為了計算矩陣 C，需要採用三重迴圈。其中，外層迴圈（設迴圈變數為 i）控制矩陣 A 的列，中層迴圈（設迴圈變數為 j）控制矩陣 B 的行，內層迴圈（設迴圈變數為 k）控制計算 C 的各元素，顯然，求 C 的各元素屬於累加問題。

16. 使用 Python 的串列處理和 for 迴圈，由使用者輸入統一發票號碼之後，判斷該發票號碼是否中獎，如果中獎則顯示中獎金額。中獎條件為：統一發票 8 位數號碼與頭獎號碼相同者獎金 20 萬元，末 7 位數號碼與頭獎中獎號碼末 7 位相同者獎金 4 萬元，末 6 位數號碼與頭獎中獎號碼末 6 位相同者獎金 1 萬元，末 5 位數號碼與頭獎中獎號碼末 5 位相同者獎金 4 千元，末 4 位數號碼與頭獎中獎號碼末 4 位相同者獎金 1 千元，末 3 位數號碼與頭獎中獎號碼末 3 位相同者獎金 2 百元。

    提示：可以先單獨判斷特別獎和特獎號碼，但因為頭獎需要判斷中獎號碼的「位數」，所以必須使用 for 迴圈進行判斷。

338

MEMO

09 元組、集合與字典

Python 中的串列和元組都屬於序列類型。序列的特點是資料元素之間保持先後的順序關係，透過下標來存取序列的資料元素。集合(Set)和字典(Dictionary)的資料元素之間沒有任何確定的順序關係，屬於沒有順序性的資料儲存容器(Container)，因此不能像序列那樣透過下標來存取資料元素。

元組和串列都是容器型的資料類型，即一個變數可以儲存多個資料。串列是可變資料類型，元組是不可變資料類型，所以串列添加元素、刪除元素、清空、排序等方法對於元組來說是不成立的。

集合是指由沒有順序性的、不重複的元素組成的儲存容器，類似於數學中的集合概念。在 Python 中，字典是由「鍵(Key)：值(Value)」對組成的儲存容器。做為一種複合資料類型，字典和集合之間的主要區別在於它們的操作，字典主要關心其元素的檢索、插入和刪除，集合主要考慮集合之間的並聯、交集和差集操作。

本章介紹元組、集合與字典的概念、操作以及它們的應用。

9-1　元組

在 Python 中，元組(tuple)也是多個元素按照一定的順序構成的序列。元組和串列的不同之處在於，元組是不可變類型，這就表示元組類型的變數一旦定義，其中的元素不能再添加或刪除，而且元素的值也不能加以修改。

9-1-1　元組概述

Python 元組和串列一樣，都是有順序性序列，在很多情況下可以相互替換，很多操作也類似，但它們也有區別。

1. 元組是不可變的(Immutable)序列類型，通常儲存異質的元素序列，並可經由拆解(Unpacking)或索引(Indexing)來存取。而串列是可變的(Mutable)序列類型，其元素通常是同質的且可藉由迭代整個串列來存取。

2. 元組使用小括號定義用逗號隔開的元素，而串列中的元素應該包括在中括號中。

9-1-2　元組的建立

元組(Tuple)的建立很簡單，只需要在小括號()中添加元素，元素之間使用逗號隔開即可。一個元組中如果有一個元素，稱為「一元組」；如果有兩個元素，就稱為「二元組」；如果五個元素，就稱為「五元組」。例如：

```
>>> tup1 = (3, 15, 35)                     #定義一個三元組
>>> tup2 = ('洪恩', 25, '男', '臺北中和')    #定義一個四元組

>>> print(len(tup1), len(tup2))       #查看元組中元素的個數
3 4

>>> print(type(tup1), type(tup2))     #查看變數的類型
<class 'tuple'> <class 'tuple'>
```

再看下面的例子：

```
>>> tup1 = ()                    #建立空元組
>>> print(tup1, type(tup1))
() <class 'tuple'>

>>> tup2 = 12, 345, 'Hi!'     #可以不加小括號
>>> print(tup2, type(tup2))
(12, 345, 'Hi!') <class 'tuple'>   #輸出的元組是以小括號括住

>>> tup3 = (10, )   #含有一個項目的元組由一個值加上一個逗點來建立
>>> print(tup3)
(10,)

>>> tup4 = (1, 2, 3, 4, 5)
>>> tup5 = tup4, (12, 34, 56)
>>> print(tup5, type(tup5))
((1, 2, 3, 4, 5), (12, 34, 56)) <class 'tuple'>

>>> tup6 = (['TSMC',1997],['Intel',2000]) #含有可變物件的元組
>>> print(tup6, type(tup6))
(['TSMC', 1997], ['Intel', 2000]) <class 'tuple'>

>>> a = ('hello',)
>>> print(a, type(a))
('hello',) <class 'tuple'>   #('hello',)是元組

>>> b = (100)            #不是元組
>>> print(b, type(b))
100 <class 'int'>    #(100) 是整數
```

注意：()表示空元組，但是如果元組中只有一個元素，需要加上一個逗號。所以('hello',)和(100,)才是元組，而('hello')和(100)只是字串和整數。

9-1-3 元組的基本操作

和串列類型一樣，元組也支援所有適用於序列的標準操作，例如：存取、截取、連接和複製等操作。請參考下面的範例。

（一）元組的連接和複製

可以使用連接運算子(+)和複製運算子(*)來實現元組的連接和複製操作。例如：

```
>>> tup1 = (3, 15, 9, 28, 35, 78)
>>> tup2 = (25, 7, 39)

>>> tup3 = tup1 + tup2      #元組的連接
>>> print(tup3)
(3, 15, 9, 28, 35, 78, 25, 7, 39)

>>> tup1 = tup1 + tup2      #元組的連接
>>> print(tup1)
(3, 15, 9, 28, 35, 78, 25, 7, 39)

>>> tup4 = ('Best') * 3     #元組的複製
>>> print(tup4)
BestBestBest
```

元組中的元素值是不允許修改的，但可以使用連接運算子對元組進行連接組合。例如：

```
>>> tup1 = (12, 34.56)
>>> tup2 = ('abc', 'xyz')

>>> tup1[-1] = 50           #元組中的元素值是不可以修改的
TypeError: 'tuple' object does not support item assignment

>>> tup3 = tup1 + tup2      #建立一個新的元組
>>> print(tup3)
(12, 34.56, 'abc', 'xyz')
```

（二）元組的存取

雖然元組使用小括號，但存取元組元素時，要使用中括號接下標來取得對應元素的值。例如：

```
>>> tup1 = (3, 15, 35)
>>> tup2 = ('洪恩', 25, '男', '臺北中和')

# 透過存取操作取得元組中的元素
>>> tup1 = (3, 15, 35)
>>> tup2 = ('洪恩', 25, '男', '臺北中和')
>>> print(tup1[0], tup1[-2])     #存取第一個和倒數第二個元素
3 15
>>> print(tup2[3], tup2[-3])     #存取第四個和倒數第三個元素
臺北中和 25
```

（三）元組的截取

可以存取元組中指定位置的元素，也可以截取元組中的一段元素。例如：

```
>>> tup = ('TSMC','Intel','UMC','ASUS','Quanta','Samsung')

>>> print(tup[1:])     #截取第二個(下標為1)之後的所有元素
('Intel', 'UMC', 'ASUS', 'Quanta', 'Samsung')

>>> print(tup[1:4])     #截取第二個(下標為1)到第四個元素(下標為3)
('Intel', 'UMC', 'ASUS')

>>> print(tup[:4])     #截取第一個(下標為0)到第四個元素(下標為3)
('TSMC', 'Intel', 'UMC', 'ASUS')

>>> print(tup[::])     #截取所有的元素
('TSMC', 'Intel', 'UMC', 'ASUS', 'Quanta', 'Samsung')
```

（四）元組元素的搜尋

可以使用 for 迴圈逐一取出元組中的元素。有以下兩種做法。

```
>>> tup = ('Python', 'Java', 'C++', 'C#', 'MATLAB')
>>> for item in tup:
        print(item, end=" ")

Python Java C++ C# MATLAB
```

也可以使用下列方式逐一取出元組中的元素：

```
>>> tup = ('Python', 'Java', 'C++', 'C#', 'MATLAB')
>>> for index in range(len(tup)):
        print(tup[index], end=" ")
```

```
Python Java C++ C# MATLAB
```

（五）刪除元組

元組中的元素是不允許被刪除的，但可以使用 del 敘述來刪除整個元組。例如：

```
>>> tup = ('TSMC','Intel','UMC','ASUS','Quanta')
>>> print(tup)
('TSMC', 'Intel', 'UMC', 'ASUS', 'Quanta')

>>> del tup      #刪除元組
>>> print("刪除後的元組:", tup)
NameError: name 'tup' is not defined.
```

（六）元組的成員檢測

可以使用成員運算子 in 和 not in 來檢測一個元素是否存在元組中，結果會產生布林值 True 或 False。例如：

```
>>> tup1 = (3, 15, 9, 28, 35, 78, 25, 7, 39)
>>> tup2 = ('best', 'better', 'good')
>>> print(15 in tup1)
True
>>> print('Best' not in tup2)
True
```

（七）元組的比較運算

相同類型的元組也支援比較運算。兩個元組的比較是透過比較對應元素是否相等。若要比較的結果相等，則每個對應元素的比較結果都必須相等，並且兩個元組長度必須相同。說明如下：

```
# 建立兩個長度相同的元組
>>> tup1 = (11, 23, 34, 45)
>>> tup2 = tuple(range(1, 5))

#比較兩個元組的對應下標位置上的元素是否相等
>>> print(tup1 == tup2)
False

#比較兩個元組的對應下標位置上的元素的大小
```

```
>>> tup3 = (43, 32, 21)
>>> print(tup1 <= tup3)
True
```

9-1-4　元組的內建函式

元組除了具有上述操作功能之外，Python 還提供一些函式來實現元組處理。

（一）len()

傳回元組的長度（元素個數）。例如：

```
>>> tup1 = ()
>>> len(tup1)
0

>>> tup2 = 'hello!',
>>> len(tup2)
1
>>> tup2
('hello!',)

>>> tup3 = ('TSMC','Intel','UMC','ASUS','Quanta')
>>> len(tup3)
5

>>> tup4 = (3, 15, ['Python', 28], 35, 78, 25, 7, 39)
>>> len(tup4)
8
```

（二）max()

傳回元組中最大的元素值。例如：

```
>>> tup1=('TSMC','Intel','UMC','ASUS','Quanta')
>>> max1=max(tup1)
>>> print(max1)
UMC

>>> tup2=(3, 15, 9, 28, 35, 78, 25, 7, 39)
>>> max2=max(tup2)
>>> print(max2)
78
```

（三）min()

傳回元組中最小的元素值。例如：

```
>>> tup1 = ('TSMC','Intel','UMC','ASUS','Quanta')
>>> min1 = min(tup1)
>>> print(min1)
ASUS

>>> tup2 = (3, 15, 9, 28, 35, 78, 25, 7, 39)
>>> min2 = min(tup2)
>>> print(min2)
3
```

（四）tuple(x)

將可迭代序列 x 轉換為元組。例如：

```
>>> lst1 = ['TSMC', 'Intel', 'UMC', 'ASUS', 'Quanta']
>>> tup1 = tuple(lst1)      #將串列 x 轉換為元組
>>> print(tup1)
('TSMC', 'Intel', 'UMC', 'ASUS', 'Quanta')
```

（五）包裝和拆解

如果將多個用逗號分隔的值指定給一個變數時，多個值會包裝(Packing)成一個元組類型；而將一個元組指定給多個變數時，元組會拆解(Unpacking)成多個值，然後分別指定給對應的變數。例如：

```
# 包裝
a = 1, 10, 100
print(type(a), a)

# 拆解
i, j, k = a
print(i, j, k)
```

程式執行結果如下：

```
<class 'tuple'> (1, 10, 100)
1 10 100
```

在拆解時，如果拆解出來的元素個數和變數個數不對應，會發生 ValueError 異常，錯誤訊息為：too many values to unpack（拆解的值太多）或 not enough values to unpack（拆解的值不足）。

有一種解決變數個數少於元素的個數方法，就是使用星號運算式，我們之前講函式的可變參數時使用過星號運算式。有了星號運算式，我們就可以讓一個變數接收多個值。例如：

```
tup = 1, 10, 100, 1000

# 拆解
tup = 1, 10, 100, 1000
i, j, *k = tup
print(i, j, k)          # 1 10 [100, 1000]

i, *j, k = tup
print(i, j, k)          # 1 [10, 100] 1000

*i, j, k = tup
print(i, j, k)          # [1, 10] 100 1000

*i, j = tup
print(i, j)             # [1, 10, 100] 1000

i, *j = tup
print(i, j)             # 1 [10, 100, 1000]

i, j, k, *l = tup
print(i, j, k, l)       # 1 10 100 [1000]

i, j, k, l, *m = tup    # 1 10 100 1000 []
print(i, j, k, l, m)
```

程式執行結果如下：

```
1 10 [100, 1000]
1 [10, 100] 1000
[1, 10] 100 1000
[1, 10, 100] 1000
1 [10, 100, 1000]
1 10 100 [1000]
1 10 100 1000 []
```

需要注意的是，用星號(*)運算式修飾的變數會變成一個串列，串列中有 0 個或多個元素。還有在拆解語法中，星號運算式只能出現一次。

例 9-1 　元組的包裝和拆解操作。

說明：拆解(Unpacking)語法對所有的序列都成立，亦即，對字串、串列以及 range 函式傳回的範圍序列都可以使用拆解語法。

程式如下：

```
a, b, *c = range(1, 10)
print(a, b, c)

a, b, c = [1, 10, 100]
print(a, b, c)

a, *b, c = 'hello'
print(a, b, c)
```

程式執行結果如下：

```
1 2 [3, 4, 5, 6, 7, 8, 9]
1 10 100
h ['e', 'l', 'l'] o
```

現在我們可以反過來思考一下函式的可變參數，可變參數其實就是將多個參數包裝成一個元組，可以透過下面的程式碼來證明這一點。

```
def add(*args):
    print(type(args), args)
    total = 0
    for val in args:
        total += val
    return total

add(1, 10, 20)
add(1, 2, 3, 4, 5)
```

程式執行結果如下：

```
<class 'tuple'> (1, 10, 20)
<class 'tuple'> (1, 2, 3, 4, 5)
```

有的時候一個函式執行完成後可能需要傳回多個值，這個時候元組類型應該是比較方便的選擇。例如，編寫一個找出串列中最大值和最小的函式。

例 9-2　編寫一個找出串列中最大值和最小的函式。

說明：b 指定給 a，c 指定給 b，a 指定給 c。

程式如下：

```
def find_max_and_min(items):
    """找出串列中最大和最小的元素
    :param items: 串列
    :return: 最大和最小元素構成的二元組
    """
    max_one, min_one = items[0], items[0]
    for item in items:
        if item > max_one:
            max_one = item
        elif item < min_one:
            min_one = item
    return max_one, min_one
```

上面函式的 return 敘述中有兩個值，這兩個值會組裝成一個二元組然後傳回。所以呼叫 find_max_and_min 函式會得到這個二元組，也可以透過拆解將二元組中的兩個值分別指定給兩個變數。

9-1-5　元組與串列的比較

（一）元組的不可變性

元組中的資料一旦定義就不允許更改，因此元組沒有 append()、extend()或 insert()方法，無法添加元組中的元素；元組也沒有 pop()或 remove()方法，不能從元組中刪除元素；元組也沒有 sort()或 reverse()方法，不能修改元組的值。

所謂元組的不可變性指的是元組所指向的記憶體中的內容不可變。例如：

```
>>> tup = ( 'd', 'o', 'c', 't', 'o', 'r')
>>> print(id(tup))        #查看記憶體位址
1599174981184

>>> tup = ( 1, 2, 3)
>>> print(id(tup))
1599181924416            #不一樣的記憶體位址

>>> tup[0] = 'g'          #不支援修改元素
TypeError: 'tuple' object does not support item assignment
```

刪除元組的元素是不允許的，但可以使用 del 敘述刪除整個元組。例如：

```
>>> tup = (123, -32, 24, 35, 43, 56)
>>> del tup            #刪除元組 tup
>>> tup                #刪除元組 tup 後，再引用它，顯示錯誤訊息。
NameError: name 'tup' is not defined.
```

元組是不可變的，也就是說不能更新或更改元組中元素的值，但可以利用現有的元組部分元素來建立新的元組。例如：

```
>>> tup1 = ( 1, 2, 3)
>>> tup2 = ( 'abc', 'xyz')
>>> tup1 + tup2
(1, 2, 3, 'abc', 'xyz')
```

還要注意的是，元組的不可變特性只是對於元組本身而言的，如果元組內的元素是可變的物件（如串列），則是可以改變其值的。例如：

```
>>> tup = ([1,2],3,4)
>>> tup[0][0] = 3
>>> tup
([3, 2], 3, 4)
```

tup[0]是串列[1, 2]，tup[0][0]代表該串列的第 1 個元素（下標為 0），串列的元素是可以更改的。但下列敘述非法，它們修改的是元組 tup 的元素。

```
>>> tup[0] = [10, 20]        #非法敘述
TypeError: 'tuple' object does not support item assignment

>>> tup[1] = 5               #非法敘述
TypeError: 'tuple' object does not support item assignment
```

（二）元組與串列的轉換

元組和串列可以透過 list()函式和 tuple()函式實現相互轉換。list()函式接收一個元組參數，傳回一個包含同樣元素的串列；tuple()函式接收一個串列參數，傳回一個包含同樣元素的元組。例如：

```
# 將元組轉換成串列
>>> tup = ('洪恩', 25, '男', '臺北中和')
>>> print(list(tup))
['洪恩', 25, '男', '臺北中和']

# 將串列轉換成元組
```

```
>>> lst = ['Goofy', 'Garfield', 'Snoopy']
>>> print(tuple(lst))
('Goofy', 'Garfield', 'Snoopy')
```

9-2　集合

在 Python 中，集合(Set)類似於數學中的集合。集合中的各個元素之間是沒有順序性的。也就是說，集合中的元素並不像串列中的元素那樣一個接著一個，可以透過存取的方式實現隨機存取，所以 Python 中的集合不支援存取運算。另外，在集合中不能有重複元素，這一點也是集合和串列的主要區別，亦即，Python 中的集合類型具有去重複性。當然，Python 中的集合一定支援 in 和 not in 檢測運算的，如此就可以決定一個元素是否屬於集合。

在 Python 中，集合是一組沒有順序性且沒有重複的元素。集合物件也支援聯集、交集、差集和對稱差集等數學運算。集合和字典都屬於沒有順序性儲存容器，有許多操作是一致的。例如，判斷集合元素是否存在集合中(x in set, x not in set)，求集合的長度 len()、最大值 max()、最小值 min()、數值元素之和 sum()，集合的搜尋(for x in set)。做為一個沒有順序性的儲存容器，集合不記錄元素位置或插入點，因此集合不支援存取、截取等操作。

9-2-1　集合的建立

在 Python 中，建立集合有兩種方式：一種是用一對大括號({})將多個用逗號隔開的資料括起來；另一種是使用 set()函式將字串、串列、元組等類型的資料轉換成集合類型的資料。例如：

```
>>> s1 = {1,2,3,4,5,6,7,8}
>>> s1
{1, 2, 3, 4, 5, 6, 7, 8}
>>> s2 = set('abcdef')
>>> s2
{'b', 'c', 'e', 'd', 'a', 'f'}
```

在 Python 中，使用大括號將集合元素括起來建立集合，大括號中至少要有一個元素，因為沒有元素的{}並不是空集合，而是一個空字典。如果要建立一個空集合，必須使用內建函式 set()而不是{}。例如：

```
>>> s3 = {}      #空字典
>>> type(s3)
<class 'dict'>
>>> s4 = set()     #空集合
>>> s4
set()
>>> type(s4)
<class 'set'>
```

注意：集合中沒有重複的元素，如果在建立集合時有相同的元素，Python 會自動刪除重複的元素。例如：

```
>>> cartoons = {'Goofy', 'Snoopy', 'Goofy', 'Snoopy'}
>>> print(cartoons)
{'Snoopy', 'Goofy'}

>>> nums = {1, 2, 2, 2, 3, 3, 4, 4, 4, 4, 5}
>>> nums
{1, 2, 3, 4, 5}
```

集合的這個特性非常有用，例如，要刪除串列中大量的重複元素，可以先用 set()函式將串列轉換成集合，再用 list()函式將集合轉換成串列，操作效率非常高。

```
>>> a = [123, 4, 56, 4, 4, 123, 34, 4, 56]
>>> b = set(a)
>>> b
{56, 34, 123, 4}
>>> a = list(b)
>>> a
[56, 34, 123, 4]
```

Python 集合包含兩種類型：可變集合(Set)和不可變集合(Frozen Set)。前面介紹的就是建立可變集合的方法。可變集合可以添加和刪除集合元素，但集合中的元素必須是不可修改的，因此集合的元素不能是串列或字典，只能是數值、字串或元組。同樣，集合的元素不能是可變集合，因為可變集合是可以修改的，不能做其他集合的元素，也不能做為字典的鍵(Key)。Python 提供 frozenset()函式來建立不可變集合，不可變集合是不能修改的，因此能做為其他集合的元素，也能做為字典的鍵。例如：

```
>>> s6 = {1, 2, {'A':3}, 3, 4, 5}
#字典不能做為集合的元素，敘述執行後顯示 TypeError 錯誤
```

```
TypeError: unhashable type: 'dict'
>>> fs = frozenset({'a', 'b', 'c'})   #不可變集合
>>> type(fs)
<class 'frozenset'>
>>> s6 = {1, 2, fs, 3, 4, 5}      #不可變集合可以做為集合的元素
>>> s6
{1, 2, 3, 4, 5, frozenset({'c', 'a', 'b'})}
```

9-2-2　集合的常用運算

集合支援多種運算，很多運算和數學中的集合運算含義一樣。

（一）傳統的集合運算

1. s1|s2|···|sn

   計算 s1, s2, ..., sn 的聯集。例如：

   ```
   >>> s = {1, 2, 3} | {3, 4, 5} | {'a', 'b'}
   >>> s
   {1, 2, 3, 4, 5, 'b', 'a'}
   ```

2. s1 & s2 & ··· & sn

   計算 s1, s2, ..., sn 的交集。例如：

   ```
   >>> s = {1, 2, 3, 4, 5} & {3, 4, 5, 6} & {2, 3, 4, 5}
   >>> s
   {3, 4, 5}
   ```

3. s1-s2-····-sn

   計算 s1, s2, ..., sn 的差集。例如：

   ```
   >>> s = {1, 2, 3, 4, 5} - {3, 4, 5} - {2, 3, 4, 5}
   >>> s
   {1}
   ```

4. s1^s2

   計算 s1, s2 的對稱差集，求 s1 和 s2 中相異元素。例如：

   ```
   >>> s = {1, 2, 3, 4, 5, 6, 7, 8, 9} ^ {5, 6, 7, 8, 9, 10}
   >>> s
   {1, 2, 3, 4, 10}
   ```

（二）集合的比較

1. s1 == s2

如果 s1 和 s2 具有相同的元素，則傳回 True，否則傳回 False。例如：

```
>>> s1 = {4, 3, 2, 1}
>>> s2 = {1, 2, 3, 4}
>>> s1 == s2
True
```

判斷兩個集合是否相等，只需判斷其中的元素是否一致，而與順序無關，這也說明集合是沒有順序性的。

2. s1 != s2

如果 s1 和 s2 具有不同的元素，則傳回 True，否則傳回 False。例如：

```
>>> s1 = {4, 3, 2, 1}
>>> s2 = {1, 2, 3, 4}
>>> s1 != s2
False
```

3. s1 < s2

如果 s1 不等於 s2，且 s1 中所有的元素都是 s2 的元素（s1 是 s2 的純子集合），則傳回 True，否則傳回 False。例如：

```
>>> s1 = {4, 3, 2, 1}
>>> s2 = {1, 2, 3, 4, 5, 6}
>>> s1 < s2
True
```

4. s1 <= s2

如果 s1 中所有的元素都是 s2 的元素（s1 是 s2 的子集合），則傳回 True，否則傳回 False。例如：

```
>>> s1 = {4, 3, 2, 1}
>>> s2 = {1, 2, 3, 4, 5, 6}
>>> s1 <= s2
True
```

5. s1 > s2

如果 s1 不等於 s2，且 s2 中所有的元素都是 s1 的元素（s1 是 s2 的純超集合），則傳回 True，否則傳回 False。例如：

```
>>> s1 = {4, 3, 2, 1}
>>> s2 = {1, 2, 3, 4, 5, 6}
>>> s1 > s2
False
```

6.　s1 >= s2

　　如果 s2 中所有的元素都是 s1 的元素（s1 是 s2 的超集合），則傳回 True，否則傳回 False。例如：

```
>>> s1 = {4, 3, 2, 1}
>>> s2 = {1, 2, 3, 4, 5, 6}
>>> s1 >= s2
False
```

（三）集合元素的併入

s1 |= s2

　　將 s2 的元素併入 s1 中。例如：

```
>>> s1 = {4, 3, 2, 1}
>>> s2 = {7, 8}
>>> s1 |= s2
>>> s1
{1, 2, 3, 4, 7, 8}
```

　　下面再看不可變集合的併入操作。

```
>>> s1 = frozenset({4, 3, 2, 1})
>>> s2 = {7, 8}
>>> s1 |= s2
>>> s1
frozenset({1, 2, 3, 4, 7, 8})
```

（四）集合的搜尋

　　集合與 for 迴圈敘述配合使用，可實現對集合各個元素的搜尋。請看下面的例子。

```
>>> s = {10, 20, 30, 40}
>>> t = 0
>>> for x in s:               #對集合 s 的各個元素進行操作，並輸出各個元素
...     print(x, end=' ')
...     t += x                #對集合 s 的各個元素實現累加
```

```
...
40 10 20 30

>>> print(t)
100
```

9-2-3　集合的常用方法

Python 以物件導向方式提供集合類型很多方法(Methods)，有些適用於可變集合類型和不可變集合類型，有些只適用於可變集合類型。

（一）適用於可變集合和不可變集合的方法

1.　s1.issubset(s2)

如果集合 s1 的所有元素都包含在集合 s2 中，則傳回 True，否則傳回 False。例如：

```
>>> s1 = {2, 3}
>>> s2 = {1, 2, 3, 4}
>>> s1.issubset(s2)
True
```

2.　s1.issuperset(s2)

如果集合 s2 的所有元素都包含在原始集合 s1 中，則傳回 True，否則傳回 False。例如：

```
>>> s1 = {1, 2, 3, 4, 5}
>>> s2 = {2, 3, 5, 6}
>>> s1.issuperset(s2)
False
```

3.　s1.isdisjoint(s2)

如果集合 s1 和 s2 沒有共同元素，則傳回 True，否則傳回 False。例如：

```
>>> s1 = {2, 3}
>>> s2 = {1, 2, 3, 4}
>>> s1.isdisjoint(s2)
False
```

4.　s1.union(s2,...,sn)

傳回集合 s1, s2, ..., sn 的聯集：s1∪s2∪...∪sn，即包含所有集合的元素，重複的元素只會出現一次。例如：

```
>>> s1 = {1, 2, 3, 4}
>>> s2 = {4, 5, 6}
>>> s3 = {4, 5, 'good'}
>>> s4 = s1.union(s2, s3)    #傳回一個新集合 s4
>>> print(s4)
{1, 2, 3, 4, 5, 6, 'good'}
```

5. s1.intersection(s2,...,sn)

傳回兩個或更多集合中都包含的元素，即傳回 s1, s2, ..., sn 的交集：
s1∩s2∩...∩sn。例如：

```
>>> s1 = {1, 2, 3, 4}
>>> s2 = {4, 5, 6}
>>> s3 = {4, 5, 'sdd'}
>>> s4 = s1.intersection(s2, s3)    #傳回一個新集合 s4
>>> print(s4)
{4}
```

6. s1.difference(s2,...,sn)

傳回 s1, s2, ..., sn 的差集：s1-s2-...-sn。即傳回的集合元素包含在第一個集
合 s1 中，但不包含在第二個集合(s2, ..., sn)中。例如：

```
>>> {1, 2, 3, 4}.difference({4, 5, 6},{4, 5, 'sdd'})
{1, 2, 3}
```

7. s1.symmetric_difference(s2)

傳回 s1 和 s2 的對稱差值：s1^s2。即移除兩個集合中都存在的元素，傳回兩
個集合中不重複元素的新集合。例如：

```
>>> s1 = {1, 2, 3, 4}
>>> s2 ={4, 5, 'sdd'}
>>> s3 = s1.symmetric_difference(s2)
>>> print(s3)
{1, 2, 3, 5, 'sdd'}
```

8. s.copy()

複製集合 s。例如：

```
>>> s = frozenset({1, 2, 3, 4, 5})
>>> s.copy()
frozenset({1, 2, 3, 4, 5})
```

（二）適用於可變集合的方法

1.　s.add(x)

在集合 s 中添加元素 x。如果添加的元素已存在集合中，則不執行任何操作。例如：

```
>>> s = {1, 2, 3, 4, 5}
>>> s.add('abc')
>>> s
{1, 2, 3, 4, 5, 'abc'}
```

2.　s.update(s1, s2, ..., sn)

添加新的元素或添加集合 s1,s2,...,sn 到集合 s 中，即 s=s∪s1∪s2∪...∪sn。如果添加的元素已經存在集合 s 中，則該元素只會出現一次，重複的元素會忽略。例如：

```
>>> s = {10, 20, 30}
>>> s1 = {1, 2, 3}
>>> s2 = {3, 4, 5}
>>> s3 = {'a', 'b'}
>>> s.update(s1, s2, s3)
>>> s
{1, 2, 3, 4, 5, 'a', 10, 20, 30, 'b'}
```

3.　s.intersection_update(s1, s2, ..., sn)

取得兩個或更多集合中都重疊的元素，即 s=s∩s1∩s2∩...∩sn。intersection_update()方法不同於 intersection()方法，因為 intersection()方法是傳回一個新的集合，而 intersection_update()方法是在原始集合 s 上移除不重疊的元素。例如：

```
>>> s = {1, 2, 3, 4, 5}
>>> s.intersection_update({1, 2, 3}, {2, 3, 5})
>>> s
{2, 3}
```

4.　s.difference_update(s1, s2, ..., sn)

集合 s 中的成員是屬於 s 但不包含在 s1,s2,...,sn 中的元素。difference_update()方法與 difference()方法的區別在於 difference()方法傳回一個移除相同元素的新集合，而 difference_update()方法是直接在原來的集合中移除元素，沒有傳回值。例如：

```
>>> s = {1, 2, 3, 4, 5, 6, 7, 8, 9}
>>> s.difference_update({1, 2, 3, 4}, {3, 4, 5}, {2, 4, 6})
>>> s
{7, 8, 9}
```

5. s.symmetric_difference_update(s1)

移除集合 s 與集合 s1 中的重複元素，並將集合 s1 中不重複的元素插入到集合 s 中，即 s = s ^ s1。例如：

```
>>> s = {1, 2, 3, 4, 5, 6, 7, 8, 9}
>>> s1 = {5, 6, 7, 8, 9, 10}
>>> s.symmetric_difference_update(s1)
>>> s
{1, 2, 3, 4, 10}
```

6. s.remove(x)

從集合 s 中刪除指定元素 x，若 x 不存在，則顯示 KeyError 錯誤訊息。該方法不同於 discard()方法，discard()方法在移除一個不存在的元素時不會發生錯誤。例如：

```
>>> s = {1, 2, 3, 4, 5}
>>> s.remove(4)
>>> s
{1, 2, 3, 5}
>>> s.remove(10)
KeyError: 10      #顯示 KeyError 錯誤訊息
>>> s.discard(10)       #不會發生錯誤
>>> s
{1, 2, 3, 5}
```

7. s.discard(x)

用於移除指定的集合元素 x。該方法不同於 remove()方法，remove()方法在移除一個不存在的元素時會發生錯誤，而 discard()方法則不會。

```
>>> s = {1, 2, 3, 4, 5}
>>> s.discard(4)
>>> s
{1, 2, 3, 5}
>>> s.discard(12)       #移除一個不存在的元素
>>> s
{1, 2, 3, 5}       #不會發生錯誤
```

8. s.pop()

   隨機刪除集合 s 中任意一個元素，並傳回移除的元素。

```
>>> s = {1, 2, 3, 4, 5}
>>> s.pop()
1
```

9. s.clear()

   刪除集合 s 中的所有元素，但不刪除記憶體位址。

```
>>> s = {1, 2, 3, 4, 5}
>>> s.clear()
>>> s
set()
```

9-3　字典

　　迄今為止，我們已經介紹 Python 中的三種容器型資料類型，但是這些資料類型還不足以幫助我們解決所有的問題。例如，我們要儲存一個員工的訊息，包括姓名、年齡、體重、公司地址、連絡電話、家庭住址、緊急聯絡人電話等訊息，很顯然之前介紹的串列、元組和集合都不是最理想的選擇。雖然串列和元組可以把一個人的所有訊息都儲存下來，但是想要取得某一個員工的連絡電話時，就得先知道他的連絡電話是串列或元組中的第幾個元素；當想要取得某一個員工的家庭住址時，還得知道家庭住址是串列或元組中的第幾項。另一方面，集合顯然是最不合適的，因為集合有去重複性，如果一個人的年齡和體重相同，那麼集合中就會少一項訊息；同理，如果這個人的家庭住址和公司地址是相同的，那麼集合中又會少一項訊息。可見在遇到上述場景時，串列、元組、集合都不是最合適的選擇。Python 提供的字典(Dictionary)資料類型最適合把上述互相關聯的訊息組裝在一起。

9-3-1　字典概述

　　Python 程式中的字典跟小學時使用的《國語字典》很像，它以「鍵：值」對(key:value pair)的方式把資料組織在一起，我們可以透過鍵找到與其對應的值並進行操作。就像《國語字典》中，每個字（鍵）都有與其對應的解釋（值）一樣，每個字和它的解釋合在一起就是字典中的一個項目，而字典中通常包含很多個這樣的項目。

　　串列、元組是有順序性的資料儲存容器，而字典是沒有順序性的資料儲存容器。與串列、元組不同，儲存在字典中的元素並沒有特定的順序。實際上，Python 將各項從左到右隨機排序，以便快速搜尋。

　　字典是 Python 中唯一的映射(Mapping)類型，採用鍵(Key)和值(Value)的組合形式儲存資料。序列是以連續的整數為下標，而字典中的鍵可以是任意不可變類型，如：數值、字串或元組。顯然，串列(List)和集合(Set)是不能做為字典中的鍵，當然字典本身也不能再做為字典中的鍵，因為字典也是可變類型，但是字典可以做為字典中的值。若元組(Tuple)中只包含字串和數值，則元組也可以做為鍵；如果元組直接或間接包含可變類型，就不能做為鍵。

　　Python 對鍵(Key)進行雜湊(Hash)函式運算，根據計算的結果決定值(Value)的儲存位址，所以字典是沒有順序性的儲存容器。鍵就相當於下標，而它對應的值就是資料，資料是根據鍵來儲存的，只要找到這個鍵就可以找到需要的值，這種對應關係是唯一的。也就是說，在同一個字典之中，鍵必須是不相同的，字典中一個鍵只能與一個值對應。對於同一個鍵，後面添加的值會覆蓋之前的值。

9-3-2　**字典的建立**

　　在 Python 中，字典是在大括號中放置一組逗號隔開的「鍵：值」對，每一個「鍵：值」對也稱為字典的元素或資料項目。通常我們可以使用冒號(:)前面的鍵來表示資料項目的含義，而冒號後面就是這個資料項所對應的值。

　　建立字典的一般格式為：

> **字典名稱={[鍵 1:值 1[,鍵 2:值 2,……,鍵 n:值 n]]}**

　　其中，鍵與值之間用冒號":"隔開，元素與元素之間用逗號","隔開，字典中的鍵必須是唯一的，而值可以不唯一。當"鍵:值"對都省略時產生一個空字典。例如：

```
>>> dict1 = {}      #建立空字典
>>> dict2 = {'name': 'John', 'age': 30}
>>> dict1, dict2
({}, {'name': 'John', 'age': 30})
```

　　串列是可變類型，不能做為字典的鍵，否則會出現 TypeError 錯誤訊息。而字典的值可以是串列、元組或字典。例如：

```
>>> dict3 = {'num':{'first':'John','last':'Bob'}, 'age':30}
>>> dict3
{'num': {'first': 'John', 'last': 'Bob'}, 'age': 30}
```

（一）dict() 函式

也可以使用內建函式 dict() 來建立字典，例如：

1. 使用 dict() 函式建立一個空字典並指定給變數。

```
>>> dict1 = dict()
>>> dict1
{}
```

2. 使用串列或元組做為 dict() 的函式參數。

```
>>> dict2 = dict((['x', 1], ['y', 2]))    #元組轉換為字典
>>> dict2
{'x': 1, 'y': 2}

>>> dict3 = dict([['x', 1],['y', 2]])    #串列轉換為字典
>>> dict3
{'x': 1, 'y': 2}
```

3. 將資料按"鍵=值"形式做為參數傳遞給 dict() 函式。

```
>>> dict4 = dict(name='Robert', age=25)
>>> dict4
{'name': 'Robert', 'age': 25}
```

（二）zip() 函式

也可以使用內建函式 zip() 壓縮兩個序列來建立字典，例如：

```
>>> dict1 = dict(zip('good', '1357'))
>>> print(dict1)
{'g': '1', 'o': '5', 'd': '7'}
>>> dict2 = dict(zip('bad', range(1, 10)))
>>> print(dict2)
{'b': 1, 'a': 2, 'd': 3}
```

（三）字典推導式

也可以使用字典推導式建立字典，例如：

```
>>> dict1 = {x: x ** 3 for x in range(1, 6)}
>>> print(dict1)
{1: 1, 2: 8, 3: 27, 4: 64, 5: 125}
```

9-3-3　字典的常用操作

由於字典的特點，它的操作和序列操作不同。例如，對於字典，無法實現有順序性截取和連接。字典的主要操作是依據「鍵」來存取「值」，也可以使用 del 敘述來刪除「鍵：值」對。如果用一個已經存在的鍵儲存值，則先前該鍵所分配的值就會被覆蓋。試圖從一個不存在的鍵中取值會導致錯誤。

（一）字典的存取

Python 透過鍵來存取字典中的值，一般格式為：

字典名稱[鍵]

如果鍵不在字典中，會產生 KeyError 錯誤訊息。各種應用舉例如下。

1. 以鍵進行存取操作。

```
>>> dict1 = {'name':'James', 'age':18}
>>> dict1['age']
18
```

2. 字典巢狀字典的鍵存取。

```
#字典可以做為字典中的值
>>> dict2 = {'name':{'first':'Bob', 'last':'Joe'}, 'age':28}
>>> dict2['name']['first']
'Bob'
```

3. 字典巢狀串列的鍵存取。例如：

```
>>> dict3 = {'name':{'Henry'}, 'score':[76, 89, 98, 65]}
>>> dict3['score'][0]
76
```

4. 字典巢狀元組的鍵存取。例如：

```
>>> dict4 = {'name':{'Henry'}, 'score':(76, 89, 98, 65)}
>>> dict4['score'][0]
76
```

（二）修改字典

透過存取操作可以修改原來的值或者在字典中加入新的鍵值對。其敘述格式為：

字典名稱[鍵] = 值

如果鍵已經存在，則修改鍵對應元素的值；如果鍵不存在，則在字典中增加一個新元素。例如：

```
>>> dict1 = {'name':'James', 'age':18}
>>> dict1['name'] = 'Bob'      #修改字典元素
>>> dict1['score'] = [78, 89, 65, 90]      #添加一個元素
>>> dict1
{'name': 'Bob', 'age': 18, 'score': [78, 89, 65, 90]}
```

（三）刪除字典元素

可以使用以下敘述刪除鍵所對應的元素：

del 字典名稱[鍵]

如果要刪除整個字典，可以使用以下敘述：

del 字典名稱

例如：

```
>>> dict1 = {'a':1, 'b':2, 'c':3}
>>> del dict1['a']   #刪除鍵'a'所對應的元素
>>> dict1
{'c': 3, 'b': 2}
>>> del dict1           #刪除整個字典
>>> dict1
NameError: name 'dict1' is not defined.
```

（四）檢測成員

透過 in 運算子判斷鍵是否存在字典中。如果鍵存在字典中，則傳回 True，否則傳回 False。一般格式為：

鍵 in 字典

而 not in 運算子剛好相反，如果鍵存在字典中，則傳回 False，否則傳回 True。一般格式為：

鍵 not in 字典

看下面的例子：

```
>>> dict1 = {'a':1, 'b':2, 'c':3}
>>> 'b' in dict1
True
>>> 'c' not in dict1
False
```

注意：敘述 k in d（d 為字典）尋找的是鍵，而不是值。而敘述式 v in lst（lst 為串列）則用來尋找值，而不是下標。在字典中檢查鍵比在串列中檢查值的效率高，資料結構的規模越大，兩者的效率差距越明顯。

9-3-4　字典的內建函式

Python 字典包含以下內建函式：

（一）len(dict)

計算字典的元素個數，即"鍵:值"對的總數。例如：

```
>>> dict1 = {'Name': 'Bob', 'Age': 20, 'Gender': 'Man'}
>>> len(dict1)
3
```

（二）str(dict)

以字串表示輸出字典。例如：

```
>>> dict1 = {'Name': 'Bob', 'Age': 20, 'Gender': 'Man'}
>>> str(dict1)
"{'Name': 'Bob', 'Age': 20, 'Gender': 'Man'}"
```

（三）type(variable)

傳回輸入的變數類型，如果變數是字典就傳回字典類型。例如：

```
>>> dict1 = {'Name': 'Bob', 'Age': 20, 'Gender': 'Man'}
>>> type(dict1)
<class 'dict'>
```

雖然也支援 max()、min()、sum()和 sorted()函式，但針對字典的鍵進行計算，很多情況下沒有實際意義。例如：

```
>>> dict1 = {'a': 1, 'b': 2, 'c': 3}
>>> len(dict1)
3
>>> max(dict1)
'c'
```

字典不支援連接(+)和複製(*)運算子，關係運算中只有"=="和"!="有意義。例如：

```
>>> dict1 = {'a': 1,'b': 2,'c': 3}
>>> dict2 = {'b': 1,'c': 2,'d': 3}
>>> dict1 == dict2
False
```

可以使用 list(dict1)函式取得字典 dict1 的鍵，按字典中的順序得到一個串列。例如：

```
>>> dict1 = {'James':89, 'John':78, 'Richard':67, 'Tom':98}
>>> dict1
{'James': 89, 'John': 78, 'Richard': 67, 'Tom': 98}
>>> list(dict1)
['James', 'John', 'Richard', 'Tom']
```

9-3-5 字典的常用方法

基本上，Python 字典類型的方法(Method)都跟字典的鍵值對操作有關，我們可以透過下面的例子來瞭解這些方法的使用。

（一）dict.fromkeys()

dict.fromkeys（序列[,值]）

建立並傳回一個新字典，以序列中的元素做為字典的鍵，指定的值為該字典中所有鍵對應的初始值（預設為 None）。例如：

```
>>> dict1 = {}.fromkeys(('x', 'y'), -1)
>>> dict1            #建立的字典的值是一樣的
{'x': -1, 'y': -1}

>>> seq = ('name', 'age', 'gender')
>>> dict2 = dict.fromkeys(seq)       #建立一個只有鍵沒有值的字典
>>> print("新的字典為: %s" % str(dict2))
新的字典為: {'name': None, 'age': None, 'gender': None}
```

```
>>> dict3 = dict.fromkeys(seq, 5)
>>> print("新的字典為: %s" % str(dict3))
新的字典為: {'name': 5, 'age': 5, 'gender': 5}
```

（二）dict.keys()、dict.values()和 dict.items()

1. dict.keys()

   傳回一個包含字典所有鍵的串列。

2. dict.values()

   傳回一個包含字典所有值的串列。

3. dict.items()

   傳回一個包含所有鍵-值元組的串列。

   請看下面的例子。

```
>>> dict1 = {'name':'Bob', 'gender':'man'}
>>> dict1.keys()
dict_keys(['name', 'gender'])
>>> dict1.values()
dict_values(['Bob', 'man'])
>>> dict1.items()
dict_items([('name', 'Bob'), ('gender', 'man')])
```

（三）dict.copy()

　　傳回一個具有相同鍵值對的新字典。這個方法實現的是字典的淺拷貝 (Shallow Copy)。因為值本身就是相同的。淺拷貝是只拷貝父物件，不會拷貝物件內部的子物件。

```
>>> dict1 = {1: [10, 20, 30]}
>>> dict2 = dict1.copy()
>>> dict1, dict2
({1: [10, 20, 30]}, {1: [10, 20, 30]})

>>> dict1[1].append(40)
>>> dict1, dict2
({1: [10, 20, 30, 40]}, {1: [10, 20, 30, 40]})
```

　　使用 copy 模組的深拷貝(Deep Copy) deepcopy()方法，則是完全拷貝父物件及其子物件。深拷貝需要匯入 copy 模組：

```
>>> import copy
dict1 = [10, 20, 30, 40, ['a', 'b']]        #原始物件
dict2 = dict1                               #傳物件的引用
dict3 = copy.copy(dict1)                    #物件拷貝，淺拷貝
dict4 = copy.deepcopy(dict1)               #物件拷貝，深拷貝

dict1.append(50)          #修改物件 dict1
dict1[4].append('c')   #修改物件 dict1 中的['a', 'b']陣列物件

>>> print('dict1 =', dict1)
dict1 = [10, 20, 30, 40, ['a', 'b', 'c'], 50]
>>> print('dict2 =', dict2)
dict2 = [10, 20, 30, 40, ['a', 'b', 'c'], 50]
>>> print('dict3 =', dict3)
dict3 = [10, 20, 30, 40, ['a', 'b', 'c']]
>>> print('dict4 =', dict4)
dict4 = [10, 20, 30, 40, ['a', 'b']]
```

（四）dict.pop(key)、dict.popitem()和 dict.clear()

1.　dict.pop(key[,default])

刪除鍵 key 所對應的值，並傳回刪除的值。如果 key 存在，則刪除字典中對應的元素；如果 key 不存在，則傳回指定的預設值 default；如果 key 不存在且沒有指定預設值 default，則顯示 KeyError 錯誤訊息。

2.　dict.popitem()

按照 LIFO（）Last In First Out 後進先出（）規則，刪除並傳回字典中的最後一對鍵和值。如果對空字典呼叫此方法，會發出 KeyError 錯誤訊息。

3.　dict.clear()

刪除字典中的全部元素。刪除後，字典變成一個空字典。

例如：

```
>>> dict1 = {'James':89, 'John':78, 'Richard':67, 'Tom':98}
>>> dict1.pop('Richard')
67
>>> dict1
{'James': 89, 'Tom': 98, 'John': 78}

>>> dict1 = {'James':89, 'John':78, 'Richard':67, 'Tom':98}
>>> dict1.popitem()        #刪除並傳回最後一對鍵 key 和值 value
```

```
('Tom', 98)
>>> dict1
{'James': 89, 'John': 78, 'Richard': 67}

>>> dict1 = {'James':89, 'John':78, 'Richard':67, 'Tom':98}
>>> print("字典長度: %d" % len(dict1))
字典長度: 4
>>> dict1.clear()     #字典 dict1 變成一個空字典
>>> print("刪除字典後長度: %d" % len(dict1))
刪除字典後長度: 0
```

（五）dict.get()

dict.get(key[,value])

如果字典中存在鍵 key，則傳回指定鍵對應的值；若 key 不存在字典中，則傳回 value 的預設值 None。該方法不改變原物件的資料。例如：

```
>>> dict1 = {'name':'Bob', 'gender':'man'}
>>> dict1.get('name')
'Bob'
>>> dict1.get('age', 'None')
'None'
```

（六）dict.setdefault()和 dict.update()

1. dict.setdefault(key, default=None)

setdefault()方法和 get()方法類似。如果鍵存在字典中，則傳回其值；如果鍵不存在字典中，將會添加鍵並將值設為預設值 default，並傳回 default，default 預設值為 None。例如：

```
>>> dict1 = {'name':'Bob', 'gender':'man'}
>>> dict1.setdefault('name')
'Bob'
>>> dict1
{'name': 'Bob', 'gender': 'man'}
>>> dict1.setdefault('age', None)
>>> dict1
{'name': 'Bob', 'gender': 'man', 'age': None}
```

2. dict1.update(dict2)

將字典參數 dict2 的鍵-值對更新到字典 dict1 中。例如：

```
>>> dict1 = {1:'Bob', 2:'John'}
>>> dict2 = {3:'James', 4:'Mary', 5:'Robert'}
>>> dict1.update(dict2)
>>> dict1
{1: 'Bob', 2: 'John', 3: 'James', 4: 'Mary', 5: 'Robert'}
```

9-4　元組、集合與字典的應用

　　根據求解問題的特點，選擇合適的組織資料的方法，是程式設計過程中要考慮的重要問題。本節透過範例進一步說明元組、集合和字典的應用。

例 9-3　大樂透電腦選號。

　　說明：Python 的集合有「項目不重複」的特性，所以只要將 1~49 的隨機數字不斷放到一個集合中，直到集合的項目到達 6 個，就完成選號不重複的操作。

　　程式如下：

```
import random
a = set()              #建立空集合
while len(a)<6:     #使用 while 迴圈，直到集合的長度等於 6 就停止
    b = random.randint(1,49)     #取出 1~49 的隨機整數
    a.add(b)                      #將隨機數加入集合
print(a)
```

　　程式輸出結果為：

```
{1, 2, 39, 45, 15, 29}
```

例 9-4　從 2~50 的整數間尋找質數。

　　說明：定義一個函式來找出質數。

　　程式如下：

```
def gen(max):             #定義一個 gen 函式
    s = set()             #設定一個空集合
    for n in range(2,max):  #從 range(2,max)中開始依序找質數
#判斷如果 i 已存在集合，且除以集合中的值有餘數（整除表示非質數）
        if all(n%i>0 for i in s):
            s.add(n)          #將該數字加入集合（表示質數）
```

```
          yield n          #使用 yield 記錄狀態
print(*gen(50))            #印出結果
```

程式輸出結果為：

```
2 3 5 7 11 13 17 19 23 29 31 37 41 43 47
```

例 9-5　　輸入一段文字，然後統計每個英文字母出現的次數。

程式如下：

```
sentence = input('請輸入一段文字: ')
cnt = {}
for ch in sentence:
    if 'A' <= ch <= 'Z' or 'a' <= ch <= 'z':
        cnt[ch] = cnt.get(ch, 0) + 1
for key, value in cnt.items():
    print(f'字母{key}出現{value}次.')
```

程式執行結果如下：

```
請輸入一段文字: A sea of human beings.
字母 A 出現 1 次.
字母 s 出現 2 次.
字母 e 出現 2 次.
字母 a 出現 2 次.
字母 o 出現 1 次.
字母 f 出現 1 次.
字母 h 出現 1 次.
字母 u 出現 1 次.
字母 m 出現 1 次.
字母 n 出現 2 次.
字母 b 出現 1 次.
字母 i 出現 1 次.
字母 g 出現 1 次.
```

例 9-6　　使用字典記錄學生名稱和分數，再分級。

```
students= {}
write = 1
while write :
    name = str(input('輸入名稱:'))
    grade = int(input('輸入分數:'))
    students[str(name)] = grade
```

```
        write= int(input('繼續輸入？\n 1/繼續  0/退出'))
print('name  rate'.center(20,'-'))
for key,value in students.items():
    if value >= 90:
        print('%s %s  A'.center(20,'-')%(key,value))
    elif 89 > value >= 60 :
        print('%s %s  B'.center(20,'-')%(key,value))
    else:
        print('%s %s  C'.center(20,'-')%(key,value))
```

程式輸出結果為：

```
輸入名稱:a
輸入分數:98
繼續輸入？
 1/繼續  0/退出1
輸入名稱:b
輸入分數:23
繼續輸入？
 1/繼續  0/退出0
-----name  rate-----
------a 98  A------
------b 23  C------
```

例 9-7　　　輸入年、月、日，判斷這一天是這一年的第幾天。

　　說明：以 3 月 15 日為例，應該先把前兩個月的天數加起來，再加上 15，即本年的第幾天。平年 1~12 月份的天數分別為 31、28、31、30、31、30、31、31、30、31、30、31，但閏年的 2 月份是 29 天。

　　程式如下：

```
year = int(input('請輸入年份: '))
month = input('請輸入月份: ')
day = int(input('請輸入日期: '))
dic = {'1':31,'2':28,'3':31,'4':30,'5':31,'6':30,'7':31,\
'8':31,'9':30,'10':31,'11':30,'12':31}
days=0
if ((year%4 == 0) and (year%100 != 0)) or (year%400 == 0):
    dic['2'] = 29    #如果是閏年，則 2 月份是 29 天
if int(month) > 1:
    for obj in dic:
        if month == obj:
            for i in range(1, int(obj)):
```

```
            days += dic[str(i)]
        days += day
    else:
        days = day
    print('{}年{}月{}日是該年的第{}天'.format(year,month,day,days))
```

程式輸出結果為：

```
請輸入年份:2023
請輸入月份:2
請輸入日期:15
2023 年 2 月 15 日是該年的第 46 天
```

上機練習

下列上機問題，請先自行演算後，再上機驗證您的答案是否正確。

1.
```
>>> tup = ('c', 'a', 'd', 'b')
>>> tmp = list(tup)
>>> tmp.sort()
>>> tup = tuple(tmp)
>>> tup
```

2.
```
>>> symbols = '01a2B'
>>> tuple(ord(symbol) for symbol in symbols)
```

3.
```
>>> tup = (1, 2, 3, 2, 5, 2)
>>> tup.index(2)
>>> tup.index(2, 2)
>>> tup.count(2)
```

4.
```
tup = ('李誠', 25, '男', '臺北')
for member in tup:
    print(member, end=' ')
```

5.
```
>>> (1, 2) + (3, 4)
>>> (1, 2) * 2
>>> x = (40,)
>>> x
```

6.
```
>>> set1 = {1.23}
>>> set1.add([1, 2, 3])
>>> set1.add({'a':1})
>>> set1.add((1, 2, 3))
>>> set1
>>> set1 | {(4, 5, 6), (1, 2, 3)}
>>> (1, 2, 3) in set1
>>> (1, 4, 3) in set1
```

7.
```
>>> {x ** 2 for x in [1, 2, 3, 4]}
>>> {x for x in 'town'}
```

```
>>> {c * 2 for c in 'town'}
>>> set1 = {c * 2 for c in 'well'}
>>> set1
>>> set1 | {'mmmm', 'xxxx'}
>>> set1 & {'mmmm', 'xxxx'}
```

8.

```
>>> x = set('abcde')
>>> y = set('bdxyz')
>>> x - y
>>> x | y
>>> x & y
>>> x ^ y
>>> x > y, x < y
>>> 'e' in x
>>> 'e' in 'cabbage', 22 in [11, 22, 33]
>>> z = x.intersection(y)
>>> z
>>> z.add('snowflake')
>>> z
>>> z.update(set(['X', 'Y']))
>>> z
```

9.

```
>>> fruits = {'tomato', 'grape', 'peach', 'lychee'}
>>> vegetables = {'ginger', 'tomato'}
>>> fruits & vegetables
>>> fruits | vegetables
>>> fruits - vegetables
>>> vegetables - fruits
>>> fruits > vegetables
>>> {'grape', 'peach'} < fruits
>>> (vegetables | fruits) > vegetables
>>> vegetables ^ fruits
>>> (vegetables | fruits) - (vegetables ^ fruits)
```

10.

```
>>> '{0:10} = {1:10}'.format('steak', 123.4567)
>>> '{0:>10} = {1:<10}'.format('steak', 123.4567)
>>> '{:10} = {:10}'.format('steak', 123.4567)
>>> '{:>10} = {:<10}'.format('steak', 123.4567)
```

11.

```
>>> menu = '{0}, {1} and {2}'
>>> menu.format('Coca', 'pie', 'cocoa')
```

```
>>> menu = '{staple}, {0} and {beverage}'
>>> menu.format('pie', staple='Coca', beverage='cocoa')

>>> menu = '{}, {} and {}'
>>> menu.format('Coca', 'pie', 'cocoa')

>>> menu = '%s, %s and %s'
>>> menu % ('Coca', 'pie', 'cocoa')
```

12.
```
>>> lst = list('rich')
>>> lst
>>> 'first={0[0]}, third={0[2]}'.format(lst)
>>> 'first={0}, last={1}'.format(lst[0], lst[-1])
>>> parts = lst[0], lst[-1], lst[1:3]
>>> 'first={0}, last={1}, middle={2}'.format(*parts)
```

13.
```
>>> '{0:10} = {1:10}'.format('mango', 123.4567)
>>> '{0:>10} = {1:<10}'.format('mango', 123.4567)
>>> '{:10} = {:10}'.format('mango', 123.4567)
>>> '{:>10} = {:<10}'.format('mango', 123.4567)
```

14.
```
>>> '{0:e}, {1:.3e}'.format(3.14159, 3.14159)
>>> '{0:f}, {1:06.2f}'.format(3.14159, 3.14159)
```

15.
```
>>> '{0:X}, {1:o}, {2:b}'.format(255, 255, 255)
>>> bin(255), int('11111111', 2), 0b11111111
>>> hex(255), int('FF', 16), 0xFF
>>> oct(255), int('377', 8), 0o377
```

16.
```
>>> '{0:.2f}'.format(1 / 3.0)
>>> '%.2f' % (1 / 3.0)
>>> '{0:.{1}f}'.format(1 / 3.0, 4)
>>> '%.*f' % (4, 1 / 3.0)
```

17.
```
print('{0}={1}'.format('mango', 12))
print('{}={}'.format('mango', 12))
```

18.
```
>>> '{0:,d}'.format(9999999)
>>> '{:,d}'.format(9999999)
```

```
>>> '{:,d} {:,d}'.format(9999999, 8888888)
>>> '{:,.2f}'.format(296999.2567)
```

19.
```
>>> '{0:b}'.format((2 ** 8) - 1)
>>> bin((2 ** 8) - 1)
>>> '%s' % bin((2 ** 8) - 1)
>>> '%s' % bin((2 ** 8) - 1)[2:]
>>> '%b' % ((2 ** 8) - 1)
```

20.
```
>>> '{}'.format(bin((2 ** 8) - 1))
>>> '{:,d}'.format(99999999)
```

21.
```
dic1 = {'name':'Robert','gender':'man'}
for key in dic1.keys():print(key,dic1[key])
for value in dic1.values():print(value)
for item in dic1.items():print(item)
```

22.
```
>>> dic = {'muffin': 2, 'pie': 1, 'cocoa': 3}
>>> list(dic.items())
>>> dic.get('muffin')
>>> dic.get('toast', 88)
>>> dic
>>> dic2 = {'toast':4, 'bacon':5}
>>> dic.update(dic2)
>>> dic
```

23.
```
>>> dic = {'cocoa': 3, 'muffin': 2, 'toast': 4, 'pie': 1}
>>> dic.pop('muffin')
>>> dic.pop('toast')
>>> dic
```

24.
```
>>> dic = dict(a = 1, b = 2, c = 3)
>>> dic
>>> K = dic.keys()
>>> list(K)
>>> V = dic.values()
>>> list(V)
>>> list(dic.items())
```

25.

```
dic1 = {'name':'Robert','gender':'man'}
for key in dic1.keys():print(key,dic1[key])
for value in dic1.values():print(value)
for item in dic1.items():print(item)
```

習題

一、選擇題

1. 下列程式片段的執行結果為　(A)(1, 2, 3, 4)　(B)(1, 2, 4)　(C)(2, 3, 4)　(D)(1, 2, 4,)

```
>>> tup = (1, 2, 3)
>>> tup = tup[:2] + (4,)
>>> tup
```

2. max((1, 2, 3) * 4)的值是　(A)3　(B)4　(C)5　(D)6

3. tuple(range(2, 10, 2))的傳回結果是　(A)[2, 4, 6, 8]　(B)[2, 4, 6, 8, 10]　(C)(2, 4, 6, 8)
   (D)(2, 4, 6, 8, 10)

4. 下列程式片段的執行結果為　(A)1　(B)'John'　(C)4　(D)TypeError

```
>>> tup = (1, [2, 3], 4)
>>> tup[1] = 'John'
```

5. 下列程式片段的執行結果為　(A)(1, 2, 3, 4)　(B)(1, 2, [3, 4])　(C)([1, 2], [3, 4])
   (D)(1, [2], [3, 4])

```
>>> a, b, *c = range(1, 5)
>>> a, b, c
```

6. 下列程式片段的執行結果為　(A)(1, 2, (30, 40), 11, 12, (3, 4))　(B)(12, 14, (33, 44))
   (C)(1, 2, (30, 40))　(D)(11, 12, (3, 4))

```
>>> t1 = (1, 2, (30, 40))
>>> t2 = (11, 12, (3, 4))
>>> t1 + t2
```

7. 下列程式片段的執行結果為　(A)(1, 2, [30, 40, 50, 60])　(B)TypeError
   (C)SyntaxError　(D)以上皆非

```
>>> tup = (1, 2, [30, 40])
>>> tup[2] += [50, 60]
```

8. 下列程式片段的執行結果為　(A)3 7　(B)10 10　(C)3 9　(D)3 3

```
>>> tup = (3, 5, 9, 8, 7, 10)
>>> print(tup[len(tup)-1], tup[-1])
```

9. 下列程式片段的執行結果為　(A)(1, -1, 0)　(B)(1,)　(C)(True)　(D)TypeError

```
>>> max((1, -1,0), (True,), (1,))
```

10. 下列敘述的執行結果為　(A)True　(B)False　(C)SyntaxError　(D)TypeError

```
>>> max([1, 3, 2], 3, 4)
```

11. 以下何者是不能建立集合的敘述？　(A)s1 = set()　(B)s2 = set("abcd")　(C)s3 =
    {}　(D)s4 = frozenset((3, 2, 1))

12. 設 s = set([1, 2, 2, 3, 3, 3, 4, 4, 4, 4])，則執行 s.remove(4)之後的 s 值是　(A){1, 2, 3}　(B){1, 2, 2, 3, 3, 3, 4, 4, 4}　(C){1, 2, 2, 3, 3, 3}　(D)[1, 2, 2, 3, 3, 3, 4, 4, 4, 4]

13. 下列敘述執行後的結果是　(A){'d', 'd'}　(B){'d', 'a'}　(C){'d', 'c', 'a'}　(D){'a', 'c', 'e'}
```
>>> x = set('abcde')
>>> y = set('bye')
>>> print(x - y)
```

14. 下列敘述執行後的結果是　(A){'s', 'm', 'l', 'al', 'a'}　(B){'s', 'm', 'al', 'a'}　(C){'s', 'm', 'l', 'al'}　(D){'s', 'm', 'l', 'a'}
```
>>> set1 = {'s', 'm', 'a', 'l', 'l'}
>>> set1.add('al')
>>> set1
```

15. 下列敘述執行後的結果是　(A){'1'}　(B){'2'}　(C){'3'}　(D)AttributeError
```
>>> set1 = set[1, 2, 3, 2, 5, 2]
>>> set1.index(2)
```

16. 下列敘述執行後的結果是　(A)abc　(B)2a2b2c　(C)bb cc aa　(D)abc abc
```
>>> for item in set('abc'): print(item * 2, end=' ')
```

17. 下列程式片段的執行結果是　(A){1, 2, 4}　(B)set()　(C)[1, 2, 2, 3, 3, 3, 4]　(D){1, 2, 5, 6, 4}
```
s1 = set([1, 2, 2, 3, 3, 3, 4])
s2 = {1, 2, 5, 6, 4}
print(s1 & s2 - s1. intersection(s2))
```

18. 敘述　print(type({1:1, 2:2, 3:3, 4:4}))的輸出結果是　(A)<class 'tuple'>　(B)<class 'dict'>　(C)<class 'set'>　(D)<class 'frozenset'>

19. 對於字典 dic = {'A':10, 'B':20, 'C':30, 'D':40}，對第 4 個字典元素的存取形式是　(A)dic{3}　(B)dic{'D'}　(C)dic[D]　(D)dic['D']

20. 對於字典 dic={'A':10, 'B':20, 'C':30, 'D':40}，sum(list(dic.values()))的值是　(A)10　(B)100　(C)40　(D)200

21. 下列敘述執行後的結果是　(A)'1 = Smith'　(B)name='Smith'　(C)num=1　(D)1 = Smith
```
>>> '%(num)i = %(name)s' % dict(num=1, name='Smith')
```

22. 下列敘述執行後的結果是　(A)True　(B)False　(C)1　(D)TypeError
```
>>> dic1 = {'a':1, 'b':2}
>>> dic2 = {'a':1, 'b':3}
>>> dic1 < dic2
```

23. 下列敘述執行後的結果是　(A)True　(B)False　(C)1　(D)SyntaxError
```
>>> a = dict(one=1, two=2)
>>> b = {'one': 1, 'two': 2}
>>> c = dict([('two', 2), ('one', 1)])
>>> a == b == c
```

24. 下列敘述執行後的結果是　(A)True　(B)False　(C)1　(D)SyntaxError
```
>>> x = dict(zip(['a', 'b', 'c'], [1, 2, 3]))
>>> y = dict([('b', 2), ('a', 1), ('c', 3)])
>>> z = dict({'c': 3, 'a': 1, 'b': 2})
>>> x == y == z
```

25. 下列敘述執行後的結果是　(A)1　(B)2　(C)3　(D)6
```
d = {}
d[1] = 1
d['1'] = 3
d[1] += 2
tot = 0
for k in d:
    tot += d[k]
print(tot)
```

26. 下列敘述執行後的結果是　(A)True　(B)False　(C)SyntaxError　(D)TypeError
```
>>> frozen = {'name': 'kiwi', 'price': 30}
>>> fresh = frozen
>>> fresh is frozen
```

27. 下列敘述執行後的結果是　(A)True　(B)False　(C)SyntaxError　(D)TypeError
```
>>> frozen = {'name': 'kiwi', 'price': 30}
>>> fruit = {'name': 'kiwi', 'price': 30}
>>> fruit is not frozen
```

28. 下列敘述執行後的結果是　(A)[3, 4]　(B){1, 2, 3, 4}　(C){3}　(D)TypeError
```
>>> {1, 2, 3} | [3, 4]
```

29. 下列敘述執行後的結果是　(A)<class 'set'>　(B)<class 'list'>　(C)<class 'dict'>　(D)<class 'tuple'>
```
>>> type({})
```

30. 下列敘述執行後的結果是　(A)'apple'　(B)'banana'　(C)'orange'　(D)'watermelon'
```
>>> dic1 = {'fruit':['apple','banana','orange']}
>>> dic1['fruit'].append('watermelon')
>>> dic1['fruit'][1]
```

二、填空題

1. 敘述 print(tuple(range(2)), list(range(2))) 的執行結果是_____。

2. 下列程式片段的執行結果為_____。
```
>>> all((0, 1, 2)), all(('a', '', 'b')), any(('', False))
>>> any([])
```

3. 下列運算式的執行結果是_____。
```
>>> [i for i in range(5) if i % 2 != 0]          ①
>>> [i**2 for i in range(3)]                      ②
```

4. 下列運算式的執行結果是_____。
```
>>> first, *middles, last = range(6)
>>> first, middles, last                          ①
>>> sum(middles) / len(middles)                   ②
```

5. 下列程式片段的執行結果為_____。
```
>>> divmod(20, 8)      ①
>>> t = (20, 8)
>>> divmod(*t)          ②
>>> q, rem = divmod(*t)
>>> q, rem              ③
```

6. 下列程式片段的執行結果為_____。
```
>>> tup = (1, [2, 3], 4)
>>> tup[1][0] = 'apple'
>>> tup
```

7. 下列程式片段的執行結果為_____。
```
>>> a, b, *rest = range(5)
>>> a, b, rest                    ①
>>> a, b, *rest = range(3)
>>> a, b, rest                    ②
```

8. 下列程式片段的執行結果為_____。
```
>>> a, *b, c, d = range(1, 6)
>>> a, b, c, d                    ①
>>> *a, b, c, d = range(1, 6)
>>> a, b, c, d                    ②
```

9. 下列程式片段的執行結果為_____。
```
>>> tup = (3, 15, 9, 28, 35, 78, 25, 7, 39)
>>> print(tup[0], tup[-size])         ①
>>> print(tup[size-1], tup[-1])       ②
```

10. 下列程式片段的執行結果為＿＿＿＿＿。

```
print (max(0, True))                              ①
print (max(1, 2, 4))                              ②
print (max(-1, -0.5, 0))                          ③
print (max((1, 2, 3)))                            ④
print (max([2, 4], [3, 6]))                       ⑤
print (max([2, 4], [1, 5]))                       ⑥
print (max((1,-1, 0), (True, False, 0)))          ⑦
```

11. 下列程式片段的執行結果為＿＿＿＿＿。

```
>>> max((-1, -1, 0), (True,), (1,))               ①
>>> max((1, 2, 3), [2, 4,1 ])                      ②
```

12. 下列程式片段的執行結果為＿＿＿＿＿。

```
>>> set([1, 2, frozenset[3, 4]])
>>> set('town')
```

13. 下列程式片段的執行結果為＿＿＿＿＿。

```
>>> set1 = set()
>>> set1.add(12.34)
>>> set1
```

14. 下列程式片段的執行結果為＿＿＿＿＿。

```
>>> {1, 2, 3}.union([3, 4])                       ①
>>> {1, 2, 3}.union({3, 4})                       ②
>>> {1, 2, 3}.union(set([3, 4]))                  ③
```

15. 下列程式片段的執行結果為＿＿＿＿＿。

```
>>> {1, 2, 3}.intersection((1, 3, 5))             ①
>>> {1, 2, 3}.issubset(range(-5, 5))              ②
```

16. 下列程式片段的執行結果為＿＿＿＿＿。

```
>>> lst = [1, 2, 1, 3, 2, 4, 5]
>>> set(lst)                                      ①
>>> lst = list(set(lst))
>>> lst                                           ②
>>> list(set(['yy', 'cc', 'aa', 'xx', 'dd', 'aa']))  ③
```

17. 下列程式的執行結果是＿＿＿＿＿。

```
>>> a = set([1, 2, 2, 3, 3, 3, 4, 4, 4, 4])
>>> sum(a)
```

18. 下列程式的執行結果是＿＿＿＿＿。

```
>>> s1 = {1, 2, 3}
>>> s2 = {2, 3, 5}
>>> print(s1.update(s2))                          ①
```

```
>>> print(s1.intersection(s2))          ②
>>> print(s1.difference(s2))            ③
```

19. 下面程式的執行結果是_____。

```
s = set()
for i in range(1, 10):
    s.add(i)
print(len(s))
```

20. 下列程式片段的執行結果為_____。

```
>>> set1 = set([1, 2, 3])
>>> set1 | set([3, 4])                  ①
>>> set1 | [3, 4]                       ②
>>> set1.union([3, 4])                  ③
>>> set1.intersection((1, 3, 5))        ④
>>> set1.issubset(range(-5, 5))         ⑤
```

21. 下列程式片段的執行結果為_____。

```
>>> A = [1, 2, 3]
>>> dic = {'x':A, 'y':2}
>>> A[1] = 'lucky'
>>> dic
```

22. 下列程式的執行結果是_____。

```
dic = {1:'x', 2:'y', 3:'z'}
del dic[1]
del dic[2]
dic[1] = 'A'
print(len(dic))
```

23. 下列程式片段的執行結果為_____。

```
>>> dic = {'a':1, 'b':2}
>>> B = dic.copy()
>>> B['c'] = 'well'
>>> B
```

24. 下列程式片段的執行結果為_____。

```
>>> dic1 = [1, 2, 3]
>>> lst = ['a', dic1[:], 'b']
>>> dic2 = {'x':dic1[:], 'y':2}
>>> dic2
```

25. 下列敘述的執行結果為_____。

```
>>> bob = {'name': 'Bob', 'age': 32}
>>> john = bob
>>> john['score'] = 95
>>> bob
```

26. 下列程式片段的執行結果為_____。
```
>>> dict.fromkeys(['a', 'b'], 0)
```

27. 下列程式片段的執行結果為_____。
```
>>> mem = dict(name='Bob', age=45, jobs=['teacher',\
 'inventor'])
>>> mem                          ①
>>> mem['name'], mem['jobs']     ②
```

28. 下列程式片段的執行結果為_____。
```
>>> food = {'vegetable': 'onion', 'qty': 5, 'fruits':\
 ['apple', 'sugarcane']}
>>> vegetable, qty, fruits = food.keys()
>>> for x in food.values(): print(x, end=' ')
```

29. 下列程式片段的執行結果為_____。
```
>>> '{num} = {name}'.format(**dict(num=5, name='Bob'))
```

30. 下列程式片段的執行結果為_____。
```
>>> dic = {'town': 2, 'pie': 1, 'cocoa': 3}
>>> dic['pie'] = ['grill', 'bake', 'fry']
>>> del dic['cocoa']
>>> dic['brunch'] = 'Bacon'
>>> dic.values()
```

31. 下列程式片段的執行結果為_____。
```
>>> list(zip(['a', 'b', 'c'], [1, 2, 3]))        ①
>>> dic = dict(zip(['a', 'b', 'c'], [1, 2, 3]))  ②
>>> dic
```

32. 下列程式片段的執行結果為_____。
```
>>> dic = {'b': 2, 'c': 3, 'a': 1}
>>> print(dic.get('c'))                              ①
>>> print(dic.get('x'))                              ②
>>> if dic.get('c') != None: print('present', dic['c']) ③
```

33. 下列程式片段的執行結果為_____。
```
>>> dic = {k: v for (k,v) in zip(['a','b','c'], [1,2,3])}
>>> dic
```

34. 下列程式片段的執行結果為_____。
```
>>> dic = {x: x ** 2 for x in [1, 2, 3, 4]}
>>> dic
```

35. 下列程式片段的執行結果為_____。

```
>>> rec = {}
>>> rec['name'] = 'Bob'
>>> rec['age'] = 45
>>> rec['job'] = 'teacher/inventor'
>>> print(rec['job'])
```

三、簡答題

1. 什麼叫序列(Sequence)？它有哪些類型？各有什麼特點？

2. 設有串列 a，要求從串列 a 中每三個元素取一個，並且將取得的元素組成新的串列 b，請寫出敘述。

3. 用串列解析式產生包含 10 個數字 5 的串列，請寫出敘述。如果要產生包含 10 個數字 5 的元組，請寫出敘述。

4. 分析下列敘述的執行結果，總結敘述 y = x 和 y = x[:]的區別。

```
>>> x = [1, 2, 3, 4, 5]
>>> y = x
>>> id(x), id(y)
(2196941022912, 2196941022912)
>>> x = [1, 2, 3, 4, 5]
>>> y = x[:]
>>> id(x), id(y)
(2196941020800, 2196941024768)
```

5. 分析下列敘述的執行結果，總結敘述 m += [4, 5]和 m = m + [4, 5]的區別。

```
>>> m = [1, 2]
>>> n = m
>>> m += [4, 5]
>>> m, n
([1, 2, 4, 5], [1, 2, 4, 5])
>>> m = [1, 2]
>>> n = m
>>> m = m + [4, 5]
>>> m, n
([1, 2, 4, 5], [1, 2])
```

6. 什麼是空字典和空集合？如何建立？

7. 舉例說明字典中合法的鍵和非法的鍵。

8. 哪個字典方法可以用來將兩個字典合併？

9. 我們知道字典的值可以是任意的 Python 物件，那字典的鍵又如何呢？請試著將除數字和字串以外的其他不同類型的物件作為字典的鍵，看一看，哪些類型可以，哪些不行？對那些不能作字典的鍵的物件類型，你認為是什麼原因呢？

10. 設串列 a = ['number', 'name', 'score']，b = ['21001', 'denmer', 90]，寫一個敘述將這兩個串列的內容轉換為字典，且以串列 a 中的元素為關鍵字，以串列 b 中的元素為值。

11. 在 Python 中，集合類型的定義是什麼？集合有哪兩種類型？分別如何建立？

12. Python 支援的集合運算有哪些？集合的比較運算有哪些？集合物件的方法有哪些？

13. 分別寫出下列兩個程式的輸出結果，輸出結果為何不同？

程式一：

```
dic1 = {'a':1, 'b':2}
dic2 = dic1
dic1['a'] = 6
sum = dic1['a'] + dic2['a']
print(sum)
```

程式二：

```
dic1 = {'a':1, 'b':2}
dic2 = dict(d1)
d1['a'] = 6
sum = d1['a'] + d2['a']
print(sum)
```

四、程式設計題

1. 給定兩個長度相同的串列，比如：串列 [1, 2, 3, ...] 和 ['abc', 'def', 'ghi', ...]，使用這兩個串列中的所有資料組成一個字典，例如：{1:'abc', 2: 'def', 3: 'ghi', ...}。

2. 自助式(Buffet-style)餐廳僅提供五種基本食物。想出五種簡單的食物，並將它們儲存在一個元組中。
   (1) 使用 for 迴圈列印餐廳所提供的每種食物。
   (2) 嘗試修改其中一項，並確認 Python 無法改變。
   (3) 餐廳更改菜單，使用不同的食物替換其中兩項。試使用 for 迴圈列印修改後的菜單上的每種食物。

3. 使用 5 位好友的名字做為字典中的鍵(Key)，並將每個人最喜歡的一個數字做為值(Value)儲存在字典中。試列印每個人的名字和他們最喜歡的號碼。

4. （續上題）如果每個人有多個喜歡的數字。試修改程式然後列印每個人的名字和他們最喜歡的號碼。

5. 建立一個簡單的員工姓名和編號的字典。程式需提供按照姓名排序輸出的功能，員工姓名顯示在前面，後面是對應的員工編號。

6. （續上題）現在根據已按照字母順序排序好的字典的值，顯示出這個字典中的鍵和值。

7. 使用 random 模組中的 randint()或 randrange()方法產生一個隨機數集合：從 0 到 9（包括 9）中隨機選擇，產生 1 到 10 個隨機數。這些數字組成集合 A（A 可以是可變集合，也可以不是）。同理，按此方法產生集合 B。每次新產生集合 A 和 B 後，顯示結果 A｜B 和 A＆B。

8. 從鍵盤輸入 10 個整數存入序列 s 中，其中凡相同的數在 s 中只存入第一次出現的數，其餘的都被剔除。

9. 在一個字典中儲存股票的名稱和價格，找出股價大於 200 元的股票並建立一個新的字典。

CHAPTER

10 物件導向程式設計

　　到目前為止，我們介紹的都是在程序導向程式設計(Procedual-oriented Programming)中的應用。對於規模比較小的程式，程式設計者可以直接編寫出一個程序導向的程式，詳細地描述每一操作過程。但是當程式規模較大時，就顯得力不從心了。物件導向程式設計(Object-oriented Programming；OOP)則以物件(Object)做為程式的主體，將程式和資料封裝於其中，以提高軟體的重用性和靈活性。

　　物件導向程式設計是採用基於物件的概念建立問題模型，模擬客觀世界，分析、設計和實現軟體的辦法。透過物件導向的方法使軟體系統能與現實世界中的系統相統一。

　　本章介紹物件導向程式設計的基本概念、類(Class)與物件的定義和使用、屬性(Property)和方法(Method)、類的繼承(Inheritance)和多態(Polymorphism)。

10-1　物件導向程式設計概述

　　物件導向的設計概念源自自然界，因為在自然界中，類和物件的概念是很自然的。物件導向程式設計會涉及物件、類、訊息、方法、封裝、繼承、多態等許多概念，這些概念是實現物件導向程式設計的基礎。

10-1-1　物件導向的基本概念

　　Python 引入 class 關鍵字來定義「類」(Class)，類把資料和作用於這些資料上的操作組合在一起，是物件導向程式設計的基礎。物件是類的「實例」(Instance)，類定義了屬於該類的所有物件的共同特性。在 Python 採用物件導向程式設計，具有物件導向的基本特徵，包括類與物件的使用、成員函式、建構函式(Constructor)、析構函式(Destructor)、方法重載、類的繼承等。但 Python 的物件導向與其他程式設計語言（如 C++）的物件導向也有一些差異。在 Python 中，一切都是物件，類本身是一個物件（類物件），類的實例也是物件。Python 中的變數、函式都是物件。

　　為了進一步說明問題，下面先討論幾個有關的概念。

（一）物件

　　客觀存在的事物稱為「物件」(Object)，它可以是有形的，如一個人、一輛汽車、一座大樓等，也可以是無形的，如一場足球比賽、一次演出、一項計畫等。任何物件都具有各自的特徵（屬性）和行為（方法）。例如一個人有姓名、性別、身高、膚色等特徵，也具有行走、說話、上網等動作行為。

物件導向程式設計中的物件是客觀事物在程式設計中的具體展現，它也具有自己的特徵和行為。物件的特徵用資料來表示，稱為「屬性」(Attribute)。物件的行為用程式碼來實現，稱為物件的「方法(method)」。總之，任何物件都是由屬性和方法組成的。

（二）類

人們採用抽象的方法把具有共同性質的事物劃分為一類(Class)。「類」是具有相同屬性和行為的一組物件的集合，它提供屬於該類的全部物件統一的抽象描述。任何物件都是某個類的「實例」(Instance)。例如，汽車是一個類，而每一輛具體的汽車是該類的一個物件或實例。在系統中通常有很多相似的物件，它們具有相同名稱和類型的屬性、回應相同的訊息、使用相同的方法。對每個這樣的物件單獨進行定義是很浪費的，因此將相似的物件分組形成一個類，每個這樣的物件被稱為類的一個實例。一個類中的所有物件共用一個公共的定義，儘管它們對屬性所賦予的值不同。例如，所有的員工構成員工類，所有的客戶構成客戶類等。

物件是具體存在的，如一個三角形可以做為一個物件，10 個不同尺寸的三角形是 10 個物件。如果這 10 個三角形物件有相同的屬性和行為（只是邊長值不同），可以將它們抽象為一種類型，稱為三角形類型。在 Python 中，這種類型就稱為「類」(Class)。這 10 個三角形就是屬於同一「類」的物件。類是物件的抽象，而物件則是類的特例，或者說是類的具體表現形式。

類的概念是物件導向程式設計的基本概念，透過它可實現程式的模組化設計。

（三）封裝與訊息隱蔽

物件導向程式設計方法的一個重要特點就是「封裝」(Encapsulation)。所謂封裝有兩個含義：一是把物件的資料（屬性）操作資料的過程（方法）封裝在一個物件中，構成獨立的單元，各個物件之間相對獨立，互不干擾。二是將物件中某些部分對外隱蔽，即隱蔽其內部細節，只留下少量介面，以便與外界聯繫，接收外界的訊息。這種對外界隱蔽的做法稱為「訊息隱蔽」(Information Hiding)。訊息隱蔽還有利於資料安全，防止無關的人瞭解和修改資料。

類是資料封裝的工具，物件是封裝的實現。類的存取控制機制展現在類的成員中可以有公有成員、私有成員和保護成員。對於外界而言，只需要知道物件所表現的外部行為，而不必瞭解內部的工作細節。

（四）抽象

抽象(Abstraction)的作用是表示同一類事物的本質。在程式設計方法中，常用到抽象這一名詞。其實「抽象」這一概念並不抽象，是很具體的。抽象的過程是將有關事物的共通性歸納、集中的過程。例如凡是有輪子、能滾動前進的陸地交通工具統稱為車子。把其中用汽油發動機驅動的抽象為汽車，把用馬拉的抽象為馬車。

如果你會使用自己家中的電視機，你到別人家裡看到即使是不同廠牌的電視機，你也是能對它進行操作，因為它具有所有電視機所共有的特性。Python 中的資料類型就是對一批具體的數的抽象。例如，整數類型資料是對所有整數的抽象。

（五）繼承

如果在軟體開發中已經建立一個名為 A 的類，又想另外建立一個名為 B 的類，而後者與前者內容基本相同，只是在前者增加一些屬性和方法，顯然不必再從頭設計一個新的類，而只需在類 A 的基礎上增加一些新內容即可。這就是物件導向程式設計中的「繼承」(Inheritance)機制。利用繼承可以簡化程式設計的步驟。繼承所反映的是類與類之間抽象層次的不同，根據繼承與被繼承的關係，可分為基底類(Base Class)和衍生類，「基底類」也稱為父類，「衍生類」也稱為子類。子類將從父類那裡獲得所有的屬性和方法，並且可以對這些獲得的屬性和方法加以改造，使之具有自己的特點。

一個父類可以衍生出若干子類，每個子類都可以透過繼承和改造獲得自己的一套屬性和方法，因此，父類表現出的是共通性和一般性，子類表現出的是個性和特性，父類的抽象層次高於子類。繼承具有傳遞性，子類又可以衍生出下一代孫類，相對於孫類，子類將成為其父類，具有較孫類高的抽象層次。繼承所反映的這種類與類之間的關係，使得程式設計者可以在已有的類的基礎上定義和實現新類，所以有效地支援「軟體重用」(Software Reusability)，使得當需要在系統中增加新特徵時所需的新程式碼最少。

（六）多態

如果有幾個相似而不完全相同的物件，有時在對它們發出同一個訊息時，它們的反應各不相同，分別執行不同的操作。這種就是「多態」(Polymorphism)現象。例如，在 Windows 環境下，用滑鼠雙擊一個檔案物件（這就是對物件傳送一個訊息），如果物件是一個可執行檔，則會執行此程式，如果物件是一個文字檔，則啟動文字編輯器並開啟該檔案。類似這樣的情況是很常見的。

在 Python 中，多態是指由繼承而產生相關的不同類，其物件對同一訊息會作出不同的響應。多態是物件導向程式設計的一個重要特徵，能增加程式的靈活性。

10-1-2　從程序導向到物件導向

物件導向和程序導向是兩種不同的程式設計方法。前面各章程式所採用的是程序導向程式設計，其資料和處理資料的程式是分離的。而一個物件導向的 Python 程式是將資料和處理資料的函式封裝到一個類中，屬於類的變數稱為物件。在一個物件中，只有屬於該物件的函式才可以存取該物件的資料，其他函式不能對它進行操作，從而達到資料保護和隱藏的效果。

一個物件導向的程式一般由類的宣告和類的使用兩部分組成。類的使用部分一般由主程式和有關函式組成。這時，程式設計始終圍繞「類」展開。透過宣告類，建構程式所要完成的功能。在 Python 中，所有資料類型都可以視為物件，當然也可以自定義物件。自定義的物件資料類型就是物件導向中的類的概念。下面看一個例子，瞭解程序導向和物件導向在程式流程上的不同之處。

假設要處理學生的成績單，為了表示一個學生的成績，程序導向的程式可以用一個字典表示。例如：

```
stu1 = {'name':'John', 'score':98}
stu2 = {'name':'Mary', 'score':81}
```

而處理學生成績可以透過函式實現，例如使用以下函式列印學生的成績。

```
def print_score(stu):
    print('{}:{}'.format(stu1['name'], stu1['score']))
```

如果要輸入 5 個學生的姓名和成績並輸出，完整的程式如下：

```
def print_score(stu):
    print('{}:{}'.format(stu['name'], stu['score']))
stu = {}
for i in range(0,5):
    stu['name'] = input()              #輸入姓名
    stu['score'] = int(input())        #輸入成績
    print_score(stu)                   #輸出結果
```

如果採用物件導向的程式設計，首先考慮的不是程式的執行流程，而是如何表示學生的資訊。學生(Student)這種資料類型應該被視為一個類，這個類擁有

name 和 score 兩個屬性。如果要列印一個學生的成績，首先必須建立這個學生對應的物件，然後，發送一個 print_score 訊息給物件，讓物件把資料列印出來。定義類如下：

```
class Student(object):
    def __init__(self, name, score):
        self.name = name
        self.score = score
    def print_score(self):
        print('{}:{}'.format(self.name, self.score))
```

發送訊息給物件實際上就是呼叫物件對應的成員函式，在物件導向程式設計中稱為物件的「方法」(Method)。物件導向程式如下：

```
Henry = Student('Henry:', 79)          #定義物件 Henry
Alice = Student('Alice:', 87)          #定義物件 Alice
Henry.print_score()                    #呼叫物件的方法
Alice.print_score()
```

10-2　類與物件

任何客觀事物都是物件，任何物件一定屬於某個類。類是對一類客觀事物的抽象，例如上例中定義的學生類 Student，是指學生這個概念；而物件則是一個個具體的學生，例如，Henry 和 Alice 是兩個具體的學生，稱為物件。所以，要使用類定義的功能，就必須將類產生實例，即建立類的物件。類是抽象的，不占記憶體空間；而物件是具體的，占用儲存空間。定義物件之後，系統將分配記憶體空間給物件變數。

10-2-1　類的定義

物件的屬性是物件的靜態特徵，物件的行為是物件的動態特徵。如果我們把擁有共同特徵的物件的屬性和行為都抽取出來，就可以定義一個類。在 Python 中，可以使用 class 關鍵字加上類名稱來定義類，透過縮排我們可以決定類的程式區段，就如同定義函式那樣。定義類的一般格式如下：

```
class 類名稱:
```

類主體

　　類的定義由類標頭(Class Head)和類主體(Class Body)兩部分組成。類標頭由關鍵字 class 開頭，後面緊接著類名稱，其命名規則與一般識別字的命名規則相同。類名稱的開頭字母一般採用大寫。注意：類名稱後面有個冒號(:)。類主體包括類的所有細節，靠右縮排對齊。

　　在類的程式區段中，我們需要寫一些函式，由於類是一個抽象概念，那麼這些函式就是我們對一類物件共同的動態特徵的截取。寫在類中的函式通常稱為「方法」(Method)，方法就是物件的行為，也就是物件可以接收的訊息。

　　例如定義一個 Student 類：

```
class Student:
    name = 'Henry'                  #定義一個屬性
    def printName(self):            #定義一個方法
        print(self.name)
```

　　方法的第一個參數通常都是 self，代表接收這個訊息的物件本身。Student 類定義完成之後就產生一個全域的類物件，可以透過類物件來存取類中的屬性和方法。當透過 Student.name 來存取時，Student.name 中的 Student 稱為類物件，這一點和 C++中的類有所不同。

10-2-2　**類物件的建立和使用**

　　當一個類定義完成之後，就產生一個類物件。類物件支援兩種操作：屬性引用和實例化。屬性引用操作是透過類物件去呼叫類中的屬性或方法；而實例化是產生一個類物件的實例，稱為「實例物件」。類是抽象的，要使用類定義的功能，就必須將類產生實例，即建立類的物件。在 Python 中，用指定的方式建立類的實例，一般格式為：

物件名稱 ＝ 類名稱(參數清單)

　　建立物件後，可以使用點(.)運算子，透過實例物件來存取這個類的屬性和方法（函式），一般格式為：

物件名稱. 屬性名稱

或

物件名稱. 函式名稱()

　　例如，可以對前面定義的 Student 類進行產生實例操作，敘述"p = Student()"
產生一個 Student 的實例物件，此時也可以透過實例物件 p 來存取屬性或方法，
使用 p.name 來呼叫類的 name 屬性。

例 10-1　類和物件的使用。

程式如下：

```python
class NUM:
    x = 15      #定義屬性
    y = 25      #定義屬性
    z = 35      #定義屬性
    def show(self):     #定義方法
        print((self.x + self.y + self.z) / 3)
b = NUM()       #建立實例物件 b
b.x = 30        #呼叫屬性 x
b.show()        #呼叫方法 show
```

程式輸出結果如下：

```
30.0
```

10-3　屬性和方法

　　瞭解類、類物件和實例物件的區別之後，接下來介紹 Python 中屬性、方法
和函式的區別。在上面 Student 類的定義中，name 是一個屬性，printName()是一
個方法，與某個物件進行綁定的函式稱為方法(Method)。一般在類之中定義的函
式與類物件或實例物件綁定，所以稱為方法；而在類之外定義的函式一般沒有與
物件進行綁定，就稱為函式。

10-3-1　屬性和方法的存取控制

　　類是抽象的，物件是具體的，有了類就能建立物件，有了物件就可以接收訊
息，這就是物件導向程式設計的基礎。定義類的過程是一個抽象的過程，找到物
件公共的屬性屬於資料抽象，找到物件公共的方法屬於行為抽象。

（一）屬性的存取控制

在類中可以定義一些屬性。建立一個類之後，可以透過類名稱存取其屬性。例如：

```
class Student:
    name = 'Henry'
    age = 20
p = Student()
print(p.name, p.age)
```

定義一個 Student 類，其中定義 name 和 age 屬性，預設值分別為 'Henry' 和 20。在定義類之後，就可以用來產生實例物件，敘述"p = Student()"產生一個實例物件 p，然後就可以透過 p 來讀取屬性。這裡的 name 和 age 都是公有(Public)的，可以直接在類之外透過物件名稱存取，如果想定義成私有(Private)的，則需在前面加 2 個底線(__)。例如：

```
class Student:
    __name = 'Henry'
    __age = 20
p = Student()
print(p.__name, p.__age)
```

執行程式執行時會出現 **AttributeError** 錯誤：

```
AttributeError: 'Student' object has no attribute '__name'
```

提示找不到該屬性，因為私有屬性是不能夠在類之外透過物件名稱來進行存取的。在 Python 中沒有像在 C++中一樣用 public 和 private 這些關鍵字來區別公有屬性和私有屬性，它是以屬性命名方式來區分的，如果在屬性名稱前面加 2 個底線(__)，則表示該屬性是私有屬性，否則為公有屬性。方法也一樣，如果在方法名稱前面加 2 個底線，則表示該方法是私有的，否則為公有的。

（二）方法的存取控制

在類中可以根據需要定義一些方法，定義方法採用 def 關鍵字，在類中定義的方法至少會有一個參數，一般以名為"self"的變數做為該參數（用其他名稱也可以），而且需要做為第一個參數。下面看一個例子。

例 10-2　方法的存取控制使用。

程式如下：

```
class Student:
    __name = 'Henry'
    __age = 20
    def getName(self):
        return self.__name
    def getAge(self):
        return self.__age
p = Student()
print(p.getName(), p.getAge())
```

程式輸出結果如下：

```
Henry 20
```

程式中 self 是物件本身的意思，在用某個物件呼叫該方法時，就將該物件做為第一個參數傳遞給 self。

10-3-2　類屬性和實例屬性

（一）類屬性

顧名思義，類屬性(Class Attribute)就是類物件所擁有的屬性，它被所有類物件的實例物件所公有，在記憶體中只存在一個副本，這與 C++中類的靜態成員變數有點類似。對於公有的類屬性，在類之外可以透過類物件和實例物件存取。例如：

```
class Student:
    name = 'Henry'      #公有的類屬性
    __age = 18          #私有的類屬性
p = Student()
print(p.name)           #正確，但不建議
print(Student.name)     #正確
```

```
    print(p.__age)      #錯誤，不能在類之外透過實例物件存取私有的類屬性
    print(Student.__age) #錯誤，不能在類之外透過類物件存取私有類屬性
```

　　類屬性是在類中方法之外定義的，它屬於類，可以透過類存取。儘管也可以透過物件來存取類屬性，但不建議這樣做，因為這樣做會造成類屬性值不一致。

　　類屬性還可以在類定義結束之後透過類名稱增加。例如，下列敘述增加 Student 類屬性 id。

```
    Student.id = '1121151'
```

再來看下面的敘述：

```
    person.pn='11220056'
```

　　在類之外對類物件 Student 進行產生實例之後，產生一個實例物件 p，然後透過上面敘述給 p 添加一個實例屬性 pn，指定為'11220056'。這個實例屬性是實例物件 p 所特有的。注意，類物件 Student 並不擁有它，所以不能透過類物件來存取 pn 屬性。

（二）實例屬性

　　實例屬性(Instance Attribute)是不需要在類中定義，而是在__init__建構函式中定義的，定義時以 self 做為開頭。在其他方法中也可以隨意添加新的實例屬性，但並不建議這麼做，所有的實例屬性最好在__init__中列出。實例屬性屬於實例（物件），只能透過物件名稱存取。例如：

```
>> class Car:
    def __init__(self,c):
        self.color = c          #定義實例物件屬性
    def fun(self):
        self.length = 1.23    #添加實例屬性，但不建議
>>> s = Car('Blue')
>>> print(s.color)
Blue
>>> s.fun()
>>> print(s.length)
1.23
```

　　如果需要在類之外修改類屬性，則必須先透過類物件引用，然後進行修改。如果透過實例物件引用，則會產生一個同名的實例屬性，這種方式修改的是實例屬性，不會影響到類屬性，並且之後如果透過實例物件引用該名稱的屬性，實例屬性會強制遮罩類屬性，即引用的是實例屬性，除非刪除該實例屬性。例如：

```
>>> class Student:
    place = 'Taipei'
>>> print(Student.place)
Taipei
>>> p = Student()
>>> print(p.place)
Taipei
>>> p.place = 'Taichung'
>>> print(p.place)        #實例屬性會遮罩掉同名的類屬性
Taichung
>>> print(Student.place)
Taipei
>>> del p.place           #刪除實例屬性
>>> print(p.place)
Taipei
```

10-3-3　類的方法

（一）類中內建的方法

　　在 Python 中有一些內建的方法，這些方法命名都有特殊的規定，其方法名稱以 2 個底線開始和以 2 個底線結束。類中最常用的就是建構方法和析構方法。

1. 建構方法

　　建構函式(Constructor)是類實例化時自動執行的函式，一般用來執行初始化操作。建構方法__init__(self,......)在產生物件時呼叫，可以用來進行一些屬性初始化操作，系統會預設去執行。建構方法支援重載，如果使用者自己沒有重新定義建構方法，系統就自動執行預設的建構方法。請看下面的程式。

例 **10-3**　建構方法的使用。

程式如下：

```
class Student:
    def __init__(self, name):
        self.StudentName = name
    def sayHello(self):
        print('Hi! my name is {}.'.format(self.StudentName))
p = Student('John')
p.sayHello()
```

程式輸出結果如下：

```
Hi! my name is John.
```

在__init__方法中用形式參數 name 對屬性 StudentName 進行初始化。注意，它們是兩個不同的變數，儘管它們可以有相同的名稱。更重要的是，程式中沒有專門呼叫__init__方法，只是在建立一個類的新實例時，把參數包括在小括號內跟在類名稱後面，從而傳遞給__init__方法。這是這種方法的重要之處。能夠在方法中使用 self.StudentName 屬性。這在 sayHello 方法中得到了驗證。

2.　**析構方法**

析構函式(Destructor)是實例化刪除後自動執行的函式，一般用來清除在實例化所使用的變數等，用以釋放記憶體空間，供新執行的程式使用。析構函式一般無需寫入內容，因為 Python 有垃圾回收機制，不需要手動釋放。析構方法__del__(self)在釋放物件時呼叫，支援重載，可以在其中進行一些釋放資源的操作。下面的例子說明類的普通成員函式以及建構方法和析構方法的作用。

```
>>> class Test:
    def __init__(self):
        print('AAAAA')
    def __del__(self):
        print('BBBBB')
    def myf(self):
        print('CCCCC')
>>> obj = Test()
```

```
AAAAA
>>> obj.myf()
CCCCC
>>> del obj
BBBBB
```

在類 Test 中，__init__(self)建構函式具有初始化的作用，即當該類被產生實體時就會執行該函式，可以把要先初始化的屬性放到這個函式中。其中的__del__(self)方法就是一個析構函式，當使用 del 刪除物件時，會呼叫物件本身的析構函式。另外，當物件在某個有效範圍中呼叫完後，在跳出其有效範圍的同時，析構函式也會被呼叫一次，這樣可以用來釋放記憶體空間。myf(self)是一個普通函式，透過物件進行呼叫。

（二）類方法、實例方法和靜態方法

1. 類方法

類方法是類物件所擁有的方法，需要用修飾器"@classmethod"來標註其為類方法，對於類方法，第一個參數必須是類物件，一般以"cls"做為第一個參數。當然，可以用其他名稱的變數做為第一個參數，但是大都習慣以"cls"做為第一個參數的名稱，所以一般用"cls"。能夠透過實例物件和類物件去存取類方法。例如：

```
>>> class Student:
    place = 'Taipei'
    @classmethod                    #類方法，用@classmethod 來修飾
    def getPlace(cls):
        return cls.place
>>> p = Student()
>>> print(p.getPlace())            #可以透過實例物件引用
Taipei
>>> print(Student.getPlace())      #可以透過類物件引用
Taipei
```

類方法還有一個用途就是可以對類屬性進行修改。例如：

```
>>> class Student:
    place = 'Taipei'
    @classmethod
```

```
        def getPlace(cls):
            return cls.place
        @classmethod
        def setPlace(cls,place1):
            cls.place = place1
>>> p = Student()
>>> p.setPlace('Taichung')          #修改類屬性
>>> print(p.getPlace())
Taichung
>>> print(Student.getPlace())
Taichung
```

結果顯示在用類方法對類屬性修改之後，透過類物件和實例物件存取都發生改變。

2. 實例方法

實例方法是類中最常定義的成員方法，它至少有一個參數並且必須以實例物件做為其第一個參數，一般以'self'做為第一個參數，當然可以用其他名稱的變數做為第一個參數。在類外實例方法只能透過實例物件呼叫，不能透過其他方式呼叫。例如：

```
>>> class Student:
    place = 'Taipei'
    def getPlace(self):      #實例方法
        return self.place
>>> p = Student()
>>> print(p.getPlace())      #正確，可以透過實例物件引用
Taipei
>> print(Student.getPlace())   #錯誤，不能透過類物件引用實例方法
```

3. 靜態方法

靜態方法需要透過修飾器(Decorator)"@staticmethod"來進行修飾，靜態方法不需要多定義參數。例如：

```
>>> class Student:
    place = 'Taipei'
```

```
        @staticmethod
        def getPlace():                  #靜態方法
            return Student.place
>>> print(Student.getPlace())
Taipei
```

對於類屬性和實例屬性，如果在類方法中引用某個屬性，則該屬性必定是類屬性；如果在實例方法中引用某個屬性（不做更改），並且存在同名的類屬性，此時若實例物件有該名稱的實例屬性，則實例屬性會遮罩類屬性，即引用的是實例屬性；若實例物件沒有該名稱的實例屬性，則引用的是類屬性。如果在實例方法中更改某個屬性，並且存在同名的類屬性，此時若實例物件有該名稱的實例屬性，則修改的是實例屬性；若實例物件沒有該名稱的實例屬性，則會建立一個同名的實例屬性。想要修改類屬性，如果在類之外，可以透過類物件修改；如果在類之中，只有在類方法中進行修改。

從類方法、實例方法以及靜態方法的定義形式可以看出，類方法的第一個參數是類物件 cls，那麼透過 cls 引用的必定是類物件的屬性和方法；而實例方法的第一個參數是實例物件 self，那麼透過 self 引用的可能是類屬性，也有可能是實例屬性，不過在存在相同名稱的類屬性和實例屬性的情況下，實例屬性優先順序更高。靜態方法中不需要額外定義參數，因此如果在靜態方法中引用類屬性，則必須透過類物件來引用。

10-4　繼承和多態

上一節介紹類的定義和使用方法，展現了物件導向程式設計方法的三大特點之一：封裝。本節介紹物件導向的另外兩大特點：繼承和多態。

10-4-1　繼承

物件導向程式設計帶來的主要好處之一是程式碼的重用。當設計一個新類時，為了實現這種重用可以繼承一個已設計好的類。一個新類從已有的類獲得已有特性，這種現象稱為類的「繼承」(Inheritance)。透過繼承，在定義一個新類時，先把已有類的功能包含進來，然後再給予新功能的定義或對已有類的某些功能重新定義，從而實現類的重用。從另一角度來說，從已有類產生新類的過程就稱為類的「衍生」(Derivation)，即衍生是繼承的另一種說法，只是描述問題的角度不同而已。

在繼承關係中，被繼承的類稱為父類或超類，也稱為基底類(Base Class)，繼承的類稱為子類。在 Python 中，類繼承的定義形式如下：

class 子類名稱(父類名稱):
　　類主體

在定義一個類的時候，可以在類名稱後面緊跟一對小括號，在括號中指定所繼承的父類，如果有多個父類，多個父類名稱之間用逗號隔開。

例 10-4　**類繼承的使用。**

說明：以學校裡的學生和教師為例，可以定義一個父類 SchoolMember，然後類 Student 和類 Teacher 分別繼承類 SchoolMember。

程式如下：

```python
class SchoolMember:                     #定義父類
    def __init__(self, name, age):
        self.name = name
        self.age = age
        print('init SchoolMember:', self.name)
    def tell(self):
        print('name:{};age:{}'.format(self.name, self.age))
class Student(SchoolMember):        #定義子類 Student
    def __init__(self, name, age, marks):
        SchoolMember.__init__(self,name,age)
        self.marks = marks
        print('init Student:', self.name)
    def tell(self):
        SchoolMember.tell(self)
        print('marks:', self.marks)
class Teacher(SchoolMember):            #定義子類 Teacher
    def __init__(self, name, age, salary):
#顯式呼叫父類建構方法
        SchoolMember.__init__(self, name, age)
        self.salary = salary
        print('init Teacher:', self.name)
```

```
        def tell(self):
            SchoolMember.tell(self)
            print('salary:', self.salary)
s = Student('Henry', 20, 3200)
t = Teacher('John', 48, 52450)
members = [s, t]
print
for member in members:
    member.tell()
```

程式執行結果如下：

```
init SchoolMember: Henry
init Student: Henry
init SchoolMember: John
init Teacher: John
name:Henry;age:20
marks: 3200
name:John;age:48
salary: 52450
```

　　在學校中的每個成員都有姓名和年齡，而學生有分數屬性，教師有薪資屬性，從上面類的定義中可以看到：

1.　在 Python 中，如果父類和子類都重新定義了建構方法__init()__，在進行子類產生實例的時候，子類的建構方法不會自動呼叫父類的建構方法，必須在子類中呼叫。

2.　如果要在子類中呼叫父類的方法，則需以「父類名稱.方法」方式呼叫，以這種方式呼叫的時候，注意要傳遞 self 參數。

　　對於繼承關係，子類繼承父類所有的公有屬性和方法，可以在子類中透過父類名稱來呼叫；而對於私有的屬性和方法，子類是不繼承的，因此在子類中是無法透過父類名稱來存取。

10-4-2　多重繼承

前面所介紹的繼承都屬於單繼承，即子類只有一個父類。實際上，常常會有一個子類有兩個或多個父類，子類從兩個或多個父類中繼承所需的屬性。Python 支援多重繼承，允許一個子類同時繼承多個父類，這種行為稱為多重繼承 (Multiple Inheritance)。

多重繼承的定義形式是：

class 子類名稱(父類名稱 1,父類名稱 2,……) :
　　類主體

如果子類重新定義建構方法，需要去呼叫父類的建構方法，此時呼叫哪一個父類的建構方法由程式決定。若子類沒有重新定義建構方法，則只會執行第一個父類的建構方法，並且若父類名稱 1、父類名稱 2、…中有同名的方法，透過子類的產生實例物件去呼叫該方法時呼叫的是第一個父類中的方法。

對於普通的方法，其搜尋規則和建構方法是一樣的。

例 **10-5**　多重繼承範例。

程式如下：

```
class A():
    def test1(self):
        print("one")
class B(A):
    def test2(self):
        print("more")
class C(A):
    def test1(self):
        print("step")
class D(B, C):
    pass
d = D()
d.test1()
```

程式的輸出結果是：

```
step
```

在存取 d.test1()的時候，D 類沒有 test1()方法，這時並不是深度搜尋，而是呼叫 C 的 test1()方法。而按照典型的由左到右深度優先的搜尋規則，在存取 d.test1()時，D 類沒有 test1()，那麼往上尋找，先找到 B，B 中也沒有，深度優先，存取 B 的父類 A，找到 test1()，所以這時候呼叫的是 A 的 test1()，從而導致 C 重寫的 test1()被繞過。

10-4-3 多態

「多態」(Polymorphism)是指不同的物件收到同一種訊息時會產生不同的行為。在程式中，訊息就是呼叫函式，不同的行為就是指不同的實現方法，即執行不同的函式。

Python 中的多態和 C++、Java 中的多態不同，Python 中的變數是弱類型的，在定義時不用指明其類型，它會根據需要在執行時決定變數的類型。在執行時決定其狀態，在編譯階段無法決定其類型，這就是多態的一種具體展現。此外，Python 本身是一種直譯性語言，不進行編譯，因此它就只在執行時決定其狀態，因此也有人說 Python 是一種多態語言。在 Python 中，很多地方都可以展現多態的特性，例如內建函式 len()不僅可以計算字串的長度，還可以計算串列、元組等物件中的資料個數，這裡在執行時透過參數類型決定其計算過程，正是多態的一種展現。

例 10-6 多態程式範例。

程式如下：

```
class base(object):
    def __init__(self, name):
        self.name = name
    def show(self):
        print("base class: ", self.name)
class subclass1(base):
    def show(self):
        print("sub class 1: ", self.name)
class subclass2(base):
    def show(self):
        print("sub class 2: ", self.name)
```

```
class subclass3(base):
    pass
def testFunc(o):
    o.show()
first = subclass1("1")
second = subclass2("2")
third = subclass3("3")
lst = [first, second, third]
for p in lst:
    testFunc(p)
```

程式輸出結果如下：

```
sub class 1: 1
sub class 2: 2
base class: 3
```

　　程式 base 類和三個子類中都有同名的 show()方法。雖然同名，但該方法在不同類中的行為是不同的，當對一個物件發送 show 訊息（即呼叫該方法）時，所得結果取決於是哪一個物件。多個不同的物件都支援相同的訊息，但各物件回應訊息的行為不同，這種能力是多態的展現，即同一操作具有不同的形態。

10-5　物件導向程式設計應用舉例

　　類的設計與物件的使用是物件導向程式設計的基礎，希望讀者能熟練掌握。下面再介紹一些實際例子。

例 10-7　已知 $y = \dfrac{f(40)}{f(30)f(20)}$，當 $f(n) = 1 \times 2 + 2 \times 3 + 3 \times 4 + \ldots + n \times (n+1)$ 時，求 y 的值。

　　說明：為了說明程序導向程式設計和物件導向程式設計的區別，分別用程序導向方法和物件導向方法來寫程式。

　　程序導向方法的程式如下：

```
def f(n):       #定義求 f(n)的函式
```

```
        s = 0
        for i in range(1, n+1):
            s += i * (i+1)
        return s
y = f(40) / (f(30) + f(20))
print('y =', y)
```

程式執行結果如下：

```
y = 1.7661538461538462
```

物件導向方法的程式如下：

```
class calculate:
    def __init__(self, n):
        self.n = n
    def f(self):        #求 f(n)的成員函式
        s = 0
        for i in range(1, self.n+1):
            s += i * (i+1)
        return s
ob1 = calculate(40)
ob2 = calculate(30)
ob3 = calculate(20)
y = ob1.f() / (ob2.f() + ob3.f())
print('y =', y)
```

程式執行結果與程序導向方法相同。

例 10-8　用物件導向方法編寫例 5-16 對應的程式。

程式如下：

```
class compute:
    def yn(self):        #計算 y 和 n 的函式
        self.n = 1
        self.y = 0.0
        while self.y < 3.0:
```

```
            self.f = 1.0 / (2 * self.n - 1)
            self.y += self.f
            self.n += 1
        self.y = self.y - self.f
        self.n = self.n - 2
    def print(self):      #輸出結果的函式
        print("y = {0}, n = {1}".format(self.y, self.n))
def main():      #主函式
    obj = compute()
    obj.yn()
    obj.print()
main()
```

程式的執行結果與例 5-16 相同。

```
y = 2.994437501289942, n = 56
```

上機練習

下列上機問題，請先自行演算後，再上機驗證您的答案是否正確。

1.

```
class Bus1:
    def __init__(self, passengers=[]):
        self.passengers = passengers
    def pick(self, name):
        self.passengers.append(name)
    def drop(self, name):
        self.passengers.remove(name)

bus1 = Bus1(['Alice', 'Bill'])
bus1.pick('Charlie')
bus1.drop('Alice')
print(bus1.passengers)
```

2.

```
class Bus2:
    def __init__(self, passengers=[]):
        self.passengers = passengers
    def pick(self, name):
        self.passengers.append(name)
    def drop(self, name):
        self.passengers.remove(name)

bus2 = Bus2(['Alice', 'Bill'])
bus2.pick('Charlie')
bus2.drop('Alice')
bus2 = Bus2()
bus2.pick('Carrie')
bus3 = Bus2()
print(bus3.passengers)
bus3.pick('Dave')
print(bus2.passengers is bus3.passengers)
print(Bus2.__init__.__defaults__[0] is bus2.passengers)
```

3.

```
class Bus3:
    def __init__(self, passengers=None):
        if passengers is None:
```

```
            self.passengers = []
        else:
            self.passengers = passengers

    def pick(self, name):
        self.passengers.append(name)

    def drop(self, name):
        self.passengers.remove(name)

bus1 = Bus3(['Alice', 'Bill'])
print(bus1.passengers)
bus1.pick('Charlie')
bus1.drop('Alice')
print(bus1.passengers)
print(Bus3.__init__.__defaults__)
```

4.

```
class Bus4:
    def __init__(self, passengers=None):
        if passengers is None:
            self.passengers = []
        else:
            self.passengers = passengers

    def pick(self, name):
        self.passengers.append(name)

    def drop(self, name):
        self.passengers.remove(name)

bus1 = Bus4(['Alice', 'Bill'])
bus1.pick('Charlie')
bus2 = Bus4()
bus2.pick('Carrie')
bus3 = Bus4()
bus3.pick('Dave')
print(bus3.passengers)
print(bus2.passengers is bus3.passengers)
print(Bus4.__init__.__defaults__[0] is bus2.passengers)
```

5.

```
>>> class Super:
...     def hello(self):
...         self.data1 = 'nice'
```

```
...
>>> class Sub(Super):
...     def hola(self):
...         self.data2 = 'day'
...
...
>>> Y = Sub()
>>> X = Sub()
>>> X.__dict__
>>> X.hello()
>>> X.__dict__
>>> X.hola()
>>> X.__dict__
>>> Y.__dict__
>>> X.data1, X.__dict__['data1']
>>> X.data3 = 'funny'
>>> X.__dict__
>>> X.__dict__['data3'] = 'rainy'
>>> X.data3
```

6.
```
class Car():
    """一次模擬汽車的簡單嘗試"""
    def __init__(self, make, model, year):
        """初始化描述汽車的屬性"""
        self.make = make
        self.model = model
        self.year = year

    def get_descriptive_name(self):
        """傳回整潔的描述性資訊"""
        long_name = str(self.year) + ' ' + self.make + ' '\
+ self.model
        return long_name.title()

my_new_car = Car('audi', 'Q3', 2023)
print(my_new_car.get_descriptive_name())
```

7.
```
class Car():
    def __init__(self, make, model, year):
        """初始化描述汽車的屬性"""
        self.make = make
```

```
        self.model = model
        self.year = year
        self.odometer_reading = 0
    def get_descriptive_name(self):
        """傳回整潔的描述性資訊"""
        long_name = str(self.year) + ' ' + self.make + ' '\
 + self.model
        return long_name.title()
    def read_odometer(self):
        """列印一條指出汽車哩程的訊息"""
        print("This car has " + str(self.odometer_reading)\
 + " miles on it.")

my_new_car = Car('audi', 'Q3', 2023)
print(my_new_car.get_descriptive_name())
my_new_car.read_odometer()
```

8.

```
class Car():
    def __init__(self, make, model, year):
        """初始化描述汽車的屬性"""
        self.make = make
        self.model = model
        self.year = year
        self.odometer_reading = 0
    def get_descriptive_name(self):
        """傳回整潔的描述性資訊"""
        long_name = str(self.year) + ' ' + self.make + ' '\
 + self.model
        return long_name.title()
    def read_odometer(self):
        """列印一條指出汽車哩程的訊息"""
        print("This car has " + str(self.odometer_reading)\
 + " miles on it.")

my_new_car = Car('audi', 'Q3', 2023)
print(my_new_car.get_descriptive_name())
my_new_car.odometer_reading = 23
my_new_car.read_odometer()
```

習題

一、選擇題

1. 下列程式的執行結果是　(A)1　(B)0　(C)False　(D)True

```python
class Truth:
    pass

X = Truth()
print(bool(X))
```

2. 下列程式的執行結果是　(A)5　(B)"5"　(C)"%s"　(D)"s"

```python
class C1:
    def setdata(self, value):
        self.data = value
    def display(self):
        print('"%s"' % self.data)

x = C1()
x.setdata(5)
x.display()
```

3. 下列程式的執行結果是　(A)10 10　(B)10 pass　(C)pass 10　(D)執行出現錯誤

```python
class C():
    f = 10
class C1(C):
    pass
print(C.f, C1.f)
```

4. 下列程式的執行結果是　(A)10 20　(B)20 10　(C)10 10　(D)20 20

```python
class Point:
    x = 10
    y = 10
    def __init__(self, x, y):
        self.x = x
        self.y = y
pt = Point(20, 20)
print(pt.x, pt.y)
```

5. 下列程式的執行結果是　(A)0　(B)1　(C)4　(D)9

```python
class D:
    def __getitem__(self, index):
        return index ** 2
```

```
X = D()
print(X[2])
```

6. 下列程式的執行結果是　(A)0 1　(B)1 2　(C)2 3　(D)1 2 3

```
class E:
    def __init__(self, val):
        self.val = val
    def __str__(self):
        return str(self.val)


objs = [E(2), E(3)]
for x in objs:
    print(x, end=' ')
```

7. 下列程式的執行結果是　(A)7　(B)2　(C)9　(D)TypeError

```
class F:
    def __init__(self, value=0):
        self.data = value
    def __add__(self, other):
        return self.data + other


x = F(5)
print(x + 2)
```

8. 下列程式的執行結果是　(A)4 6 8　(B)6 9 12　(C)6 6 12　(D)4 6 12

```
class Nb:
    def __init__(self, base):
        self.base = base
    def double(self):
        return self.base * 2
    def triple(self):
        return self.base * 3


x = Nb(2)
y = Nb(3)
z = Nb(4)
print(x.double(), y.double(), z.triple())
```

9. 下列程式的執行結果是　(A)5　(B)6　(C)7　(D)SyntaxError

```
class G:
    def __init__(self, val):
        self.val = val
    def __add__(self, other):
```

```
        return G(self.val + other)

    x = G(5)
    x += 1
    x += 1
    print(x.val)
```

10. 下列程式的執行結果是　(A)1　(B)0　(C)False　(D)True

```
class I:
    data = 'orange'
    def __gt__(self, other):
        return self.data > other
    def __lt__(self, other):
        return self.data < other

X = I()
print(X > 'range')
```

11. 下列程式的執行結果是　(A)yes　(B)1　(C)False　(D)True

```
class J:
    def __bool__(self):
        return True
    def __len__(self):
        return 0

X = J()
if X:
    print('yes')
```

12. 下列程式的執行結果是　(A)1　(B)2　(C)6　(D)24

```
class Prod:
    def __init__(self, value):
        self.value = value
    def __call__(self, other):
        return self.value * other

x = Prod(2)
print(x(3))
```

13. 下列程式的執行結果是　(A)9 12　(B)12 9　(C)3 4　(D)6 24

```
class Prod:
    def __init__(self, value):
        self.value = value
    def comp(self, other):
```

```
        return self.value * other

    x = Prod(3)
    print(x.comp(3), x.comp(4))
```

14. 下列程式的執行結果是　(A)15　(B)4　(C)9　(D)13

```
    def sqr(arg):
        return arg ** 2
    class S:
        def __init__(self, val):
            self.val = val
        def __call__(self, arg):
            return self.val + arg
    class Pr:
        def __init__(self, val):
            self.val = val
        def method(self, arg):
            return self.val * arg

    sobj = S(2)
    pobj = Pr(3)
    acts = [sqr, sobj, pobj.method]
    print(acts[-1](5))
```

15. 下列程式的執行結果是　(A)15　(B)12　(C)8　(D)6

```
    def sq(arg):
        return arg ** 3
    class S:
        def __init__(self, val):
            self.val = val
        def __call__(self, arg):
            return self.val + arg
    class P:
        def __init__(self, val):
            self.val = val
        def method(self, arg):
            return self.val * arg

    sobj = S(2)
    pobj = P(2)
    acts = [sq, sobj, pobj.method]
    print(acts[-1](3))
```

16. 下列程式的執行結果是 (A)None (B)good (C)NotImplementedError (D)action must be defined!

```
class Super:
    def delegate(self):
        self.action()
    def action(self):
        raise NotImplementedError('action must be defined!')

class Sub(Super):
    def action(self): print('good')

X = Sub()
X.delegate()
```

17. 下列程式的執行結果是 (A)5 (B)3 (C)0 (D)-2

```
class Number:
    def __init__(self, start):
        self.data = start
    def __sub__(self, other):
        return Number(self.data - other)

from number import Number
X = Number(5)
Y = X - 2
print(Y.data)
```

18. 下列程式的執行結果是 (A)[25, 6, 10, -5] (B)[9, 4, 6, -3] (C)[16, 5, 8, -4] (D)[25, 7, 10, -5]

```
def sqr(arg):
    return arg ** 2
class S:
    def __init__(self, val):
        self.val = val
    def __call__(self, arg):
        return self.val + arg
class Pro:
    def __init__(self, val):
        self.val = val
    def method(self, arg):
        return self.val * arg
class Ng:
    def __init__(self, val):
```

```
            self.val = -val
    def __repr__(self):
            return str(self.val)

    sobj = S(2)
    pobj = Pro(2)
    acts = [sqr, sobj, pobj.method, Ng]
    lst = [act(5) for act in acts]
    print(lst)
```

19. 下列程式的執行結果為　(A)15 16 17　(B)15 16 19　(C)16 17 18　(D)17 18 19

```
class Ind:
    data = [15, 16, 17, 18, 19]
    def __getitem__(self, index):
        return self.data[index]

X = Ind()
print(X[0], X[1], X[-1], end=' ')
```

20. 下列程式片段的執行結果為　(A)87654321　(B)876　(C)100　(D)321

```
class Account:
    def __init__(self, id):
        self.id = id
        id = 87654321
acc = Account(100)
print(acc.id)
```

21. 下列程式的執行結果為　(A)3 2 1　(B)2 3　(C)1 2 3　(D)3

```
class Printer:
    def __init__(self, val):
        self.val = val
    def __repr__(self):
        return str(self.val)

objs = [Printer(2), Printer(3)]
for x in objs:
    print(x, end=' ')
```

22. 下列程式的執行結果為　(A)param　(B)self　(C)100　(D)100 100

```
class Parent:
    def __init__(self, param):
        self.v1 = param
class Child(Parent):
    def __init__(self, param):
```

```
            Parent.__init__(self, param)
            self.v2 = param
    obj = Child(100)
    print(obj.v1, obj.v2)
```

23. 下列程式的執行結果為　(A)100　(B)150　(C)500　(D)450

```
class Account:
    def __init__(self, id, balance):
        self.id = id
        self.balance = balance
    def deposit(self, amount):
        self.balance += amount
    def withdraw(self, amount):
        self.balance -= amount
acc1 = Account('12345', 100)
acc1.deposit(500)
acc1.withdraw(150)
print(acc1.balance)
```

24. 下列程式的執行結果為　(A)Bob　(B)90　(C)90.0　(D)[]

```
class Grade1(object):
    def __init__(self):
        self._grades = {}
    def add_student(self, name):
        self._grades[name] = []
    def report_grade(self, name, score):
        self._grades[name].append(score)
    def average_grade(self, name):
        grades = self._grades[name]
        return sum(grades) / len(grades)


chi = Grade1()
chi.add_student('Bob')
chi.report_grade('Bob', 90)
print(chi.average_grade('Bob'))
```

二、填空題

1. 下列程式的執行結果為＿＿＿。

```
class Rec: pass

Rec.name = 'Bob'
Rec.age = 40
Rec.jobs = ['dev', 'mgr']
print(Rec.name)
```

2. 下列程式的執行結果為____。

```
class Rec: pass

Rec.name = 'Bob'
Rec.age = 40
x = Rec()
y = Rec()
print(x.name, y.name)                    ①
x.name = 'David'
print(Rec.name, x.name, y.name)          ②
```

3. 下列程式的執行結果為____。

```
class A:
    num = 12

x = A()
y = A()
print(x.num, y.num)                          ①
A.num = 35
print(x.num, y.num, A.num)                   ②
x.num = 66
print(x.num, y.num, A.num)                   ③
```

4. 下列程式的執行結果為____。

```
class E:
    def __index__(self):
        return 255

X = E()
print(hex(X), bin(X), oct(X), end=' ')
```

5. 下列程式的執行結果為____。

```
class F:
    def __getitem__(self, i):
        return self.data[i]

X = F()
X.data = "happy"

for item in X:
    print(item, end=' ')
```

6. 下列程式的執行結果為＿＿＿。

```
class H:
    def __call__(self, *pargs, **kargs):
        print('Called:', pargs, kargs)


C = H()
C(1, 2, 3)                          ①
C(1, 2, 3, x=4, y=5)                ②
```

7. 下列程式的執行結果為＿＿＿。

```
class B:
    data = 'nice'
    def __init__(self, value):
        self.data = value
    def display(self):
        print(self.data, B.data)


x = B(1)
y = B(2)
x.display()                         ①
y.display()                         ②
```

8. 下列程式的執行結果為＿＿＿。

```
class C:
    def printer(self, text):
        self.message = text
        print(self.message)


x = C()
x.printer('good luck')
print(x.message)
```

9. 下列程式的執行結果為＿＿＿。

```
class Ind:
    def __getitem__(self, index):
        return index ** 2


X = Ind()
for i in range(5):
    print(X[i], end=' ')
```

10. 下列程式的執行結果為＿＿＿。

```
def sqr(arg):
    return arg ** 2
```

```
class S:
    def __init__(self, val):
        self.val = val
    def __call__(self, arg):
        return self.val + arg
class Pro:
    def __init__(self, val):
        self.val = val
    def method(self, arg):
        return self.val * arg
class Ng:
    def __init__(self, val):
        self.val = -val
    def __repr__(self):
        return str(self.val)


sobj = S(1)
pobj = Pro(2)
acts = [sqr, sobj, pobj.method, Ng]
lst = [act(4) for act in acts]
print(lst)
```

11. 下列程式的執行結果為＿＿＿。

```
class Number:
    def __init__(self, val):
        self.val = val
    def __iadd__(self, other):
        self.val += other
        return self


x = Number(5)
x += 1
x += 1
y = Number([1])
y += [2]
y += [3]
print(x.val, y.val)
```

12. 下列程式的執行結果為＿＿＿。

```
class Num:
    def __init__(self, base):
        self.base = base
    def double(self):
```

```
            return self.base * 2
        def triple(self):
            return self.base * 3

    x = Num(2)
    y = Num(3)
    z = Num(4)
    nums = [x.double, y.double, y.triple, z.double]
    for num in nums:
        print(num(), end=' ')
```

13. 下列程式的執行結果為____。

```
    class properties(object):
        def getage(self):
            return 30
        def setage(self, value):
            print('set age: %s' % value)
            self._age = value
        age = property(getage, setage, None, None)

    x = properties()
    x._age = 40
    x.job = 'trainer'
    print(x.age, x._age, x.job)
```

14. 下列程式的執行結果為____。

```
    def sq(arg):
        return arg ** 3
    class S:
        def __init__(self, val):
            self.val = val
        def __call__(self, arg):
            return self.val + arg
    class P:
        def __init__(self, val):
            self.val = val
        def method(self, arg):
            return self.val * arg

    sobj = S(1)
    pobj = P(2)
    acts = [sq, sobj, pobj.method]
    for act in acts:
        print(act(5), end=' ')
```

15. 下列程式的執行結果為____。

```
def sqr(arg):
    return arg ** 3
class S:
    def __init__(self, val):
        self.val = val
    def __call__(self, arg):
        return self.val + arg
class Pro:
    def __init__(self, val):
        self.val = val
    def method(self, arg):
        return self.val * arg


sobj = S(3)
pobj = Pro(2)
acts = [sqr, sobj, pobj.method]
print([act(5) for act in acts])
```

16. 下列程式的執行結果為____。

```
class Squares:
    def __init__(self, start, stop):
        self.value = start - 1
        self.stop = stop
    def __iter__(self):
        return self
    def __next__(self):
        if self.value == self.stop:
            raise StopIteration
        self.value += 1
        return self.value ** 2


for i in Squares(1, 5):
    print(i, end=' ')
```

17. 下列程式的執行結果為____。

```
def sqr(arg):
    return arg ** 2
class S:
    def __init__(self, val):
        self.val = val
    def __call__(self, arg):
        return self.val + arg
```

```
class Pro:
    def __init__(self, val):
        self.val = val
    def method(self, arg):
        return self.val * arg


sobj = S(1)
pobj = Pro(3)
acts = [sqr, sobj, pobj.method]
[act(3) for act in acts]
lst = list(map(lambda act: act(3), acts))
print(lst)
```

18. 下列程式的執行結果為＿＿。

```
X = 11

def f():
    print(X, end=' ')
def g():
    X = 22
    print(X, end=' ')
class C:
    X = 33
    def m(self):
        X = 44
        self.X = 55

if __name__ == '__main__':
    print(X, end=' ')
    f()
    g()
    print(X, end=' ')

    obj = C()
    print(obj.X, end=' ')

    obj.m()
    print(obj.X, end=' ')
    print(C.X, end=' ')
```

19. 下列程式的執行結果為＿＿。

```
class adder:
    def __init__(self, value=0):
```

```
            self.data = value
        def __add__(self, other):
            self.data += other

    class addstr(adder):
        def __str__(self):
            return '[Value: %s]' % self.data

    x = addstr(3)
    x + 1
    print(x)
```

20. 下列程式的執行結果為＿＿＿。

```
    class adder:
        def __init__(self, value=0):
            self.data = value
        def __add__(self, other):
            self.data += other

    class addboth(adder):
        def __str__(self):
            return '[Value: %s]' % self.data
        def __repr__(self):
            return 'addboth(%s)' % self.data

    x = addboth(4)
    x + 1
    print(x)
```

21. 下列程式的執行結果為＿＿＿。

```
    def sq(arg):
        return arg ** 3
    class S:
        def __init__(self, val):
            self.val = val
        def __call__(self, arg):
            return self.val + arg
    class P:
        def __init__(self, val):
            self.val = val
        def method(self, arg):
            return self.val * arg
    class Ng:
```

```
        def __init__(self, val):
            self.val = -val
        def __repr__(self):
            return str(self.val)

    sobj = S(1)
    pobj = P(2)
    acts = [sq, sobj, pobj.method, Ng]
    for act in acts:
        print(act(3), end=' ')
```

22.　下列程式的執行結果為＿＿＿。

```
class Person:
    def __init__(self, name, jobs, age=None):
        self.name = name
        self.jobs = jobs
        self.age = age
    def info(self):
        return (self.name, self.jobs)

rec1 = Person('Bob', ['dev', 'mgr'], 40)
rec2 = Person('David', ['dev', 'cto'])
print(rec1.jobs, rec2.info())
```

23.　下列程式的執行結果為＿＿＿。

```
class Person:
    def __init__(self, name, job=None, pay=0):
        self.name = name
        self.job = job
        self.pay = pay

bob = Person('Bob')
david = Person('David', job='dev', pay=100000)
print(bob.name, bob.pay)              ①
print(david.name, david.pay)          ②
```

24.　下列程式的執行結果為＿＿＿。

```
class Person:
    def __init__(self, name, job=None, pay=0):
        self.name = name
        self.job = job
        self.pay = pay
if __name__ == '__main__':
    bob = Person('Bob')
```

```
        david = Person('David', job='dev', pay=100000)
        print(bob.name, bob.pay)                        ①
        print(david.name, david.pay)                    ②
```

25. 下列程式的執行結果為____。

```
    class Person:
        def __init__(self, name, job=None, pay=0):
            self.name = name
            self.job = job
            self.pay = pay
        def firstName(self):
            return self.name.split()[0]
        def giveRaise(self, percent):
            self.pay = int(self.pay * (1 + percent))


    if __name__ == '__main__':
        bob = Person('Bob Smith')
        david = Person('David Jones', job='dev', pay=100000)
        print(bob.name, bob.pay)                            ①
        print(david.name, david.pay)                        ②
        print(bob.firstName(), david.firstName())           ③
        david.giveRaise(.10)
        print(david.pay)                                    ④
```

26. 下列程式的執行結果為____。

```
    class Person:
        def __init__(self, name, job=None, pay=0):
            self.name = name
            self.job = job
            self.pay = pay
        def firstName(self):
            return self.name.split()[0]
        def giveRaise(self, percent):
            self.pay = int(self.pay * (1 + percent))
        def __repr__(self):
            return '[Person: %s, %s]' % (self.name, self.pay)


    if __name__ == '__main__':
        bob = Person('Bob Smith')
        david = Person('David Jones', job='dev', pay=100000)
        print(bob)                                          ①
        print(david)                                        ②
        print(bob.firstName(), david.firstName())           ③
```

```
        david.giveRaise(.10)
        print(david)                                          ④
```

27. 下列程式的執行結果為____。

```
    class ClassA:
        def setdata(self, value):
            self.data = value
        def display(self):
            print(self.data)

    class ClassB(ClassA):
        def display(self):
            print('Current value = "%s"' % self.data)

    z = ClassB()
    z.setdata(12)
    z.display()
```

28. 下列程式的執行結果為____。

```
    class Grade1B(object):
        def __init__(self):
            self._grades = {}
        def add_student(self, name):
            self._grades[name] = {}
        def report_grade(self, name, subject, grade):
            by_subject = self._grades[name]
            grade_list = by_subject.setdefault(subject, [])
            grade_list.append(grade)
        def average_grade(self, name):
            by_subject = self._grades[name]
            total, count = 0, 0
            for grades in by_subject.values():
                total += sum(grades)
                count += len(grades)
            return total / count

    scores = Grade1B()
    scores.add_student('Helen')
    scores.report_grade('Helen', 'Math1', 78)
    scores.report_grade('Helen', 'Math2', 75)
    scores.report_grade('Helen', 'Gym1', 90)
    scores.report_grade('Helen', 'Gym2', 92)
    print(scores.average_grade('Helen'))
```

29. 下列程式的執行結果為____。

```python
class Grade2(object):
    def __init__(self):
        self._grades = {}
    def add_student(self, name):
        self._grades[name] = {}
    def report_grade(self, name, subject, grade):
        by_subject = self._grades[name]
        grade_list = by_subject.setdefault(subject, [])
        grade_list.append(grade)
    def average_grade(self, name):
        by_subject = self._grades[name]
        total, count = 0, 0
        for grades in by_subject.values():
            total += sum(grades)
            count += len(grades)
        return total / count

scores = Grade2()
scores.add_student('Davis')
scores.report_grade('Davis', 'Mathmatics', 75)
scores.report_grade('Davis', 'Chemstry', 65)
scores.report_grade('Davis', 'Physics', 90)
scores.report_grade('Davis', 'Programming', 95)
print(scores.average_grade('Davis'))
```

30. 下列程式的執行結果為____。

```python
class Super:
    def method(self):
        print('in Super.method')

class Sub(Super):
    def method(self):
        print('starting Sub.method')
        Super.method(self)
        print('ending Sub.method')

x = Super()
x.method()              ①
x = Sub()
x.method()              ②
```

31. 下列程式的執行結果為＿＿。

```
X = 1

def nester():
    print(X, end=' ')
    class C:
        print(X, end=' ')
        def method1(self):
            print(X, end=' ')
        def method2(self):
            X = 3
            print(X, end=' ')
    I = C()
    I.method1()
    I.method2()

print(X, end=' ')
nester()
```

32. 下列程式的執行結果為＿＿。

```
X = 1

def nester():
    X = 2
    print(X, end=' ')
    class C:
        print(X, end=' ')
        def method1(self):
            print(X, end=' ')
        def method2(self):
            X = 3
            print(X, end=' ')
    I = C()
    I.method1()
    I.method2()

print(X, end=' ')
nester()
```

33. 下列程式的執行結果為＿＿。

```
X = 1

def nester():
```

```
        X = 2
        print(X, end=' ')
        class C:
            X = 3
            print(X, end=' ')
            def method1(self):
                print(X, end=' ')
                print(self.X, end=' ')
            def method2(self):
                X = 4
                print(X, end=' ')
                self.X = 5
                print(self.X, end=' ')
        I = C()
        I.method1()
        I.method2()

    print(X, end=' ')
    nester()
```

34. 下列程式的執行結果為＿＿＿。

```
# File number.py

class Number:
    def __init__(self, start):
        self.data = start
    def __sub__(self, other):
        return Number(self.data - other)

>>> from number import Number
>>> X = Number(5)
>>> Y = X - 2
>>> Y.data
```

35. 下列程式的執行結果為＿＿＿。

```
class Parent:
    def myMethod(self):
        print('Calling parent method')

class Child(Parent):
    def myMethod(self):
        print('Calling child method')
```

```
        c = Child()
        c.myMethod()
```

36. 下列程式的執行結果為____。

```
        class Vector:
            def __init__(self, a, b):
                self.a = a
                self.b = b
            def __str__(self):
                return 'Vector (%d, %d)' % (self.a, self.b)
            def __add__(self,other):
                return Vector(self.a + other.a, self.b + other.b)

        v1 = Vector(2,10)
        v2 = Vector(5,-2)
        print(v1 + v2)
```

37. 下列程式的執行結果為____。

```
        class JustCounter:
            __secretCount = 0

            def count(self):
                self.__secretCount += 1
                print(self.__secretCount)

        counter = JustCounter()
        counter.count()                                            ①
        counter.count()                                            ②
        print(counter._JustCounter__secretCount)                   ③
```

38. 下列程式的執行結果為____。

```
        class Super:
            def method(self):
                print('in Super.method')
            def delegate(self):
                self.action()

        class Sub(Super):
            def action(self): print('nice')

        x = Sub()
        x.delegate()
```

三、簡答題

1. 什麼叫類？什麼叫物件？它們有何關係？

2. 在 Python 中如何定義類與物件？

3. 類的屬性有哪幾種？如何存取它們？

4. 繼承與衍生有何關係？如何實現類的繼承？

5. 什麼是多態？在 Python 中如何體現？

四、程式設計題

1. 建立一個 Restaurant 類，其方法__init__()設定兩個屬性：restaurant_name 和 cuisine_type。建立一個 describe_restaurant()方法和一個 open_restaurant()方法，其中前者列印上述兩項資訊，而後者列印一條訊息，指出餐廳正在營業。根據這個類建立一個 restaurant 實例，分別列印兩個屬性，再呼叫前述兩個方法。

2. 根據上題編寫的類建立三個實例，並對每個實例呼叫 describe_restaurant()方法。

3. 某商店銷售某一商品，允許銷售人員在一定範圍內靈活掌握售價(Price)，現已知當天 3 名銷貨員的銷售情況為：

銷貨員編號(num)	銷貨件數(quantity)	銷貨單價(price)
101	5	23.5
102	12	24.56
103	100	21.5

編寫程式，計算當日此商品的總銷售款 sum 以及每件商品的平均售價。

說明：利用字典來組織資料，以銷貨員號做為字典的鍵，透過鍵搜尋字典。

438

MEMO

11 檔案操作

在實際的應用中，可以從標準輸入／輸出設備輸入或輸出資料，但在資料量大、資料存取頻繁以及資料處理結果需長期儲存的情況下，一般將資料以檔案(File)的形式儲存。檔案是儲存在外部媒體（如磁碟）上的用檔名標註的資料集合。如果想存取儲存在外部媒體上的資料，必須先按檔名找到所指定的檔案，然後再從該檔案中讀取資料。如果要對外部媒體儲存資料，也必須先建立一個檔案（以檔名標註），才能對它寫入資料。

在程式執行時，常常需要將一些資料（執行的中間資料或最終結果）輸出到磁碟上儲存起來，以備需要時再從磁碟中讀入到電腦記憶體，這就要用到磁碟檔案。磁碟既可做為輸入裝置，也可做為輸出設備，因此，有磁碟輸入檔和磁碟輸出檔。除磁碟檔案外，作業系統把每一個與主機相連的輸入／輸出設備都做為檔案來管理，稱為標準輸入／輸出檔。例如，鍵盤是標準輸入檔，螢幕和印表機是標準輸出檔。

檔案操作是一種基本的輸入／輸出方式，在求解問題過程中經常碰到。資料以檔案的形式儲存，作業系統以檔案為單位對資料進行管理，檔案系統仍是高階語言普遍採用的資料管理方式。

本章介紹檔案的基本概念、文字檔及二進位檔的操作方法、檔案管理方法以及檔案操作的應用。

11-1　檔案概述

11-1-1　檔案格式

檔案(File)是儲存在外部媒體上一組相關資訊的集合。例如，程式檔是程式碼(Code)的集合，資料檔是資料的集合。每個檔案都有一個名稱，稱為「檔名」(File Name)。一批資料是以檔案的形式儲存在外部媒體（如磁碟）上的，而作業系統以檔案為單位對資料加以管理。也就是說，如果想尋找儲存在外部媒體上的資料，必須先按檔名找到指定的檔案，然後再從該檔案中讀取資料。要對外部媒體儲存資料，也必須以檔名為標註先建立一個檔案，才能對它輸出資料。

根據檔案資料的組織形式，Python 的檔案可分為文字檔(Text File)和二進位檔(Binary File)。「文字檔」的每一個位元組存放一個 ASCII 碼，代表一個字元(Character)。「二進位檔」指包含 ASCII 及擴充 ASCII 字元中編寫的資料或程式指令(Program Instructions)的檔案。一般所稱的二進位檔係指除了文字檔以外的檔案。

在文字檔中，一個位元組代表一個字元，因而便於對字元進行逐一處理，也便於輸出字元，但一般占用儲存空間較多，而且要花費時間轉換（二進位形式與 ASCII 碼間的轉換）。用二進位形式輸出數值，可以節省外部媒體空間和轉換時間。一般而言，需要暫時儲存在外部媒體且之後又需要讀入到記憶體的中間結果資料，常用二進位檔儲存。

11-1-2　檔案操作

無論是文字檔還是二進位檔，其操作過程是一樣的，即首先開啟(Open)檔案並建立檔案物件，然後透過該檔案物件對檔案內容進行讀／寫操作，最後關閉(Close)檔案。在 Python 中，建立或開啟一個檔案十分簡單，只需使用 open() 函式即可實現。

檔案的讀(Read)操作就是從檔案中讀取資料，再輸入到內部記憶體(RAM)；檔案的寫(Write)操作是對檔案寫入資料，即將記憶體資料輸出到磁碟檔案。此時，讀／寫操作是相對於磁碟檔案而言的，而輸入／輸出操作是相對於內部記憶體而言的。對檔案的讀／寫過程就是實現資料輸入／輸出的過程。「讀」與「輸入」、「寫」與「輸出」指的是同一過程，只是角度不同而已。

11-2　　檔案的開啟與關閉

在對檔案進行讀／寫操作之前，首先必須使用內建函式 open() 來建立或開啟一個檔案，操作結束後應該關閉檔案。如果要「讀取」一個檔案，則需要先確認此檔案是否已經存在。如果要「寫入」一個檔案，則檢查是否有同名檔案；如果有，則先將該檔案刪除，然後新建一個檔案，並將讀／寫位置設定於檔案開頭，準備寫入資料。

11-2-1　開啟檔案

Python 提供 open() 函式使用指定模式(Mode)開啟檔案並建立檔案物件，可以透過使用檔案物件來完成各種檔案操作。

（一）open() 函式

open() 函式的一般呼叫格式為：

```
檔案物件 = open(檔案名稱[,開啟模式][,緩衝])
```

其中，檔案名稱(File Name)是一個字串，用來指定欲開啟或建立的檔名，可以包含磁碟名稱、路徑和檔名。注意，檔案路徑中的"\"要寫成"\\"，例如，要開啟 e:\mypython 中已存在的檔案 test.txt，檔案名稱要寫成 "e:\\mypython\\test.txt"；開啟模式(Mode)指定開啟檔案後的操作方式，該參數是字串，必須小寫。檔案操作方式是可選參數，預設為 r（唯讀）。檔案模式使用具有特定含義的符號表示，如表 11-1 所示；緩衝(Buffering)設定表示檔案操作是否使用緩衝區。如果參數為 0，表示不使用緩衝區。如果為 1，表示使用「列緩衝」策略。如果參數為大於 1 的整數，則該整數表示緩衝區的大小。如果參數為 -1，則使用系統的預設緩衝區大小，這也是緩衝區參數的預設值。

表 11-1　檔案模式

模式	功能	模式	功能
r	開啟唯讀文字檔	r+	開啟讀／寫的文字檔
w	清除文字檔內容後寫入	w+	清除文字檔內容後讀／寫內容
a	開啟文字檔從檔尾開始寫入	a+	開啟文字檔從檔尾開始讀／寫
rb	開啟唯讀二進位檔	rb+	開啟讀／寫的二進位檔
wb	清除二進位檔內容後寫入	wb+	清除二進位檔內容後讀／寫內容
ab	開啟二進位檔從檔尾開始寫入	ab+	開啟二進位檔從檔尾開始讀／寫

open()函式以指定的模式開啟指定的檔案，檔案模式的含義是：

1. "r"模式

開啟檔案時，只能從檔案對記憶體輸入資料，而不能從記憶體對該檔案寫入資料。以"r"模式開啟的檔案應該已經存在，不能用"r"模式開啟一個不存在的檔案（即輸入檔案），否則將出現 File Not Found Error 錯誤。這是預設的開啟模式。

2. "w"模式

開啟檔案時，只能從記憶體對該檔案寫入資料，而不能從檔案對記憶體輸入資料。如果該檔案原來不存在，則會在開啟時建立一個以指定檔名命名的檔案。如果原來的檔案已經存在，則開啟時將檔案刪除，然後重新建立一個新檔案。

3. "a"模式

如果希望在一個已經存在的檔案的尾部追加(Append)新資料（保留原檔案中已有的資料），則應使用"a"模式開啟。如果該檔案不存在，則建立並寫入新的檔案。開啟檔案時，檔案的位置指標(Pointer)在檔案尾端。

4. "r+"，"w+"，"a+"模式

使用"r+"，"w+"，"a+"模式開啟的檔案可以寫入和讀取資料。使用"r+"模式開啟檔案時，該檔案應該已經存在，這樣才能對檔案進行讀／寫操作；使用"w+"模式開啟檔案時，如果檔案已經存在，則覆蓋現有的檔案。如果檔案不存在，則建立新的檔案並可進行讀取和寫入操作；使用"a+"模式開啟的檔案，則保留檔案中原有的資料，檔案的位置指標在檔案尾端，此時，可以進行追加或讀取檔案的操作。如果該檔案不存在，則建立新檔案並可以進行讀取和寫入操作。

5. 使用類似的方法可以開啟二進位檔

（二）檔案物件屬性

檔案一旦被開啟，透過檔案物件的屬性可以得到有關該檔案的各種資訊，表11-2 列出檔案物件的屬性。

表 11-2　檔案物件屬性

屬性	功能
closed	如果檔案已經關閉，則傳回 True，否則傳回 False
mode	傳回該檔案的開啟模式
name	傳回檔案的名稱

檔案屬性的引用方式為：

檔案物件名稱. 屬性名稱

請看下面的例子。

```
fo = open("file.txt", "wb")       #開啟檔案
print("Name of the file: ", fo.name)         #傳回開啟的檔名
print("Closed or not: ", fo.closed)  #檔案未關閉，傳回 False
print("Opening mode: ", fo.mode)       #傳回檔案的開啟模式
```

程式執行結果如下：

```
Name of the file: file.txt
Closed or not: False
Opening mode: wb
```

（三）檔案物件方法

Python 檔案物件有很多方法（函式），透過這些方法可以實現各種的檔案操作。表 11-3 列出檔案物件的常用方法，後面還會詳細介紹。

表 11-3　檔案物件的常用方法

方法	功能
close()	把緩衝區的內容寫入磁碟，關閉檔案，釋放檔案物件
flush()	把緩衝區的內容寫入磁碟，不關閉檔案
read([count])	如果有 count 參數，則從檔案中讀取 count 個位元組。如果省略 count，則讀取整個檔案的內容
readline()	從文字檔中讀取一列內容
readlines()	從文字檔中讀取整個檔案的內容。把檔案每一列做為串列的成員，並傳回串列
seek(offset[, where])	把檔案指標移動到相對於 where 的 offset 位置。where 為 0（預設值）表示檔案開始處；1 表示目前位置；2 表示檔案結尾
tell()	取得目前檔案指標(Pointer)的位置
truncate([size])	刪除從目前指標位置到檔案結尾的內容。如果指定 size，則不論指標在什麼位置都保留前 size 個位元組，其餘的被刪除
write(string)	把 string 字串寫入檔案（文字檔或二進位檔）
writelines(list)	把 list 串列中的字串逐列寫入文字檔，是連續寫入檔案，沒有換列
next()	傳回檔案的下一列，並將檔案操作標記移到下一列

11-2-2　關閉檔案

Python 中使用 close()方法關閉檔案，其呼叫格式為：

```
close()
```

close()方法用於關閉已開啟的檔案，將緩衝區中尚未存檔的資料寫入磁碟，並釋放檔案物件。應該養成在檔案存取完畢之後即時關閉檔案的習慣，一方面是避免資料遺失，另一方面是即時釋放記憶體，減少系統資源的占用。此後，如果想再使用剛才的檔案，則必須重新開啟。請看下面的例子。

```
>>> fo = open("file.txt", "wb")
>>> print("Name of the file: ", fo.name)
```

```
Name of the file:  file.txt
>>> fo.close()
```

11-3　文字檔的操作

文字檔是指以 ASCII 碼方式儲存的檔案。文字檔中除了儲存檔案有效字元資訊（包括能用 ASCII 碼字元表示的換列等資訊）外，不能儲存其他任何資訊。文字檔的優點是方便閱讀，使用常用的文字編輯器或文字處理器就可以對其建立和修改。

11-3-1　文字檔的讀取

Python 對檔案的操作都是透過呼叫檔案物件的方法來實現。檔案物件提供 read()、readline()和 readlines()方法來讀取文字檔的內容。

（一）read()方法

read()方法的用法如下：

> **變數 = 檔案物件.read()**

其功能是讀取從目前位置到檔案尾端的內容，並做為字串傳回，指定給變數。如果是剛開啟的檔案物件，則讀取整個檔案。read()方法通常將讀取的檔案內容儲存到一個字串變數中。

read()方法也可以含有參數，其用法如下：

> **變數 = 檔案物件.read(count)**

其功能是讀取從檔案目前位置開始的 count 個字元，並做為字串傳回，指定給變數。如果檔案結束，就讀取到檔案結束為止。如果 count 大於檔案從目前位置到尾端的字元數，則僅傳回這些字元。

使用 Python 直譯器或記事本建立文字檔 data.txt，其內容如下：

```
Python is very powerful.
Programming in Python is very easy.
```

請看下列敘述的執行結果。

```
>>> fo = open("data.txt", "r")
>>> fo.read()
'Python is very powerful.\nProgramming in Python is very
easy.\n'
>>> fo = open("data.txt", "r")
>>> fo.read(6)
'Python'
```

（二）readline()方法

readline()方法的用法如下：

變數 = 檔案物件.readline()

其功能是讀取從目前位置到列尾（即下一個分列符號）的所有字元，並做為字串傳回，指定給變數。通常使用此方法來讀取檔案的目前列，包括列結束符號(\n)。如果目前處於檔案尾端，則傳回空字串。例如：

```
>>> fo = open("data.txt", "r")
>>> fo.readline()
'Python is very powerful.\n'
>>> fo.readline()
'Programming in Python is very easy.\n'
>>> fo.readline()
''
```

（三）readlines()方法

readlines()方法的用法如下：

變數 = 檔案物件.readlines()

其功能是讀取從目前位置到檔案尾端的所有列，並將這些列構成串列傳回，指定給變數。串列中的元素即每一列構成的字串。如果目前處於檔案尾端，則傳回空串列。例如：

```
>>> fo = open("data.txt", "r")
>>> fo.readlines()
['Python is very powerful.\n', 'Programming in Python is
very easy.\n']
```

11-3-2　文字檔的寫入

當檔案以寫模式開啟時，可以對檔案寫入文字內容。Python 提供兩種寫入檔案的方法：write()方法和 writelines()方法。

（一）write()方法

在 Python 中，使用 write()方法實現文字檔的寫入。write()方法的用法如下：

> **檔案物件.write(字串)**

其功能是在檔案目前位置寫入字串，並傳回字元的個數。例如：

```
>>> f = open('file1.txt', 'w+')      #開啟檔案
>>> s = '''Python is powerful and fast;
... is friendly & easy to learn.'''
>>> f.write(s)      #將字串 s 中的內容寫入檔案物件 f
57
>>> f.close()      #關閉檔案
```

上面的敘述執行後會建立 file1.txt 檔案，並會將指定的內容寫在該檔案中，最後將關閉該檔案。在上述過程中，字串 s 中的內容首先會被寫入「緩衝區」，由於字串 s 中內容小於緩衝區的大小，直到關閉檔案，緩衝區中的資料才會真正被寫入到檔案中（即「更新緩衝區」）。

有時，我們需要在不關閉檔案的時候，將緩衝區中剩餘的所有內容寫入到檔案中，即強制更新緩衝區。這時需要使用 flush()函式來實現這一功能。執行這敘述後，緩衝區的內容就會被全部強制寫入檔案。接下來就可以繼續對檔案物件 f 進行後續操作了。

（二）writelines()方法

除了 write()方法可以將字串寫入檔案，也可以使用 writelines()方法將串列中的內容寫入檔案。writelines()方法的用法如下：

> **檔案物件.writelines(字串元素的串列)**

其功能是在檔案目前位置處依次寫入串列中的所有字串。例如：

```
f = open("file2.txt", "w+")
lst = ['Hello World\n', 'Hello Python\n']
```

```
    f.writelines(lst)
    f.close()
```

上面的敘述執行後會建立 file2.txt 檔案，用文字編輯器查看該檔案內容如下：

```
Hello World
Hello Python
```

writelines()方法接收一個字串串列做為參數，將它們寫入檔案，它並不會自動加入換列符號；如果需要，必須在每一列字串結尾加上換列符號。

11-4　二進位檔的操作

前面討論的文字檔從檔案的第一個資料開始，依次進行讀／寫，稱為「循序檔案」(Sequential File)。但在實際的檔案應用中，往往需要對檔案中某個特定的資料進行處理，這就要求對檔案具有隨機讀／寫的功能，也就是強制將檔案的指標指向使用者所希望的指定位置。這類可以任意讀／寫的檔案稱為「隨機檔案」(Random File)。二進位檔一般採用隨機存取。二進位檔的儲存內容為位元組碼，甚至可以用一個二進位位元來代表一個資訊表示單位（位元操作），而文字檔的資訊表示單位至少是一個字元，有些字元用一個位元組，有些字元可能用多個位元組。

11-4-1　檔案的定位

檔案中有一個位置指標，指向目前的讀／寫位置，每讀／寫一次，指標向後移動一次（一次移動的位元組個數，依讀／寫方式而定）。但為了主動調整指標位置，可以使用系統提供的檔案指標定位函式。

（一）tell()方法

tell()方法的用法如下：

```
檔案物件.tell()
```

其功能是告訴檔案的目前位置，即相對於檔案開始位置的位元組數，下一個讀取或寫入操作將發生在目前位置。例如：

```
>>> fo = open("file2.txt", "r")
>>> fo.tell()      #檔案的目前位置
0
```

這是檔案剛開啟時的位置,即第一個字元的位置為 0。

```
>>> fo.read(5)
'Hello'
>>> fo.tell()      #讀取 5 個字元以後的檔案位置
5
```

(二) seek()方法

Python 提供 seek()方法將檔案讀取指標移動到指定位置,其用法如下:

> **檔案物件.seek(偏移量[,參考點])**

其功能是更改目前的檔案位置。偏移參數指示要移動的位元組數,移動時以設定的參考點為基準。偏移為正數表示朝檔案結尾方向移動,偏移為負數表示朝檔案開頭方向移動;參考點指定移動的基準位置。參考點預設值為 0,表示使用該檔案的開始處做為基準位置;若參考點設定為 1,則是使用目前位置做為基準位置;如果設定為 2,則使用檔案的尾端做為基準位置。例如:

```
>>> fo = open("file2.txt", "rb")      #以二進位方式開啟檔案
>>> fo.read()      #檔案讀/寫位置位於檔案尾端
b'Hello World\r\nHello Python\r\n'
>>> fo.read()      #再讀取時讀出空字串
b''
```

"file2.txt"是一個文字檔,可以用文字方式讀取,也可以用二進位方式讀取,兩者的差別在於使用二進位讀取時需要將"\n"轉換成"\r\n",即多出一個字元。當檔案中不存在"\r\n"符號時,文字讀取與二進位讀取的結果是一樣的。此外,檔案所有字元被讀取完畢後,檔案讀/寫位置位於檔案尾端,再讀取則讀出空字串。此時可以移動檔案位置。

```
>>> fo.seek(6, 0)      #從檔案開始處移動 6 個位元組
6
>>> fo.read()          #讀取移動 6 個位元組後的全部字元
b'World\r\nHello Python\r\n'
```

從檔案開始處移動 10 個位元組後讀取檔案全部字元。請看下面檔案位置移動的結果。

```
>>> fo.seek(10, 0)
10
>>> fo.seek(10, 1)
20
>>> fo.seek(-10, 1)
10
>>> fo.seek(0, 2)
27
>>> fo.seek(-10, 2)
17
>>> fo.seek(10, 2)
37
```

注意：文字檔也可以使用 seek()方法，但 Python 3.x 限制文字檔只能相對於檔案起始位置進行位置移動，當相對於目前位置和檔案尾端進行位置移動時，偏移量只能取 0，seek(0,1)和 seek(0,2)分別定位於目前位置和檔案尾端。例如：

```
>>> fo = open("file2.txt", "r")      #以文字方式開啟檔案
>>> fo.read()
'Hello World\nHello Python\n'
>>> fo.seek(10, 0)
10
>>> fo.seek(0, 1)
10
>>> fo.seek(0, 2)
27
```

11-4-2　二進位檔的讀寫

使用 open()函式開啟檔案時，在開啟模式中加上"b"，如"rb"、"wb"、"ab"等，以開啟二進位檔案。文字檔儲存的是與編碼對應的字元，而二進位檔直接儲存位元組編碼。

（一）read()和 write()方法

　　二進位檔的讀取與寫入可以使用檔案物件的 read()和 write()方法。下面看一個例子。

```
>>> s = 'nice'
>>> s = s.encode()                    #變成位元組資料
>>> fo = open("file3.txt", "wb")      #建立二進位檔案
>>> fo.write(s)
4
>>> fo = open("file3.txt", "rb")      #讀二進位檔案
>>> lst = []
>>> for n in range(1, len(s)+1):
...     fo.seek(-n, 2)      #檔案定位從最後一個字元到第一個字元
...     s = fo.read(1)          #讀一個位元組
...     lst.append(s)
...
3
>>> print(lst)
[b'e']
>>> fo.close()
```

（二）struct 模組

　　read()和 write()方法是以字串為參數，對於其他類型資料需要進行轉換。Python 沒有二進位類型，但可以儲存二進位類型的資料，就是用字串類型來儲存二進位資料。Python 中 struct 模組的 pack()和 unpack()方法可以處理這種情況。

　　pack()函式可以把整數類型（或者浮點類型）包裝(Packing)成二進位的字串。例如：

```
>>> import struct
>>> a = 65
>>> bytes = struct.pack('i', a)      #將 a 變為二進位字串
>>> bytes
b'A\x00\x00\x00'
```

此時，bytes 就是一個 4 位元組字串。可以使用下列敘述寫入檔案：

```
>>> fo = open("file3.txt", "wb")
>>> fo.write(bytes)
4
>>> fo.close()
```

反之，在讀取檔案時，可以一次讀出 4 個位元組，然後用 unpack()方法轉換成 Python 的整數。例如：

```
>>> fo = open("file3.txt", "rb")
>>> bytes = fo.read(4)
>>> a = struct.unpack('i', bytes)
>>> a
(65,)
```

注意：unpack()方法執行後得到的結果是一個元組。如果寫入的資料是由多個資料構成的，則需要在 pack()方法中使用格式字串。例如：

```
>>> a = b'hello'
>>> b = b'world!'
>>> c = 2
>>> d = 45.123
>>> bytes = struct.pack('5s6sif', a, b, c, d)
>>> bytes
b'helloworld!\x00\x02\x00\x00\x00\xf4}4B'
```

此時的 bytes 就是二進位形式的資料，可以直接寫入二進位檔。例如：

```
>>> fo = open("file3.txt", "wb")
>>> fo.write(bytes)
20
>>> fo.close()
```

當需要時可以讀取出來，再透過 struct.unpack()方法解碼成 Python 變數。例如：

```
>>> fo = open("file3.txt", "rb")
>>> bytes = fo.read(4)
```

```
>>> a, b, c, d = struct.unpack('5s6sif', bytes)
>>> a, b, c, d
(b'hello', b'world!', 2, 45.12300109863281)
```

在 unpack()方法中，"5s6sif"稱為格式字串，由數字加字元構成，5s 表示占 5個字元的字串，2i 表示 2 個整數等等，表 11-4 列出可用的格式字元及對應的 Python 類型。

表 11-4　unpack()方法的可用的格式字元及對應的 Python 類型

格式字元	類型	位元組數	格式字元	類型	位元組數
b	整數類型	1	B	整數類型	1
h	整數類型	2	H	整數類型	2
i	整數類型		I	整數類型	4
l	整數類型	4	L	整數類型	4
q	整數類型	8	Q	整數類型	8
p	字串	1	P	整數類型	
f	浮點類型	4	d	浮點類型	8
s	字串	1	?	布林型	1
c	單一字元	1			

（三）pickle 模組

從檔案中很容易讀／寫字串，而讀／寫數值則需要更多的轉換，當處理更複雜的資料類型（例如串列、字典）時，這些轉換更加複雜。Python 含有一個pickle 模組，用於把 Python 的物件（包括內建類型和自定義類型）直接寫入到檔案中，而不需要先將它們轉換為字串再儲存，也不需要用底層的檔案存取操作把它們寫入到一個二進位檔中。

在 pickle 模組中有 2 個常用的方法：dump()和 load()。dump()方法的用法如下：

pickle.dump(資料,檔案物件)

其功能是直接把資料物件轉換為位元組字串，並儲存到檔案中。例如，以下程式建立二進位檔 file4。

```
>>> import pickle
>>> info = {'one': 1, 'two': 2, 'three': 3}
```

```
>>> f1 = open('file4', 'wb')
>>> pickle.dump(info, f1)
>>> f1.close()
```

load()方法的用法如下：

變數 = pickle.load(檔案物件)

其功能正好與上面的 dump()方法相反。load()方法從檔案中讀取字串，將它們轉換為 Python 的資料物件，可以像使用一般的資料一樣來使用它們。例如，以下程式顯示二進位檔 file4 的內容。

```
>>> import pickle
>>> f2 = open('file4', 'rb')
>>> info2 = pickle.load(f2)
>>> f2.close()
>>> print(info2)
{'one': 1, 'two': 2, 'three': 3}
```

11-5　檔案管理方法

Python 的 os 模組提供類似作業系統的檔案管理功能，如檔案重命名、檔案刪除、目錄管理等。要使用這個模組，需要先匯入 os，然後呼叫相關的方法。

11-5-1　檔案操作

Python 提供操作簡單且功能強大的檔案操作，上面介紹使用 open()函式建立檔案便是一個例子。下面將介紹其他的檔操作方法。

（一）os.path.exists(path)

用於檢查檔案或目錄 path 是否存在。傳回一個布林值，假設目前的目錄存在一個 test.txt 檔，則呼叫 os.path.exists('test.txt')將傳回 True。

（二）os.path.isfile(path)

用於判斷參數 path 是否是檔案（而不是目錄）。假設目前目錄存在一個 test.txt 檔，則呼叫 os.path.isfile('test.txt')將傳回 True。

（三）os.path.isdir(path)

用於判斷參數 path 是否為目錄（而不是檔案），與 isfile 函式作用相反。假設目前目錄存在一個 test.txt 檔，則呼叫 os.path.isdir('test.txt')將傳回 False。

（四）shutil.copy(src, dst)

用於將檔案 src 複製到檔案或目錄 dst 中。如果 dst 是一個目錄，將在該指定的目錄中建立（或覆蓋）一個具有和 src 相同名稱的檔案。例如，呼叫 shutil.copy('test.txt', 'testc.txt')會將 test.txt 檔案複製到 testc.txt 檔案中。

（五）shutil.move(src, dst)

用於將檔案或目錄(src)移動到另一個位置(dst)。該函式還可以用來實現檔案重命名（Python 也提供重命名函式 rename()）。例如，呼叫 shutil.move('test.txt', 'testc.txt')會將 test.txt 檔案重命名為 testc.txt 檔案。

（六）os.path.abspath(path)

將傳回絕對路徑名稱。例如，假設 test.txt 檔儲存在磁碟 D 的根目錄，則呼叫 os.path.abspath('test.txt')將傳回字串"D:\test.txt"。又如，呼叫 os.path.abspath('.')將獲得目前檔案目錄的絕對路徑。

（七）os.remove(path)

用來刪除檔案。例如，執行 os.remove('testc.txt')將刪除該目錄下的 testc.txt 檔。

11-5-2　目錄操作

在大部分作業系統中，檔案大都被儲存在樹狀結構的目錄中，目錄提供檔案組織和管理的一種有效方式。以下介紹 Python 中常用的目錄操作方法。

（一）os.mkdir(path[, mode])

用來建立目錄 path，但在目錄已存在時會拋出 OSError 異常。例如，呼叫 os.mkdir('myDir')會在目前的目錄下建立一個 myDir 子目錄。

（二）os.rmdir(path)

用來刪除目錄 path，其功能與 mkdir()相反。例如，呼叫 os.rmdir('myDir')會在目前的目錄下刪除 myDir 子目錄。在目錄不存在時會拋出 OSError 異常。

（三）os.listdir(path)

　　用來列出目錄中的內容，目錄下的所有內容（包括檔案和目錄）會以字串串列的形式傳回。

（四）os.chdir(path)

　　用來修改目前的目錄。在此之前，我們的所有檔案和目錄操作都是在預設的目前目錄下進行的，例如，在建立 myDir 目錄時，並沒有指定該目錄的建立位置，那麼該目錄會在目前目錄下被建立。如果想要在其他目錄下建立檔案或目錄，可以使用絕對路徑的方式指定操作目錄，例如，假設在根目錄下存在一個 abc 目錄，則可以使用絕對路徑"/abc/myDir"來指定建立新目錄 myDir 的位置。然而，有時需要頻繁地在某個特定的資料夾下進行檔案或目錄操作，這種指定絕對路徑的方式就會顯得十分笨拙。可以使用 os.chdir 函式將經常存取的目錄指定為目前的目錄。

　　請看下列簡單的使用例子：

```
>>> import os

#將檔案 test1.txt 重命名為 test2.txt
>>> os.rename("test1.txt", "test2.txt")
#刪除現有檔案 test2.txt
>>> os.remove("text2.txt")
#在目前的目錄下建立 test 目錄
>>> os.mkdir("test")
#將"d:\home\newdir"目錄設定為目前的目錄
>>> os.chdir("d:\\home\\newdir")
#顯示目前的目錄
>>> os.getcwd()
#刪除空目錄'd:\\aaaa'
#刪除一個目錄時，先要刪除目錄中的所有內容
>>> os.rmdir('d:\\aaaa')
```

11-6　檔案操作應用實例

　　前面討論檔案的基本操作，本節再介紹一些應用實例來加深對檔案操作的認識。

例 11-1　統計檔案 **example.txt** 中母音字母出現的次數。

說明：假設已經建立文字檔 example.txt，內容如下：

Python is very powerful.

Programming in Python is very easy.

先讀取檔案的全部內容，得到一個字串，然後搜尋字串，統計母音字母的個數。

程式如下：

```
infile = open("example.txt", "r")   #開啟檔案，準備輸出文字檔
s = infile.read()                    #讀取檔案全部字元
print(s)                             #顯示檔案內容
n = 0
for c in s:                          #搜尋讀取的字串
    if c in 'aeiouAEIOU': n += 1
print(n)
infile.close()                       #關閉檔案
```

程式執行結果如下：

```
Python is very powerful.
Programming in Python is very easy.

15
```

例 11-2　使用 **readline()** 方法實現例 **11-1**。

說明：逐列讀取檔案，得到一個字串，然後搜尋字串，統計母音字母的個數。當檔案讀取完畢，得到一個空字串，控制迴圈結束。

程式如下：

```
infile = open("example.txt", "r")   #開啟檔案，準備輸出文字檔
s = infile.readline()   #讀取一列
```

```
n = 0
while s != '':
    print(s[:-1])           #顯示檔案內容
    for c in s:             #搜尋讀取的字串
        if c in 'aeiouAEIOU': n += 1
    s = infile.readline()    #讀取下一列
print(n)
infile.close()             #關閉檔案
```

程式執行結果如下：

```
Python is very powerful.
Programming in Python is very easy.


15
```

程式中"print(s[:-1])"用"[:-1]"去掉每列讀入的分列符號。如果輸出的字串尾端含有分列符號，輸出會自動跳到下一列，再加上 print()函式輸出完畢後換列，這樣各列之間會輸出一個空列。也可以用字串的 strip()方法去掉最後的分列符號，即用敘述"print(s.strip())"替換敘述"print(s[:-1])"。

例 11-3 使用 readlines()方法實現例 11-1。

說明：讀取檔案所有列，得到一個字串串列，然後搜尋串列，統計母音字母的個數。

程式如下：

```
infile = open("example.txt", "r")    #開啟檔案，準備輸出文字檔
ls = infile.readlines()     #讀取各列，得到一個串列
n = 0
for s in ls:              #搜尋串列
    print(s[:-1])       #顯示檔案內容
    for c in s:           #搜尋串列的字串元素
        if c in 'aeiouAEIOU': n += 1
print(n)
infile.close()          #關閉檔案
```

程式執行結果如下：

```
Python is very powerful.
Programming in Python is very easy.


15
```

例 11-4　　**輸入多列字串，逐一寫入檔案中。然後從該檔案中逐一讀出字串。**

說明：輸入一個字串，如果不等於"*"則寫入檔案，然後再輸入一個字串，進行迴圈判斷，直到輸入"*"結束迴圈。

程式如下：

```
fo = open("example1.txt", "w")    #開啟檔案,準備建立文字檔
print("輸入多列字串(輸入"*"結束): ")
s = input()                       #從鍵盤輸入一個字串
while s != "*":                   #不斷輸入,直到輸入結束符號"*"
    fo.write(s + '\n')        #寫入一個字串
    s = input()                   #從鍵盤輸入一個字串
fo.close()
fo = open("example1.txt", "r")      #開啟檔案,準備讀取文字檔
s = fo.read()
print("輸出文字檔: ")
print(s.strip())
```

程式執行結果如下：

```
輸入多列字串(輸入"*"結束):
Good preparation, Great opportunity.
Practice makes perfect.
*
輸出文字檔:
Good preparation, Great opportunity.
Practice makes perfect.
```

例 11-5　輸入多列字串，逐一寫入檔案尾端。然後從該檔案中逐一讀出字串。

說明：首先以"a"方式開啟檔案，目前位置定位在檔案尾端，可以繼續寫入文字而不改變原有的檔案內容。本例考慮先輸入若干個字串，並將字串存入一個串列中，然後透過 writelines()方法將全部字串寫入檔案。

程式如下：

```python
print("輸入多列字串(輸入 * 結束): ")
lst = []
while True:                     #不斷輸入，直到輸入結束標誌"*"
    s = input()                 #從鍵盤輸入一個字串
    if s == "*":break
    lst.append(s + '\n')                    #將字串附加在串列尾端
fo = open("example1.txt", "a")      #開啟檔案,準備追加文字檔
fo.writelines(lst)                          #寫入一個字串
fo.close()
fo = open("example1.txt", "r")      #開啟檔案,讀取文字檔
s = fo.read()
print("輸出文字檔: ")
print(s.strip())
```

程式執行結果如下：

```
輸入多列字串(輸入"*"結束):
Python 語言
Python 程式設計
*
輸出文字檔:
Good preparation, Great opportunity.
Practice makes perfect.
Python 語言
Python 程式設計
```

請注意程式中迴圈實現方式的變化，相對於例題 11-4，這裡在控制字串的重複輸入時，採用迴圈的條件是"True"，在迴圈主體中當輸入"*"時透過執行"break"敘述退出迴圈。

例 11-6　　從檔案尾端到檔案開頭依次讀取一個字元，並對其加密後反向輸出。

　　說明：輸入一個字串，以位元組資料寫入二進位檔。加密規則是，對字元編碼的中間兩個二進位位元取反運算。對中間兩個二進位位元取反的辦法是，將讀出的字元編碼與二進位數字 00011000（）也就是十進制數 24（）進行互斥或運算，將互斥或後的結果寫回原來位置。

　　程式如下：

```python
s = input('輸入一個字串：')
s = s.encode()          #變成位元組資料
fo = open("example30.txt", "wb")     #建立二進位檔案
fo.write(s)
fo.close()
fo = open("example30.txt", "rb")       #讀二進位檔案
lst = []
for n in range(1, len(s)+1):
    fo.seek(-n, 2)          #檔案定位從最後一個字元到第一個字元
    s = fo.read(1)          #讀一個位元組
    s = chr(ord(s.decode()) ^ 24)   #加密處理
    lst.append(s)
lst = "".join(lst)          #將串列元素組合成字串
print(lst)
fo.close()
```

程式執行結果如下：

```
輸入一個字串：happy
ahhyp
```

　　輸入的字串為"happy"，將它們反向後為"yppah"，分別加密後為"ahhyp"，即"h"加密後為"p"、"a"加密後為"y"、"p"加密後為"h"、"y"加密後為"a"。下面分析"a"的加密結果。"a"的 ASCII 碼為十進位 97，二進位 01100001，01100001^00011000 結果為01111001，即十進位 121，這是"y"的 ASCII 碼。

例 11-7　編寫程式實現。

假設 number.dat 檔案的內容（資料間以逗號隔開）為：

2, 3, 4, 5, 6, 7, 8, 9, 10, 11, 12, 13, 14, 15, 16, 17, 18, 19, 20, 21, 22, 23

(1) 在 prime() 函式中判斷和統計這些整數中的質數以及個數。

(2) 在主函式中將 number.dat 中的全部質數以及質數個數輸出到螢幕上。

程式如下：

```python
def prime(a,n):          #判斷串列 a 中的 n 個元素是否為質數
    k = 0
    for i in range(0, n):
        flag = 1         #質數標誌
        for j in range(2, a[i]):
            if a[i] % j == 0:
                flag = 0
                break
        if flag:
            a[k] = a[i]          #將質數存入串列
            k += 1               #統計質數個數
    return k
def main():
    fo = open("number.dat", "r")
    s = fo.read()
    fo.close()
    x = s.split(sep=',')     #以"，"為分隔符號將字串分割為串列
    for i in range(0, len(x)):        #將串列元素轉換成整數類型
        x[i] = int(x[i])
    m = prime(x, len(x))
    print('全部質數為: ', end=' ')
    for i in range(0, m):
        print(x[i], end=' ')            #輸出全部質數
    print()
    print('質數的個數為: ', end=' ')       #換列
```

```
    print(m)        #輸出質數個數
main()
```

程式輸出結果為：

全部質數為：2 3 5 7 11 13 17 19 23
質數的個數為：9

例 11-8 將兩個檔案中的內容合併，輸出到一個新檔案 f.txt 中。

假設 f1.txt 的內容如下：

ABDEGHJLXY

f2.txt 的內容如下：

ADERSxyzzzzzzzzzz

說明：兩個檔案 f1.txt 和 f2.txt，各儲存一列已經按升冪排列的字母，要求依然按字母升冪排列，分別從兩個有順序性的檔案讀出一個字元，將 ASCII 值小的字元寫到 f.txt 檔案，直到其中一個檔案結束。然後將未結束檔案複製到 f.txt 檔案，直到該檔案結束而終止。

程式如下：

```
def ftcomb(fname1, fname2, fname3):       #檔案合併
    fo1 = open(fname1, "r")
    fo2 = open(fname2, "r")
    fo3 = open(fname3, "w")
    c1 = fo1.read(1)
    c2 = fo2.read(1)
    while c1 != "" and c2 != "":
        if c1 < c2:
            fo3.write(c1)
            c1 = fo1.read(1)
        elif c1 == c2:
            fo3.write(c1)
            c1 = fo1.read(1)
            fo3.write(c2)
```

```
        c2 = fo2.read(1)
    else:
        fo3.write(c2)
        c2 = fo2.read(1)
    while c1 != "":      #檔案 1 複製未結束
        fo3.write(c1)
        c1 = fo1.read(1)
    while c2 != "":      #檔案 2 複製未結束
        fo3.write(c2)
        c2 = fo2.read(1)
    fo1.close()
    fo2.close()
    fo3.close()
def ftshow(fname):      #輸出文字檔
    fo = open(fname,"r")
    s = fo.read()
    print(s.replace('\n', ''))      #去掉字串中的分列符號後輸出
    fo.close()
def main():
    ftcomb("f1.txt", "f2.txt", "f.txt")
    ftshow("f.txt")
main()
```

程式執行後，f.txt 的內容如下：

```
AABDDEEGHJLRSXY
xyzzzzzzzzzz
```

螢幕顯示內容如下：

```
AABDDEEGHJLRSXYxyzzzzzzzzzz
```

上機練習

下列上機問題，請先自行演算後，再上機驗證您的答案是否正確。

1. 下列程式的執行結果為＿＿。

```
>>> f = open('myfile.txt', 'w')
>>> f.write('hello text file\n')
>>> f.write('goodbye text file\n')
>>> f.close()


>>> f = open('myfile.txt')
>>> f.readline()
>>> f.readline()
>>> f.readline()
```

2. （續上題）下列程式的執行結果為＿＿。

```
>>> open('myfile.txt').read()
>>> print(open('myfile.txt').read())
```

3. （續上題）下列程式的執行結果為＿＿。

```
>>> for line in open('myfile.txt'):
...  print(line, end='')
...
```

4. 假設 'foo.txt' 內容如下：

See you next time.

下列程式的執行結果為＿＿。

```
fo = open("foo.txt", "wb")
print(fo.name)
fid = fo.fileno()
print(fid)
ret = fo.isatty()
print(ret)

fo.close()
```

5. （續上題）下列程式的執行結果為＿＿。

```
fo = open("foo.txt", "r+")
str = fo.read(7)
print(str)

position = fo.tell()
print(position)
```

```
position = fo.seek(0, 0)
str = fo.read(7)
print(str)

fo.close()
```

6. 假設 'foo2.txt' 內容如下：

This is 1st line

This is 2nd line

This is 3rd line

下列程式的執行結果為＿＿＿。

```
fo = open("foo2.txt", "r+")
print("Name of the file: ", fo.name)
line = fo.read(10)
print("Read Line: %s" % (line))
line = fo.readline()
print("Read Line: %s" % (line))
line = fo.readline(5)
print("Read Line: %s" % (line))

fo.close()
```

7. （續上題）下列程式的執行結果為＿＿＿。

```
fo = open("foo2.txt", "r+")
line = fo.readline()
print("Read Line: %s" % (line))
line = fo.readline(5)
print("Read Line: %s" % (line))

fo.close()
```

8. （續上題）下列程式的執行結果為＿＿＿。

```
fo = open("foo2.txt", "r+")
line = fo.readlines()
print("Read Line: %s" % (line))
line = fo.readlines(2)
print("Read Line: %s" % (line))

fo.close()
```

9. （續上題）下列程式的執行結果為＿＿＿。

```
fo = open("foo2.txt", "r+")
```

```
line = fo.readline()
print("Read Line: %s" % (line))
pos = fo.tell()
print("current position : " % pos)

fo.close()
```

10. （續上題）下列程式的執行結果為＿＿＿。

```
fo = open("foo2.txt", "r+")
line = fo.readline()
print("Read Line: %s" % (line))
fo.truncate()
line = fo.readlines()
print("Read Line: %s" % (line))

fo.close()
```

習題

一、選擇題

1. 在讀／寫檔案之前，用於建立檔案物件的函式是 　(A)open　(B)create　(C)file　(D)folder

2. 關於敘述 f = open('demo.txt','r')，下列說法中不正確的是＿＿＿＿。
   (A)demo.txt 檔必須已經存在
   (B)只能從 demo.txt 檔讀取資料，而不能對該檔案寫入資料
   (C)只能對 demo.txt 檔寫入資料，而不能從該檔案讀取資料
   (D)"r"方式是預設的檔案開啟方式

3. 下列程式的執行結果為 　(A)foo　(B)fo　(C)foo.txt　(D)wb
```
fo = open("foo.txt", "wb")
print(fo.name)
fo.close()
```

4. 下列程式的輸出結果是 　(A)17　(B)19　(C)13　(D)15
```
>>> fo = open('output.txt', 'w')
>>> line = "Have a nice day!\n"
>>> fo.write(line)
```

5. 下列程式的輸出結果是 　(A)Python　(B)Python\n　(C)6　(D)7
```
>>> fo = open("f5.txt", "w")
>>> fo.write("Python\n")
>>> fo.close()
```

6. 下列程式的輸出結果是 　(A)12　(B)'12'　(C)2　(D)'2'
```
>>> fo = open('output.txt', 'w')
>>> x = 12
>>> fo.write(str(x))
```

7. 下列程式的輸出結果是 　(A)Pyth　(B)Python　(C)Py　(D)th
```
f = open('out.txt', 'w+')
f.write('Python')
f.seek(0)
c = f.read(2)
print(c)
f.close()
```

8. 下列程式的輸出結果是 　(A)1　(B)10　(C)gramming　(D)Python
```
f = open('f.txt', 'w')
f.writelines(['Python programming.'])
```

```
f.close()
f = open('f.txt', 'rb')
f.seek(10, 1)
print(f.tell())
```

9. 下列程式的執行結果是　(A)None　(B)100　(C)'100'　(D)SyntaxError

```
>>> fo = open('output.txt', 'w')
>>> price = 100
>>> '%d' % price
```

10. 下列程式的執行結果是　(A)foo.txt　(B)wb　(C)fo　(D)SyntaxError

```
fo = open("data.txt", "wb")
print(fo.mode)
fo.close()
```

11. 下列程式的執行結果是　(A)foo.txt　(B)wb　(C)False　(D)True

```
fo = open("data1.txt", "wb")
print(fo.closed)
fo.close()
```

12. 下列程式的執行結果是　(A)computer　(B)computer t　(C)computer tr　(D)SyntaxError

```
fo = open("data2.txt", "r+")
str = fo.read(10)
print(str)

fo.close()
```

二、填空題

1. 假設 'hello.txt' 內容如下：

hello world!

下列程式的執行結果為＿＿＿。

```
>>> f = open('hello.txt', 'rt')
>>> f.read()
```

2. （續上題）下列程式的執行結果為＿＿＿。

```
>>> f = open('hello.txt', 'rt', newline='')
>>> f.read()
```

3. 假設 'hello.txt' 內容如下：

Hello World

Hello Python

下列程式的執行結果為＿＿＿。

```
    f = open('hello.txt')
    while True:
        line = f.readline()
        if line:
            print(line)
        else:
            break

    f.close()
```

4. （續上題）下列程式的執行結果為＿＿＿。

```
    f = open('hello.txt')
    while True:
        line = f.readline(2)
        if line:
            print(line, end=' ')
        else:
            break

    f.close()
```

5. （續上題）下列程式的執行結果為＿＿＿。

```
    f = open('hello.txt')
    context = f.read()
    print(context)
```

6. （續上題）下列程式的執行結果為＿＿＿。

```
    f = open('hello.txt')
    context = f.read(5)
    print(context)
    print(f.tell())
    context = f.read(5)
    print(context)
    print(f.tell())
    f.close()
```

7. （續上題）下列程式執行後，hello.txt 的內容為＿＿＿。

```
    f = open('hello.txt', 'w+')
    ls = ['Hello World\n', 'Hello Python\n']
    f.writelines(ls)
    new_context = 'good bye'
    f.writelines(new_context)
    f.close()
```

8. 假設 'test.txt' 內容如下：

C++

Java

Python

下列程式的執行結果為＿＿＿。

```
fo = open("test.txt", "r")
print("Name of the file: ", fo.name)
for index in range(3):
    line = next(fo)
    print("Line No. %d : %s" % (index, line))

fo.close()
```

9. 下列程式的執行結果為＿＿＿。

```
>>> d = {'a': 1, 'b': 2}
>>> f = open('datafile.pkl', 'wb')
>>> import pickle
>>> pickle.dump(d, f)
>>> f.close()
>>> f = open('datafile.pkl', 'rb')
>>> e = pickle.load(f)
>>> e
```

10. 下列程式的執行結果為＿＿＿。

```
import pickle

shoplistfile = 'shoplist.data'
shoplist = ['apple', 'mango', 'guava']
f = open(shoplistfile, 'wb')
pickle.dump(shoplist, f)
f.close()

del shoplist

f = open(shoplistfile, 'rb')
storedlist = pickle.load(f)
print(storedlist)
```

11. 下列程式的執行結果為＿＿＿。

```
import io

f = io.open('abc.txt', 'wt', encoding='utf-8')
```

```
    f.write(u'Imagine non-English language here')
    f.close()

    text = io.open('abc.txt', encoding='utf-8').read()
    print(text)
```

12.   假設 'f1.py' 內容如下：

a = 1

print(a)

'f2.py' 內容如下：

pi = 3.1416

print(pi)

下列程式的執行結果為＿＿＿。

```
with open('f1.py') as f1, open('f2.py') as f2:
    for pair in zip(f1, f2):
        print(pair)
```

13.   假設 'foo1.txt' 內容如下：

Hi Sam

I cannot wait to know your reply.

下列程式的執行結果為＿＿＿。

```
with open('foo1.txt') as file_object:
    contents = file_object.read()
    print(contents)
```

14.   下列程式的執行結果為＿＿＿。

```
x, y, z = 13, 14, 15
s = 'Paul'
d = {'a': 1, 'b': 2}
lst1 = [1, 2, 3]

f = open('datafile.txt', 'w')
f.write(s + '\n')
f.write('%s,%s,%s\n' % (x, y, z))
lst2 = f.write(str(lst1) + '$' + str(d) + '\n')
print(lst2)
f.close()
```

15.   （續上題）下列程式的執行結果為＿＿＿。

```
chars = open('datafile.txt').read()
chars
print(chars)
```

16. （續上題）下列程式的執行結果為＿＿。

```
>>> f = open('datafile.txt')
>>> s = f.readline()
>>> s                          ①
>>> s.rstrip()                 ②
```

17. 假設檔案 pi_digits.txt 如下，它包含精確到小數點以後 30 位的圓周率值，且在小數點後每 10 位處都換列：

```
3.1415926535
  8979323846
  2643383279
```

下列程式的執行結果為＿＿。

```
# file_reader.py

with open('pi_digits.txt') as file_object:
    contents = file_object.read()
    print(contents)
```

18. （續上題）下列程式的執行結果為＿＿。

```
with open('pi_digits.txt') as file_object:
    contents = file_object.read()
    print(contents.rstrip())
```

19. （續上題）下列程式的執行結果為＿＿。

```
filename = 'pi_digits.txt'

with open(filename) as file_object:
    for line in file_object:
        print(line)
```

20. （續上題）下列程式的執行結果為＿＿。

```
filename = 'pi_digits.txt'

with open(filename) as file_object:
    for line in file_object:
        print(line.rstrip())
```

21. （續上題）下列程式的執行結果為＿＿。

```
filename = 'pi_digits.txt'

with open(filename) as file_object:
    lines = file_object.readlines()
for line in lines:
    print(line.rstrip())
```

22. （續上題）下列程式的執行結果為＿＿。

```
filename = 'pi_digits.txt'

with open(filename) as file_object:
    lines = file_object.readlines()
pi_string = ''
for line in lines:
    pi_string += line.rstrip()

print(pi_string)
print(len(pi_string))
```

23. （續上題）下列程式的執行結果為＿＿。

```
filename = 'pi_digits.txt'

with open(filename) as file_object:
    lines = file_object.readlines()
pi_string = ''
for line in lines:
    pi_string += line.strip()

print(pi_string)
print(len(pi_string))
```

三、簡答題

1. 什麼是開啟檔案？為何要關閉檔案？

2. 檔案的主要操作方式有哪些？

3. 文字檔的操作步驟是什麼？

4. 舉出 3 種查看文字檔字串的方式。

5. 如何取得物件中可用屬性的串列？

6. 如何取得所有可用模組的串列？

7. 二進位檔案的操作步驟是什麼？

8. 在 Python 環境下如何實現檔案更名和刪除？

四、程式設計題

1. 假設"ex1.txt"檔案內容如下：

   1 Hello World

   2 Hello Hello Python

   請編寫 Python 程式，完成以下工作：

(1) 從 ex1.txt 中尋找字串'Hello'，並統計'Hello'出現的次數。

(2) 將 ex1.txt 中的字串'Hello'全部更換為'Hi'，並將結果寫入到"ex1a.txt"中。

(3) 比較 ex1.txt 和 ex1a.txt 兩個檔案，並傳回比較結果。

2. 編寫一個程式，提示使用者輸入名字；然後將名字寫入到檔案 guest.txt 中。

3. 編寫一個 while 迴圈，提示使用者輸入名字。然後在螢幕上列印一句問候語，並將一條存取記錄添加到檔案 guest_book.txt 中。確保這個檔案中的每一記錄都獨占一列。

4. 顯示一個檔案的所有列，忽略以井號(#)開頭的列。

5. 提示輸入數字 n 和檔名 f，然後顯示檔案 f 的前 n 列。

6. 提示輸入一個檔名，然後顯示這個文字檔的總列數。

7. 寫一個比較兩個文字檔的程式。如果不同，給出第一個不同處的列號。

8. 提示使用者輸入一個模組名稱（或者從命令列接受輸入），然後使用 dir()和其他內建函式取得模組的屬性，顯示它們的名稱、類型和值。

9. 編寫一個程式，列印出所有的命令列參數。

10. 提示輸入兩個檔名（或者使用命令列參數），把第一個檔案的內容複製到第二個檔案中。

11. 假設有"record.txt"檔案，內容如下：

name, age, score

Tom, 12, 86

Lee, 15, 99

Lucy, 11, 58

Joseph, 19, 56

第一欄為姓名(Name)，第二欄為年齡(Age)，第三欄為成績(Score)，請編寫 Python 程式，完成以下工作：

(1) 讀取檔案。

(2) 輸出得分低於 60 的姓名。

(3) 求出所有成員的總分並輸出。

(4) 姓名的第一個字母需要大寫，判斷 record.txt 檔是否符合此要求，若不符合，則糾正錯誤的地方。

476

MEMO

CHAPTER **12** 異常處理

異常(Exception)是指程式執行過程中出現的錯誤或遇到的意外情況。引發異常的原因有很多，如：除數為 0、下標超過範圍、檔案不存在、資料類型錯誤、命名錯誤、記憶體空間不足、使用者操作不當等等。如果這些異常得不到有效的處理，會導致程式終止執行。一個好的程式，應具備較強的容錯能力，也就是說，除了在正常情況能夠完成所預期的功能外，在遇到各種異常的情況下，也能夠做出適當的處理。這種對異常情況給予適當處理的技術就是「異常處理(Exception Handling)」。

Python 提供一套完整的異常處理方法，可以提高程式的強健性，即程式在非正常環境下仍能正常執行，並能把 Python 的錯誤訊息轉換為友善的提示呈現給使用者。

本章介紹異常處理的概念以及 Python 異常處理方法。

12-1　異常處理概述

程式中的錯誤通常分為語法錯誤(Syntax Errors)、執行錯誤(Runtime Errors)和邏輯錯誤(Logic Errors)。「語法錯誤」是由於程式中使用不符合語法規則的資訊而導致的。例如：缺少標點符號、運算式中的括號不匹配、關鍵字拼錯等，這類錯誤比較容易修改，因為直譯器會指出發生錯誤誤的位置和性質；「執行錯誤」則不容易修改，因為其中的錯誤是不可預料的，或者可以預料但無法避免的，例如：記憶體空間不足、陣列下標超過範圍、檔案開啟失敗等；「邏輯錯誤」主要是發生在程式執行之後，得到的結果與預期的結果不一致，通常出現邏輯錯誤的程式都能正常執行，系統不會顯示提示資訊，所以很難發現。要發現和改正邏輯錯誤需要仔細閱讀和分析程式及其演算法。

在程式中，對各種可預見的異常情況進行處理稱為「異常處理」。例如，執行除法運算時，應該對除數是 0 的情況進行異常處理。處理程式異常的方法有很多，其中最簡單和最直接的辦法是在發現異常時，由 Python 系統進行預設的異常處理。如果異常物件(Exception Object)未被處理或者捕捉，程式就會用回溯（Traceback，一種錯誤訊息）終止執行。請看下面的敘述，執行"print(A)"敘述時發生錯誤，系統顯示異常。

```
>>> a = 3/4
>>> print(A)
Traceback (most recent call last):
```

```
    File "<pyshell#37>", line 1, in <module>
      print(A)
  NameError: name 'A' is not defined
```

敘述“print(A)”中使用未定義的變數“A”，這個異常被 Python 系統捕獲並顯示錯誤訊息。錯誤訊息包括兩個部分：錯誤類型（如：NameError）和錯誤說明（如：name 'A' is not defined），兩者用冒號隔開。此外，Python 系統還追溯錯誤發生的位置，並顯示相關訊息。當異常發生時，程式終止執行，如果能對異常進行捕獲並處理，將不至於使整個程式執行失敗。

預設異常處理只是簡單地終止程式執行，並顯示發生錯誤訊息。顯然，這種處理異常的方法過於簡單。我們可以使用 if 敘述來判斷可能出現的異常情況，以便程式做出適當的處理。例如，求兩個整數的商時，在進行除法運算之前，先判斷除數是否為 0，從而捕獲並防止異常。

例 12-1　整數除法運算程式的簡單異常處理方法。

程式如下：

```
def main():
    a, b = eval(input())
    if b == 0:
        print('division by zero!')
    else:
        s = a / b
        print(s)
main()
```

當輸入的除數非 0 時，上述程式可以正常執行；當輸入除數為 0 時，程式需要做出預判，對可能出現的異常情況進行處理。這種處理方式使得程式對正常執行過程的描述和異常處理交錯在一起，程式的可讀性不好。為此，Python 提供了一套完整的異常處理方法。

12-2　捕獲和異常處理

　　Python 的異常處理能力是很強的，可對使用者準確地發出錯誤訊息。在 Python 中，異常也是物件，可以對其進行操作。Python 提供 try 敘述來處理異常。try 敘述有兩種格式，即 try-except 敘述和 try-finally 敘述。

12-2-1　Python 中的異常類

　　Python 中提供一些異常類(Class)，也可以由使用者定義自己的異常。所有異常都是基底類(Base Class) Exception 的成員。所有異常都從基底類 Exception 繼承，而且都在 exceptions 模組中定義。Python 自動將所有異常名稱放在內建的命名空間中，所以程式不必匯入 exceptions 模組即可使用異常。一旦引發而且沒有捕捉 SystemExit 異常，程式就會終止執行。如果互動式對話遇到一個未被捕捉的 SystemExit 異常，對話就會終止。Python 中常見的異常類如表 12-1 所示。

表 12-1　Python 中常見的異常類

異常類名稱	說明
Exception	所有異常類的基底類(Base Class)
AttributeError	嘗試存取未知的物件屬性時引發
IOError	試圖開啟不存在的檔案時引發
IndexError	使用序列中不存在的下標時引發
KeyError	使用字典中不存在的鍵時引發
NameError	找不到變數名稱時引發
SyntaxError	語法錯誤時引發
TypeError	傳遞給函式的參數類型不正確時引發
ValueError	函式應用於正確類型的物件，但該物件使用不適合的值時引發
ZeroDivisionError	在做除法操作中除數為 0 時引發
EOFError	發現一個不期望的檔案或輸入結束時引發
SystemExit	Python 直譯器請求退出時引發
KeyboardInterrupt	使用者中斷執行（通常是按 Ctrl+C 快速鍵）時引發
ImportError	匯入模組或物件失敗時引發
IndentationError	縮排錯誤時引發

　　儘管內建的異常類包含了大部分的情況，但是有時候還是需要建立自己的異常類，只要確保從 Exception 類繼承。

12-2-2　使用 try-except 敘述

在 Python 中，異常處理是透過 try-except 敘述來實現的。try-except 敘述用來檢測 try 敘述區段中的錯誤，從而讓 except 敘述捕獲異常資訊並加以處理。如果不希望在異常發生時結束程式的執行，只需要在 try 中捕獲它。

（一）最簡單形式的異常處理

try-except 敘述最簡單的形式如下：

```
try:
    敘述區段
except:
    異常處理敘述區段
```

其異常處理過程是：執行 try 後面的敘述區段，如果執行正常，敘述區段執行結束後轉向執行 try-except 敘述的下一條敘述；如果引發異常，則轉向異常處理敘述區段，執行結束後轉向 try-except 敘述的下一條敘述。

> **例 12-2**　整數除法運算程式的異常處理。

程式如下：

```
def main():
    a, b = eval(input())
    try:
        s = a / b
        print(s)
    except:
        print('division by zero!')
main()
```

程式執行結果如下：

```
2, 3    (第 1 次執行)
0.6666666666666666
2, 0    (第 2 次執行)
division by zero!
```

（二）分類異常處理

上述用到的最簡單形式的 try-except 敘述是對所有異常進行相同的處理，如果要對不同類型的異常進行不同的處理，則可使用具有多個異常處理分支的 try-except 敘述，一般格式如下：

```
try:
    敘述區段
except 異常類型 1[ as 錯誤描述]:
    異常處理敘述區段 1
……
except 異常類型 n[ as 錯誤描述]:
    異常處理敘述區段 n
except:
    預設異常處理敘述區段
else:
    敘述區段
```

其異常處理過程是：執行 try 後面的敘述區段，如果執行正常，在敘述區段執行結束後轉向執行 try-except 敘述的下一條敘述；如果引發異常，則系統依次檢查各個 except 子句，尋找與所發生異常相匹配的異常類型。如果找到，就執行對應的異常處理敘述區段。如果找不到，則執行最後一個 except 子句的預設異常處理敘述區段（最後一個不含錯誤類型的 except 子句是可選的）；如果在執行 try 敘述區段時沒有發生異常，Python 系統將執行 else 敘述後的敘述區段（如果有 else 的話）。異常處理結束後轉向 try-except 敘述的下一條敘述。"as 錯誤描述"子句為可選項。

例 12-3　整數除法運算程式的分類異常處理。

說明：考慮輸入資料時，輸入的資料個數不足或輸入的是字串而非數值都會導致 TypeError，輸入的除數為 0 會導致 ZeroDivisionError，等等。還考慮程式可以捕獲未預料到的異常類型，程式沒有異常時顯示提示訊息。據此可以寫出完整的程式。例如：

```
def main():
    a, b = eval(input())
    try:
```

```
        s = a/b
        print(s)
    except TypeError:
        print('資料類型錯誤!')
    except ZeroDivisionError as err:
        print('除數為 0 錯誤!', err)
    except:
        print('發生異常!')
    else:
        print('程式執行正確!')
main()
```

程式執行結果如下:

```
2, 'a'          (第 1 次執行)
資料類型錯誤!
2, 0            (第 2 次執行)
除數為 0 錯誤! division by zero
2, 3            (第 3 次執行)
0.6666666666666666
程式執行正確!
```

(三) 巢狀異常處理

異常處理可以是巢狀的。如果外層 try 子句中的敘述區段引發異常,程式將直接跳到與外層 try 對應的 except 子句,而內部的 try 子句將不會被執行。

例 12-4   巢狀異常處理。

程式如下:

```
try:
    s = 'Python'
    try:
        print(s[0] + s[1])
        print(s[0] - s[1])
```

```
        except TypeError:
            print('字串不支援減法運算')
    except:
        print('發生異常!')
```

程式執行結果如下：

```
Py
字串不支援減法運算
```

例 12-5　巢狀異常處理。

程式如下：

```
try:
    s = 'Python'
    s = s + 4
    try:
        print(s[0] + s[1])
        print(s[0] - s[1])
    except TypeError:
        print('字串不支援減法運算')
except:
    print('發生異常!')
```

程式執行結果如下：

```
發生異常!
```

12-2-3　使用 try-finally 敘述

finally 子句是指無論是否發生異常都將執行對應的敘述區段。敘述格式如下：

```
try:
    <敘述區段>
finally:
    <敘述區段>
```

例 12-6　將輸入的字串寫入到檔案。

　　說明：將輸入的字串寫入到檔案中，直到按 Q 鍵結束。如果按 Ctrl+C 快速鍵，則終止程式執行，最後要保證開啟的檔案能正常關閉。當對檔案進行操作時，不管是否發生異常，都希望關閉檔案，這可以使用 finally 子句來完成。

　　程式如下：

```
try:
    fh = open("test.txt", "w")
    while True:
        s = input()
        if s.upper() == "Q":break
        fh.write(s + "\n")
except KeyboardInterrupt:
    print("按 Ctrl+C 快速鍵時程式終止!")
finally:
    print("正常關閉檔案!")
    fh.close()
```

程式執行結果如下：

```
Have a nice day!
Good luck!
Q
正常關閉檔案!
```

12-3　斷言處理

　　斷言(Assertion)是一種放在程式中的邏輯判斷式，目的是為了標示與驗證程式開發者預期的結果。當程式執行到斷言的位置時，對應的斷言應該為真。若斷言不為真時，程式會中止執行，並顯示錯誤訊息。亦即，程式設計者可以用斷言來標示程式，提供程式正確性的相關資訊。例如在一段程式前加入斷言，說明這段程式執行之前預期的狀態，或是在一段程式之後加入斷言，說明這段程式執行後預期的結果。

使用 assert 敘述可以宣告斷言，其格式如下：

assert 邏輯運算式

或

assert 邏輯運算式, 字串運算式

assert 敘述有 1 個或 2 個參數。第 1 個參數是一個邏輯值，如果該值為 True，則什麼都不做。如果該值為 False，則顯示一個 AssertionError 異常；第 2 個參數是錯誤的描述，即斷言失敗時輸出的資訊，也可以省略不寫。

例 12-7　整數除法運算程式的斷言處理。

程式如下：

```
a, b = eval(input())
assert b != 0, '除數不能為 0!'
c = a / b
print(a, '/', b, "=", c)
```

程式執行結果如下：

```
2, 3          (第 1 次執行)
2 / 3 = 0.6666666666666666
2, 0          (第 2 次執行)
Traceback (most recent call last):
  File "C:/mypython/ch1207.py", line 2, in <module>
    assert b != 0, '除數不能為 0!'
AssertionError: 除數不能為 0!
```

AssertionError 異常可以被捕獲，並像使用在 try-except 敘述中的任何其他異常處理，但如果不處理，它們將終止程式並產生回溯。

例 12-8　AssertionError 異常處理。

```
try:
    assert 1 == 3
except AssertionError:
    print('Assertion error!')
```

程式執行結果如下：

```
Assertion error!
```

12-4　主動引發異常與自訂異常類

12-4-1　主動引發異常

前面提及的異常類都是由 Python 函式庫中提供的，產生的異常也都是由 Python 直譯器引發的。在程式設計過程中，有時需要在程式中主動引發異常，還可能需要定義表示特定程式錯誤的異常類。

當程式出現錯誤時，Python 會自動引發異常，也可以透過 raise 敘述引發異常。一旦執行 raise 敘述，raise 後面的敘述將不能執行。

在 Python 中，要想自行引發異常，最簡單的形式就是輸入關鍵字 raise，後面跟著要引發異常的名稱。異常名稱標註出實際的類，Python 異常處理是這些類的物件。執行 raise 敘述時，Python 會建立指定的異常類的一個物件。raise 敘述還可指定對異常物件進行初始化的參數。

raise 敘述的格式如下：

raise 異常類型[(提示參數)]

其中，提示參數用來傳遞關於這個異常的資訊，它是可選的。例如：

```
>>> raise Exception('顯示一個異常')
Traceback (most recent call last):
  File "<pyshell#1>", line 1, in <module>
    raise Exception('顯示一個異常')
Exception: 顯示一個異常
```

12-4-2　自訂異常類

Python 允許自訂異常類，用於描述 Python 中沒有涉及的異常情況，自訂異常類必須繼承 Exception 類，自訂異常類名稱一般以 Error 或 Exception 結尾，表示這是異常類。例如，建立異常類(NumberError.py)，程式區段如下：

```
class NumberError(Exception):
    def __init__(self, data):
        self.data = data
```

自訂異常使用 raise 敘述引發，而且只能透過人工方式引發。

例 12-9 學生成績處理。

說明：處理學生成績時，成績不能為負數。利用前面建立的 NumberError 異常類，處理出現負數成績的異常。

程式如下：

```
from NumberError import *   #匯入已建立的異常類 NumberError
def average(data):
    sum = 0
    for x in data:
#成績為負時引發異常
        if x < 0: raise NumberError('成績為負!')
        sum += x
    return sum / len(data)
def main():
    score = eval(input('輸入學生成績: '))   #將學生成績存入元組
    print(average(score))
main()
```

程式執行結果如下：

```
輸入學生成績: 65, 76, 78
73.0
輸入學生成績: 79, -5, 60
NumberError.NumberError: 成績為負!
```

上機練習

下列上機問題，請先自行演算後，再上機驗證你的答案是否正確。

1. 觀察下列 Python 中的異常例子

   (1)
   ```
   >>> foo
   ```

   (2)
   ```
   >>> 1/0
   ```

   (3)
   ```
   >>> for
   ```

   (4)
   ```
   >>> aList = []
   >>> aList[0]
   ```

   (5)
   ```
   >>> aDict = {'host': 'earth', 'port': 80}
   >>> print aDict['server'] Traceback (innermost last):
   ```

   (6)
   ```
   >>> f = open("blah") Traceback (innermost last):
   ```

   (7)
   ```
   >>> f = open("blah") Traceback (innermost last):
   ```

2.
   ```
   >>> class myClass(object):
   ... pass
   ...
   >>> myInst = myClass()
   >>> myInst.foo
   ```

3.
   ```
   try:
       f = open('blah', 'r')
   except IOError, e:
       print 'could not open file:', e
   ```

4.
   ```
   try:
       x = 'best'[10]
   except IndexError:
       print('except run')
   finally:
   ```

```
    print('finally run')
print('after run')
```

5.

```
try:
    x = 'best'[3]
except IndexError:
    print('except run')
finally:
    print('finally run')
print('after run')
```

6.

```
try:
    x = 'best'[3]
except IndexError:
    print('except run')
else:
    print('else run')
finally:
    print('finally run')
print('after run')
```

7.

```
try:
    fh = open("testfile", "r")
    fh.write("Have a nice day!")
except IOError:
    print ("Error: can\'t find file or read data")
else:
    print ("Written content in the file successfully")
fh.close()
```

8.

```
try:
    open('my.csv')
except FileNotFoundError:
    print('Cannot find file named my.csv')
except Exception as e:
    print('e')
else:
    print('Show this if no exception.')
finally:
    print('This is in the finally block')
print("This is outside the try/except/else/finally")
```

9.

```
try:
    x = 1 / 0
except IndexError:
    print('except run')
finally:
    print('finally run')
print('after run')
```

10.

```
def ka(x, y):
    print(x + y)

try:
    ka([0, 1, 2], 'mytown')
    print(x + y)
except TypeError:
    print('Hello world!')
    print('resuming here')
```

習題

一、選擇題

1. 下列關於 Python 異常處理的描述中,不正確的是_____。
   (A)異常處理可以透過 try-except 敘述實現
   (B)任何需要檢測的敘述必須在 try 敘述區段中執行,並由 except 敘述處理異常
   (C)raise 敘述引發異常後,它後面的敘述不再執行
   (D)except 敘述處理異常最多有兩個分支

2. 以下關於異常處理 try 敘述區段的說法,不正確的是_____。
   (A) finally 敘述中的程式碼區段始終要被執行
   (B)一個 try 敘述區段後接一個或多個 except 敘述區段
   (C)一個 try 敘述區段後接一個或多個 finally 敘述區段
   (D) try 必須與 except 或 finally 子句一起使用

3. Python 異常處理機制中沒有_____敘述。
   (A)try   (B)throw   (C)assert   (D)finally

4. 如果以負數作為平方根函式 math.sqrt()的參數,將產生   (A)閉環   (B)複數
   (C)ValueError 異常   (D)finally

5. 下列敘述會引發什麼異常?   (A)SyntaxError   (B)IndexError   (C)NameError
   (D)ValueError
   ```
   >>> if 3 < 4 then: print '3 IS less than 4!'
   ```

6. 下列敘述會引發什麼異常?   (A)SyntaxError   (B)IndexError   (C)NameError
   (D)ValueError
   ```
   >>> aList = ['Hello', 'World!', 'Anyone', 'Home?']
   >>> print 'the last string in aList is:', aList[len(aList)]
   ```

7. 下列敘述會引發什麼異常?   (A)SyntaxError   (B)IndexError   (C)NameError
   (D)ValueError
   ```
   >>> x
   ```

8. 下列敘述會引發什麼異常?   (A)SyntaxError   (B)IndexError
   (C)ZeroDivisionError   (D)ValueError
   ```
   >>> x = 4 % 0
   ```

9. 下列敘述會引發什麼異常?   (A)SyntaxError   (B)IndexError   (C)NameError
   (D)ValueError

```
>>> import math
>>> i = math.sqrt(-1)
```

10. 下列程式的輸出結果是　(A)0　(B)0.5　(C)AAA　(D)無輸出

```
try:
    x = 1/2
except ZeroDivisionError:
print('AAA')
```

11. 下列程式的輸出結果是　(A)Exception: AAA　(B)10　(C)20　(D)x=20

```
x = 10
raise Exception("AAA")
x += 10
print("x= ", x)
```

12. 下列程式的輸出結果是　(A)got exception　(B)d　(C)IndexError　(D)''

```
>>> def fetcher(x, index):
...     return x[index]
>>> x = 'good'
>>> try:
...     fetcher(x, 4)
... except IndexError:
...     print('got exception')
```

13. 下列程式的輸出結果是　(A)AssertionError　(B)10　(C)20　(D)x=20

```
class Super:
    def delegate(self):
        self.action()
    def action(self):
        assert False, 'action must be defined!'


X = Super()
X.delegate()
```

14. 下 列 程 式 的 輸 出 結 果 是　(A)Exception　(B)SyntaxError　(C)NameError (D)IndexError

```
>>> try:
...     1 / 0
... except Exception as X:
...     print(X)
...
division by zero
>>> X
```

15. 下列程式的輸出結果是　(A)10　(B)SyntaxError　(C)NameError　(D)IndexError

```
>>> X = 10
>>> try:
...     1 / 0
... except Exception as X:
...     print(X)
...
division by zero
>>> X
```

二、填空題

1. 下列程式的輸出結果是＿＿＿。

```
try:
    print(2 / '0')
except ZeroDivisionError:
    print('AAA')
except Exception:
    print('BBB')
```

2. 下列程式的執行結果為＿＿＿。

```
class MyError(Exception): pass

def stuff(file):
    raise MyError()

file = open('data', 'w')

try:
    stuff(file)
finally:
    file.close()
print('not reached')
```

3. 下列程式的執行結果為＿＿＿。

```
def reciprocal(x):
    assert x != 0
    return 1 / x

r = reciprocal(-4)
print(r)
```

4. 假設 asserter.py 內容如下：

```
def f(x):
    assert x < 0, 'x must be negative'
    return x ** 2
```

執行下列敘述的結果為＿＿＿。

```
>>> import asserter
>>> asserter.f(1)
```

5. 下列程式的輸出結果為＿＿＿。

```
def fetcher(x, index):
    return x[index]
def catcher():
    try:
        fetcher(x, 3)
    finally:
        print('after fetch')


x = 'nice'
catcher()
```

6. 下列程式的輸出結果是＿＿＿。

```
>>> try:
... 1 / 0
... except Exception, X:
```

7. 下列程式的輸出結果是＿＿＿。

```
try:
    1 / 0
except Exception as X:
    print(X)
```

8. 下列程式的輸出結果是＿＿＿。

```
try:
    raise IndexError('bad')
except IndexError:
    print('propagating')
```

9. 下列程式的輸出結果是＿＿＿。

```
X = 99
try:
    1 / 0
except Exception as X:
    print(X)
```

10. 下列程式的執行結果為____。

```python
try:
    x = 1 / 0
except IndexError:
    print('except run')
finally:
    print('finally run')
print('after run')
```

11. 下列程式的輸出結果是____。

```python
class Super:
    def delegate(self):
        self.action()
    def action(self):
        raise NotImplementedError('action must be defined!')
X = Super()
X.delegate()
```

12. 下列程式的輸出結果是____。

```python
def fetcher(x, index):
    return x[index]
def catcher():
    try:
        fetcher(x, 4)
    except IndexError:
        print('got exception')
    print('continuing')

x = 'good'
catcher()
```

13. 下列程式的輸出結果是____。

```python
def fetcher(x, index):
    return x[index]

x = 'well'

def after():
    try:
        fetcher(x, 3)
    finally:
        print('after fetch')
```

```
    print('after try?')
    after()
```

14. 下列程式的輸出結果是＿＿＿。

```
def fetcher(x, index):
    return x[index]

def after():
    try:
        fetcher(x, 3)
    finally:
        print('after fetch')
        print('after try?')



x = 'nice'
after()
```

15. 下列程式的輸出結果是＿＿＿。

```
def fetcher(x, index):
    return x[index]

def a():
    try:
        fetcher(x, 5)
    finally:
        print('after fetch')
    print('after try?')

x = 'Hi!'
a()
```

16. 下列程式的輸出結果是＿＿＿。

```
try:
    raise IndexError
except IndexError:
    print('got exception')
print('good bye!')
```

17. 下列程式的輸出結果是＿＿＿。

```
class GotOne(Exception): pass
def fine():
    raise GotOne()
```

```
try:
    fine()
except GotOne:
    print('got exception')
```

18. 下列程式的輸出結果是＿＿＿。

```
def func(x):
    if x < 1:
        raise Exception(x)
    return x
try:
    y = func(-10)
    print ("x= ", y)
except Exception as e:
    print ("error in argument", e.args[0])
```

19. 下列程式的輸出結果是＿＿＿。

```
try:
    fh = open("testfile", "w")
    fh.write("Have a nice day!")
except IOError:
    print ("Error: can\'t find file or read data")
else:
    print ("Written content in the file successfully")
fh.close()
```

20. 下列程式的輸出結果是＿＿＿。

```
try:
    x = 'town'[99]
except IndexError:
    print('except run')
finally:
    print('finally run')
print('after run')
```

21. 下列程式的輸出結果是＿＿＿。

```
try:
    x = 'town'[3]
except IndexError:
    print('except run')
finally:
    print('finally run')
print('after run')
```

22. 下列程式的輸出結果是＿＿。

```
try:
    x = 'town'[3]
except IndexError:
    print('except run')
else:
    print('else run')
finally:
    print('finally run')
print('after run')
```

三、簡答題

1. 程式的邏輯錯誤能否算作異常？為什麼？

2. 什麼叫異常？異常處理有何作用？在 Python 中如何處理異常？

3. 什麼是 Python 內建異常類的基底類？列舉五個常見的異常類。

4. 用來引發異常的關鍵字有那些？

5. 敘述 try-except 和 try-finally 有何不同？

6. assert 敘述和 raise 敘述有何作用？

7. 如果你不做任何特殊處理，異常會發生什麼？

8. 你的腳本如何從異常中恢復？

9. 列出兩種在腳本中觸發異常的方法。

10. 無論是否發生異常，試列舉兩種指定在終止時執行的操作方法。

500

MEMO

CHAPTER

13 繪製圖形

　　Python 環境下有大量的圖形庫，包括 Python 內含的標準圖形庫，如 tkinter 模組中的畫布繪圖、在 Tkinter 圖形庫基礎上建立的 graphics 模組，還有種類繁多的協力廠商圖形庫，如 wxPython、PyGTK、PyQt、PySide 等，透過它們可以進行圖形繪製操作。

　　此外，Python 內建的 turtle 繪圖模組也具有基本的繪圖功能。graphics 模組檔(graphics.py)可以從網站 https://mcsp.wartburg.edu/zelle/python/graphics.py 下載，下載後將 graphics.py 檔與使用者自己的圖形程式放在一個目錄中，或者放在 Python 安裝目錄中即可。

　　本章介紹 Tkinter 圖形庫的圖形繪製功能以及 turtle 繪圖模組、Graphics 圖形庫的操作方法。

13-1　　Tkinter 圖形庫概述

　　Tkinter（Tkinterface, Tk 介面）圖形庫是 Tk 圖形使用者介面套件的 Python 介面。Tk 是一種流行的跨平臺圖形使用者介面(Graphical User Interface；GUI)開發工具。Tkinter 圖形庫透過定義一些類和函式，實現在 Python 中使用 Tk 的程式設計介面。可以簡單地說，Tkinter 圖形庫就是 Python 版的 Tk。

13-1-1　tkinter 模組

　　Tkinter 圖形庫由若干模組組成：_tkinter、tkinter 和 tkinter.constants 等。其中，_tkinter 是二進位連結模組，tkinter 是主模組，tkinter.constants 模組定義了許多常數。tkinter 是最重要的模組，匯入 tkinter 模組時，會自動匯入 tkinter.constants 模組。因此，圖形處理首先需要匯入 tkinter 模組，就像匯入 math 模組以使用其中的數學函式一樣。

　　匯入 tkinter 模組一般採用以下兩種方法。

```
>>> import tkinter
>>> from tkinter import *
```

　　如果用第一種方法匯入 tkinter 模組，則以後呼叫模組中的函式時需要加上模組名稱。第二種方法是匯入 tkinter 模組的所有內容，以後呼叫模組中的函式時不需加模組名稱。以下的討論是假設使用第二種方法匯入 tkinter 模組。

13-1-2　主視窗的建立

　　主視窗也稱為根(Root)視窗，所有的圖形都是在這個視窗中繪製。在匯入 tkinter 之後，接下來就要使用無參數建構函式 Tk()建立主視窗。主視窗是一個物件，其建立格式為：

> 視窗物件名稱 = Tk()

　　例如，下列敘述建立主視窗 w，此時可以在螢幕上看到如圖 13-1 所示的主視窗。

> ```
> >>> w = Tk()
> ```

　　主視窗有自己的屬性，如寬度(Width)、高度 (Height)、背景顏色（Bg 或 Background）等，也有自己的方法。主視窗的預設寬度和高度都是 200 像素、背景顏色為淺灰色，下列敘述設定 w 主視窗的寬度、高度和背景顏色屬性。

> ```
> >>> w['width'] = 300
> >>> w['height'] = 200
> >>> w['bg'] = 'red'
> ```

圖 13-1　tkinter 主視窗

　　主視窗預設的視窗標題是 tk，可以透過呼叫主視窗物件的 title()方法來設定視窗標題。下列敘述設定 w 主視窗的標題為"tkinter 主視窗"。

> ```
> >>> w.title('tkinter 主視窗')
> ```

　　改變屬性後的主視窗如圖 13-2 所示。

圖 13-2　改變屬性後的主視窗

也可以透過呼叫主視窗物件的 geometry()方法來設定視窗大小和位置。例如：

```
w.geometry("200×100-0+0")
```

在 geometry()方法中，參數的一般形式為「寬度 × 高度 ±m ±n」，「寬度 × 高度」用於指定主視窗的尺寸，"±m ±n"用於設定主視窗的位置，+m 為主視窗左邊距螢幕左邊的距離，-m 為主視窗右邊距螢幕右邊的距離，+n 為主視窗上邊距螢幕上邊的距離，-n 為主視窗下邊距螢幕下邊的距離。"200×100-0+0"表示主視窗的寬度為 200 像素，高度為 100 像素，位於螢幕右上角。

可以透過主視窗物件的 resizable()方法來設定視窗的長度、寬度是否可以變化。例如：

```
w.resizable(width=False,height=True)
```

敘述執行後，使主視窗的寬度不可改變，而高度可以改變。其中，width 和 height 的預設值都為 True，即長度和寬度都是可變的。

13-1-3　畫布物件的建立

畫布(Canvas)就是用來進行繪圖的區域，tkinter 模組的繪圖操作都是透過畫布進行的。畫布實際上是一個物件，可以在畫布上繪製各種圖形、標註文字。畫布物件包含一些屬性，如：畫布的高度、寬度、背景顏色等，也包含一些方法，如：在畫布上建立圖形、刪除或移動圖形等。

建立畫布物件敘述的格式如下：

```
畫布物件名稱 = Canvas(視窗物件名稱,屬性名稱=屬性值,……)
```

該敘述建立一個畫布物件，並對該物件的屬性進行設定。敘述中的 Canvas 代表 tkinter 模組提供的 Canvas 類，透過 Canvas 類的建構函式 Canvas()建立畫布物件。「視窗物件名稱」表示畫布所在的視窗，「屬性名稱=屬性值」用於設定畫布物件的屬性。

畫布物件的常用屬性有畫布高度(Height)、畫布寬度(Width)和畫布背景顏色（Bg 或 Background）等，需要在建立畫布物件時設定。建立畫布物件時如果不設定這些屬性的值，則各屬性取各自的預設值，如：bg 的預設值為淺灰色。下面的敘述在主視窗 w 中建立一個寬度為 300 像素、高度為 200 像素、背景為白色的畫布物件，並將畫布物件命名為 c。

```
>>> c = Canvas(w,width=300,height=200,bg='white')
```

注意，雖然已經建立畫布物件 c，但在主視窗中並沒有看到這塊白色畫布。為了讓畫布在視窗中顯現出來，還需要執行如下敘述。

```
>>> c.pack()
```

其中，c 表示畫布物件，pack()是畫布物件的一個方法，c.pack()表示對畫布物件 c 發出執行 pack()方法的請求，這時在螢幕上看到原來的主視窗中放進一個 300×200 的白色畫布。畫布物件的所有屬性都可以在建立以後重新設定。例如，下面的敘述將畫布物件 c 的背景改為綠色。

```
>>> c['bg'] = 'green'
```

13-1-4　畫布物件的建立

為了在繪圖時指定圖形的繪製位置，tkinter 模組建立了畫布座標系。畫布座標系以畫布左上角為原點，從原點水平向右為 x 軸，從原點垂直向下為 y 軸。

如果畫布座標是以整數給出，則度量單位是像素，例如左上角的座標為原點 (0,0)，300×200 畫布的右下角座標為(299,199)。像素是最基本、最常用的長度單位，但 tkinter 模組也支援以字串形式給出其他度量單位的長度值，例如 5c 表示 5 釐米、50m 表示 50 毫米、2i 表示 2 英寸等。

13-1-5　畫布中的圖形物件

在畫布中可以建立很多圖形，每一個圖形都是一個物件，稱為「圖形物件」，例如：矩形、橢圓、圓弧、線條、多邊形、文字、圖像等。每個圖形物件有自己的屬性和方法，不過 tkinter 模組沒有採用提供每種圖形單獨的類來建立圖形物件的實現方式，而是採用畫布物件的方法來實現。例如畫布物件的 create_rectangle()方法可以建立一個矩形物件。建立各種圖形物件的方法將在 13.2 節中詳細介紹。這裡先以矩形物件為例，介紹各種圖形物件的通用操作。

（一）圖形物件的標識

畫布中的圖形物件需要採用某種方法來標識和引用，以便對該圖形物件進行處理，一般採用標識編號和標籤(tag)兩種標識方法。

標識編號是建立圖形物件時自動賦予圖形物件的唯一整數編號。標籤相當於給圖形物件命名，一個圖形物件可以與多個標籤關聯，而同一個標籤可以與多個圖形物件關聯，即一個圖形物件可以有多個名稱，而且不同圖形物件可以有相同的名稱。

指定圖形物件標籤有以下三種方式：

1. 在建立圖形時利用 tags 屬性來指定標籤，可以將 tags 屬性設定為單一字串，即單一名稱，也可以設定為一個字串元組，即多個名稱。

2. 在建立圖形之後，可以利用畫布的 itemconfig()方法對 tags 屬性加以設定。

3. 利用畫布的 addtag_withtag()方法來添加圖形物件新標籤。請看下面的敘述。

```
>>> id1 = c.create_rectangle(10,10,100,50,tags="No1")
>>> id2 = c.create_rectangle(20,30,200,100,tags=("mRect","No2"))
>>> c.itemconfig(id1,tags=("mRect","Rect1"))
>>> c.addtag_withtag("ourRect","Rect1")
```

第一個敘述是在畫布 c 上建立一個矩形，將 create_rectangle()方法傳回的標識符號指定給變數 id1，同時將該矩形的標籤設定為 No1；第二個敘述建立另一個矩形，將該矩形的標識編號指定給變數 id2，同時設定該矩形的標籤為 mRect 和 No2；第三個敘述將第一個矩形的標籤重新設定為 mRect 和 Rect1，此時原標籤 No1 即告失效。這裡使用標識編號 id1 來引用第一個矩形；第四個敘述添加具有標籤 Rect1 的圖形物件（即第一個矩形）一個新標籤 ourRect，這裡使用標籤 Rect1 來引用第一個矩形。至此，第一個矩形具有三個標籤，即 mRect、Rect1 和 ourRect，可以使用其中任何一個來引用該矩形。注意，標籤 mRect 同時引用兩個矩形。

畫布還預定義 ALL 或 all 標籤，此標籤與畫布上的所有圖形物件關聯。

（二）圖形物件的通用操作

除了上面介紹的 itemconfig()和 addtag_withtag()方法之外，畫布物件還提供很多方法用於對畫布上的圖形物件進行各式各樣的操作。下面再介紹幾個常用的方法。

1. gettags()方法

用於取得給定圖形物件的所有標籤。例如，下面的敘述顯示畫布中標註為 id1 的圖形物件的所有標籤。

```
>>> print(c.gettags(id1))
('mRect', 'Rect1', 'ourRect')
```

2. find_withtag()方法

用於取得與給定標籤關聯的所有圖形物件。例如，下面的敘述顯示畫布中與 Rect1 標籤關聯的所有圖形物件，傳回結果為各圖形物件的標識編號所構成的元組。

```
>>> print(c.find_withtag("Rect1"))
```

```
        (1,)
```

又如，下面的敘述顯示畫布中所有的圖形物件，因為 all 標籤與所有圖形物件關聯。

```
>>> print(c.find_withtag("all"))
(1, 2)
```

3. delete()方法

用於從畫布上刪除指定的圖形物件。例如，下面的敘述從畫布上刪除第一個矩形。

```
>>> c.delete(id1)
```

4. move()方法

用於在畫布上移動指定圖形。例如，為了將矩形 id2 在 x 方向移動 10 像素，在 y 方向移動 20 像素，即往畫布右下角方向移動，可以執行下列敘述。

```
>>> c.move(id2,10,20)
```

又如，下面的敘述將矩形 id2 在 x 方向向左移動 10 像素，在 y 方向向上移動 20 像素，即往畫布左上角方向（座標原點）移動。

```
>>> c.move(id2,-10,-20)
```

又如，下面的敘述將矩形 id2 往畫布右下角方向移動，x 方向移動 10mm，y 方向移動 20mm。

```
>>> c.move(id2,'10m','20m')
```

13-2　畫布繪圖

利用畫布物件提供的各種方法，可以在畫布上繪製各種圖形。繪製圖形前，先要匯入 tkinter 模組、建立主視窗、建立畫布並使畫布顯現。相關的敘述如下。

```
from tkinter import *
w = Tk()
c = Canvas(w, width=300, height=200, bg='white')
c.pack()
```

如果沒有特別說明，本節後面的繪圖操作都是在上列敘述的基礎上執行。

13-2-1　繪製矩形

（一）create_rectangle()方法

畫布物件提供 create_rectangle()方法，用於在畫布上建立矩形，其呼叫格式如下：

> **畫布物件名稱.create_rectangle(x0,y0,x1,y1,屬性設定……)**

其中，(x0,y0)是矩形左上角的座標，(x1,y1)是矩形右下角的座標。屬性設定即設定矩形的屬性。例如，下面的敘述建立一個以(50,30)為左上角、(200,150)為右下角的矩形。

```
>>> c.create_rectangle(50,30,200,150)
1
```

敘述執行結果如圖 13-3 所示。敘述傳回的 1 是矩形的標識編號，表示這個矩形是畫布上的 1 號圖形物件。

create_rectangle()方法的傳回值是所建立的矩形的標識編號，可以將標識編號存入一個變數中。為了將來在程式中引用圖形，一般用變數來儲存圖形的標識編號，或者將圖形與某個標籤關聯。例如，下面的敘述再建立一個矩形，並將矩形標識編號存入變數 r 中。

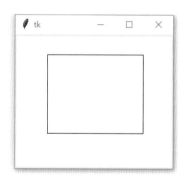

圖 13-3　在畫布上畫矩形

```
>>> r = c.create_rectangle(80,70,250,180,tags="Rect2")
>>> r
2
```

敘述執行結果如圖 13-4 所示。結果顯示第二個矩形的標識編號為 2，它還與標籤 Rect2 關聯。

（二）矩形物件的常用屬性

矩形實際上可看成兩個組成部分，即矩形框和矩形內部區域，其屬性也主要包括兩個方面的內容。

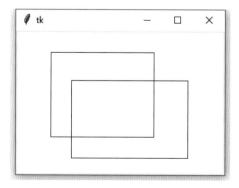

圖 13-4　在畫布上畫兩個矩形

1. **矩形邊框屬性**

   (1) outline 屬性

   　　　矩形框可以用 outline 屬性來設定顏色，其預設值為黑色。如果將 outline 設定為空字串，則不顯示邊框，即透明的框。

   　　　在 Python 中，顏色用字串表示，例如 red（紅色）、yellow（黃色）、green（綠色）、blue（藍色）、gray（灰色）、cyan（青色）、magenta（洋紅色）、white（白色）、black（黑色）等。顏色還具有不同的深淺，例如 red1、red2、red3、red4 表示紅色逐漸加深。電腦中使用三原色模型表示顏色，將紅(R)、綠(G)、藍(B)以不同的值疊加，產生各種顏色，因此三原色模型又稱為 RGB 色彩模型。通常，透過三元組來表示 RGB 顏色，有三種字串表示形式，即 #rgb、#rrggbb、#rrrgggbbb，例如 #f00 表示紅色、#00ff00 表示綠色、#000000fff 表示藍色。

   (2) width 屬性

   　　　邊框的寬度可以用 width 屬性來設定，預設值為 1 像素。

   (3) dash 屬性

   　　　邊框可以畫成虛線形式，這需要用到 dash 屬性，該屬性的值是整數元組。最常用的是二元組(a,b)，其中 a 指定要畫多少個像素，b 指定要跳過多少個像素，如此重複，直至邊框畫完。若 a、b 相等，可以簡記為(a,) 或 a。

2. **矩形內部充填屬性**

   (1) fill 屬性

   　　　矩形內部區域可以用 fill 屬性來設定充填顏色，此屬性的預設值是空字串，效果是內部透明。

   (2) stipple 屬性

   　　　在充填顏色時，可以使用 stipple 屬性設定充填的畫點效果，可以取 gray12、gray25、gray50、gray75 等值。

   　　　矩形還有一個 state 屬性，用於設定圖形的顯示狀態。預設值是 NORMAL 或 normal，即正常顯示。另一個有用的值是 HIDDEN 或 hidden，它使矩形在畫布上不顯現。使一個圖形在 NORMAL 和 HIDDEN 兩個狀態之間交替變化，即形成閃爍的效果。

   　　　注意，屬性值用大寫字母形式時，不要加引號，而用小寫字母形式時，一定要加引號，下面還有只列出大寫字母形式的情況。

   　　　在上節中已經介紹，可以利用畫布物件的 itemconfig()方法來設定矩形屬性，利用 delete()方法和 move()方法可以刪除和移動矩形。下面再看兩個設定矩形屬性的敘述。

```
>>> c.itemconfig(1,fill="blue")
>>> c.itemconfig(r,fill="grey",outline="white",width=5)
```

執行結果如圖 13-5 所示。

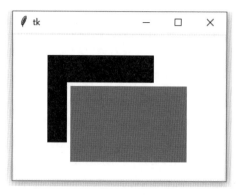

圖 13-5　修改矩形屬性

對比圖 13-4 和圖 13-5 可以看出，在畫布上建立的矩形是覆蓋在先前建立的矩形之上的，並且未塗色時，矩形內部是透明的，即能看到被覆蓋的矩形的邊框。事實上，畫布上的所有圖形物件都是按建立次序堆疊起來的，第一個建立的圖形物件處於畫布底部（最靠近背景），最後建立的圖形物件處於畫布上端（最靠近前景）。圖形的位置如果有重疊，上面的圖形會遮擋下面的圖形。

例 13-1　繪製如圖 13-6 所示的四個正方形。

說明：利用畫布的 create_rectangle()方法繪製正方形，注意設定屬性和四個正方形之間的關係位置。程式如下：

```
from tkinter import *
w = Tk() w.title('繪製四個正方形')
c = Canvas(w,width=300,height=220,bg='white')
c.pack()
c.create_rectangle(110,110,190,190,fill='green',\
outline='green',width=5)    #繪製無邊框綠色正方形
c.create_rectangle(110,30,190,110,fill='#ff0000',\
stipple='gray25')           #繪製紅色點畫正方形
c.create_rectangle(30,110,110,190,fill='yellow',\
outline='red',width=5)      #繪製紅色邊框黃色正方形
c.create_rectangle(190,110,270,190,dash=10,width=5,\
fill='red')                 #繪製虛線邊框紅色正方形
```

程式執行結果如圖 13-6 所示。

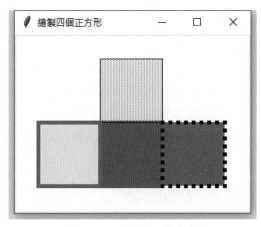

圖 13-6　繪製四個正方形

（三）矩形物件的座標表示

　　create_rectangle()方法中，座標參數的形式是很靈活的，既可以直接提供座標值，也可以先將座標資料存入變數，然後將該變數傳給該方法；既可以將所有座標資料構成一個元組，也可以將它們組成多個元組。例如，create_rectangle()方法中的四個座標參數既可以如上面例子那樣做為四個值分別傳送，也可以定義成兩個點（兩個二元組）分別指定給兩個變數，還可以定義成一個四元組並指定給一個變數。例如：

```
>>> p1=(10,10)
>>> p2=(150,100)
>>> c.create_rectangle(p1,p2)
>>> pp=(50,60,100,150)
>>> c.create_rectangle(pp)
```

　　將座標儲存在變數中的做法是值得推薦的，因為這更便於在繪製多個圖形時計算它們之間的相互位置。注意，這裡介紹的座標表示方法對所有圖形物件（只要用到座標參數）都是適用的。

13-2-2　繪製橢圓與圓弧

（一）繪製橢圓

　　畫布物件提供 create_oval()方法，用於在畫布上畫一個橢圓，其特例是圓。橢圓的位置和尺寸由其外接矩形決定，而外接矩形由左上角座標(x0,y0)和右下角座標(x1,y1)定義，如圖 13-7 所示。

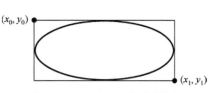

圖 13-7　用外接矩形定義橢圓

create_oval()方法的呼叫格式如下：

畫布物件名稱.create_oval(x0,y0,x1,y1,屬性設定……)

create_oval()的傳回值是所建立橢圓的標識編號，可以將標識編號存入變數。和矩形類似，橢圓的常用屬性包括 outline、width、dash、fill、state 和 tags 等。畫布物件的 itemconfig()方法、delete()方法和 move()方法同樣可用於橢圓的屬性設定、刪除和移動。

例 13-2　建立如圖 13-8 所示的圓和橢圓。

說明：利用畫布的 create_oval 方法繪製一個圓和兩個橢圓，注意設定屬性和三個圖形之間的關係位置。

程式如下：

```
from tkinter import *
w = Tk()
w.title('繪製圓和橢圓')
c = Canvas(w,width=260,height=260,bg='white')    #建立畫布物件
c.pack()
#繪製紅色圓
c.create_oval(30,30,230,230,fill='red',width=2)
#繪製黃色橢圓
c.create_oval(30,80,230,180,fill='yellow',width=2)
#繪製灰色橢圓
c.create_oval(80,30,180,230,fill='gray',width=2)
```

程式執行結果如圖 13-8 所示。

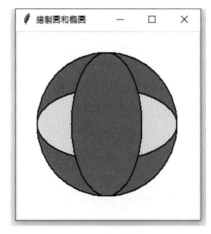

圖 13-8　繪製圓和橢圓

（二）繪製圓弧

畫布物件提供 create_arc()方法，用於在畫布上建立一個弧形。與橢圓的繪製類似，create_arc()的參數是用來定義一個矩形的左上角和右下角的座標，該矩形唯一決定一個內接橢圓（特例是圓），而最終要畫的弧形是該橢圓的一段。

create_arc()方法的呼叫格式如下：

> 畫布物件名稱.**create_arc(x0,y0,x1,y1,屬性設定……)**

create_arc()的傳回值是所建立的圓弧的標識編號，可以將標識編號存入變數。

弧形的開始位置由屬性 start 定義，其值為一個角度（x 軸方向為 0º）；弧形的結束位置由屬性 extent 定義，其值表示從開始位置逆時針旋轉的角度。start 屬性的預設值為 0º，extent 屬性的預設值為 90º。顯然，如果 start 設定為 0º，extent 設定為 360º，則畫出一個完整的橢圓，效果和 create_oval()方法一樣。

屬性 style 用於規定圓弧的樣式，可以取三種值：PIESLICE 是扇形，即圓弧兩端與圓心相連；ARC 是弧，即圓周上的一段；CHORD 是弓形，即弧加連接弧兩端的弦。Style 的預設值是 PIESLICE。請看下面的程式。

```
from tkinter import *
w = Tk()
c = Canvas(w,width=350,height=150,bg="white")
c.pack()
c.create_arc(20,40,100,120,width=2)          #預設樣式是 PIESLICE
c.create_arc(120,40,200,120,style=CHORD,width=2)
c.create_arc(220,40,300,120,style=ARC,width=2)
```

程式分別繪製一個扇形、一個弓形和一條圓弧，執行結果如圖 13-9 所示。

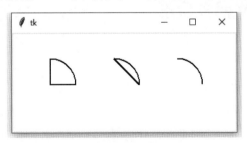

圖 13-9　圓弧的三種樣式

　　弧形的其他常用屬性 outline、width、dash、fill、state 和 tags 的意義和預設值都和矩形類似。注意：只有 PIESLICE 和 CHORD 形狀才可充填顏色。畫布物件的 itemconfig()、delete()和 move()方法同樣可用於弧形的屬性設定、刪除和移動。

例 13-3　建立如圖 13-10 所示的扇葉圖形。

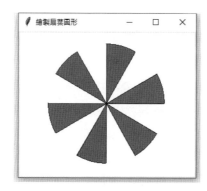

圖 13-10　繪製扇葉圖形

程式如下：

```
from tkinter import *
w = Tk()
w.title('繪製扇葉圖形')
c = Canvas(w,width=300,height=240,bg='white')
c.pack()
for i in range(0,360,60):
    c.create_arc(50,20,250,220,fill='red',start=i,extent=30)
```

程式執行結果如圖 13-10 所示。

13-2-3　繪製線條與多邊形

（一）繪製線條

　　畫布物件提供 create_line()方法，用於在畫布上建立連接多個點的線段序列，其呼叫格式如下：

畫布物件名稱.**create_line(x0,y0,x1,y1,…,xn,yn,屬性設定……)**

create_line()方法將各點 (x0,y0)，(x1,y1)，…，(xn,yn) 按順序用線條連接起來，傳回值是所建立的線條的標識編號，可以將標識編號存入變數。

若沒有特別說明，則相鄰兩點間用直線連接，即圖形整體上是一條折線。但如果將屬性 smooth 設定成非 0 值，則各點被直譯成 B 樣條曲線的頂點，圖形整體是一條平滑的曲線。線條不能形成邊框和內部區域兩個部分，因此沒有 outline 屬性，只有 fill 屬性，表示線條的顏色，其預設值為黑色。

線條可以透過屬性 arrow 來設定箭頭，該屬性的預設值是 NONE（無箭頭）。如果將 arrow 設定為 FIRST，則箭頭在(x0,y0)兩端；設定為 LAST，則箭頭在(xn,yn)端；設定為 BOTH，則兩端都有箭頭。

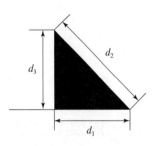

屬性 arrowshape 用於描述箭頭形狀，其值為三元組(d1,d2,d3)，含義如圖 13-11 所示。預設值為(8,10,3)。

圖 13-11　arrowshape 屬性值

和前面介紹的各種圖形一樣，線條還具有 width、dash、state、tags 等屬性。畫布物件的 itemconfig()、delete()和 move()方法同樣可用於線條的屬性設定、刪除和移動。

例 13-4　繪製 $y = \sin x \sin(4\pi x)$ 曲線。

程式如下：

```
from math import *
from tkinter import *
w = Tk()
w.title('繪製曲線')
W=400;H=220        #畫布寬度、高度
O_X = 2; O_Y = H/2                # x，y 圓點，視窗左邊中心
S_X = 120; S_Y = 100             # x，y 軸縮放倍數
x0 = y0 = 0;    #座標初始值
c = Canvas(w,width=W,height=H,bg='white')     #建立畫布物件
c.pack()
c.create_line(0,O_Y,W,O_Y)     #繪製 x 軸
c.create_line(O_X,0,O_X,H)     #繪製 y 軸
for i in range(0,180,1):
    arc = pi*i/180
    x = O_X + arc*S_X
    y = O_Y - sin(arc) * sin(4*pi*arc) * S_Y
    c.create_line(x0,y0,x,y)
    x0 = x; y0 = y
```

程式執行結果如圖 13-12 所示。

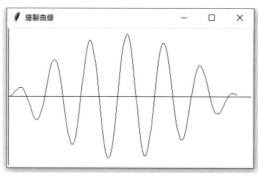

圖 13-12　$y = \sin x \sin(4\pi x)$ 曲線

（二）繪製多邊形

畫布物件提供 create_polygon()方法，用於在畫布上建立一個多邊形。與線條類似，多邊形是用一系列頂點（至少三個）的座標定義的，系統將把這些頂點按次序連接起來。與線條不同的是，最後一個頂點需要與第一個頂點連接，從而形成封閉的形狀。

create_polygon()方法的呼叫格式如下：

畫布物件名稱.`create_polygon(x0,y0,x1,y1,……,`屬性設定……)

create_polygon()的傳回值是建立多邊形的標識編號，可以將標識編號存入一個變數。和矩形類似，outline 和 fill 分別設定多邊形的邊框顏色和內部充填色；但與矩形不同的是，多邊形的 outline 屬性預設值為空字串，即邊框不顯現，而fill 屬性的預設值為黑色。與線條類似，一般用直線連接頂點，但如果將屬性smooth 設定成非 0 值，則表示用 B 樣條曲線連接頂點，這樣繪製的是由平滑曲線圍成的圖形。多邊形的另幾個常用屬性 width、dash、state 和 tags 的用法都和矩形類似。畫布物件的 itemconfig()、delete()和 move()方法同樣可用於多邊形的屬性設定、刪除和移動。

例 13-5　使用紅、黃、綠三種顏色充填矩形，如圖 13-13 所示。

說明：先畫矩形，再使用紅、黃、綠三種顏色分別繪製三角形、平行四邊形和三角形，三個圖形連在一起充填矩形。

程式如下：

```
from tkinter import *
w = Tk()
w.title('三種顏色充填矩形')
c = Canvas(w,width=340,height=200,bg='white')
c.pack()
c.create_rectangle(50,50,290,150,width=5)  #繪製矩形
#繪製紅色三角形
c.create_polygon(50,50,50,150,130,150,fill="red")
#繪製黃色平行四邊形
c.create_polygon(50,50,130,150,290,150,210,50,\
  fill="yellow")
#繪製綠色三角形
c.create_polygon(210,50,290,150,290,50,fill="green")
```

程式執行結果如圖13-13所示。

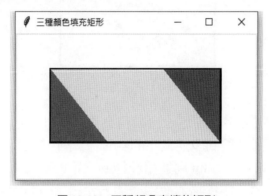

圖 13-13　三種顏色充填的矩形

13-2-4　**顯示文字與圖像**

（一）顯示文字

畫布物件提供 create_text()方法，用於在畫布上顯示一列或多列文字。與普通的字串不同，這裡的文字被做為圖形物件。

create_text()方法的呼叫格式如下：

　畫布物件名稱.create_text(x,y,屬性設定……)

其中，(x,y)指定文字顯示的參考位置。create_text()的傳回值是所建立的文字的標識編號，可以將標識編號存入變數中。

　　文字內容由 text 屬性設定，其值就是要顯示的字串。字串中可以使用換列字元"\n"，從而實現多列文字的顯示。

　　anchor 屬性用於指定文字的哪個錨點(Anchor)與顯示位置(x,y)對齊。文字有一個邊界框，tkinter 模組定義了邊界框若干個錨點，錨點用 E（東）、S（南）、W（西）、N（北）、CENTER（中）、SE（東南）、SW（西南）、NW（西北）、NE（東北）等方位常數表示，如圖 13-14 所示。透過錨點可以控制文字的相對位置，例如，若將 anchor 設定為 N，則將文字邊界框的頂邊中點置於參考點(x,y)；若將 anchor 設定為 SW，則將文字邊界框的左下角置於參考點(x,y)。anchor 的預設值為 CENTER，表示將文字的中心置於參考點(x,y)。

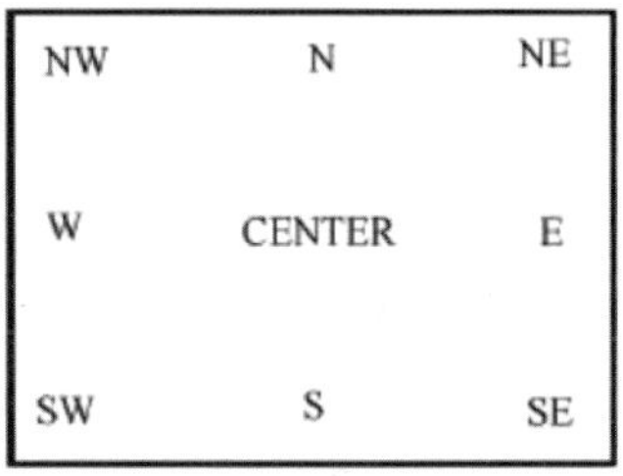

```
NW        N         NE


W       CENTER       E


SW        S         SE
```

圖 13-14　物件的錨點

　　fill 屬性用於設定文字的顏色，預設值為黑色。如果設定為空字串，則文字不顯現。justify 屬性用於控制多列文字的對齊方式，其值為 LEFT、CENTER 或 RIGHT，預設值為 LEFT。width 屬性用於控制文字的寬度，超出寬度就要換列。font 屬性指定文字字體。字體描述使用一個三元組，包含字體名稱、大小和字形名稱，例如("TimesNewRoman",10,"bold")表示 10 號加黑新羅馬字，（"標楷體",12,"italic"）表示 12 號斜體標楷體。state 屬性、tags 屬性的意義與其他圖形物件相同。

　　畫布物件的 itemcget()和 intemconfig()方法可用於讀取或修改文字的內容，畫布物件的 delete()和 move()方法可用於文字的刪除和移動。

例 13-6　畫布文字顯示範例。

　　程式如下：

```
from tkinter import *
w = Tk()
w.title('文字顯示')
c = Canvas(w,width=400,height=100,bg="white")
c.pack()
c.create_rectangle(200,50,201,51,width=8)  #顯示文字參考位置
```

```
    c.create_text(200,50,text="Hello Python1",\
    font=("Courier New",15,"normal"),anchor=SE)  #右下對齊
    c.create_text(200,50,text="Hello Python2",\
    font=("Courier New",15,"normal"),anchor=SW)  #左下對齊
    c.create_text(200,50,text="Hello Python3",\
    font=("Courier New",15,"normal"),anchor=NE)  #右上對齊
    c.create_text(200,50,text="Hello Python4",\
    font=("Courier New",15,"normal"),anchor=NW)  #左上對齊
```

程式中文字顯示的參考位置都是(200,50)，但設定的文字錨點不同，文字顯示的相對位置不同，程式執行結果如圖 13-15 所示。

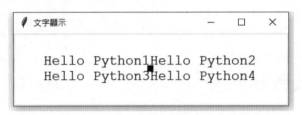

圖 13-15　用錨點控制文字顯示位置

（二）顯示圖像

除了在畫布上繪圖外，還可以將現成的圖像顯示在畫布上。tkinter 模組針對不同格式的影像檔有不同的顯示方法，這裡只介紹顯示 gif 格式圖像的方法。步驟如下。

1. 利用 tkinter 模組提供的 PhotoImage 類來建立圖像物件，敘述格式如下：

圖形物件=PhotoImage(file=影像檔名稱)

其中，屬性 file 用於指定影像檔（支援 gif、png、bmp、pgm、ppm 等格式），PhotoImage()傳回值是一個圖像物件，可以用變數來引用這個物件。

2. 透過畫布物件提供的 create_image()方法在畫布上顯示圖像，其呼叫格式如下：

畫布物件名稱.create_image(x,y,image=圖像物件,屬性設定……)

其中，(x,y)是決定圖像顯示位置的參考點。create_image()方法的傳回值是所建立的圖像在畫布上的標識編號，可以將標識編號存入一個變數中。

圖像在畫布上的位置由參考點(x,y)和 anchor 屬性決定，具體設定與文字相同。可以設定圖像屬性 state、tags，意義與其他圖形物件相同。畫布物件的 delete()方法和 move()方法同樣可用於圖像的刪除和移動。

例 13-7　假設有影像檔 c:\mypython\python.png，將該圖像顯示在畫布中。

說明：

程式如下：

```python
from tkinter import *
w = Tk()
w.title('圖像顯示')
c = Canvas(w,width=300,height=150,bg='white')
c.pack()
pic = PhotoImage(file="F:\\mypython\\peppers.png")
c.create_image(150,75,image=pic)
```

程式執行結果如圖 13-16 所示。

圖 13-16　圖像顯示

除了畫布上的繪圖操作外，在主視窗還可以放置其他圖形使用者介面控制項，例如標籤、按鈕、選項按鈕、文字方塊、串列方塊等。

13-3　圖形的事件處理

「事件」(Event)是指在程式執行過程中發生的操作，例如按一下滑鼠左鍵、按下鍵盤上的某個鍵等。某個物件可以與特定事件綁定在一起，這樣當特定事件發生時，可以呼叫特定的函式來處理該事件。

畫布及畫布上的圖形都是物件，都可以與操作事件綁定，這樣使用者可以利用鍵盤、滑鼠來操作、控制畫布和圖形。這裡使用一個例子來說明畫布和圖形物件的事件處理方法。

例 **13-8**　文字交替顯示。

說明：在畫布交替顯示兩列文字，滑鼠左鍵按一下文字時替換一次，按右鍵文字時隱藏文字，滑鼠指標指向文字時使文字隨機移動。

程式如下：

```
def canvasF(event):
    if c.itemcget(t,"text")=="Python!":
        c.itemconfig(t,text="Programming!")
    else:
        c.itemconfig(t,text="Python!")
def textF1(event):
    c.move(t,randint(-10,10),randint(-10,10))
def textF2(event):
    if c.itemcget(t,"fill")!="white":
        c.itemconfig(t,fill="white")
    else:
        c.itemconfig(t,fill="black")
from tkinter import *
from random import *
w = Tk()
w.title('文字交替顯示')
c = Canvas(w,width=250,height=150,bg="white")
c.pack()
t = c.create_text(125,75,text="Python!", font=\
("Arial",12,"italic"))
c.bind("<Button-1>",canvasF)
c.tag_bind(t,"<Enter>",textF1)
c.tag_bind(t,"<Button-3>",textF2)
w.mainloop()
```

程式執行結果如圖 13-17 所示。

圖 13-17　文字交替顯示

下面結合例 13-8 對事件處理的操作進行說明。

（一）事件綁定

物件需要與特定事件進行綁定，以便告訴系統當針對物件發生事件之後該如何處理。程式的倒數第四列敘述，利用畫布的 bind()方法將畫布物件與滑鼠左鍵按一下事件<Button-1>進行綁定，其中告訴系統當使用者在畫布物件上按一下滑鼠左鍵時，就去執行函式 canvasF()。程式的倒數第三列敘述，利用畫布的 tag_bind()方法將畫布上的文字物件 t 與滑鼠指標(Pointer)進入事件<Enter>進行綁定，其中告訴系統當滑鼠指標指向文字 t 時，就去執行函式 textF1()。程式的倒數第二列敘述，利用畫布的 tag_bind()方法將畫布物件上的文字物件 t 與滑鼠按右鍵事件<Button-3>進行綁定，其中告訴系統當使用者在文字 t 上按一下滑鼠右鍵時，就去執行函式 textF2()。

（二）事件處理函式

程式中定義三個事件處理函式，canvasF()函式用於處理畫布上的滑鼠左鍵按一下事件，其功能是改變文字 t 的內容。如果目前內容是 "Python!" 就改成 "Programming!"，如果目前是 "Programming!" 就改成 "Python!"。每當使用者在畫布上按一下滑鼠左鍵時就執行一次這個函式，形成文字內容隨滑鼠單擊而切換的效果；textF1()函式用於處理文字上的滑鼠指標進入事件，其功能是隨機移動文字，移動的距離用一個隨機函式來產生。textF2()函式用於處理文字上的滑鼠按右鍵事件，其功能是改變文字的顏色。如果目前不是白色則改為白色，否則改為黑色。每當使用者在文字上按一下滑鼠右鍵時就執行一次這個函式，形成文字隨滑鼠按右鍵而出沒的效果。因為畫布背景是白色，因此將文字設定為白色就相當於隱去文字。

（三）主視窗事件迴圈

程式中並沒有直接呼叫三個事件處理函式的敘述，它們是由系統根據所發生的事件而自動呼叫的。程式最後一列 w.mainloop()敘述的作用是進入主視窗的事件迴圈。執行這一條敘述之後，系統就會自行監控在主視窗上發生的各種事件，並觸發對應的處理函式。

13-4　urtle 繪圖與 Graphics 圖形庫

Python 的圖形庫有很多，除了 Tkinter 圖形庫之外，常用的還有海龜(Turtle)繪圖與 Graphics 圖形庫。

13-4-1　turtle **繪圖**

　　turtle 繪圖模組是 Python 中引入的一個簡單的繪圖工具，利用 turtle 模組繪圖通常稱為海龜繪圖。繪圖時有一個箭頭（比作小海龜），按照命令一筆一筆地畫出圖形，就像小海龜在螢幕上爬行，並能留下爬行的足跡，於是就形成圖形。海龜就彷彿是繪圖的畫筆，而螢幕就是用來繪圖的紙張。

（一）匯入 turtle 模組

　　使用 turtle 繪圖，首先需要匯入 turtle 模組，有以下兩種方法。

```
>>> import turtle
>>> from turtle import *
```

　　下面假設使用第二種方法匯入 turtle 模組中的所有方法。

（二）turtle **繪圖屬性**

　　turtle 繪圖有三個要素，分別是位置、方向和畫筆。

1.　位置

　　位置是指箭頭在 turtle 圖形視窗中的位置。turtle 圖形視窗的座標採用直角座標，即以視窗中心點為原點，向右為 x 軸正軸方向，向上為 y 軸正軸方向。在 turtle 模組中，中心點(0,0)可以使用 home()得到。

2.　方向

　　方向是指箭頭的指向，使用 left(degree)、right(degree)函式使得箭頭分別向左、向右旋轉 degree 度。

3.　畫筆

　　畫筆是指繪製的線條的顏色和寬度，有關畫筆控制函式如下。

(1) down()

　　　　放下畫筆，移動時繪製圖形。這是預設的狀態。

(2) up()

　　　　提起畫筆，移動時不繪製圖形。

(3) pensize(w)或 width(w)

　　　　繪製圖形時畫筆的寬度，w 為一個正數。

(4) pencolor(s)或 color(s)

　　　　繪製圖形時畫筆的顏色，s 是一個字串，例如'red'、'blue'、'green'分別表示紅色、藍色、綠色。

(5) fillcolor(s)

　　　　繪製圖形的充填顏色。

（三）turtle 繪圖命令

　　turtle 繪圖有許多控制箭頭運動的命令，從而繪製出各種圖形。可以使用 clear()方法將畫布的所有資料加以清除，而使用 reset()函式來清空畫布的所有資料，同時將海龜的箭頭傳回到座標原點並指向東方。

1. goto(x,y)

　　將箭頭從目前位置直接移動到座標為(x,y)的位置。此時，目前方向沒有作用，移動後方向也不改變。如果想要移動箭頭到(x,y)處理，但不要繪製圖形，可以使用 up()函式。例如，下列命令繪製一條水平直線。

```
from turtle import *
reset()        #將整個繪圖視窗清空並將箭頭置於原點(視窗的中心)
goto(100,0)   #目前位置(0,0)運動到(100,0)位置
```

2. forward(d)

　　控制箭頭向前移動，其中 d 代表移動的距離（單位：像素）。在移動前，需要設定箭頭的位置、方向和畫筆三個屬性。

3. backward(d)

　　與 forward()函式相反，控制箭頭向後移動，其中 d 代表移動的距離。

4. speed(v)

　　控制箭頭移動的速度，v 取[0,10]範圍的整數，數字越大，速度越快。也可以使用'slow'、'fast'來控制速度。

例 13-9　繪製一個正方形。

　　程式如下：

```
from turtle import *
color("blue")        #定義畫筆的顏色
pensize(5)           #定義畫筆的線條寬度
speed(10)            #定義繪圖的速度
for i in range(4):   #繪出正方形的四條邊
    forward(100)
    right(90)        #箭頭右轉 90°
```

　　程式執行結果如圖 13-18 所示。

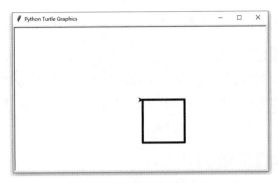

圖 13-18　繪製一個正方形

　　在設定繪圖狀態之後，控制箭頭前進(Forward)一段距離，右轉(right)90°，重複四次即可。

　　turtle 模組還有一些內建函式，例如畫圓的函式 circle(r)，該函式以箭頭目前位置為圓的底部座標，以 r 為半徑畫圓。

例 13-10　繪製三個同心圓。

程式如下：

```
from turtle import *
for i in range(3):
    up()                    #提起畫筆
    goto(0,-50-i*50)        #決定畫圓的起點
    down()      #放下畫筆
    circle(50+i*50)         #畫圓
```

　　說明：剛開始時，箭頭的座標預設在(0,0)，就以它為圓心。因為 turtle 畫圓時是從圓的底部開始畫的，所以需要找三個圓底部的座標。第一個圓的半徑為 50，底部座標為(0,-50)；第二個圓的半徑為 100，底部座標為(0,-100)；第三個圓的半徑為 150，底部座標為(0,-150)。

　　程式執行結果如圖 13-19 所示。

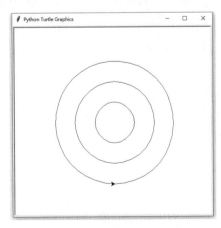

圖 13-19　繪製三個同心圓

13-4-2　Graphics 圖形庫

Graphics 圖形庫是在 Tkinter 圖形庫基礎上建立的，由 graphics 模組組成。graphics 模組的所有功能都是依賴於 tkinter 模組功能實現的。graphics 模組將 tkinter 模組的繪圖功能以物件導向的方式重新包裝，使初學者更容易學習和應用。

（一）模組匯入與圖形視窗

graphics 模組檔(graphics.py)可以從網站：

https://mcsp.wartburg.edu/zelle/python/graphics.py

下載，下載後將 graphics.py 檔與使用者自己的圖形程式放在一個目錄中，或者放在 Python 安裝目錄中即可。

使用 graphics 繪圖，首先要匯入 graphics 模組，敘述格式有如下兩種。

```
>>> import graphics
>>> from graphics import *
```

下面假設使用第二種方法匯入 turtle 模組中的所有方法。

其次，使用 graphics 提供的 GraphWin()函式建立一個圖形視窗。在圖形視窗中，設有標題列，以及「最小化」、「最大化」、「關閉」等按鈕。例如：

```
>>> win = GraphWin()
```

GraphWin()函式在螢幕上建立一個圖形視窗，預設視窗標題是 "GraphicsWindow"，預設寬度和高度都是 200 像素，如圖 13-20 所示。圖形視窗的座標系與前面介紹的畫布物件的座標系相同，仍以視窗左上角為原點，x 軸向右，y 軸向下。

圖 13-20　graphics 圖形視窗

graphics 圖形視窗也有各種屬性，在呼叫 GraphWin()函式時可以提供各種參數。例如：

```
>>> win = GraphWin("My Graphics Window",300,200)
```

這條敘述的含義是在螢幕上建立一個視窗物件，視窗標題為 "My Graphics Window"，寬度為 300 像素，高度為 200 像素。

透過 GraphWin 類建立圖形視窗的介面實際上是對 tkinter 模組中建立畫布物件介面的重新包裝，也就是說，當使用 graphics 模組建立圖形視窗時，系統會把這個請求傳遞給 tkinter 模組，而 tkinter 模組就建立一個畫布物件並傳回給 graphics 模組。

為了對圖形視窗進行操作，可以建立一個視窗物件 win，以後就可以透過視窗物件 win 對圖形視窗進行操作。例如，視窗操作結束後應該關閉圖形視窗，關閉視窗的函式呼叫方法為：

```
>>> win.close()
```

（二）圖形物件

在 tkinter 模組中，只提供畫布 Canvas 類，而畫布上繪製的各種圖形並沒有對應的類。因此畫布是物件，而畫布的圖形並不是物件，不是按物件導向的風格建構的。graphics 模組就是為了改進這一點而設計的。在 graphics 模組中，提供了 GraphWin（圖形視窗）、Point（點）、Line（直線）、Circle（圓）、Oval（橢圓）、Rectangle（矩形）、Polygon（多邊形）、Text（文字）等類，使用類可以建立對應的圖形物件。每個物件都是對應的類的實例，物件都具有自己的屬性和方法（操作）。下面介紹各種圖形物件的建立方法。

1. 點

graphics 模組提供 point 類，用於在視窗中畫點。建立點物件的敘述格式為：

```
p = Point(x 座標, y 座標)
```

下面先建立一個 Point 物件，然後呼叫 Point 物件的方法進行各種操作。

```
>>> from graphics import *
>>> win = GraphWin()
>>> p = Point(100,50)
>>> p.draw(win)
```

```
>>> print(p.getX(), p.getY())
100 50
>>> p.move(20,30)
>>> print(p.getX(), p.getY())
120 80
```

　　第三條敘述建立了一個 Point 物件，該點的座標為(100,50)，變數 p 被指定為該物件。這時在視窗中並沒有顯示這個點，因為還需要讓這個點在圖形視窗中畫出來，為此需要第四條敘述，其含義為執行物件 p 的 draw(win)方法，在圖形視窗 win 中將點畫出來。第五條敘述示範 Point 物件的另兩個方法 getX()和 getY()的使用，分別是獲得點的橫座標和縱座標。第六條敘述是請求 Point 物件 p 改變位置，沿水平方向向右移動 20 像素，垂直方向向下移動 30 像素。此外，Point物件還提供以下方法。

(1) p.setFill()

　　　　設定點 p 的顏色。

(2) p.setOutline()

　　　　設定邊框的顏色。對 Point 物件來說，與 setFill()方法沒有區別。

(3) p.undraw()

　　　　隨藏物件 p，即在圖形視窗中，物件 p 變成不顯現。注意，隱藏並非刪除，物件 p 仍然存在，隨時可以重新執行 draw()。

(4) p.clone()

　　　　複製一個與 p 一模一樣的物件。

　　除了使用字串指定顏色之外，graphics 模組還提供 color_rgb(r,g,b)函式來設定顏色，其中的 r，g，b 參數取 0~255 之間的整數，分別表示紅色、綠色、藍色的數值，color_rgb()函式表示的顏色就是三種顏色混合以後的顏色。例如color_rgb(255,0,0)表示亮紅色，color_rgb(0,255,0)表示亮綠色。

2. **直線**

　　直線類 Line 用於繪製直線。建立直線物件的敘述格式為：

```
line = Line(端點 1, 端點 2)
```

　　其中，兩個端點都是 Point 物件。

　　和 Point 物件一樣，Line 物件也支援 draw()、undraw()、move()、setFill()、setOutline()、clone()等方法。此外，Line 物件還支援 setArrow()方法，用於為直線畫箭頭，setWidth()方法用於設定直線寬度。

例 **13-11**　使用直線物件繪製一個正方形。

程式如下：

```
from graphics import *
win = GraphWin("繪製正方形")
p1 = Point(50,50)
p2 = Point(150,50)
p3 = Point(150,150)
p4 = Point(50,150)
l1 = Line(p1,p2)
l2 = Line(p2,p3)
l3 = Line(p3,p4)
l4 = Line(p4,p1)
l1.draw(win); l2.draw(win)
l3.draw(win); l4.draw(win)
```

程式執行結果如圖 13-21 所示。

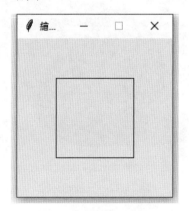

圖 13-21　使用直線物件繪製正方形

3. 圓

　　圓類為 Circle，建立圓形物件的敘述格式為：

> **c = Circle(圓心,半徑)**

其中，圓心是 Point 物件，半徑是個數值。

Circle 物件同樣支援 draw()、undraw()、setFill()、setOutline、clone()、setWidth()等方法。此外，Circle 物件還支援 c.getRadius()方法，用於取得圓形物件 c 的半徑。

例 13-12　繪製三個同心圓，並且將它們充填不同顏色。

程式如下：

```
from graphics import *
win = GraphWin("繪製同心圓")
pt = Point(100,100)
cir1 = Circle(pt,80);
cir1.draw(win); cir1.setFill('green')
cir2 = Circle(pt,50);
cir2.draw(win); cir2.setFill(color_rgb(100,100,255))
cir3 = Circle(pt,20);
cir3.draw(win); cir3.setFill(color_rgb(255,0,0))
```

程式執行結果如圖 13-22 所示。

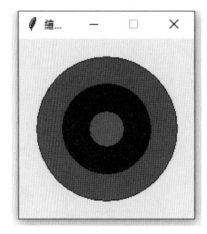

圖 13-22　三個同心圓

4. **橢圓**

橢圓類為 Oval，建立橢圓物件的敘述格式為：

> **o = Oval(左上角,右下角)**

其中，左上角和右下角是兩個 Point 物件，用於指定一個矩形，再由這個矩形定義一個內接橢圓。橢圓物件同樣支援 draw()、undraw()、move()、setFill()、setOutline()、clone()、setWidth()等方法。

例 **13-13**　繪製四個相扣的圓。

說明：將四個圓的邊線設定成不同顏色，邊線寬度相同。

程式如下：

```
from graphics import *
win = GraphWin('繪製四個相扣的圓',410,200)
pt1 = Point(50,50); pt2 = Point(150,150)
o1 = Oval(pt1,pt2); o1.draw(win);
o1.setOutline('red'); o1.setWidth(6)
o2 = o1.clone();              #複製相同的圓物件
o2.draw(win); o2.move(70,0);
o2.setOutline('black'); o2.setWidth(6)
o3 = o2.clone();
o3.draw(win); o3.move(70,0);
o3.setOutline('blue'); o3.setWidth(6)
o4 = o3.clone();
o4.draw(win); o4.move(70,0);
o4.setOutline('green'); o4.setWidth(6)
```

程式執行結果如圖 13-23 所示。

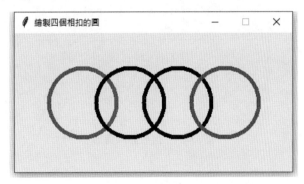

圖 13-23　四個相扣的圓

5.　矩形

矩形類為 Rectangle，建立矩形物件的敘述格式為：

r = Rectangle(左上角,右下角)

其中，左上角和右下角是兩個 Point 物件，用於指定矩形。

矩形物件同樣支援 draw()、undraw()、move()、setFill()、setOutline()、clone()、setWidth()等方法。此外，矩形還支援的方法有 r.getP1()、r.getP2 和

r.getCenter()，分別用於取得左上角、右下角和中心座標，傳回值都是 Point 物件。

例 13-14　繪製如圖 13-24 所示的正弦曲線圖形。

```
from graphics import *
from math import *
win = GraphWin('繪製正弦曲線',380,260)
x = 10
for i in range(0,36):
    pt1 = Point(x,-100*sin(x*pi/180)+130)
    pt2 = Point(x+10,130)
    r = Rectangle(pt1,pt2)
    r.draw(win); r.setFill('yellow')
    x += 10
```

程式執行結果如圖 13-24 所示。

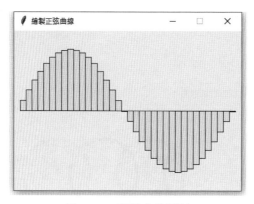

圖 13-24　正弦曲線圖形

6. 多邊形

多邊形類為 Polygon，建立多邊形物件的敘述格式為：

p = Polygon(頂點 1,……,頂點 n)

將各頂點用直線相連，即形成多邊形。

多邊形物件同樣支援 draw()、undraw()、move()、setFill()、setOutline()、clone()、setWidth()等方法。此外還支援方法 poly.getPoints()，用於取得多邊形的各個頂點座標。

例 **13-15**　繪製紅色的正五邊形。

程式如下：

```
from graphics import *
from math import *
win=GraphWin('繪製正五邊形',300,250)
p1 = Point(100,200)
p2 = Point(200,200)
p3 = Point(200+100*cos(pi*72/180),200-100*sin(pi*72/180))
p4 = Point(100+50,200-50/sin(pi*36/180)-50/tan(pi*36/180))
p5 = Point(100-100*cos(pi*72/180),200-100*sin(pi*72/180))
p = Polygon(p1,p2,p3,p4,p5)
p.draw(win); p.setFill('red');
```

程式執行結果如圖 13-25 所示。

圖 13-25　正五邊形

7. 文字

文字類為 Text，建立文字物件的敘述格式為：

t = Text(中心點,字串)

其中，中心點是個 Point 物件，字串是顯示的文字內容。

文字物件支援 draw()、undraw()、move()、setFill()、setOutline()、clone()等方法，其中 setFill()和 setOutline()方法都是設定文字的顏色。文字物件方法 t.setText（新字串）用於改變文字內容；方法 t.getText()用於取得文字內容；方法 t.setTextColor()用於設定文字顏色，與 setFill 效果相同；方法 setFace()用於設定文字字體，可選值有 helvetica、courier、times roman 以及 arial；方法 setSize()用於設定字體大小，取值範圍為 5~36；方法 setStyle()用於設定字體風格，可選值有 normal、bold、italic 以及 bold italic；方法 getAnchor()用於傳回文字顯示中間位置點（錨點）的座標值。

例 13-16　文字格式範例。

程式如下：

```
from graphics import *
from math import *
win=GraphWin('文字格式',320,160)
p=Point(160,80)
t=Text(p,'Python Programming')
t.draw(win)
t.setFace('arial')
t.setSize(20)
t.setStyle('bold italic')
```

程式執行結果如圖 13-26 所示。

圖 13-26　文字格式

（三）互動式圖形操作

　　圖形使用者介面可以用於程式互動式的輸入和輸出，使用者透過按一下按鈕、選擇功能表中的選項以及在螢幕文字方塊中輸入文字等來與應用程式互動。

　　當使用者移動滑鼠、按一下按鈕或者從鍵盤輸入資料時，就產生了一個事件，這個事件被發送到圖形使用者介面的對應物件進行處理。例如，按一下按鈕會產生一個按一下事件，該事件將會傳遞給按鈕處理程式碼，按鈕處理程式碼將執行對應操作。graphics 模組提供兩個簡單的方法獲得使用者在圖形介面視窗中的操作事件。

1. 捕捉滑鼠按一下事件

可以透過 GraphWin 類中的 getMouse()方法獲得使用者在視窗內按一下滑鼠的資訊。當 getMouse()方法被一個 GraphWin 物件呼叫時，程式將停止並等待使用者在視窗內按一下滑鼠。使用者按一下滑鼠的位置以 Point 物件做為傳回值傳回給程式。請看下面的程式。

```
from graphics import *
win = GraphWin()
p = win.getMouse()
print(p.getX(),p.getY())
```

getMouse()的傳回值是一個 Point 物件，使用該物件的 getX()和 getY()方法可以得到按一下滑鼠的座標。

例 13-17　在視窗按一下滑鼠時繪製一個綠色的正方形。

程式如下：

```
from graphics import *
win = GraphWin('繪製綠色正方形',300,250)
p1 = win.getMouse()
p2 = Point(p1.getX()+100, p1.getY()+100)
r = Rectangle(p1,p2);
r.draw(win); r.setFill('green1')
```

程式執行結果如圖 13-27 所示。

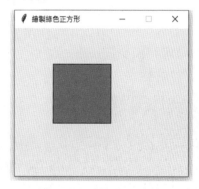

圖 13-27　綠色的正方形

2.　處理文字輸入

graphics 模組還包括一個輸入物件 Entry，用於取得視窗中的鍵盤輸入事件。Entry 物件在圖形視窗中建立一個文字方塊，它與 Text 物件類似，也使用 setText()和 getText()方法。不同之處在於 Entry 物件的內容可以被使用者修改。結合下面的溫度轉換程式說明其用法。

例 13-18　處理文字輸入使用例。

說明：建立一個圖形視窗，其中有一個輸入框，用於輸入攝氏溫度值，同時提供一個「溫度轉換」按鈕，按一下按鈕時能夠將攝氏溫度轉換為華氏溫度，同時「溫度轉換」變為「退出」按鈕，單擊按鈕退出圖形視窗。

程式如下：

```
from graphics import *
win = GraphWin("溫度轉換",300,200)
t1 = Text(Point(80,50),"攝氏溫度:")
t1.setSize(10); t1.draw(win)
t2 = Text(Point(80,150),"華氏溫度:")
t2.setSize(10); t2.draw(win)
input = Entry(Point(200,50),8)
input.setText("0")
input.setSize(10); input.draw(win)
output = Text(Point(150,150),"")
output.draw(win)
button = Text(Point(150,100),"溫度轉換")
button.setSize(10); button.draw(win)
Rectangle(Point(100,80),Point(200,120)).draw(win)
win.getMouse()  #等待滑鼠按一下
celsius = eval(input.getText())        #輸入溫度值
fahrenheit = 9/5*celsius+32
output.setText(fahrenheit)             #顯示輸出
output.setSize(10);
button.setText("退出")                 #改變按鈕提示
win.getMouse()                         #等待回應滑鼠按一下，退出程式
win.close()
```

在程式中，按鈕僅具有提示和修飾作用，實際上在視窗的任意位置按一下滑鼠都能夠進行溫度轉換操作。程式執行後，輸入攝氏溫度並按一下「溫度轉換」按鈕後，程式介面如圖 13-28 所示。

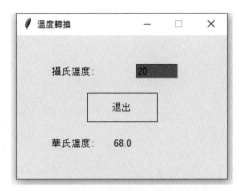

圖 13-28　溫度轉換程式介面

　　輸入框中的初始值為 0，程式執行時可以輸入其他的溫度值，然後按一下滑鼠繼續執行程式。注意，程式中並沒有儲存使用者按一下滑鼠的位置，getMouse()方法只是用於暫停程式，使使用者可以在輸入框中輸入溫度值。

　　程式透過 eval()函式將輸入框中的值轉換為數值，然後將這個數值轉換為華氏溫度值，最後，將這個結果顯示在文字輸出區域。透過 setText()方法可以自動將華氏溫度值轉換為一個字串，並在文字輸出框中顯示出來。此時，按鈕上面的提示已經改為「退出」，表示再次按一下按鈕將會退出程式。

13-5　　圖形應用範例

　　本章介紹在 Python 環境下繪製圖形的三種方式：tkinter 繪圖、turtle 繪圖和graphics 繪圖。本節再透過兩個實例進一步說明這些方式的應用。

例 13-19　繪製下列曲線：

$$\begin{cases} x = 3(\cos t + t\sin t) \\ y = 3(\sin t - t\cos t) \end{cases}, \ t \in [0,\ 10\pi]$$

　　說明：繪製函式曲線可採用計算出函式曲線的各個點的座標，將各點畫出來，如果這些點足夠密，繪出的曲線會比較光滑。畫布對於角沒有提供畫「點」的方法，但可以畫一個很小的矩形來做為點。

　　程式如下：

```
from math import *
from tkinter import *
w = Tk()
```

```
w.title('繪製曲線')
c = Canvas(w,width=300,height=200,bg='white')
c.pack()

#繪製函式曲線
t = 0
while t <= 10 * pi:
    x = 3 * (cos(t) + t*sin(t))
    y = 3 * (sin(t) - t*cos(t))
    x += 150        #移動座標
    y += 100
 c.create_rectangle(x,y,x+0.5,y+0.5)
 t += 0.1
```

程式執行結果如圖 13-29 所示。

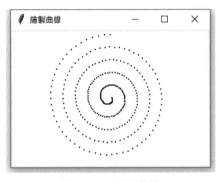

圖 13-29　繪製曲線

例 13-20　描繪地球繞太陽旋轉的軌道。

說明：分別建立一個橢圓和兩個圓，大圓塗上紅色表示太陽，小圓塗上藍色表示地球。

程式如下：

```
from tkinter import *
w=Tk()
w.title('繪製地球繞太陽旋轉軌道')
#建立畫布物件
c=Canvas(w,width=300,height=200,bg="white")
c.pack()
#繪製橢圓軌道
c.create_oval(50,50,250,150,dash=(4,2),width=2)
#繪製太陽
```

```
c.create_oval(110,80,150,120,fill="red",outline="red")
#繪製地球
c.create_oval(240,95,255,110,fill="blue")
```

程式執行結果如圖 13-30 所示。

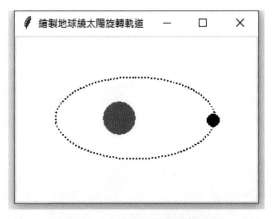

圖 13-30　地球繞太陽旋轉的軌道

上機練習

1.　使用 tkinter 模組執行下列問題並觀察程式的執行結果。

(1)
```
from tkinter import *

w = Tk()
label = Label(w, text = 'Hello World!')
label.pack()
mainloop()
```

(2)
```
from tkinter import *

w = Tk()
quit = Button(w, text = 'Hello World!',command = w.quit)
quit.pack()
mainloop()
```

(3)
```
from tkinter import *

w = Tk()
hello = Label(w, text = 'Hello World!')
hello.pack()
quit = Button(w, text = 'QUIT', command = w.quit,\
bg = 'red', fg = 'white')
quit.pack(fill = Tkinter.X, expand = 1)
mainloop()
```

(4)
```
from tkinter import *

root = Tk()
root.title("hello")
top = Toplevel()
top.title("Python")
top.mainloop()
```

(5)
```
from tkinter import *

widget = Button(text='message', padx=10, pady=10)
```

```
widget.pack(padx=20, pady=20)
widget.config(cursor='gumby')
widget.config(bd=8, relief=RAISED)
widget.config(bg='dark green', fg='white')
widget.config(font=('helvetica', 20, 'underline italic'))
mainloop()
```

(6)

```
from tkinter import *

w = Tk()
labelfont = ('times', 20, 'bold')
widget = Label(w, text='Hello world!')
widget.config(bg='black', fg='yellow')
widget.config(font=labelfont)
widget.config(height=3, width=20)
widget.pack(expand=YES, fill=BOTH)
w.mainloop()
```

(7)

```
from tkinter import *

widget = Button(text='Good luck', padx=10, pady=10)
widget.pack(padx=20, pady=20)
widget.config(cursor='gumby')
widget.config(bd=8, relief=RAISED)
widget.config(bg='dark green', fg='white')
widget.config(font=('helvetica', 20, 'underline italic'))
mainloop()
```

(8)

```
import sys
from tkinter import *

def quit():
    print('I must go now.')
    sys.exit()

widget = Button(None, text = 'Hello event world',\
command = quit)
widget.pack()
widget.mainloop()
```

(9)
```
import sys
from tkinter import *

widget = Button(None,
          text = 'Hello event world',
          command = (lambda: print('Hello lambda world')\
or sys.exit()))
widget.pack()
widget.mainloop()
```

(10)
```
import sys
from tkinter import *

class HelloClass:
    def __init__(self):
        widget = Button(None, text='Hello event world',\
command=self.quit)
        widget.pack()

    def quit(self):
        print('Hello class method world')
        sys.exit()

HelloClass()
mainloop()
```

(11)
```
import sys
from tkinter import *

class HelloCallable:
    def __init__(self):
        self.msg = 'Hello __call__ world'

    def __call__(self):
        print(self.msg)
        sys.exit()
widget = Button(None, text = 'Hello event world',\
command = HelloCallable())
widget.pack()
widget.mainloop()
```

(12)

```
from tkinter import *

root = Tk()
text = Text(root)
text.insert(INSERT, "Hello.....")
text.insert(END, "Bye .....")
text.pack()
text.tag_add("here", "1.0", "1.4")
text.tag_add("start", "1.8", "1.13")
text.tag_config("here", background="yellow",\
foreground="blue")
text.tag_config("start", background="black",\
foreground="green")
root.mainloop()
```

(13)

```
from tkinter import *

root = Tk( )
b = 0
for r in range(6):
    for c in range(6):
        b = b + 1
        Button(root, text=str(b),
               borderwidth=1).grid(row=r,column=c)
root.mainloop()
```

(14)

```
from tkinter import *

def donothing():
    filewin = Toplevel(root)
    button = Button(filewin, text="Do nothing button")
    button.pack()
root = Tk()
menubar = Menu(root)
filemenu = Menu(menubar, tearoff=0)
filemenu.add_command(label="New", command=donothing)
filemenu.add_command(label="Open", command=donothing)
filemenu.add_command(label="Save", command=donothing)
filemenu.add_command(label="Save as...", command=donothing)
filemenu.add_command(label="Close", command=donothing)
```

```
filemenu.add_separator()
filemenu.add_command(label="Exit", command=root.quit)
menubar.add_cascade(label="File", menu=filemenu)
editmenu = Menu(menubar, tearoff=0)
editmenu.add_command(label="Undo", command=donothing)
editmenu.add_separator()
editmenu.add_command(label="Cut", command=donothing)
editmenu.add_command(label="Copy", command=donothing)
editmenu.add_command(label="Paste", command=donothing)
editmenu.add_command(label="Delete", command=donothing)
editmenu.add_command(label="Select All", command=donothing)
menubar.add_cascade(label="Edit", menu=editmenu)
helpmenu = Menu(menubar, tearoff=0)
helpmenu.add_command(label="Help Index", command=donothing)
helpmenu.add_command(label="About...", command=donothing)
menubar.add_cascade(label="Help", menu=helpmenu)
root.config(menu=menubar)
root.mainloop()
```

2. 請修改上述(1)的腳本，讓它顯示您自訂的訊息而非 "Hello World!"。

3. 請修改上述(4)腳本，除了 QUIT 按鈕以外再新增 3 個按鈕。按下這 3 個按鈕中的任意一個都將改變標籤文字，顯示被按下的按鈕上的文字。

習題

一、選擇題

1. tkinter 圖形處理程式中，畫布座標系的原點是主視窗的　(A)左上角　(B)左下角　(C)右上角　(D)右下角

2. 從畫布 c 刪除圖形物件 r，使用的命令是　(A)c.pack(r)　(B)r.pack(c)　(C)r.delete(c)　(D)c.delete(r)

3. 從畫布 c 中將矩形 r 在 x 方向移動 20 像素，在 y 方向移動 10 像素，執行的敘述是　(A)r.move(c, 20, 10)　(B)r.remove(c, 10, 20)　(C)c.move(r, 20, 10)　(D)c.move(r, 10, 20)

4. 以下不能表示紅色的是　(A)red5　(B)#f00　(C)#ff0000　(D)#fff000000

5. 以下不能繪製正方形的圖形物件是　(A)矩形　(B)圖像　(C)多邊形　(D)線條

6. 敘述 c.create_arc(20, 20, 100, 100, style=PIESLICE)執行後，得到的圖形是　(A)曲線　(B)弧　(C)扇形　(D)弓形

7. 下列程式執行後，得到的圖形是_____。

```
from tkinter import *
w = Tk()
c = Canvas(w, bg='white')
c.create_oval(50, 50, 150, 150, fill='red')
c.create_oval(50, 150, 150, 250, fill='red')
c.pack()
w.mainloop()
```

   (A)兩個相交的大小一樣的圓　(B)兩個同心圓　(C)兩個大小不同的相切圓　(D)兩個大小相同的相切圓

8. 下列程式執行後，得到的圖形是　(A)只移動座標不做圖　(B)水平直線　(C)垂直直線　(D)斜線

```
from turtle import *
reset()
up()
goto(100,100)
```

9. （續上題）下列程式執行後，箭頭方向朝　(A)東　(B)西　(C)南　(D)北

10. 下列程式執行後，　(A)只移動座標不做圖　(B)水平直線　(C)在目前箭頭的位置使用綠色點標示　(D)斜線

```
from turtle import *
reset()
dot(10, 'green')
```

11. 下列程式執行後，箭頭方向朝　(A)東　(B)西　(C)南　(D)北

```
from turtle import *
reset()
setheading(90)
```

12. 下列程式執行後，畫出　(A)一個圓　(B)一個半圓　(C)一個 1/4 圓弧　(D)一條斜線

```
from turtle import *
home()
seth(0)
dot(10, 'blue')
circle(75, 90)
```

13. 下列程式執行後，畫出　(A)一個圓　(B)一個半圓　(C)一個 1/4 圓弧　(D)一個六邊形

```
from turtle import *
home()
seth(0)
dot(10, 'blue')
circle(75,360,6)
```

14. 下列程式執行後，畫出一個圓，其中　(A)畫筆的寬度是 10　(B)畫筆顏色是紅色　(C)半徑為 100　(D)以上皆是

```
from turtle import *
reset()
pensize(10)
pencolor('red')
circle(100)
```

15. 下列程式執行後，畫出一個　(A)六邊形　(B)五邊形　(C)半徑為 100 的圓　(D)半徑為 100 的半圓

```
from turtle import *
reset()
pensize(5)
pencolor('Blue')
a = 100
for i in range(6):
```

```
        left(60)
        fd(a)
```

16. graphics 模組中可以繪製從點(10, 20)到點(30, 40)直線的敘述是　(A)Line(10, 20, 30, 40)　(B)Line((10, 20), (30, 40))　(C)Line(10, 30, 20, 40)　(D)Line(Point(10, 20), Point(30, 40)).draw(w)

17. graphics 模組中 color.rgb(250, 0, 0)表示的顏色是　(A)黑色　(B)綠色　(C)紅色 (D)藍色

二、填空題

1. tkinter 圖形處理程式包含一個頂層視窗，也稱____或____。

2. 如果使用"import tkinter"敘述匯入 tkinter 模組，則建立主視窗物件 r 的敘述是____。

3. Python 中用於繪製各種圖形、標註文字以及放置各種圖形使用者介面控制項的區域稱為____。

4. 將畫布物件 a 在主視窗中顯現出來，使用的敘述是____。

5. 畫布物件用____方法繪製橢圓或____，其位置和尺寸透過____座標和____座標來定義。

6. turtle 繪圖有三個要素，分別是____、____和____。

7. 與 graphics 方法 Rectangle 功能同義的 tkinter 畫布方法是____，與 graphics 方法 Circle 功能同義的 tkinter 畫布方法是____。

8. 請將程式填寫完整，使執行結果如下圖所示。

```
import sys
from tkinter import *

widget = _____(None, text='Hello world', command=sys.exit)
widget.pack()
widget.mainloop()
```

9.　請將程式填寫完整，使執行結果如下圖所示。

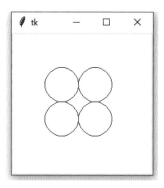

```
from tkinter import *
from math import *

w = Tk()
c = _____(w,bg='white')
c.pack()
c.create_oval(50,50,100,100)
c.create_oval(100,50,150,100)
c.create_oval(50,100,100,150)
c.create_arc(100,100,150,150,style=ARC,extent=360+0.1)
```

10.　請將程式填寫完整，使執行結果如下圖所示。

```
from tkinter import *

widget = _____(None, text = 'Hello world!')
widget.pack()
widget.mainloop()
```

11.　請將程式填寫完整，使執行結果如下圖所示。

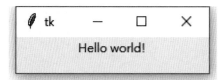

```
from tkinter import *
```

```
    options = {_____: 'Hello world!'}
    layout = {'side': 'top'}
    Label(None, **options).pack(**layout)
    mainloop()
```

12. 請將程式填寫完整，使執行結果如下圖所示。

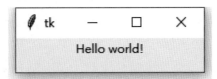

```
    from tkinter import *

    root = Tk()
    Label(root, _____ = 'Hello world!').pack(side = TOP)
    root.mainloop()
```

13. 請將程式填寫完整，使執行結果如下圖所示。

```
    from tkinter import *

    Label(text = 'Hello world!').pack()
    _____
```

14. 請將程式填寫完整，使執行結果如下圖所示。

```
    from tkinter import *

    widget = _____
    widget['text'] = 'Hello world!'
    widget.pack(side = TOP)
    mainloop()
```

15. 請將程式填寫完整，使執行結果如下圖所示。

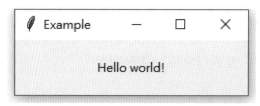

```
from tkinter import *

root = Tk()
widget = _____
widget.config(text = 'Hello world!')
widget.pack(side = TOP, expand = YES, fill = BOTH)
root.title('Example')
root.mainloop()
```

16. 請將程式填寫完整，使執行結果如下圖所示。

```
from tkinter import *

root = Tk()
Button(root, text = 'press',command = root.quit)\
.pack(side = _____)
root.mainloop()
```

17. 請將程式填寫完整，使執行結果如下圖所示。

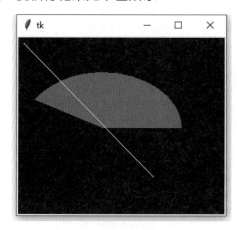

```
from tkinter import *
from tkinter import messagebox
top = Tk()
C = _____(top, bg = "blue", height = 250, width = 300)
coord = 10, 50, 240, 210
arc = C.create_arc(coord, start=0, extent=150, fill="red")
line = C.create_line(10,10,200,200,fill='white')
C.pack()
Top.mainloop()
```

18. 請將程式填寫完整，使執行結果如下圖所示。

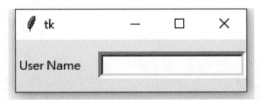

```
from tkinter import *
top = Tk()
L1 = _____(top, text = "User Name")
L1.pack(side = LEFT)
E1 = _____(top, bd = 5)
E1.pack(side = RIGHT)
top.mainloop()
```

19. 請將程式填寫完整，使執行結果如下圖所示。

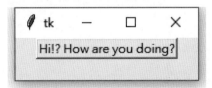

```
from tkinter import *
root = Tk()
var = StringVar()
label = _____(root, textvariable=var, relief=RAISED)
var.set("Hi!? How are you doing?")
label.pack()
root.mainloop()
```

20. 請將程式填寫完整，使執行結果如下圖所示。

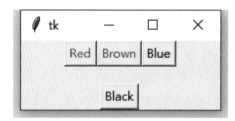

```python
from tkinter import *
root = Tk()
frame = _____(root)
frame.pack()
bottomframe = _____(root)
bottomframe.pack(side = BOTTOM )
redbutton = Button(frame, text="Red", fg="red")
redbutton.pack(side = LEFT)
greenbutton = Button(frame, text="Brown", fg="brown")
greenbutton.pack(side = LEFT )
bluebutton = Button(frame, text="Blue", fg="blue")
bluebutton.pack(side = LEFT )
blackbutton = Button(bottomframe, text="Black", fg="black")
blackbutton.pack(side = BOTTOM)
root.mainloop()
```

21. 請將程式填寫完整，使執行結果如下圖所示。

```python
from tkinter import *
from tkinter import *
w = Tk()
CheckVar1 = IntVar()
CheckVar2 = IntVar()
C1 = _____(w, text = "Music", variable = CheckVar1,\
            onvalue = 1, offvalue = 0, height = 5, \
            width = 20)
```

```
C2 = _____(w, text = "Video", variable = CheckVar2,\
              onvalue = 1, offvalue = 0, height = 5, \
              width = 20)
C1.pack()
C2.pack()
w.mainloop()
```

22. 請將程式填寫完整，使執行結果如下圖所示。

```
from tkinter import *
import tkinter
top = Tk()
Lb1 = _____(top)
Lb1.insert(1, "Python")
Lb1.insert(2, "C++")
Lb1.insert(3, "Java")
Lb1.insert(4, "C")
Lb1.insert(5, "MATLAB")
Lb1.pack()
top.mainloop()
```

23. 請將程式填寫完整，使執行結果如下圖所示。

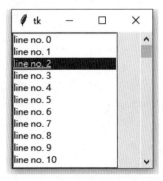

```
from tkinter import *
root = Tk()
scrollbar = Scrollbar(root)
scrollbar.pack( side = RIGHT, fill=Y )
mylist = _____(root, yscrollcommand = scrollbar.set )
```

```
for line in range(100):
    mylist.insert(END, "line no. " + str(line))
mylist.pack(side = LEFT, fill = BOTH )
scrollbar.config( command = mylist.yview )
mainloop()
```

24. 請將程式填寫完整，使執行結果如下圖所示。

```
from tkinter import *
root = Tk()
var = StringVar()
label = _____( root, textvariable=var, relief=RAISED )
var.set("Hi!? How are you doing?")
label.pack()
root.mainloop()
```

25. 請將程式填寫完整，使執行結果如下圖所示。

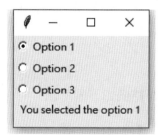

```
from tkinter import *
def sel():
    selection = "You selected the option " + str(var.get())
    label.config(text = selection)
root = Tk()
var = IntVar()
R1 = _____(root, text="Option 1", variable=var,\
value=1, command=sel)
R1.pack(anchor = W )
R2 = _____(root, text="Option 2", variable=var,\
value=2, command=sel)
R2.pack(anchor = W )
R3 = _____(root, text="Option 3", variable=var,\
```

```
    value=3, command=sel)
    R3.pack(anchor = W)
    label = Label(root)
    label.pack()
    root.mainloop()
```

26. 請將程式填寫完整，使執行結果如下圖所示。

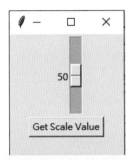

```
    from tkinter import *
    def sel():
        selection = "Value = " + str(var.get())
        label.config(text = selection)
    root = Tk()
    var = DoubleVar()
    scale = _____(root, variable = var )
    scale.pack(anchor=CENTER)
    button = _____(root, text="Get Scale Value", command=sel)
    button.pack(anchor=CENTER)
    label = _____(root)
    label.pack()
    root.mainloop()
```

27. 請將程式填寫完整，使執行結果如下圖所示。

```
    from tkinter import *
    master = Tk()
    w = _____(master, from_=0, to=10)
    w.pack()
    mainloop()
```

28. 請將程式填寫完整，使執行結果如下圖所示。

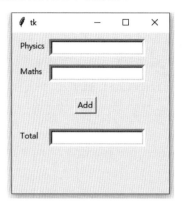

```
from tkinter import *

top = Tk()
L1 = Label(top, text="Physics")
L1.place(x=10,y=10)
E1 = ____(top, bd =5)
E1.place(x=60,y=10)
L2 = Label(top,text="Maths")
L2.place(x=10,y=50)
E2 = ____(top,bd=5)
E2.place(x=60,y=50)
L3 = Label(top,text="Total")
L3.place(x=10,y=150)
E3 = ____(top,bd=5)
E3.place(x=60,y=150)
B = Button(top, text ="Add")
B.place(x=100, y=100)
top.geometry("250x250+10+10")
top.mainloop()
```

29. 請將程式填寫完整，使執行結果如下圖所示。

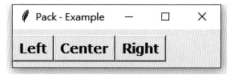

```
from tkinter import *

class App:
    def __init__(self, master):
```

```
            Button(master, text='Left').pack(side=LEFT)
            Button(master, text='Center').pack(side=LEFT)
            Button(master, text='Right').pack(side=LEFT)
    root = Tk()
    root.option_add('*font', ('verdana', 12, 'bold'))
    root.____("Pack - Example")
    display = App(root)
    root.mainloop()
```

三、簡答題

1. 在 Python 中如何匯入 tkinter 模組？

2. 畫布物件的座標是如何確定的？和數學中的座標系有何不同？

3. 在 Python 中如何表示顏色？

4. 畫布物件中有哪些圖形物件？如何建立？

5. graphics 模組有哪些圖形物件？如何建立？

6. 使用 tkinter 模組、turtle 模組和 graphics 模組繪圖各有哪些步驟？

四、程式設計題

1. 使用 tkinter 模組繪製曲線 $y = 5e^{-0.5x} \sin(2\pi x)$。

2. 使用 turtle 模組繪製奧運五環旗。

3. 使用 turtle 模組畫一個射箭運動所用的箭靶，由小到大分別為黃、紅、藍、黑、白色的同心圓，每個環的寬度都等於黃色圓形的半徑。

4.　使用 turtle 模組繪製一個圓，將圓 3 等分，每等分使用不同顏色充填。

5.　使用 turtle 模組繪製一個正七邊形。

6.　分別使用 tkinter 模組、turtle 模組和 graphics 模組繪製一個正方形及其內接圓。

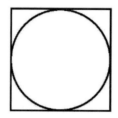

附錄 **習題部分解答**

～CH01～

一、選擇題

1	2	3	4	5	6	7	8	9	10
C	D	D	C	A	B	A	A	D	C

11	12	13	14	15	16				
D	A	D	C	A	A				

二、填空題

1. 命令列，圖形使用者介面

2. F5

3. 中括號([ ])，小括號(( ))，大括號 ({ })

4. 字典

5. import

6. import math

7. 0.5，0，2

～CH02～

一、選擇題

1	2	3	4	5	6	7	8	9	10
D	A	C	D	C	C	D	A	B	A

11	12	13	14	15	16	17	18		
C	A	A	D	C	B	D	B		

二、填空題

1. 分號(;)，倒斜線(\)

2. 縮排

3. >>> ， ...

4. None

5. print

6. Hello World!

7. 'Hello World!'

8. id()

9. type()

10. 縮排對齊

11. 小括號(( ))， None

12. AAA-BBB!

13. 19.0

14. ① 'FF, 377, 11111111'
    ② ('0b11111111', 255, 255)
    ③ ('0xff', 255, 255)
    ④ ('0o377', 255, 255)

15. ① '3.14, 15 and [1, 2]'
    ② 'bill   =   123.4567'
    ③ '3.141590, 3.14, 003.14'
    ④ '   bill = 123.4567   '
    ⑤ '3.141590e+00,   3.115e+00, 3.14159'

16. ① '296,999.26'
    ② '3.14 | -0042'
    ③ '3.141590e+00, 3.142e+00'
    ④ '3.141590, 3.14'

17. ① bill = 15
    ② bill = 15
    ③ bill = 15

18. ① coffee pie cocoa
    ② coffee pie cocoa
    ③ amount: 3

19. Result: 3.1416, 00042
    Result: 3.1416, 00042

～CH03～

一、選擇題

1	2	3	4	5	6	7	8	9	10
C	C	C	B	B	A	D	A	D	B
11	12	13	14	15	16	17	18	19	20
C	A	A	C	B	D	B	C	A	B
21	22	23	24	25	26	27	28	29	30
D	B	D	D	A	B	A	B	C	C
31	32	33	34						
A	C	B	D						

二、填空題

1. ① (12, 2.0)
   ② (1, 16)
   ③ (6.0, 16.0)

2. ① (2.5, 2.5, -2.5, -2.5)
   ② (2, 2.0, -3.0, -3)
   ③ -2

3. 2.5
   2.5
   2
   2.0
   2.0

4. (-1+0j)
   (2+3j)
   (6+3j)
   (-6+0j)

5. (1, 16, 255)
   (1, 16, 255)
   (1, 16, 255)

6. 1024 1024 1024
   0.6 0 3

7. 0
   9

8. ① False
   ② False
   ③ False
   ④ False

9. ① '0b11111111'
   ② 85
   ③ '0b1010101'
   ④ 85
   ⑤ '0x55'

10. ① 10
    ② 79
    ③ 69
    ④ -75

11. ① 11
    ② -1
    ③ 0
    ④ -1

12. ① 44
    ② 2
    ③ 0

13. ① (7, 4, 3)

　　　　② (7, -2.4, -3)

　　　　③ (-5, -2.4, 2)

14. ① 27

　　② 7

15. ① 80

　　② 0

　　③ 80

16. ① True

　　② True

　　③ False

　　④ False

17. ① False

　　② True

　　③ False

　　④ True

18. (1, 0, -2.0, 5)

19. a1=1, a2=1, b1=0, b2=7

20. 5, 25, 1

21. 2, -1

22. 24

23. ① True

　　② True

　　③ False

24. ① <class 'bool'>

　　② True

　　③ True

　　④ False

　　⑤ True

　　⑥ 5

25. 1,0

26. a1=1, a2=1, b1=0, b2=7

27. 5, 25, 1

～CH04～

一、選擇題

1	2	3	4	5	6	7	8	9	10
D	C	B	B	C	D	A	A	C	A
11	12	13	14	15	16	17	18	19	20
B	A	C	C	D	B	B	A	A	C
21	22	23							
B	C	B							

二、填空題

1. x is positive

2. x is even

3. x is greater than y

4. x is a positive single-digit number.

5. x is a positive single-digit number.

6. 5

7. yes

8. F

9. 3 1

10. a is in x

11. 20

12. 2, 0, 0

13. -1

14. 9

15. 1 3 1

16. 3 1 no

17. 3

18. s=2,t=4

19. 5 5 1

20. 2,0,0

21. 0.500000

22. 2

23. 3

24. -1

25. -1

26. -1

27. 2

～CH05～

一、選擇題

1	2	3	4	5	6	7	8	9	10
D	D	A	B	C	C	A	C	B	B
11	12	13	14	15	16	17	18	19	20
C	A	B	B	B	B	B	B	C	B

二、填空題

1. 8

2. 254

3. x= 1

4. i= 6

5. 2 5 8 11 14

6. i= 6 k= 4

7. a= 16 y= 64

8. s= 55

9. 0 5 10 15 20 25

10. 10 7 4 1

11. * # $

12. 8

13. 16.0

14. 8

15. 4

16. 19

17. x= 8

18. k=0, m=3

19. k=0, m=3

20. 1　2　4　5　7　8

21. 1　2

22. 1　2

23. 3　5　6　9

24. a=5, b=0

25. 4

～CH06～

一、選擇題

1	2	3	4	5	6	7	8	9	10
A	C	B	C	C	D	C	C	D	C
11	12	13	14	15	16	17	18	19	20
A	B	D	C	C	C	A	B	A	D
21	22	23	24	25					
B	B	D	C	A					

二、填空題

1. Hello!

2. Python

3. 10 6

4. 5

5. goodgoodgood

6. 10
   20
   10

7. name: Tom
   age: 50
   name: Weber
   age: 35

8. before f1
   f1
   before f1

9. running inner()

10. Hello:　Bob

11. 'yadkeew'

12. (3, 5)

13. [1, 1, 2, 3, 5, 8, 13, 21, 34, 55, 89]

14. [1, 1, 2, 3, 5, 8, 13, 21, 34, 55, 89]

15. 9 90
    8100

16. {'a': 2, 'b': 3}

17. a= 1 b= 2 c= 3
    a= 3 b= 4 c= 5
    a= 7 b= 8 c= 5

18. Hello,onion
    Hello,早安

19. w= 1, h= 2
    w= 5, h= 2
    w= 1, h= 8
    w= 7, h= 2

20. 由小到大排序:
    10 20
    30 40
    由大到小排序:
    20 10
    40 30

～CH07～

一、選擇題

1	2	3	4	5	6	7	8	9	10
A	B	A	B	A	C	A	B	A	C
11	12	13	14	15	16	17	18	19	20
C	B	B	A	A	B	B	D	C	A
21	22	23	24	25	26				
D	B	B	B	C	A				

二、填空題

1. '45'

2. 2

3. False

4. 'abcdef'
   'Hi!Hi!Hi!'

5. the length of s= 5

6. 'Meaning of Life'

7. 'Python is easy to learn.'

8. aa ac ae ca cc ce ea ec ee

9. 'bdfhj'
   'acegikmo'
   'kigec'

10. 'Hlo'
    Hell
    !dlr
    ',oll'
    'Hello, World'

11. aa
    66
    d2
    c1

12. ['A', 'A', 'A']

13. (4, '****mango****good****')

14. 'nicetomato!'

15. H
    i
    !

16. ['onion', 'hacker', '40']
    ['onion,', ',40']

17. 'You can play it on Facebook.'
    False
    True

18. False
    True

19. ① False
    ② TypeError
    ③ TypeError
    ④ (True, True)

20. ['fdfd', 'gf', '123']
    ['fdfd', 'gf', '123']
    [' fdfd ', 'gf ', '123   ']
    [' fdfd \n', 'gf \n', '123   \n']

21. False
    False
    False

22. [48, 49, 97, 50, 66]

23. [65, 66, 67]

24. False
    False
    False

25. s[0]= H

s[1]= E

s[2]= L

s[3]= L

s[4]= O

26. (True, True)
    (True, False)

～CH08～

一、選擇題

1	2	3	4	5	6	7	8	9	10
A	B	A	A	D	C	B	A	A	D
11	12	13	14	15	16	17	18	19	20
B	C	B	C	C	A	C	C	C	B
21	22	23	24	25	26	27	28	29	30
B	B	D	C	C	B	B	A	B	D

二、填空題

1. ① 56
   ② [34, 56, 78, 90]
   ③ [12, 34, 56]
   ④ [90]
   ⑤ [65]

2. ['X', [1, 0, 3], 'Y']

3. ['X', [1, 2, 3], 'Y']

4. ['eat', 'more', 'lemon']

5. ① ['Already']
   ② [[]]

6. ① 'coconut'
   ② ['pomelo']
   ③ ['coconut']

7. ① False
   ② True
   ③ False

8. (False, False, True)

9. ① [1, 6, 7, 4, 5, 3]
   ② [1, 7, 4, 5, 3]
   ③ [1, 7, 4, 5, 3, 5, 6, 7]
   ④ [1, 7, 4, 5, 3, 5, 6, 7, 8, 9, 10]

10. ① [2, 3, 4, 1, 5, 6, 7]
    ② [2, 3, 4, 1, 5, 6, 7, 8, 9, 10]

11. [0, 10, 20, 11, 3, 12]

12. ['grape', [...]]

13. ['eat', 'lemon', 'more', 'please']

14. ① [1, 3]
    ② [0, 1, 4]

15. ① 'onion'
    ② 20
    ③ 'ginger'

16. ['nn', 'ii', 'cc', 'ee']

17. [['_', '_'], ['_', '*'], ['_', '_']]

18. 2 1 0 4 4

19. [4, 3, 2, 1, 0]

20. 'guava'

21. ① [4, 5, 6]
    ② 5
    ③ 7

22. [['_', '_'], ['*', '_'], ['_', '_']]

23. a[0][0]= 1   a[1][2]= 6
    a[0][1]= 2   a[2][0]= 7
    a[0][2]= 3   a[2][1]= 8
    a[1][0]= 4   a[2][2]= 9
    a[1][1]= 5

〜CH09〜

一、選擇題

1	2	3	4	5	6	7	8	9	10
B	A	C	D	B	A	B	B	A	D
11	12	13	14	15	16	17	18	19	20
A	A	C	A	D	C	B	B	D	B
21	22	23	24	25	26	27	28	29	30
A	D	A	A	D	A	A	D	C	B

二、填空題

1.　(0, 1) [0, 1]

2.　(False, False, False)
　　False

3.　① [1, 3]
　　② [0, 1, 4]

4.　① (0, [1, 2, 3, 4], 5)
　　② 2.5

5.　① (2, 4)
　　② (2, 4)
　　③ (2, 4)

6.　(1, ['apple', 3], 4)

7.　① (0, 1, [2, 3, 4])
　　② (0, 1, [2])

8.　① (1, [2, 3], 4, 5)
　　② ([1, 2], 3, 4, 5)

9.　① 3 3
　　② 39 39

10.　① True
　　② 4
　　③ 0
　　④ 3
　　⑤ [3, 6]
　　⑥ [2, 4]

　　⑦ (True, False, 0) 0

11.　① (True,)
　　② TypeError

12.　① {1, 2, frozenset[3, 4]}
　　② {'w', 'n', 't', 'o'}

13.　{12.34}

14.　① {1, 2, 3, 4}
　　② {1, 2, 3, 4}
　　③ {1, 2, 3, 4}

15.　① {1, 3}
　　② True

16.　① {1, 2, 3, 4, 5}
　　② [1, 2, 3, 4, 5]
　　③ ['cc', 'xx', 'yy', 'dd', 'aa']

17.　10

18.　① None
　　② {2, 3, 5}
　　③ {1}

19.　9

20.　① {1, 2, 3, 4}
　　② TypeError
　　③ {1, 2, 3, 4}
　　④ {1, 3}

⑤　True

21.　{'x': [1, 'lucky', 3], 'y': 2}

22.　2

23.　{'a': 1, 'b': 2, 'c': 'well'}

24.　{'x': [1, 2, 3], 'y': 2}

25.　{'name': 'Bob', 'age': 32, 'score': 95}

26.　{'a': 0, 'b': 0}

27.　①　{'name': 'Bob', 'age': 45, 'jobs': ['teacher', 'inventor']}
　　②　('Bob', ['teacher', 'inventor'])

28.　onion 5 ['apple', 'sugarcane']

29.　'5 = Bob'

30.　dict_values([2, ['grill', 'bake', 'fry'], 'Bacon'])

31.　①　[('a', 1), ('b', 2), ('c', 3)]
　　②　{'b': 2, 'c': 3, 'a': 1}

32.　①　3
　　②　None
　　③　present 3

33.　{'b': 2, 'c': 3, 'a': 1}

34.　{1: 1, 2: 4, 3: 9, 4: 16}

35.　teacher/inventor

〜CH10〜

一、選擇題

1	2	3	4	5	6	7	8	9	10
D	B	A	D	C	C	A	D	C	C
11	12	13	14	15	16	17	18	19	20
A	C	A	A	D	B	B	D	B	C
21	22	23	24						
B	D	D	C						

二、填空題

1. Bob

2. ① Bob Bob

   ② Bob David Bob

3. ① 12 12

   ② 35 35 35

   ③ 66 35 35

4. 0xff 0b11111111 0o377

5. h a p p y

6. ① Called: (1, 2, 3) {}

   ② Called: (1, 2, 3) {'x': 4, 'y': 5}

7. ① 1 nice

   ② 2 nice

8. good luck

   good luck

9. 0 1 4 9 16

10. [16, 5, 8, -4]

11. 7 [1, 2, 3]

12. 4 6 9 8

13. 30 40 trainer

14. 125 6 10

15. [125, 8, 10]

16. 1 4 9 16 25

17. [9, 4, 9]

18. 11 11 22 11 33 55 33

19. [Value: 4]

20. [Value: 5]

21. 27 4 6 -3

22. ['dev', 'mgr'] ('David', ['dev', 'cto'])

23. ① Bob 0

   ② David 100000

24. ① Bob 0

   ② David 100000

25. ① Bob Smith 0

   ② David Jones 100000

   ③ Bob David

   ④ 110000

26. ① [Person: Bob Smith, 0]

   ② [Person: David Jones, 100000]

   ③ Bob David

   ④ [Person: David Jones, 110000]

27. Current value = "12"

28. 83.75

29. 81.25

30. ① in Super.method

　　② starting Sub.method
in Super.method
ending Sub.method

31. 1 1 1 1 3

32. 1 2 2 2 3

33. 1 2 3 2 3 4 5

34. 3

35. Calling child method

36. Vector (7, 8)

37. ① 1
　　② 2
　　③ 2

38. nice

～CH11～

一、選擇題

1	2	3	4	5	6	7	8	9	10
A	C	C	A	D	C	C	B	C	B

11	12								
C	B								

二、填空題

1. 'hello world!\n'

2. 'hello world!\r\n'

3. Hello World
   Hello Python

4. He ll o　Wo rl d
   He ll o　Py th on

5. Hello World
   Hello Python

6. Hello
   5
   Worl
   10

7. Hello World
   Hello Python
   good bye

8. Name of the file:　test.txt
   Line No. 0 : C++
   Line No. 1 : Java
   Line No. 2 : Python

9. {'a': 1, 'b': 2}

10. ['apple', 'mango', 'guava']

11. Imagine non-English language here

12. ('a = 1\n', 'pi = 3.1416\n')
    ('print(a)\n', 'print(pi)\n')

13. Hi Sam
    I cannot wait to know your reply.

14. 27

15. Paul
    13,14,15
    [1, 2, 3]${'a': 1, 'b': 2}

16. ① 'Paul\n'
    ② 'Paul'

17. 3.1415926535
    8979323846
    2643383279

18. 3.1415926535
    8979323846
    2643383279

19. 3.1415926535
    8979323846
    2643383279

20. 3.1415926535
    8979323846
    2643383279

21. 3.1415926535
    8979323846
    2643383279

22. 3.1415926535　　8979323846
    2643383279
    35

23. 3.141592653589793238462643383279
    32

～CH12～

一、選擇題

1	2	3	4	5	6	7	8	9	10
		B	C	A	B	C	C	D	D

11	12	13	14	15					
A	A	A	C	C					

二、填空題

1. BBB

2. MyError

3. -0.25

4. AssertionError

5. after fetch

6. SyntaxError: invalid syntax

7. division by zero

8. propagating

9. division by zero

10. finally run
    ZeroDivisionError: division by zero

11. NotImplementedError: action must be
    defined!

12. got exception
    continuing

13. after try?
    after fetch

14. after fetch
    after try?

15. after fetch
    IndexError: string index out of range

16. got exception
    good bye!

17. got exception

18. error in argument -10

19. Written content in the file successfully

20. except run
    finally run
    after run

21. finally run
    after run

22. else run
    finally run
    after run

～CH13～

一、選擇題

1	2	3	4	5	6	7	8	9	10
A	D	C	A	B	C	D	A	A	A

11	12	13	14	15	16	17			
D	C	D	D	A	D	C			

二、填空題

1. 主視窗，根視窗

2. r = Tk()

3. 畫布

4. a.pack()

5. create_oval()，圓，左上角，右下角

6. 位置，方向，畫筆

7. create_rectangle()，create_oval()

8. Button

9. Canvas

10. Label

11. 'text'

12. text

13. mainloop()

14. Label()

15. Label(root)

16. LEFT

17. Canvas

18. Label
    Entry

19. Label

20. Frame
    Frame

21. Checkbutton
    Checkbutton

22. Listbox

23. Listbox

24. Message

25. Radiobutton
    Radiobutton
    Radiobutton

26. Scale
    Button
    Label

27. Spinbox

28. Entry
    Entry
    Entry

29. title

MEMO

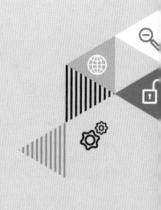

MEMO

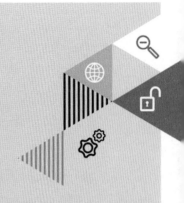

578

MEMO

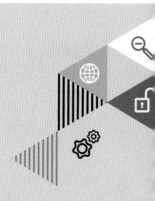

MEMO

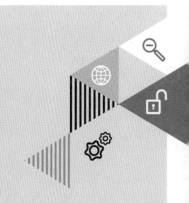

國家圖書館出版品預行編目資料

輕鬆學 Python 程式設計/余建政編著. -- 初版. --
新北市：新文京開發出版股份有限公司, 2023.09
面 ； 公分

ISBN 978-986-430-957-3（平裝）

1.CST：Python（電腦程式語言）

312.32P97　　　　　　　　　　　　　112013313

輕鬆學 Python 程式設計　　　　　　（書號：D065）

編 著 者	余建政
出 版 者	新文京開發出版股份有限公司
地　　址	新北市中和區中山路二段 362 號 9 樓
電　　話	(02) 2244-8188（代表號）
Ｆ Ａ Ｘ	(02) 2244-8189
郵　　撥	1958730-2
初　　版	西元 2023 年 09 月 15 日